省级电网电力调度员
培训教材

国网浙江省电力有限公司　组编

中国电力出版社

CHINA ELECTRIC POWER PRESS

内 容 提 要

为提高电力调度员电网调度运行理论水平和技能，国网浙江省电力有限公司电力调度控制中心组织修编了《省级电网电力调度员培训教材》一书。本书结合省级电网调度运行工作实践，从电力调度法律法规、电厂及变电站调度运行、调度运行日常工作业务及调度技术支持系统等几方面对电网调度运行相关知识和业务进行了梳理。全书内容共分为 17 章，分别为电网调度运行概述、电力法律法规及相关规程、火力发电厂的调度运行、水力发电厂的调度运行、核能发电厂的调度运行、新能源电厂的调度运行、变电站运行基本知识、输电技术基础、电网实时调度运行控制、电网稳定运行和限额控制、电网在线安全稳定分析、省级电力市场调度运行、调度倒闸操作、电网设备缺陷和故障调度处置、调度运行应急管理、调度计划管理、调度技术支持系统。

由于电网调控运行工作的内在统一性，本书可供省、地、县各级电网调度机构调度运行人员培训使用，也可供发电厂、变电站等厂站运行人员学习参考。

图书在版编目（CIP）数据

省级电网电力调度员培训教材/国网浙江省电力有限公司组编. —北京：中国电力出版社，2024．10.
ISBN 978-7-5198-8998-2

Ⅰ．TM734

中国国家版本馆 CIP 数据核字第 2024Q5H364 号

出版发行：中国电力出版社
地　　址：北京市东城区北京站西街 19 号（邮政编码 100005）
网　　址：http://www.cepp.sgcc.com.cn
责任编辑：王蔓莉（010-63412791）
责任校对：黄　蓓　王小鹏
装帧设计：张俊霞
责任印制：石　雷

印　　刷：廊坊市文峰档案印务有限公司
版　　次：2024 年 10 月第一版
印　　次：2024 年 10 月北京第一次印刷
开　　本：787 毫米×1092 毫米　16 开本
印　　张：22.75
字　　数：407 千字
定　　价：98.00 元

编　委　会

　　2010 版《电力调度员上岗培训教程—省调篇》自发行以来，在指导调度运行人员开展业务培训、提升调度运行管理水平方面发挥了重要作用。

　　省级电力调度机构（简称"省调"）的调度员作为省级电网调度运行、操作和事故处置的实际指挥人，必须具备严谨的工作态度、精湛的业务技能和丰富的知识储备。随着能源转型发展，电力系统结构形态发生深刻变化，电网调度运行逐渐面向更广泛的调度对象、面向更复杂的运行场景、面向更高的运行控制要求。为适应电网发展的新形势、新要求，更好地指导省调调度员掌握业务技能、提升职业素养，国网浙江省电力有限公司电力调度控制中心在 2010 年版原培训教程的基础上组织修编了《省级电网电力调度员培训教材》。

　　本书共 17 章，主要从浙江省调调度运行工作实践和需求出发进行编写，具体为：第 1~2 章，总体介绍了省级电网调控的主要工作内容和职责，系统梳理了调度运行相关法律法规和规章制度。第 3~8 章，详细介绍了各类发电厂的典型设备及生产流程，总结了各类发电厂在调度运行中需关注的要点；分类介绍了变电站一、二次设备及特高压直流、柔性交流、柔性直流等新型输电技术，总结了相关设备调度运行中的注意事项。第 9~16 章，内容不仅涵盖电网实时调度运行、发用电平衡、调度倒闸操作、电网典型缺陷及故障处置、调度运行应急管理等传统调度业务，还包括省级电力市场运行、大电网在线安全稳定分析、网络化发令等新型调度业务，以及与调度工作密切相关的电力系统稳定及限额控制、调度计划管理等内容。17章，主要介绍了新一代调度技术支持系统的主要功能及使用场景。

　　本书所有章节内容均由浙江省调调度员利用业余时间完成，其中不少章节内容都是调度员实际调度工作经验的总结和凝练。

　　本书在编写过程中，得到了国网浙江省电力有限公司电力调度控制中心领导及相关专业人员的关心、支持和帮助，在此表示衷心的感谢。国网浙江省电力有限公司培训中心的各位老师为本书的出版提供诸多建议和帮助，在此一并表示感谢。

由于不同省级电网调度运行具体实践存在差异，加之编者水平有限，书中难免存在错漏之处，恳请各位读者批评指正。

编　者

2023 年 12 月

第1章 电网调度运行概述

1.1 电力系统介绍

1.1.1 电力系统的基本概念

电力系统是由发电、输电、变电、配电、用电设备（一次设备）以及为保证其安全、经济运行所需的继电保护、安全自动装置、计量装置、调度自动化、通信等设施（二次设备）组成的电能生产、变换、输送、分配、使用的统一整体，其各环节分类与概念如图 1-1 所示。电力系统将自然界的一次能源通过发电动力装置转化成电能，再经输、变、配电系统将电能供应到各负荷中心，通过各种电气设备再转换成机械能、热能、光能等其他形式的能量，为人民生活与发展建设服务。

电力系统中输电、变电、配电三大部分组成的有机整体称为电力网络（以下简称"电网"）它的任务是输送、分配电能和改变电压。电网中输电设备主要有电缆、导线、线路杆塔、绝缘子串等，变电设备主要有变压器、电抗器、电容器、断路器、隔离开关、避雷器、电压互感器、电流互感器，配电设备主要有架空线路、电缆、杆塔、配电变压器、断路器、隔离开关、无功补偿装置及一些附属设施等。

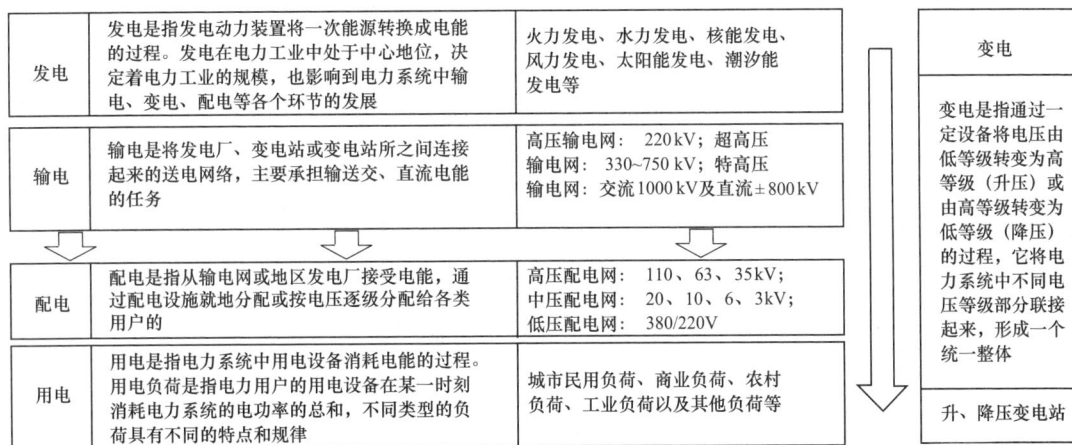

图 1-1 电力系统各环节的基本概念及分类

1.1.2 电网发展历程与现状

中华人民共和国成立以来，我国电力工业由小到大、由弱到强，保持了持续、健康的发展态势。电网发展也取得了辉煌的成就，电压等级不断提高，电网规模不断扩大，电网技术不断升级。从孤立电网逐步发展到省级电网，再发展到省间互联电网，进一步发展到大区电网，目前已经初步形成全国联网格局。

截至 2023 年底，中国已建成全球规模最大的电力系统，以国家电网和南方电网两大电网为主体电网，实现了中国大陆电网的互联互通。全国发电装机容量达 2.92TW（29.2 亿 kW）。其中，煤电 1.16TW，水电 0.42TW；并网风电 0.441TW；并网太阳能发电 0.609TW；核电 56.91GW（5691 万 kW）；生物质发电 44.14GW。水电、风电、光伏发电、生物质发电装机规模均已连续多年稳居全球首位，电力装机结构延续绿色低碳转型，非化石能源装机容量占比过半，可再生能源装机容量超过煤电装机容量。全国发电量总计 9224.1TWh（92241 亿 kWh），同比增长 6.7%，新能源年发电量占比突破 15%。总计建成 220kV 及以上输电线路长度达 88 万 km，投运特高压输电通道 36 条，西电东送规模接近 3 亿 kW。

其中，国家电网有限公司供电范围覆盖我国 26 个省、自治区、直辖市，服务人口超过 11 亿，总供电量达到 7272.2TWh，在全球范围内处于领先地位。

1.2 电网调控运行介绍

电力系统产、供、销过程在一瞬间同时完成并达成平衡，需要对其进行实时、连续地监视与调整，确保电压、频率、谐波分量等指标在合理范围之内；另外，在发生异常或故障时，也需及时采取措施，避免事故扩大化。因此，需要电力调度机构对电力系统的运行统一组织、指挥与协调管理。

电力调度机构需要依据各类信息采集设备或运行人员反馈的数据信息，结合电网实际运行参数，如电压、电流、频率、负荷等，综合考虑各项生产工作开展情况，对电网安全、经济运行状态进行判断，通过电话或自动化系统发布操作指令，指挥现场操作人员或自动控制系统进行调整，如调整发电机出力、调整负荷分布、投切电容器、电抗器等，从而保障电网的安全、优质、经济运行，确保电力系统运行满足以下三个基本要求：

（1）保证可靠地持续供电。供电的中断将造成生产停顿、生活混乱，甚至危及人身和设备安全，产生十分严重的后果。停电给国民经济造成的损失远远超过电力系统本身的损失。因此，电力系统运行首先要满足可靠、持续供电的要求。

（2）保证良好的电能质量。电能质量包括电压质量、频率质量和波形质量三个方面。电压质量和频率质量通常都以偏移是否超过给定值来衡量，一般情况下电压偏移不超过额定值的±5%，频率偏移不超过±（0.2～0.5）Hz 等。波形质量则以畸变率是否超过给定值来衡量，给定的允许畸变率常因供电电压等级而异。

（3）保证系统运行的经济性。电能生产的规模很大，消耗的一次能源在国民经济一次能源总消耗中占的比重约为 1/3，而且电能在变换、输送、分配时的损耗绝对值也相当大。因此，降低每生产一度电所消耗的能源和降低变换、输送、分配时的损耗，有极其重要的意义。

电网调度的模式可分为统一调度和联合调度两种基本模式：

1）统一调度指对全电力系统的负荷平衡、发电厂出力分配、输变电设备检修安排、电能质量调整和安全经济运行等进行统一的调度。调度原则是系统各组成部分服从全电力系统的最大利益，使电力系统达到安全、优质、经济运行。这种模式是当今世界调度管理的主流模式，是牛产力与生产关系相适应的合理选择。世界上大多数发达国家如西欧、北欧、东欧的绝大部分国家以及已经形成国家电网的大部分亚洲国家、南美洲国家都采用这种调度管理模式。

2）联合调度指互联电力系统按相互之间签订的协议进行的调度，又称合同调度。组成互联电力系统的各电力系统实行独立的经济核算，在系统内部实行统一调度，在系统外部即在各电力系统之间实行联合调度。参加互联电力系统的各个调度机构是相互平等的，彼此之间按预先订立的协议或通过临时协商，进行电力与电量的交换、事故支援、协调安全准则等。世界上采用这种模式的国家较少，北美电网（包括美国，加拿大和墨西哥一部分）就是典型例子，西欧、东欧电网（UCTE）、北欧电网（NORDEL）也可以归类于这一调度管理模式。联合调度的最大弊端是抵御事故的能力较差，美国近年来连续发生的几次波及面颇大的电网事故都在一定程度上证明了这一点。

1.2.1　调度机构分级与调度范围

中华人民共和国成立初期新形成的电网规模小，只需一级电网调度机构。随着电力工业的大发展，电网也快速发展，电网由城市或工矿区电网逐步向外延伸，形成跨地区电网，进而发展为全省统一电网（以下简称"省网"）、跨省（市、自治区）电网（以下简称"跨省电网"）和跨省电网互联的区域电网。电网最高一级电压也由 35kV 发展到 110、220、330、500、750kV 和 1000kV，并开始发展特高压远距离大容量直流输电。为适应电网发展，省网和跨省电网的管理体制也持续变革，逐步形成了五级电网调度机构，领导电网的运行和操作，组织、指挥、指导、协调电网运行，使电网安全、优质、经济运行。

以国家电网为例，五级电网调度机构包括国家调度机构（国调）、跨省自治区直辖市调度机构（分中心）、省自治区直辖市级调度机构（省调）、省辖市级调度机构（市调）以及县级调度机构（县调），各级调度的管辖范围如表 1-1 所示。

表 1-1 我国电网调控机构构成及管辖范围

调度机构	调度管辖范围
国家调度机构（国调）	（1）国调直调范围：特高压输电系统及跨区联络线；电力跨区消纳的电厂及送出系统。 （2）国调许可范围：对国调直调系统运行有影响的发电、输电、变电系统。 （3）有关部门指定的发电、输电、变电系统
跨省、自治区、直辖市调度机构（分中心）	（1）分中心直调范围：国调直调范围外的 500kV 以上电网，跨省联络线；电力跨省消纳的电厂及送出系统。 （2）分中心许可范围：对分中心直调系统运行有影响的发电、输电、变电系统。 （3）国调指定的发电、输电、变电系统
省、自治区、直辖市级调度机构（省调）	（1）省域内 220、330kV 电网；电力省内消纳的电厂及送出系统。 （2）上级调控机构指定的发电、输电、变电系统
省辖市级调度机构（地调）	（1）10～110kV 电网。 （2）省调指定的发电、输电、变电系统
县级调度机构（县调）	

1.2.2 省级电网调度控制中心主要工作内容

省级电网调度控制中心具有生产和管理双重职责，是省级电网的调度指挥中心，负责调度省域调度管辖范围内的电网和发电厂，承担本省电网调度运行、调度计划、水电及新能源、系统运行、现货市场、继电保护、自动化、通信等各专业管理职责，保障电网安全、优质、经济运行。省调的主要工作内容如下，国内不同省调的工作内容会根据实际情况略有调整。

（1）调度运行专业：负责省级电网调控运行专业管理；负责管辖范围内电网"安全、稳定、优质、经济"实时调度运行，以及电网及其设备的倒闸操作和异常处置；负责省级电网发用电实时平衡，实时监控省级电网省际联络线交换功率；负责省内电力现货市场实时运行；负责管辖范围内电网新建、扩建、技术改造工程设备启动操作；负责对电网运行情况进行统计分析，编制电网运行快报；负责针对电网薄弱环节做好电网事故预想，编制重特大事故调度处置预案，定期组织开展反事故演练；负责省级电网频率质量监督工作。

（2）调度计划专业：负责调度计划专业管理；负责制订调度计划专业的技术标准、规程、规范；负责调度系统负荷预测及月度、日前电力电量平衡工作的管理，负责月度优先发电计划的日分解；负责编制直调系统日、月、年检修计划；参与电网负荷需求侧管理工作；负责日前发电计划的安全校核，协助做好年、月交易计划的安全校核；参与管辖电网新建、扩建、技术改造工程建设审查和设备启动投运，负责编制新设备的调度命名和启动方案；负责并网调度协议编制及管理工作；参与统调电厂辅助服务和运行考核工作。

（3）水电及新能源专业：负责公司水电及新能源专业管理；负责所辖电网内水电及新能源发电调度运行管理；负责监督指导水电及新能源电厂安全、经济运行和清洁能源优先调度；负责组织制定和修订专业技术标准及制度规定；负责水电及新能源发电调度相关技术支持系统的运行管理；负责水文气象信息运用及水电节水增发电管理；负责协调指导水库群优化调度。

（4）系统运行专业：负责系统运行专业管理；负责制订系统运行专业技术标准、规程、规范；负责省级电网的参数管理和稳定分析管理工作；组织编制所辖电网的运行方式，负责省级电网年度运行方式和2～3年电网运行分析及对策研究的编制、实施及管理；负责省级电网安全稳定分析和风险评估的管理，编制电网稳定运行规定，制定月度和临时检修方式下电网稳定控制限额和风险控制要求；负责省级电网安全自动装置配置和策略管理；负责省级电网无功电压、主网网损的管理，负责省级电网自动电压控制（AVC）系统管理；负责省级电网网厂协调管理；参与电网规划、基建、技术改造方案审查和新设备启动投运；负责电网事故的计算分析，参与电网事故分析及安全检查工作，制定提高电网安全稳定水平的反事故措施。

（5）现货市场专业：负责现货市场专业管理，承担电力现货市场运营业务；负责现货日前市场、实时市场和辅助服务市场归口管理；负责全周期现货市场分析评价管理；负责配合上级调度做好与全国统一电力市场等上级市场的衔接建设工作；负责配合政府有关部门编制和修订市场规则；负责配合政府监管机构做好现货市场运营机构的合规性管理；负责现货市场相关工作流程和工作标准等内部规范的制定和修订；负责现货市场策略研究。

（6）继电保护专业：负责全省继电保护和变电站监控系统的专业管理；负责继电保护

的整定运行和定值参数管理；负责继电保护运行管理，编制检修运行规定，开展调管范围内继电保护整定计算和保护运行方式校核；负责继电保护和变电站监控系统的规划设计、配置选型、设备入网、安装调试、验收投产、调度运行、事故处理、维护检验、技术改造大修、分析评价等全过程管理；参与管辖电网新建、扩建、技术改造工程设计审查、竣工验收和启动投运等全过程管理；负责继电保护和变电站监控系统专业的技术标准、规程规定和规章制度的落实和制定，督导开展技术监督，执行反事故措施，推进新设备新技术研究应用；组织开展继电保护和变电站监控系统专业的人员技术培训、技能鉴定和持证上岗等工作。

（7）自动化专业（监控系统网络安全专业）：负责全省电网调度自动化专业管理，开展自动化系统运行管理、检修管理、实用化管理、技术管理和技术监督；负责组织制定全省调度自动化专业标准、规程、规范，编制调度自动化系统故障应急预案、电力监控系统网络安全事件应急预案；负责全省统调发电厂 AGC/AVC 和一次调频管理；负责全省自动化系统和调度数据网、资源同步网、调度三区网络的建设和运行管理；负责组织省调智能电网调度控制系统、电力市场技术支持系统、生产控制云等相关系统的建设实施和日常运维；负责省级电网自动化专业考核评价管理；负责变电站监控信息的主站侧接入验收、消缺处置等全过程管理；负责电力监控系统（含调度管理信息类系统）网络安全的专业管理和技术监督，负责公司关键信息基础设施的安全保护工作，负责调管范围内并网发电厂涉网部分电力监控系统安全防护技术监督。

（8）通信专业：负责制定公司通信管理工作的制度标准；负责组织公司通信网规划的编制；负责公司通信年度计划的编制与组织实施；负责公司通信建设管理、运行管理、技术与标准管理、安全管理；负责本专业电力设施保护和消防管理；组织编制审定公司通信系统运行方式；定期组织开展通信安全督查和应急演练；负责公司通信人才队伍管理，开展专业技术交流、竞赛和培训；开展通信新技术研究、试点和推广应用工作；负责公司内外部通信资源使用审核和统筹管理；负责公司无线电频率管理；负责公司通信工作的监督、检查、评价和考核。

中心其他工作还包括组织调控系统有关人员的业务培训、考核工作；负责备调场所及技术支持系统管理、备调人员管理、备调演练及启用管理；协调有关所辖电网运行的其他关系；负责地县调业务一体化管理，负责全省配电网调控运行和配电网抢修业务的专业管理。

1.3　省级电网调度员主要工作

1.3.1　调度运行主要业务

调度运行主要业务通常包括调控运行值班、电网实时运行、在线安全分析、实时市场调度运行、倒闸操作、电网故障处置、安全风险管控、信息统计分析、持证上岗管理等，如表 1-2 所示。

表 1-2　　　　　　　　　　　　调控运行实时业务内容

调控运行实时业务	主要工作内容
调控运行值班	调度员开展全天 24h 不间断值班，值班岗位序列分为调控值长、安全分析工程师、主值调度员、日内交易员、副值调度员和实习调度员；各值班岗位主要职责详见 1.3.2
电网实时运行控制	（1）有功及频率监视，及时根据系统负荷和断面潮流情况调整发电出力。 （2）系统无功及电压调整
在线安全分析	负责调管范围内的安全稳定分析任务，包括电网实时分析、电网独立预想方式分析、电网联合预想方式分析、电网应急状态分析以及数据和在线软件异常处理等
实时市场调度运行	（1）国、分、省调按照相关规定省间电力现货交易。 （2）日内现货市场和辅助服务市场运营、市场出清结果安全校核、市场交易信息披露、应急调度交易组织
倒闸操作	按直调范围进行调度倒闸操作
电网故障处置	（1）负责处置直调范围电网故障、频率异常、电压异常、潮流越限、系统振荡等情况。及时通报故障相关情况，综合考虑各种控制手段，优化故障处置措施，协同开展故障处置。 （2）完成故障分析报告、设置专项运行监视画面、开展故障后电网安全稳定水平分析计算
安全风险管控	（1）开展大面积停电预防和控制、故障处置预案编制、备用调度运行应急管理等工作，针对各类突发事件，开展有针对性的反事故演习。 （2）组织开展调控运行安全内控工作，建立和完善调控运行专业安全管理规章制度并督促执行
信息统计分析	（1）开展调控运行信息统计分析工作，对公司各级调控运行专业的电网运行情况进行统计调查、分析，实行统计监督。 （2）实施电网调度管理工作的量化评价，实现调控运行核心业务闭环管理。调控运行信息统计分析，按日进行统计，按旬（月、季、年）进行分析
持证上岗管理	调度人员必须通过岗位资格考试并取得岗位资格证书，方可上岗。调控机构应根据工作的实际需要，制定调控运行人员年度培训计划并组织实施，对调控运行人员开展日常培训和常规考核

1.3.2　省调调度员岗位职责和主要工作

省调调度员归属省调调度运行专业，在其值班期间是省级电网运行、操作和事故处理的指挥人，必须由具有较高专业技术素质、工作能力、心理素质和职业道德的人员担任。

省级以上调度机构调度员值班岗位序列分为调度值长、安全分析工程师、主值调度员、日内现货交易员、副值调度员和实习调度员。原则上省调每值值班调度员（不含实习调度员）不应少于3人，日内交易员可由副值调度员兼任，安全分析工程师可由主值调度员兼任。各值班岗位的职责和重要工作如下：

调度值长全面负责值内调度运行事务，是值内安全生产第一责任人，应全面掌握调度运行工作技能，具备应对电网复杂情况、处置突发事件的综合能力，具备基本的专业管理能力。值班期间，调度值长应安排值内专人负责监盘事务。监盘人员应密切监视直调系统运行情况以及旋备、频率等关键指标，核对断面潮流和母线电压限额，掌握电网运行安全裕度，及时处置综合智能告警信息。

安全分析工程师主要负责直调系统稳定特性在线分析、针对薄弱点开展事故预想、编制故障处置预案、协助值长进行故障处置等工作。

主值调度员主要负责直调系统设备倒闸操作、电网运行方式调整、新设备启动调试等工作。原则上，网省调应由主值以上岗位调度员接听国调调度电话。

副值调度员主要负责直调系统运行监视及发输电计划临时调整、电力平衡分析及备用容量监视、重要断面输电能力分析，操作指令拟写、电力生产报表编制等工作。

日内现货交易员主要负责日内现货市场和辅助服务市场运营、市场出清结果安全校核、市场交易信息披露、应急调度交易组织等工作。

实习调度员通过入职培训、现场实习、跟班实习等形式熟悉电网调度工作。跟班实习期间，实习调度员可在值内人员监护下开展调度运行业务，安全责任由监护人员承担。

第2章　电力法律法规及相关规程

2.1　电力安全法律体系概述

电能是国民经济的重要能源。随着现代社会的快速发展，电力几乎进入到人们生产和生活的所有领域，人们离不开电。为了满足社会日益增长的用电需求，提高用电可靠性和电能品质，作为电力生产全过程指挥者的电力调度人员，必须树立正确的安全生产观念，遵守电力安全生产各项法律法规，掌握必要的安全管理知识和安全生产技能。根据现代系统安全工程的观点，电力安全生产是指为了使电力生产过程始终符合物质条件和工作秩序，不断消除或控制危险、有害因素，防止发生人身伤亡和财产损失等生产事故，保障人身安全与健康、保障电网稳定运行免遭破坏、保障设备和设施免受损坏的总称。简而言之，安全生产就是要"保人身、保电网、保设备"。

目前，我国各种安全生产法律法规与标准体系已逐步健全完善。与电力安全生产相关的各种法律法规及规章制度，按不同层次主要可分为：基本法律、行政法规、部门规章与地方性法规、标准规范、企业规定等，表 2-1 列举了各类别中调度运行常用的法律法规及规章制度。

表 2-1　　　　　　　　　　　　电力安全法律体系分类及典型示例

分类	名称	颁布时间	颁布部门
基本法律	《中华人民共和国电力法》（中华人民共和国主席令〔2018〕第 23 号）	1995 年 12 月（2018 年 12 月最后一次修正）	人民代表大会常务委员会
	《中华人民共和国安全生产法》（中华人民共和国主席令〔2021〕第 88 号）	2002 年 6 月（2021 年 6 月最后一次修正）	人民代表大会常务委员会
行政法规	《电力监管条例》（中华人民共和国国务院第 432 号令）	2005 年 2 月	中华人民共和国国务院
	《电网调度管理条例》（中华人民共和国国务院第 115 号令）	1993 年 2 月（2011 年 1 月最后一次修正）	中华人民共和国国务院
	《电力安全事故应急处置和调查处理条例》（中华人民共和国国务院第 599 号令）	2011 年 6 月	中华人民共和国国务院

续表

分类	名称	颁布时间	颁布部门
部门规章与地方性法规	《电力安全生产监督管理办法》（中华人民共和国国家发展和改革委员会2015年第21号令）	2015年2月	国家发展和改革委员会
	《电网运行规则》（国家电力监管委员会2006年第22号令）	2006年11月	国家电力监管委员会
	《浙江省电力条例》（浙江省第十三届人民代表大会常务委员会公告第79号）	2022年9月	浙江省人民代表大会常务委员会
标准规范	《电网运行准则》（GB/T 31464—2022）	2006年10月（2022年12月最后一次修正）	国家市场监督管理总局、中国国家标准化管理委员会
	《电力安全工作规程 电力线路部分》（GB 26859—2011）	2011年7月	国家质量监督检验检疫总局、中国国家标准化管理委员会
	《电力安全工作规程 发电厂和变电站电气部分》（GB 26860—2011）		
	《电力系统安全稳定导则》（GB 38755—2019）	2019年12月	国家市场监督管理总局、中国国家标准化管理委员会
	《电力系统技术导则》（GB/T 38969—2020）	2020年6月	国家市场监督管理总局、中国国家标准化管理委员会
企业规定	《国家电网安全事故调查规程》（国家电网安监〔2020〕820号）	2020年12月	国家电网有限公司
	《国家电网调度系统重大事件汇报规定》（国家电网企管〔2019〕591号）	2019年7月	国家电网有限公司
	各级调度电网调度控制管理规程		国家电网有限公司

本章结合电网调度运行工作实际，简要摘录了《中华人民共和国安全生产法》《电网调度管理条例》《电力安全事故应急处置和调查处理条例》《电网运行规则》《电网运行准则》《电力安全工作规程》《国家电网公司安全事故调查规程》《国家电网调度系统重大事件汇报规定》《国家电网调度控制管理规程》等电力法律法规及相关规程中与调度工作最为紧密的部分内容，作为知识点进行梳理罗列，并对其中部分条款做必要的阐述。

2.2 相关电力法律法规及规程简介

2.2.1 《中华人民共和国安全生产法》简介

《中华人民共和国安全生产法》（中华人民共和国主席令〔2021〕第88号）是一部由全国人大常委会发布，类别为劳动安全与劳动保护的法律。《中华人民共和国安全生产法》于2002年6月29日在第九届全国人民代表大会常务委员会第二十八次会议审议通过，于2002年11月1日实施，并分别于2009年8月27日、2014年8月31日、2021年6月10日历经三次修正。《中华人民共和国安全生产法》是我国安全生产领域的第一部基本法，是安全生产法治建设的里程碑，明确了安全生产应当以人为本，坚持安全第一、预防为主、综合治理的方针，强化和落实了生产经营单位的主体责任，建立了生产经营单位负责、职工参与、政府监管、行业自律和社会监督的机制，打破与纠正了长期以来"重生产、轻安全"的传统观念。

《中华人民共和国安全生产法》详细阐述了生产经营单位的安全生产保障、从业人员的安全生产权利义务、安全生产的监督管理、生产安全事故的应急救援与调查处理以及各类部门、人员所需承担的法律责任等方面内容，实行管行业必须管安全、管业务必须管安全、管生产经营必须管安全，生产经营单位的主要负责人是本单位安全生产第一责任人。

2.2.2　《电网调度管理条例》简介

《电网调度管理条例》（本节简称《条例》）对电网调度工作而言举足轻重，它正式、完整地规定了调度机构的责任、权利和义务，以及调度系统的层级结构和主要工作原则。《条例》经 1993 年 6 月 29 日中华人民共和国国务院令第 115 号发布，根据 2011 年 1 月 8 日国务院令第 588 号《国务院关于废止和修改部分行政法规的决定》进行了一次修订。至今，它依然是各级电网调度机构行使电网安全管理和运行控制的唯一最高准则。《条例》主要内容包括：

1. 电网调度

《条例》指出，电网调度是指电网调度机构（以下简称"调度机构"）为保障电网的安全、优质、经济运行，对电网运行进行的组织、指挥、指导和协调。电网调度应当符合社会主义市场经济的要求和电网运行的客观规律。电网运行实行统一调度、分级管理的原则。

2. 调度系统

《条例》明确了调度系统的组成，调度系统应该包括各级调度机构和电网内的发电厂、变电站等运行值班单位；明确了调度机构分为五级，明确了五级调度机构之间管辖范围和职权的划分原则；明确了以"服从"为宗旨的"调度纪律"；明确了调度系统值班人员的持证上岗制度。

3. 调度计划

《条例》明确调度机构应当编制下达发电、供电调度计划。值班调度人员可以按照有关规定，根据电网运行情况，调整日发电、供电调度计划。在编制调度计划时需留有备用容量。

4. 调度规则

《条例》明确了发电、供电设备的检修，应当服从调度机构的统一安排；明确了值班调度人员可以发布调度指令的五种紧急情况；明确了事故及超计划用电的限电序位表的编制流程；明确了正常情况下调度设备操作管理的严肃性，特殊情况下保人身、保电网、保设备的重要性。

5. 调度指令

《条例》在调度指令这一章中，明确了调度指令的严肃性；明确了调度指令执行出现分歧时的处置原则；明确了调度系统的值班人员"依法调度"的权威性。

6. 并网与调度

《条例》明确并网电厂需服从统一调度，并明确执行依据是并网协议。

为了更好地执行《条例》，当时的中华人民共和国电力工业部编制了《电网调度管理条例实施办法》，结合电网运行实际规律制定具体实施办法，作为《条例》的补充，是电网运行管理的具体行动指南。

2.2.3 《电力安全事故应急处置和调查处理条例》简介

2007 年，国务院公布施行了《生产安全事故报告和调查处理条例》，该条例对生产经营活动中发生的造成人身伤亡和直接经济损失的事故报告和调查处理作了规定。由于电力生产和电网运行过程中发生的影响电力系统安全稳定运行和电力正常供应，甚至造成电网大面积停电的电力安全事故，在事故等级划分、事故应急处置、事故调查处理等方面，都与《生产安全事故报告和调查处理条例》规定的生产安全事故有较大不同。因此，为了加强电力安全事故的应急处置工作，规范电力安全事故的调查处理，控制、减轻和消除电力安全事故损害，国务院制定了《电力安全事故应急处置和调查处理条例》（中华人民共和国国务院第 599 号令），自 2011 年 9 月 1 日起施行。

该条例共 6 章 37 条，针对电力安全事故的特点，明确了电力安全事故的等级划分和不同等级对应的调查部门；总结了电力安全事故应急处置的实践经验；规定了电力安全事故应急处置的主要措施；明确了电力企业、电力调度机构、重要电力用户以及政府及其有关部门的责任和义务。此外，条例还对恢复电网运行和电力供应的次序以及事故信息的发布作了规定。

根据事故影响电力系统安全稳定运行或者影响电力正常供应的程度，条例将电力安全事故划分为特别重大事故、重大事故、较大事故、一般事故四个等级，根据五个判定项来定义事故等级，每一判定项所包含的事故等级如图 2-1 所示，具体事故判断标准可参照表 2-2。与《生产安全事故报告和调查处理条例》相比，生产安全事故是以事故造成的人身伤亡和直接经济损失为依据划分事故等级的，而电力安全事故以事故影响电力系统安全稳定运行或者影响电力正常供应的程度为依据划分事故等级。

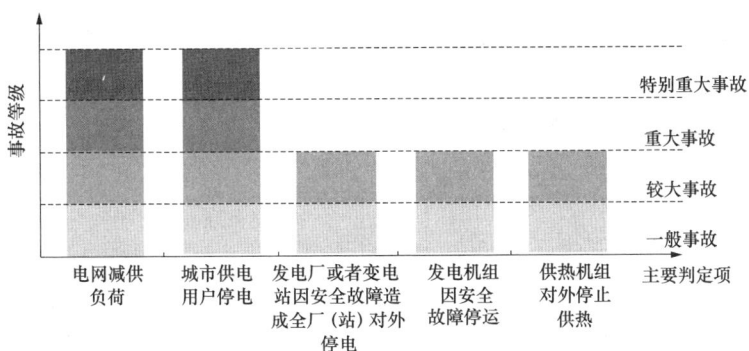

图 2-1   主要判定项和事故等级关系

表 2-2 列举了电力安全事故等级划分标准，其中"以上"包括本数，"以下"不包括本数。

表 2-2   电力安全事故等级划分标准

事故分级	造成电网减供负荷的比例	造成城市供电用户停电的比例	其他情况
特别重大事故	（1）区域性电网减供负荷 30%以上； （2）电网负荷 20000MW 以上的省、自治区电网，减供负荷 30%以上； （3）电网负荷 5000MW 以上 20000MW 以下的省、自治区电网，减供负荷 40%以上； （4）直辖市电网减供负荷 50%以上； （5）电网负荷 2000MW 以上的省、自治区人民政府所在地城市电网减供负荷 60%以上	（1）直辖市 60%以上供电用户停电； （2）电网负荷 2000MW 以上的省、自治区人民政府所在地城市 70%以上供电用户停电	无
重大事故	（1）区域性电网减供负荷 10%以上 30%以下； （2）电网负荷 20000MW 以上的省、自治区电网，减供负荷 13%以上 30%以下； （3）电网负荷 5000MW 以上 20000MW 以下的省、自治区电网，减供负荷 16%以上 40%以下； （4）电网负荷 1000MW 以上 5000MW 以下的省、自治区电网，减供负荷 50%以上； （5）直辖市电网减供负荷 20%以上 50%以下； （6）省、自治区人民政府所在地城市电网减供负荷 40%以上（电网负荷 2000MW 以上的，减供负荷 40%以上 60%以下）； （7）电网负荷 600MW 以上的其他设区的市电网减供负荷 60%以上	（1）直辖市 30%以上 60%以下供电用户停电； （2）省、自治区人民政府所在地城市 50%以上供电用户停电（电网负荷 2000MW 以上的，50%以上 70%以下）； （3）电网负荷 600MW 以上的其他设区的市 70%以上供电用户停电	无

续表

事故分级	造成电网减供负荷的比例	造成城市供电用户停电的比例	其他情况
较大事故	（1）区域性电网减供负荷 7%以上 10%以下； （2）电网负荷 20000MW 以上的省、自治区电网，减供负荷 10%以上 13%以下； （3）电网负荷 5000MW 以上 20000MW 以下的省、自治区电网，减供负荷 12%以上 16%以下； （4）电网负荷 1000MW 以上 5000MW 以下的省、自治区电网，减供负荷 20%以上 50%以下； （5）电网负荷 1000MW 以下的省、自治区电网，减供负荷 40%以上； （6）直辖市电网减供负荷 10%以上 20%以下； （7）省、自治区人民政府所在地城市电网减供负荷 20%以上 40%以下； （8）其他设区的市电网减供负荷 40%以上（电网负荷 600MW 以上的，减供负荷 40%以上 60%以下）； （9）电网负荷 150MW 以上的县级市电网减供负荷 60%以上	（1）直辖市 15%以上 30%以下供电用户停电； （2）省、自治区人民政府所在地城市 30%以上 50%以下供电用户停电； （3）其他设区的市 50%以上供电用户停电（电网负荷 600MW 以上的，50%以上 70%以下）； （4）电网负荷 150MW 以上的县级市 70%以上供电用户停电	（1）发电厂或者 220kV 以上变电站因安全故障造成全厂（站）对外停电，导致周边电压监视控制点电压低于调度机构规定的电压曲线值 20%并且持续时间 30min 以上，或者导致周边电压监视控制点电压低于调度机构规定的电压曲线值 10%并且持续时间 1h 以上； （2）发电机组因安全故障停止运行超过行业标准规定的大修时间两周，并导致电网减供负荷； （3）供热机组装机容量 200MW 以上的热电厂，在当地人民政府规定的采暖期内同时发生 2 台以上供热机组因安全故障停止运行，造成全厂对外停止供热并且持续时间 48h 以上
一般事故	（1）区域性电网减供负荷 4%以上 7%以下； （2）电网负荷 20000MW 以上的省、自治区电网，减供负荷 5%以上 10%以下； （3）电网负荷 5000MW 以上 20000MW 以下的省、自治区电网，减供负荷 6%以上 12%以下； （4）电网负荷 1000MW 以上 5000MW 以下的省、自治区电网，减供负荷 10%以上 20%以下； （5）电网负荷 1000MW 以下的省、自治区电网，减供负荷 25%以上 40%以下； （6）直辖市电网减供负荷 5%以上 10%以下； （7）省、自治区人民政府所在地城市电网减供负荷 10%以上 20%以下； （8）其他设区的市电网减供负荷 20%以上 40%以下； （9）县级市减供负荷 40%以上（电网负荷 150MW 以上的，减供负荷 40%以上 60%以下）	（1）直辖市 10%以上 15%以下供电用户停电； （2）省、自治区人民政府所在地城市 15%以上 30%以下供电用户停电； （3）其他设区的市 30%以上 50%以下供电用户停电； （4）县级市 50%以上供电用户停电（电网负荷 150MW 以上的，50%以上 70%以下）	（1）发电厂或者 220kV 以上变电站因安全故障造成全厂（站）对外停电，导致周边电压监视控制点电压低于调度机构规定的电压曲线值 5%以上 10%以下并且持续时间 2h 以上； （2）发电机组因安全故障停止运行超过行业标准规定的小修时间两周，并导致电网减供负荷； （3）供热机组装机容量 200MW 以上的热电厂，在当地人民政府规定的采暖期内同时发生 2 台以上供热机组因安全故障停止运行，造成全厂对外停止供热并且持续时间 24h 以上

2.2.4 《电网运行规则》简介

《电网运行规则（试行）》（国家电力监管委员会第 22 号令）于 2006 年 11 月 3 日公布，自 2007 年 1 月 1 日起施行。在《电网运行规则（试行）》（本节以下简称《规则》）中，作为电力监管部门制定的规定、规则，重点提出了以下内容和要求：

1. "三公"调度

《规则》第三条，在重申"电网运行实行统一调度、分级管理"后，作为由电监会组织制定的电网运行规则，着重提出"电力调度应当公开、公平、公正"。"三公"调度是在电力体制改革逐步打破垄断建立电力市场体制情况下的必然要求。

2. 并网基本条件和并网安全性评价

《规则》第十七条规定"新建、改建、扩建的发电工程、输电工程和变电工程投入运行前，调度机构应当根据国家有关规定、技术标准和规程，组织认定拟并网方的并网基本条件"。

第二十条中明确提出了新建、改建、扩建的发电机组并网应当具备的九项基本条件，内容包括电压调节器、电力系统稳定器、一次调频、自动发电控制、通信和自动化等各个方面。

在第二十六条中，明确提出了主网直供用户并网应当具备的三项基本条件，内容包括上报数据和上送信息要求、计量点设置和涉网管理要求。

3. 对电网的监管

《规则》第三十条规定"调度机构应当向电力监管机构报送年度运行方式"。第三十一条规定"调度机构依照国家有关规定组织制定电力调度管理规程，并报电力监管机构备案"。

4. 电网反事故措施

《规则》第四十六条规定："电网企业及其调度机构应当根据国家有关规定和有关国家标准、行业标准，制订和完善电网反事故措施、系统黑启动方案、系统应急机制和反事故预案"。

5. 电网使用者和主网直供用户

《规则》第四十九条规定"本规则所称电网使用者是指通过电网完成电力生产和消费的单位，包括发电企业（含自备发电厂）、主网直供用户等"。

同时，指出"本规则所称主网直供用户是指与省（直辖市、自治区）级以上电网企业签订购售电合同的用户或者通过电网直接向发电企业购电的用户"。

2.2.5 《电网运行准则》简介

《电网运行准则》（GB/T 31464—2022，本节简称《准则》）最初基于原行业标准《电网运行准则》（DL/T 1040—2007）进行升级完善，于 2015 年 5 月发布，2022 年 12 月进行修订，于 2023 年 7 月 1 日起正式实施。《准则》的正式发布及实施，标志着我国电网运行管理向法制化、制度化迈出了重要而坚实的一步，具有里程碑意义。

与《电网运行规则》相比，《规则》更侧重于管理和责任，明确电网企业及其调度机构、电网使用者在电网运行各相关阶段的基本责任、权利和义务。《准则》则侧重于技术标准和工作程序，明确了在电力系统规划、设计与建设阶段，为满足电网安全稳定运行所要求的技术条件；明确了电网企业、发电企业所必须相互满足的基本技术要求和工作程序等；明确了电网企业、发电企业等电网用户在并网接入和电网运行中所必须满足的基本技术要求和工作程序等，以确保电网与电厂的安全、稳定、经济运行，使我国社会经济运行、工农业生产与人民生活的正常秩序得到可靠的电力保障。

作为国家标准，《准则》的内容非常全面，原则性要求非常明确，规定了电网运行与控制的基本要求和基本原则。特别是"电网运行"章节，内容包含负荷预测、设备检修、发用电平衡、辅助服务，频率及电压控制、负荷控制、电网操作、水电运行、风光发电运行、继电保护运行、直流输电系统运行等，可以说涵盖电网运行的方方面面，是电网运行工作的具体行动指南。《准则》中，明确提出了很多具体的技术要求，为日常的调度运行管理提供充足的政策支持。

2.2.6 《电力安全工作规程》简介

《电力安全工作规程》（以下简称《安规》）是指导一切电力安全工作的行为规范，它主要是规范人员行为，保证电网、设备、人身安全，其中与调度工作关系较为密切的是《电力安全工作规程　电力线路部分》（GB 26859—2011）以及《电力安全工作规程　发电厂和变电站电气部分》（GB 26860—2011）。2013 年，为适应变电站无人值守等新形势，国家电网有限公司组织制定并印发了《安规》修订补充意见，后续形成并发布了企业标准《电力安全工作规程（变电部分）》（Q/GDW 1799.1—2013）、《电力安全工作规程（线路部分）》（Q/GDW 1799.2—2013）。2014 年、2016 年、2018 年，国家电网有限公司先后发布了《国家电网公司电力安全工作规程（配电部分）（试行）》《国家电网公司电力安全工作规程（电网建设部分）（试行）》《国家电网公司电力安全工作规程（信息、电力通信、电力监控部分）（试行）》。

《电力安全工作规程（变电部分）》主要内容包括总则；高压设备工作的基本要求；保证安全的组织措施；保证安全的技术措施；线路作业时变电站和发电厂的安全措施；带电作业；发电机、同期调相机和高压电动机的检修、维护工作；在六氟化硫（SF_6）电气设备上的工作；在停电的低压配电装置和低压导线上的工作；二次系统上的工作；电气试验；电力电缆工作；一般安全措施；起重与运输；高处作业十五部分。

《电力安全工作规程（线路部分）》主要内容包括总则；保证安全的组织措施；保证安全的技术措施；线路运行和维护；邻近带电导线的工作；线路施工；高处作业；起重与运输；配电设备上的工作；带电作业；施工机具和安全工器具的使用、保管、检查和试验；

电力电缆工作；一般安全措施十三部分。

由于电力调度的调度管辖范围包括变电设备和电力线路，因此要求电力调度员对《安规》中相关条款具有足够的理解和掌握。

2.2.7 《国家电网公司安全事故调查规程》简介

为了规范国家电网有限公司系统安全事故报告和调查处理，落实安全事故责任追究制度，国家电网有限公司根据《生产安全事故报告和调查处理条例》（国务院令第 493）号、《电力安全事故应急处置和调查处理条例》（国务院令第 599 号，本节中简称《条例》）等法规制定了《国家电网公司安全事故调查规程》。

《国家电网公司安全事故调查规程》对《电力安全事故应急处置和调查处理条例》进行了细化，规定安全事故体系由人身、电网、设备和信息系统四类事故组成，将《条例》中规定的四个等级事件扩展为一至八级事件，其中一至四级事件对应国家相关法规定义的特别重大事故、重大事故、较大事故和一般事故，五至八级事件则继续向下进行细化，对体量更小的事故进行了等级划分。

人身伤亡事故包括在国家电网有限公司系统各单位工作场所或承包租赁的工作场所发生的人身伤亡、被单位派出到用户工程工作（外委）发生的人身伤亡、单位组织的集体外出活动过程中发生的人身伤亡、乘坐单位组织的交通工具发生的人身伤亡、员工因公外出发生的人身伤亡等各种情况，分为一至八级八个事件等级。

电网事故主要包括电网减供负荷、城市供电用户停电、发电厂或者变电站因安全故障造成全厂（站）对外停电、发电机组因安全故障停运、供热机组对外停止供热、电网振荡和解列、电网设备非计划停运、电网电能质量降低等情况，分为一至八级八个事件等级。其中，一至四级电网事件分别对应 2.2.3 介绍的《电力安全事故应急处置和调查处理条例》中的特别重大事故、重大事故、较大事故、一般事故，判定标准基本一致（除供热机组归入设备事件外），因此本节只列出五至八级电网事件的判定标准，具体如表 2-3 所示。

表 2-3　　　　　　　　　　　　电网事件等级划分及判定标准

事件分级	判　定　标　准
五级电网事件	未构成一般以上电网事故（四级以上电网事件），符合下列条件之一者定为五级电网事件： （1）造成电网减供负荷 100MW 以上者。 （2）220kV 以上电网非正常解列成三片以上，其中至少有三片每片内解列前发电出力和供电负荷超过 100MW。 （3）220kV 以上系统中，并列运行的两个或几个电源间的局部电网或全网引起振荡，且振荡超过一个周期（功角超过 360°），无论时间长短，或是否拉入同步。

续表

事件分级	判 定 标 准
五级电网事件	（4）变电站内 220kV 以上任一电压等级母线非计划全停。 （5）220kV 以上系统中，一次事件造成同一变电站内两台以上主变压器跳闸。 （6）500kV 以上系统中，一次事件造成同一输电断面两回以上线路同时停运（同一输电断面两回以上线路包括同杆双回和同杆多回线路）。 （7）±400kV 以上直流输电系统双极闭锁或多回路同时换相失败。 （8）500kV 以上系统中，断路器失灵、继电保护或自动装置不正确动作致使越级跳闸。 （9）电网电能质量降低，造成下列后果之一者： 1）频率偏差超出以下数值：装机容量在 3000MW 以上电网，频率偏差超出 50Hz±0.2Hz，延续时间 30min 以上。装机容量在 3000MW 以下电网，频率偏差超出 50Hz±0.5Hz，延续时间 30min 以上。 2）500kV 以上电压监视控制点电压偏差超±5%，延续时间超过 1h。 （10）一次事件风电机组脱网容量 500MW 以上。 （11）装机总容量 1000MW 以上的发电厂因安全故障造成全厂对外停电。 （12）地市级以上地方人民政府有关部门确定的特级或一级重要电力用户电网侧供电全部中断
六级电网事件	未构成五级以上电网事件，符合下列条件之一者定为六级电网事件： （1）造成电网减供负荷 40MW 以上 100MW 以下者。 （2）变电站内 110kV（含 66kV）母线非计划全停。 （3）一次事件造成同一变电站内两台以上 110kV（含 66kV）主变压器跳闸。 （4）220kV（含 330kV）系统中，一次事件造成同一变电站内两条以上母线或同一输电断面两回以上线路同时停运。 （5）±400kV 以下直流输电系统双极闭锁或多回路同时换相失败；或背靠背直流输电系统换流单元均闭锁。 （6）220kV 以上 500kV 以下系统中，开关失灵、继电保护或自动装置不正确动作致使越级跳闸。 （7）电网安全水平降低，出现下列情况之一者： 1）区域电网、省（自治区、直辖市）电网实时运行中的备用有功功率不能满足调度规定的备用要求。 2）电网输电断面超稳定限额连续运行时间超过 1h。 3）220kV 以上线路、母线失去主保护。 4）互为备用的两套安全自动装置（切机、切负荷、振荡解列、集中式低频低压解列等）非计划停用时间超过 72h。 5）系统中发电机组 AGC 装置非计划停用时间超过 72h。 （8）电网电能质量降低，造成下列后果之一者： 1）频率偏差超出以下数值：在装机容量 3000MW 以上电网，频率偏差超出 50Hz±0.2Hz。在装机容量 3000MW 以下电网，频率偏差超出 50Hz±0.5Hz。 2）220kV（含 330kV）电压监视控制点电压偏差超出±5%，延续时间超过 30min。 （9）装机总容量 200MW 以上 1000MW 以下的发电厂因安全故障造成全厂对外停电。 （10）地市级以上地方人民政府有关部门确定的二级重要电力用户电网侧供电全部中断
七级电网事件	未构成六级以上电网事件，符合下列条件之一者定为七级电网事件： （1）35kV 以上输变电设备异常运行或被迫停止运行，并造成减供负荷者。 （2）变电站内 35kV 母线非计划全停。 （3）220kV 以上单一母线非计划停运。 （4）110kV（含 66kV）系统中，一次事件造成同一变电站内两条以上母线或同一输电断面两回以上线路同时停运。 （5）直流输电系统单极闭锁；或背靠背直流输电系统单换流单元闭锁。 （6）110kV（含 66kV）系统中，断路器失灵、继电保护或自动装置不正确动作致使越级跳闸。 （7）110kV（含 66kV）变压器等主设备无主保护，或线路无保护运行。 （8）地市级以上地方人民政府有关部门确定的临时性重要电力用户电网侧供电全部中断
八级电网事件	未构成七级以上电网事件，符合下列条件之一者定为八级电网事件： （1）10kV（含 20kV、6kV）供电设备（包括母线、直配线）异常运行或被迫停止运行，并造成减供负荷者。 （2）10kV（含 20kV、6kV）配电站非计划全停。 （3）直流输电系统被迫降功率运行。 （4）35kV 变压器等主设备无主保护，或线路无保护运行

设备事故包括造成直接经济损失、锅炉爆炸或因安全故障中断运行、压力容器压力管道有毒介质泄漏造成人员转移、起重机械坠落、输变电设备损坏等情况，分为一至八级八个事件等级。

信息系统事故主要包括公司各级单位对外通信中断、调度电话、调度数据网、公司信息网、应急通信系统等通信业务中断等各种情况，分为五至八级四个事件等级。

2.2.8 《国家电网调度系统重大事件汇报规定》简介

为提高调度系统突发事件应对能力，强化电网运行统筹协调，确保发生重大事件时信息通报及时、准确、畅通，保障电网安全运行，新版《国家电网调度系统重大事件汇报规定》（本小节简称《规定》）于 2019 年 8 月 23 日起施行。

《规定》对调度系统重大事件进行了分类以及明确了各类重大事件的汇报时间、内容、组织等要求。当调度系统发生重大事件时，省级调度员应按照《规定》的细则及要求，及时向上级调度汇报。其中，调度系统重大事件包括特急报告类、紧急报告类和一般报告类事件。三类报告事件依照《电力安全事故应急处置和调查处理条例》《国家大面积停电事件应急预案》《国家电网公司大面积停电事件应急预案》以及《国家电网公司安全事故调查规程》中已设的事故、停电事件等级进行划分，三类报告事件对应的事故、停电事件总结如下。

1. 特急报告类事件

《电力安全事故应急处置和调查处理条例》规定的特别重大事故、重大事故中涉及电网减供负荷的事故，《国家电网公司安全事故调查规程》规定中涉及电网减供负荷的一、二级电网事件，以及《国家大面积停电事件应急预案》《国家电网公司大面积停电事件应急预案》规定的特别重大、重大大面积停电事件。

2. 紧急报告类事件

（1）《电力安全事故应急处置和调查处理条例》规定的较大事故、一般事故中涉及电网减供负荷的事故，《国家电网公司安全事故调查规程》规定中涉及电网减供负荷的三、四级电网事件，以及《国家大面积停电事件应急预案》《国家电网公司大面积停电事件应急预案》规定的较大、一般大面积停电事件。

（2）《电力安全事故应急处置和调查处理条例》规定的较大事故、一般事故中涉及电网电压过低、供热受限的事故。

（3）《国家电网公司安全事故调查规程》规定中涉及电网减供负荷、电压过低、供热受限的事件。

（4）除上述事件外的如下电网异常情况：

1）省（自治区、直辖市）级电网与所在区域电网解列运行故障。

2）区域电网内 500kV 以上电压等级同一送电断面出现 3 回以上线路相继跳闸停运的事件；因同一次恶劣天气、地质灾害等外力原因造成区域电网 500kV 以上线路跳闸停运 3 回以上，或省级电网 220kV 以上线路跳闸停运 5 回以上的事件。

3）北京、上海、天津、重庆等重点城市发生停电事件，造成重要用户停电，对国家政治、经济活动造成重大影响的事件。

4）电网重要保电时期出现保电范围内减供负荷、拉限电等异常情况。

3．一般报告类事件

（1）《国家电网公司安全事故调查规程》规定的五级电网事件及五级设备事件中涉及电网安全的内容。

（2）电网内出现四级以上的"电网运行风险预警通知单"对应的停电检修、调试等事件。

（3）除上述事件外的如下电网异常情况：

1）发生 110kV 以上局部电网与主网解列运行故障事件。

2）装机容量 3000MW 以上电网，频率超出 50Hz±0.2Hz；装机容量 3000MW 以下电网，频率超出 50Hz±0.5Hz。

3）因 220kV 以上电压等级厂站设备非计划停运造成负荷损失、拉路限电、稳控装置切除负荷、低频低压减负荷装置动作等减供负荷事件。

4）在电力供应不足或特定情况下，电网企业在当地电力主管部门的组织下，实施了限电、拉路等有序用电措施。

5）厂站发生 220kV 以上任一电压等级母线故障全停或强迫全停事件。

6）恶劣天气、水灾、火灾、地震、泥石流及外力破坏等导致 110（66）kV 变电站全停、3 个以上 35kV 变电站全停或减供负荷超过 40MW 等对电网运行产生较大影响的事件；发生日食、太阳风暴等自然现象并对电网运行产生较大影响的事件。

7）通过 220kV 以上电压等级并网且水电装机容量在 100MW 以上或火电、核电装机容量在 1000MW 以上的电厂运行机组故障全停或强迫全停事件。

8）因电网故障异常等原因造成风电、光伏出现大规模脱网或出力受阻容量在 500MW 以上的事件。

9）电网发生低频振荡、次同步振荡、机组功率振荡等异常电网波动；火电厂出现扭振保护（TSR）动作导致机组跳闸的情况。

10）地级以上调控机构、220kV 以上厂站发生误操作、误碰、误整定、误接线等恶性人员责任事件。

11）单回 500kV 以上电压等级线路故障停运及强迫停运事件。

12）220kV 以上电压等级电流互感器（TA）、电压互感器（TV）着火或爆炸等设备事件。

13）公司资产的水电站、抽蓄电站发生重大设备损坏，导致单机容量 100MW 以上机组检修工期超过 14 天的事件。

14）各级调控机构与超过 30%直调厂站的调度电话业务中断或与超过 30%直调厂站的调度数据网业务中断、调度控制系统 SCADA 功能全部丧失的事件。

15）各级调控机构调控场所（包括备用调控场所）发生停电、火灾、外力破坏等事件；省级以上调控机构调控场所（包括备用调控场所）发生主备调切换或切换至临时调度场所等事件。

16）当举办党和国家重大活动、重要会议，电网企业承办重要保电工作，接到保电任务并开始编制调度保电方案的事件。

17）省级以上调控机构接受电力监管，或监管机构监管检查中下发事实确认书、整改通知书内容涉及调控机构的事件。

18）因电网突发的严重缺陷和隐患，可能导致影响铁路、公路、城市轨道交通、航运、机场等公共交通并造成较大社会影响的事件；因电网原因造成的铁路、公路、城市轨道交通、航运、机场等公共交通中断或延误的事件。

19）因电网原因影响城市供水、供热、供气及政府机构、医院、广播电视台等重要电力用户，在省级以上新闻（含网络）媒体出现报道等造成较大社会影响的事件。

20）其他对调控运行或电网安全产生较大影响及造成较大社会影响的事件。

4. 重大事件汇报要求

（1）重大事件汇报的时间要求。

1）在直调范围内发生特急报告类事件的调控机构调度员，须在 15min 内向上一级调控机构调度员进行特急报告，省调调度员须在 15min 内向国调调度员进行特急报告。

2）在直调范围内发生紧急报告类事件的调控机构调度员，须在 30min 内向上一级调控机构调度员进行紧急报告，省调调度员须在 30min 内向国调调度员进行紧急报告。

3）在直调范围内发生一般报告类事件的调控机构调度员，须在 2h 内向上一级调控机构调度员进行一般报告，省调调度员须在 2h 内向国调调度员进行一般报告。

4）在直调范围内发生造成较大社会影响事件的调控机构调度员须在获知相应社会影响后第一时间向上一级调控机构调度员进行报告，省调调度员须在获知相应社会影响后第一时间向国调调度员进行报告。

5）相应调控机构在接到下级调控机构事件报告后，应按照逐级汇报的原则，5min 内将事件情况汇报至上一级调控机构，省调应同时上报国调和分中心。

6）特急报告类、紧急报告类、一般报告类事件应按调管范围由发生重大事件的调控机构尽快将详细情况以书面形式报送至上一级调控机构，省调应同时抄报国调。

7）分中心或省调发生与所有直调厂站调度电话业务全部中断、调度数据网业务全部中断或调度控制系统 SCADA 功能全部丧失事件，应立即报告国调调度员；地县调发生与直调厂站调度电话业务全部中断、调度数据网业务全部中断或调度控制系统 SCADA 功能全部丧失事件，应立即逐级报告省调调度员。

8）各级调控机构调度控制系统应具有大面积停电分级告警和告警信息逐级自动推送功能。

（2）重大事件汇报中，在内容上要求：

1）发生文中规定的重大事件后，相应调控机构的汇报内容主要包括事件发生时间、概况、造成的影响等情况。

2）在事件处置暂告一段落后，相应调控机构应将详细情况汇报上级调控机构，内容主要包括：事件发生的时间、地点、运行方式、保护及安全自动装置动作、影响负荷情况；调度系统应对措施、系统恢复情况；以及掌握的重要设备损坏情况，对社会及重要用户影响情况等。

3）当事件后续情况更新时，如已查明故障原因或巡线结果等，相应调控机构应及时向上级调控机构汇报。

（3）重大事件汇报中，在组织上要求：

1）发生特急报告类、紧急报告类事件，除值班调度员报告外，相应调控机构负责生产的相关领导应及时了解情况，并向上级调控机构汇报事件发展及处理的详细情况，符合《电力安全事故应急处置和调查处理条例》《国家电网公司安全事故调查规程》调查条件的事件，要及时汇报调查进展。

2）在发生严重电网事故或受自然灾害影响，恢复系统正常方式需要较长时间时，相关调控机构应随时向上级调控机构汇报恢复情况。

2.2.9 《国家电网调度控制管理规程》

《国家电网调度控制管理规程》（本小节简称《国调调规》）用于国家电网电力调度中心调管范围内发输变电系统的调控运行管理，主要用于指导相关管理、运行操作和故障处理。与国调有实时调度业务联系的各级调控机构以及相关运行、维护单位均应遵守《国调调规》。同时，《国调调规》对省级及以下调规编写也具有指导作用。现将 2014 版《国家电网调度控制管理规程》内容简述于表 2-4，具体内容不再详述。

表 2-4　　　　　　　　　　2014 版《国家电网调度控制管理规程》内容简述

章节名	内　容
总则	包括基本原则、适用范围等内容
调度管辖范围及职责	包括直接调度设备、授权调度设备、许可调度设备定义、省地县三级调度的管辖范围、监控范围划分等，规定了调控管理的主要任务、各调度的主要职责等内容
调度管理制度	包括调控机构值班调度员职能与责任、调度通信、录音、调度员素质、调度对象管理规定等内容
运行方式和稳定管理	包括电网运行方式管理、年度运行方式、夏（冬）季运行方式、临时运行方式、在线安全稳定分析等内容
调度计划管理	包括年度、月度、周和日前调度计划编制、日前发输电计划编制、日前计划安全校核等内容
输变电设备投运管理	包括调度命名管理工作、新设备投运关键节点管理、新设备投产启动必须具备的条件等内容
并网电厂调度管理	包括发电厂并网管理、并网电厂运行管理、燃料管理等内容
电网频率调整及调度管理	包括电网频率标准、频率调整、各级调度频率控制职责、自动低频减载装置等内容
电网电压调整和无功管理	包括无功电压管理原则、电压调整和无功控制主要工作内容、调控机构无功平衡分析要求、电压监控要求、发电厂的电压控制要求、发电机无功控制的原则、变电站的电压控制要求等内容
电网稳定管理	包括电网稳定管理原则与机制、电网稳定分析、稳定限额及断面管理、安全稳定控制措施管理等内容
调控运行操作规定	包括调度倒闸操作原则、监控远方操作原则、调度倒闸操作指令票、系统解并列、合解环操作、断路器操作、隔离开关操作、变压器操作、发电机操作、零起升压操作、直流系统操作等内容
电网故障处置	包括故障处置原则和要求、电网故障协同处置、频率电压异常处置、输电断面功率越限处置、电网同步振荡处置、电网稳定破坏故障处置、线路故障处置、发电机故障处置、母线故障处置、断路器故障处置、变压器及高压电抗器故障处置、电压互感器故障处置、直流输电系统故障处置、二次设备故障处置、自动化系统主要功能失效处置、调度通信联系中断处置等内容

续表

章节名	内　容
继电保护和安全自动装置管理	包括继电保护装置管理、定值管理、继电保护运行管理、专业技术管理、智能变电站继电保护和安全自动装置管理、直流输电系统保护管理等内容
调度自动化管理	包括调度自动化管理基本原则、调度自动化运行管理、调控运行通信业务等内容
清洁能源调度管理	包括水库调度运行管理、风电场及光伏电站调度运行管理等内容
设备监控管理	包括设备监控管理业务概述、设备运行管理、设备监控管理工作等内容
备用调度管理	包括电网备用管理概述、备用场所及技术支持系统管理、备调人员管理、备调演练、备调启用等内容
附录	包括电网调度术语等内容

第3章 火力发电厂的调度运行

火力发电是指利用化石燃料（煤、油、天然气）燃烧时产生的热能来生产电能的发电方式。受限于我国"多煤、少油、缺气"的自然资源条件，我国能源结构以煤为主，所以目前发电行业也以火力发电为主，水能、核能、新能源等其他发电能源为辅。截至 2023 年底全国全口径发电装机容量 2.92TW（29.2 亿 kW），其中火电装机容量 1.39TW，占总装机容量的 47.6%。

按照燃料的不同，火力发电厂可以分为燃煤火力发电厂、燃气火力发电厂、燃油火力发电厂、生物质能火力发电厂和沼气火力发电厂等。按产品性质分类火力发电厂可分为只能生产电能的凝汽式发电厂和热电联产的热电厂。本章将重点对最为常见的燃煤和燃气火力发电厂的设备及运行进行介绍。

3.1 燃煤火力发电厂的生产过程和主要设备

3.1.1 燃煤火力发电厂的生产过程简介

燃煤火力发电厂的生产过程实质是一个能量转换过程：首先燃料在锅炉中燃烧加热水，使水变成蒸汽，将燃料的化学能转变成热能，蒸汽压力推动汽轮机旋转，热能转换成机械能；然后汽轮机带动发电机旋转，将机械能转变成电能。由于锅炉、汽轮机和发电机三大设备分别完成了能量形式的三次转换，因此锅炉、汽轮机和发电机又称为火电厂的三大主机，它们通过管道或线路相连构成三大生产主系统，即燃烧系统、汽水系统和电气系统。

1. 燃烧系统

原煤经过碎煤机进行破碎处理后，由输煤皮带从煤场送到煤仓间的煤斗内，再经过给煤机进入磨煤机进行磨粉，磨好的煤粉经由空气预热器来的热风进行烘干，随后通过排粉机送至粉仓，排粉机将煤粉打入喷燃器送到锅炉进行燃烧。燃烧后产生的烟气经过电除尘清除粉尘后，由引风机引出送至脱硫塔并利用石浆喷淋进行脱硫，最后再经由烟筒排入大气。煤燃烧后的炉渣经过冷灰斗冷却、汇集后，通过冲灰沟送入灰场。

2. 汽水系统

水在锅炉中加热后蒸发成蒸汽，经过热器进一步加热，成为具有规定压力和温度的过热蒸汽，然后经过管道送入汽轮机。在汽轮机中，蒸汽不断膨胀，高速流动，冲击汽轮机的转子，以额定转速（3000r/min）旋转，将热能转换成机械能，带动与汽轮机同轴的发电机发电。做完功后的低温低压蒸汽由再热器加热成过热蒸汽后被重新送入蒸汽机继续做功。蒸汽最后从汽轮机下部排出。排出的蒸汽称为乏汽，随后送入凝汽器。在凝汽器中，汽轮机的乏汽被冷却水冷却，凝结成水。凝汽器下部所凝结的水由凝结水泵升压后进入低压加热器和除氧器，提高水温并除去水中的氧（以防止腐蚀炉管等），再由给水泵进一步升压，然后进入高压加热器，回到锅炉，完成水—蒸汽—水的循环。经给水泵处理后的凝结水称为给水。汽水系统中的蒸汽和凝结水在循环过程中总有一些损失，因此必须不断向给水系统补充经过化学处理的水。补给水进入除氧器，同凝结水一块由给水泵打入锅炉。

3. 电气系统

发电机发出的电能，一般由主变压器升高电压后，经变电站高压电气设备和输电线路送往电网。极少部分电能，通过厂用变压器降低电压后，经厂用电配电装置和电缆供厂内风机、水泵等各种辅机设备和照明等用电。

典型燃煤发电厂生产流程图如图 3-1 所示。

3.1.2 燃煤发电厂的锅炉设备

3.1.2.1 锅炉简介

锅炉是火力发电厂的三大主机之一，如图 3-2 所示，其作用是利用燃料在炉膛内燃烧释放的热能加热锅炉给水，生产足够数量的、达到规定参数和品质的过热蒸汽，推动汽轮机旋转做功，进而带动发电机发电输出电能。燃煤发电厂以煤炭为原料，采用煤粉锅炉燃烧煤粉产生蒸汽，煤粉锅炉是以 $10\sim100\mu m$ 细小颗粒的煤粉为燃料的锅炉，由于细小颗粒煤粉具有着火容易、燃尽度高的优势，因此煤粉锅炉具有燃烧效率高，燃料适应性较强，便于大型化等方面的优点。现代高参数、大容量火力发电机组大多采用煤粉锅炉作为其主设备。

按照锅炉产生蒸汽的参数等级可将火力发电机组分为低温低压、中温中压、高温高压、超高压、亚临界、超临界和超超临界等机组，相关蒸汽参数如表 3-1 所示。

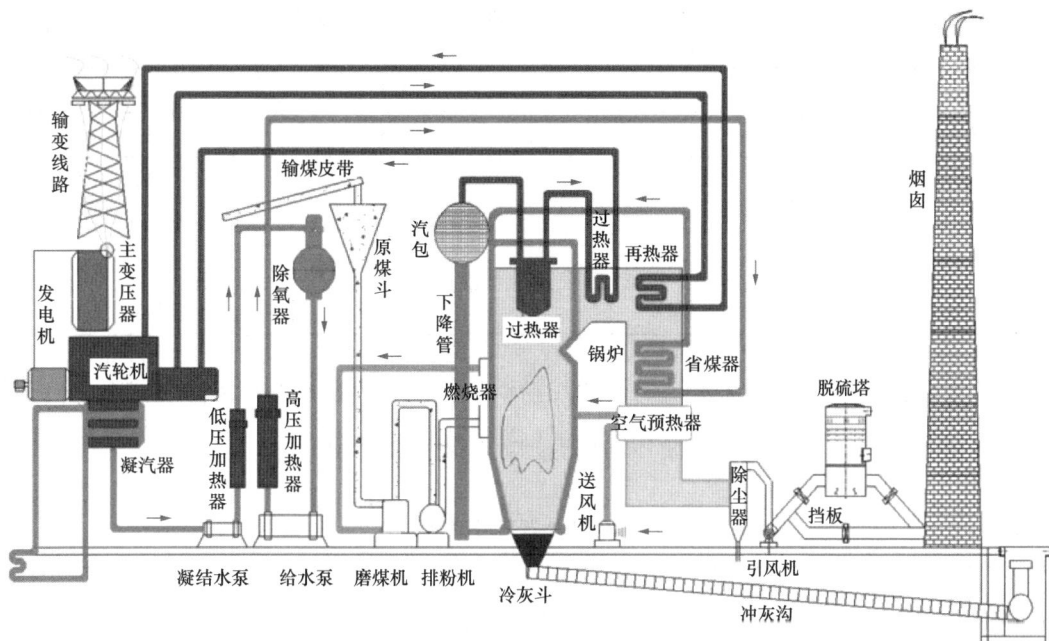

图 3-1　典型燃煤发电厂生产流程图

图 3-2　燃煤发电厂锅炉整体示意图

表 3-1　　　　　　　　　　　火力发电机组蒸汽参数等级表

蒸汽参数等级	锅炉/蒸汽轮机蒸汽压力（MPa）	锅炉/蒸汽轮机蒸汽温度（℃）	单机容量（MW）
低温低压	≤2.35	≤225	6

蒸汽参数等级	锅炉/蒸汽轮机蒸汽压力（MPa）	锅炉/蒸汽轮机蒸汽温度（℃）	单机容量（MW）
中温中压	3.9	435	22～25
高温高压	9.8～10.8	535	50～100
超高压	13.5	538	125～200
亚临界	16.7	538	250～600
超临界	24.0	565	600～1000
超超临界	30.0	600	600～1000

按锅炉蒸发受热面内工质流动的方式煤粉锅炉可以分为自然循环锅炉、强制循环锅炉、控制循环锅炉、直流锅炉、复合循环锅炉五种，如表 3-2 所示。

表 3-2　　　　　　　　　　　　　锅炉循环方式分类表

循环方式	简　　介
自然循环锅炉	靠不受热的下降水管中的水柱与受热的上升管中汽水混合物水柱的重量差而流动
强制循环锅炉	靠装于不受热的大直径下降管回路中的再循环泵的压力而流动
控制循环锅炉	控制循环锅炉是在强制循环锅炉的上升管入口处加装不同直径的节流圈，以调整工质在各上升管中的流量分配，防止循环停滞或倒流等故障
直流锅炉	直流锅炉没有汽包，以给水泵的压力使给水经预热、蒸发、过热，一次流过锅炉各受热面
复合循环锅炉	由直流锅炉改进而成，除有给水泵外，还装有再循环泵。此种锅炉在 60%～80% 额定负荷以下时，按再循环方式运行，在 80%额定负荷以上时，按直流锅炉方式运行

3.1.2.2　锅炉设备

锅炉本体设备包括燃烧系统设备、汽水系统设备、炉墙及钢架等。锅炉辅助设备包括给水设备、通风设备、燃料输送设备、制粉设备、除尘除灰设备及一些锅炉附件和自动控制装置，下面分别介绍锅炉的主要设备。

1. 燃烧系统及设备

燃烧设备主要包括炉膛（燃烧室）、燃烧器、点火装置、空气预热器、烟道等。

（1）炉膛。炉膛是煤粉气流的燃烧空间，它是由四面炉墙和炉顶围成的高大的立体空间，炉膛四周布满了蒸发受热面（水冷壁），有时也敷设墙式过热器和再热器，用以吸收煤粉燃烧放出的热量。

（2）燃烧器。燃烧器是主要燃烧设备，它用于将空气和燃料按一定方式、比例和速度送入炉膛，从而形成着火条件，并使燃料与空气强烈而均匀地混合，为燃料迅速稳定着火和完全燃烧创造条件。

（3）点火装置。点火装置主要用于锅炉启动时点燃主燃烧器的煤粉气流。

（4）空气预热器。空气预热器是锅炉尾部烟道中的一种低温受热面，安装在省煤器后面的烟道中。通过利用锅炉尾部烟气热量来加热燃烧所需空气，回收了烟气热量、降低了排烟温度，从而提高了锅炉效率，如图 3-3 所示。

(a)　　　　　　　　　　　　　　　　(b)

图 3-3　空气预热器

（a）外部；（b）内部

（5）烟道。烟道的主要作用是引导烟气排放，其内部设有除尘、净化装置，可以清理烟气中的灰尘、二氧化硫、氮氧化物等有害物质，避免对环境和人体带来危害。另外，烟道的风门还可根据需要进行调整，以控制锅炉烟气的排放速度和压力，确保锅炉燃烧效率的稳定和连续性。

2. 汽水系统及设备

锅炉的汽水系统及设备主要包括省煤器、汽包、下降管、水冷壁、过热器、再热器等设备。

（1）汽包。汽包是自然循环锅炉和强制循环锅炉中最重要的承压设备。汽包是锅炉汽水设备的连接枢纽，它一方面汇集省煤器来的给水，并将水分配给下降管；另一方面又汇集水冷壁产生的汽水，在负荷变化较快时起缓冲作用，有利于调节和控制锅炉蒸汽参数。

（2）下降管。下降管布置在锅炉炉膛外，不受热。下降管用于将汽包内的水送入水冷壁。直流锅炉不存在下降管。

（3）水冷壁。水冷壁是敷设在炉膛四周的辐射受热面，它同时具有吸收热量产生蒸汽和保护炉墙的功能。

（4）省煤器。省煤器安装于锅炉尾部烟道下部，是利用锅炉尾部烟道中烟气的热量来加热给水的一种热交换器。

（5）过热器和再热器。过热器和再热器一般安装于烟道出口，是加热蒸汽的受热面。过热器按照布置位置和传热方式不同，分为对流式、辐射式及半辐射式，是负责将锅炉中将蒸汽从饱和温度进一步加热至高品质的过热蒸汽的部件；过热蒸汽在汽轮机高压缸中做功后，低压低温的蒸汽（称冷再）被重新引入再热器；再热器再将汽轮机高压缸的排汽加热成再热蒸汽，降低汽轮机末级叶片蒸汽湿度；加热后的再热蒸汽（称热再）再进入汽轮机中、低压缸继续做功，最后进入凝汽器凝结成水，如果再热压力合适，还能提高电厂循环热效率。

3．制粉系统及设备

制粉系统的工作任务是将煤进行干燥和磨细，生产出细度和水分合格的煤粉，保证锅炉燃烧需要。锅炉制粉系统及设备分为直吹式和中间仓储式两种。

制粉系统及设备，如图 3-4 所示，主要包括给煤机、磨煤机、粗粉分离器、细粉分离器、给粉机和输粉机等。

图 3-4　制粉系统示意图

（1）给煤机。其作用是根据磨煤机或锅炉负荷的需要来调节给煤量，把原煤均匀地送入磨煤机，如图 3-5 所示。

（2）磨煤机。磨煤机是制粉系统的主要设备。其作用是将原煤干燥并磨成一定粒度的煤粉，如图 3-6 所示。

图 3-5　给煤机

图 3-6　磨煤机

（3）粗粉分离器。其作用是把较粗煤粉从煤粉气流中分离出来，返回磨煤机重新磨制。

（4）细粉分离器。细粉分离器只用于中间储仓式制粉系统。其作用是把煤粉从煤粉气流中分离出来，储存于煤粉仓中。

（5）给粉机。给粉机是中间仓储式制粉系统中特有的设备，其作用是把煤粉仓中的煤粉按照锅炉燃烧的需要量均匀地拨送到一次风管中。

（6）输粉机。在中间储仓式制粉系统中用于将同炉或邻炉制粉系统连接起来，从而起到不同制粉系统相互支援作用。

4. 烟风系统及设备

燃煤锅炉燃烧时，烟风系统必须不断地把燃烧所需要的空气送入炉膛，并把燃烧所产生的烟气排入烟囱。

配套的风机按其功能分为送风机、引风机和一次风机。

（1）送风机。送风机的作用是向炉膛内提供燃烧所需的二次风及磨煤机所需的干燥用风，如图 3-7 所示。

图 3-7　送风机

（2）引风机。引风机的作用是抽出炉膛内的烟气，并保证炉膛维持规定的负压，如图 3-8 所示。

图 3-8　引风机

（3）一次风机。直吹式制粉系统中用来制粉和输送煤粉进入炉膛，如图 3-9 所示。一次风机主要提供两路一次风，一路密封风，其中一次风经过空气预热器与烟气进行对流加热（称热一次风），与冷一次风混合后再进入磨煤机，对煤粉进行干燥，并且一次风气流携带经磨煤机磨制、分离后细度合格的煤粉通过磨煤机上部煤粉管分别送到运行的每一个燃烧器。

图 3-9　一次风机

5. 除灰脱硫脱硝系统及设备

燃煤锅炉燃烧过程中生成大量的颗粒烟尘和硫氧化物、氮氧化物，如直接排入大气，将严重危害生态环境，因此需要采用各种装置对燃烧后的烟气进行处理。

（1）电除尘系统：位于尾部烟道与脱硫装置之间，用于去除粉尘和飞灰。电除尘器是利用高压电产生的强电场使气体电离，即产生电晕放电，进而使粉尘荷电，并在电场力的作用下，使气体中的悬浮粒子分离出来的装置，如图 3-10 所示。

图 3-10　除尘系统

（2）脱硫装置：用于降低电站锅炉 SO_2 排放量的装置，有石灰石-石膏法烟气脱硫工艺、双碱法工艺、循环流化床烟气脱硫工艺等多种脱硫工艺。常见的石膏湿法脱硫工艺原理为：采用石灰石粉制成浆液作为脱硫吸收剂，与经降温后进入吸收塔的烟气接触混合，烟气中

的 SO_2 与浆液中的 $CaCO_3$，以及加入的氧化空气进行化学反应，最后生成石膏。脱硫系统图如图 3-11 所示。

图 3-11　脱硫系统图

（3）脱硝系统：用以脱除 NO_x，脱硝装置布置在省煤器出口和空气预热器进口之间。常见的选择性催化还原（SCR）烟气脱硝原理为：在金属催化剂的作用下，喷入的氨把烟气中的 NO_x 还原成 N_2 和 H_2O。脱硝系统如图 3-12 所示。

图 3-12　脱硝系统图

3.1.3　燃煤发电厂的汽轮机设备

3.1.3.1　汽轮机简介

汽轮机，如图 3-13 所示，是将蒸汽的能量转换成为机械功的旋转式动力机械，其主要用作发电用的原动机，也可直接驱动各种泵、风机、压缩机等。燃煤发电厂中来自锅炉的蒸汽进入汽轮机后，依次经过一系列环形配置的喷嘴和动叶，将蒸汽的热能转化为汽轮机转子旋转的机械能。

图 3-13　汽轮机内部示意图

按热力特性分，汽轮机可分为凝汽式汽轮机和背压式汽轮机。凝汽式汽轮机主要用于火力发电厂，蒸汽在汽轮机中膨胀做功后，进入高度真空状态下的凝汽器结为凝结水，蒸汽凝结时放出的汽化潜热被冷却水（循环水）带走，由于其温度已经很低，因此不可能被再次利用。凝汽式汽轮机的特点是排汽压力低，蒸汽在汽轮机中的焓降很大，功率可以做得很大，经济性比较高。背压式汽轮机的排汽在高于大气压力的条件下排出汽轮机，供给热用户。其排汽压力的高低由用户的需要决定，其排汽量的多少即汽轮机进汽量的多少，也是由热用户的需要决定的。因此，背压式汽轮机的功率通常是由热负荷决定的，不能独立变动，所以它不能同时满足热、电（动力）负荷的需要，适用于热负荷较稳定的场景。

3.1.3.2　汽轮机设备

汽轮机主要由汽轮机本体和凝结水、给水系统、真空系统、闭式水系统等一系列辅助设备组成，各设备的构成和作用如下：

1. 汽轮机本体

汽轮机本体是汽轮机设备的主要组成部分，它由转动部分（转子）和固定部分（静体或静子）组成。转动部分包括动叶栅、叶轮（或转鼓）、主轴和联轴器及紧固件等旋转部件；固定部件包括汽缸、蒸汽室、喷嘴室、隔板、隔板套（或静叶持环）、汽封、轴承、轴承座、机座、滑销系统以及有关紧固零件等。汽轮机外观如图 3-14 所示。

图 3-14 汽轮机外观图

2. 汽轮机的凝汽设备

凝汽设备，如图 3-15 所示，是凝汽式汽轮机装置的重要组成部分之一，它的工作情况直接影响到整个装置的热经济性和运行可靠性。凝汽设备在汽轮机装置的热力循环中起着冷源作用。降低汽轮机排汽的压力和温度，就可以减小冷源损失，提高循环热效率。降低排汽参数的有效办法是将排汽引入凝汽器凝结为水。

图 3-15 火力发电厂凝汽器

凝汽设备最主要的作用有两方面：一是在汽轮机排汽口建立并维持一定的真空；二是保证蒸汽凝结并回收凝结水作为锅炉给水。凝汽器中真空的形成主要原因是汽轮机的排汽被冷却成凝结水，其比体积急剧缩小，如蒸汽在绝对压力 4kPa 时蒸汽的体积比水的体积大3 万多倍。当排汽凝结成水后，体积就大为缩小，使凝汽器内形成高度真空。

3. 汽轮机抽气设备

汽轮机设备在启动和正常运行过程中，都需要将设备（特别是凝汽器）和汽水管路中的不凝结气体及时抽出，以维持凝汽器的真空，改善传热效果，提高汽轮机设备的热经济性。

4. 主蒸汽、再热蒸汽和旁路系统

（1）主蒸汽、再热蒸汽系统。锅炉与汽轮机之间的蒸汽管道与通往各用汽点的支管及其附件称为发电厂主蒸汽系统，对于再热式机组还包括再热蒸汽管道。再热蒸汽系统分为冷再热蒸汽系统及热再热蒸汽系统。再热的目的是：①提高经济性；②减少汽轮机排汽湿度，改善汽轮机末级叶片工作条件。

主蒸汽管道是指从锅炉过热器出口输送新蒸汽到汽轮机高压主汽门的管道，同时还包括管道上的疏水管道以及锅炉过热器出口的安全阀及排汽管道。主蒸汽系统流程图如图 3-16 所示。

冷再热蒸汽管道是指从汽轮机高压缸排汽口输送低温再热蒸汽到锅炉再热器进口的管道，同时还包括管道上的疏水管道以及锅炉再热器进口的安全阀及排汽管道。另外，还包括与冷再热蒸汽管道相连的几根支管。

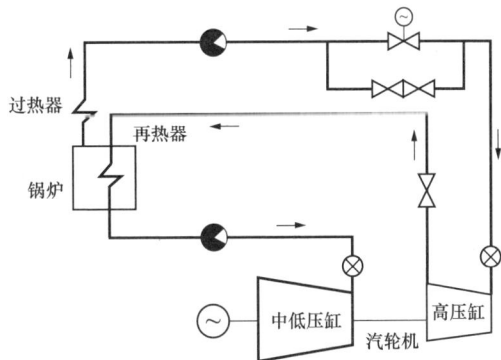

图 3-16　主蒸汽系统流程图

（2）旁路系统。为解决低负荷运行时机炉特性不匹配的矛盾，中间再热单元式机组一般装有旁路系统，其主要由旁路阀、旁路管道、暖管设施以及相应的控制装置（包括液压控制系统）和必要的隔音设施组成。当机组处于启停、事故处理及特殊运行方式下，汽轮机无法接收锅炉产生的所有高参数蒸汽，此时可将部分或全部蒸汽绕过汽轮机或再热器，通过减温减压设备（旁路阀）直接排入凝汽器，实现工质回收。

（3）辅助蒸汽系统。辅助蒸汽系统的主要功能有两方面。当本机组处于启动阶段而需要蒸汽时，它可以将正在运行的相邻机组（首台机组启动则是辅助锅炉）的蒸汽引送到本机组的蒸汽用户，如除氧器水箱预热、暖风器及燃油加热、厂用热交换器、汽轮机轴封、真空系统抽气器、燃油加热及雾化、水处理室等；当本机组正在运行时，也可将本机组的蒸汽引送到相邻（正在启动）机组的蒸汽用户，或将本机组再热冷段的蒸汽引送到本机组各个需要辅助蒸汽的用户。

5. 给水回热加热设备及系统

发电厂锅炉给水的回热加热是指从汽轮机某中间级抽出一部分蒸汽，送到给水加热器中对锅炉给水进行加热，与之相应的热力循环和热力系统称为回热循环和回热系统。加热器是回热循环过程中加热锅炉给水的设备。采用回热加热器后，汽轮机的总汽耗增大了，而热耗率和煤耗率却是下降的。汽耗增大是因为进入汽轮机的蒸汽所做的功减少了，而热耗率和煤耗率的下降是由于冷源损失减少，给水温度提高使给水在锅炉的吸热量减少。

（1）凝结水系统。给水系统的最初注水来自凝结水系统。主凝结水系统指由凝汽器至除氧器之间与主凝结水相关的管路与设备。采用凝结水泵将凝汽器底部热井中的凝结水吸出，升压后流经低压加热器等设备输送到除氧器的水箱。凝结水泵现均采用定速电动机拖动的离心式泵，属中低压水泵范畴。

（2）回热加热器。回热加热器按水压分为低压加热器和高压加热器，一般管束内通凝结水的称为低压加热器，加热给水泵出口后给水的称高压加热器。加热器按照内部汽、水接触方式的不同，可分为混合式加热器与表面式加热器。混合式加热器是蒸汽与水在加热器内直接接触加热，在此过程中蒸汽释放出热量，水吸收了大部分热量使温度得以升高，在加热器内实现了热量传递，完成了提高水温的过程。目前，除氧器是采用这种方式的加热器。表面式加热器是加热蒸汽与水在加热器内通过金属管壁进行传热，通常水在管内流动。加热蒸汽在管外冲刷放热后凝结下来，成为加热器的疏水。大部分加热器均采用这种方式。

（3）除氧器。除氧器的主要作用是除去锅炉给水中的氧气和其他不凝结气体，以保证给水的品质。若水中溶解氧气，就会使与水接触的金属被腐蚀，同时在热交换器中若有气体聚积，将使传热的热阻增加，降低设备的传热效果。除氧器如图 3-17 所示。

火电厂广泛采用物理方法作为主要的除氧方法，即所谓热力除氧，它可以除掉给水中的绝大部分氧气（包括其他气体），然后采用化学方法进行彻底除氧。除氧器是热力除氧的主要设备，而本身又是给水回热系统中的一个混合式加热器。同时，除氧器还是一个汇集汽水的容器，各个高压加热器的疏水、化学补水及全厂各处水质合格的高压疏水、排汽等均可汇入除氧器加以利用，以减少发电厂的汽水损失。

（4）给水泵。供给锅炉用水的泵叫给水泵。其作用是把除氧器储水箱内具有一定温度、除过氧的给水，提高压力后输送到锅炉的省煤器入口，以满足锅炉用水的需要。给水泵如图 3-18 所示。

图 3-17 除氧器

图 3-18 给水泵

给水泵按拖动方式可分为电动给水泵和汽动给水泵。电动给水泵操作方便、灵活、占地小，但会增加厂用电消耗量，汽动给水泵运行较复杂，占地较大，但可变速运行。中小型电厂多采用电动给水泵，大型电厂往则往往会综合配置电动给水泵和汽动给水泵，一般情况下是配置 2 台汽动给水泵，每个 50%负荷的出力，电动给水泵备用（可以带 30%负荷），也可以只配置 1 台汽动给水泵，带 100%负荷的出力，电动给水泵作为备用（可以带 30%负荷）。电动给水泵都是启停机阶段和汽动给水泵故障时候才用的。

（5）循环水系统。在凝汽式发电厂中，为了使汽轮机的排汽凝结，凝汽器需要大量的循环冷却水。除此之外，发电厂中还有许多转动机械因轴承摩擦而产生大量热量，发电机和各种电动机运行因存在铁损耗和铜损耗也会产生大量的热量。这些热量如果不能及时排出，积聚在设备内部，将会引起设备超温甚至损坏。

为确保设备的安全运行，电厂中需要完备的循环冷却水系统，对这些设备进行冷却。另外，为了满足其他工业（如消防、冲灰、设备冲洗、清洁等）、生活等用水需要，还设有工业水系统。

循环冷却水系统和工业水系统因各厂不同情况有很大差异。冷却水的供水方式有两种：

1）直流供水方式（也称开式供水）。这种方式通常是循环水泵直接从江河的上游取水，经过凝汽器后排入江河的下游。冷却水只使用一次即排出。

2）循环供水方式（也称闭式供水）。这种方式是在电厂所在地水源不充足时或水源距离电厂较远时采用。它必须有冷却设施，如冷却水池、喷水池和冷却塔等。循环水泵从这些冷却设施的集水井中汲水，经凝汽器等设备吸收热量后再送进冷却设施中，利用水蒸发降温原理，使水降温后再送至凝汽器循环使用。

凝汽式汽轮机在正常运行中，用于凝结汽轮机排汽的冷却水及其他系统的冷却水的量是相当大的，这些冷却水就是由循环水泵提供的。

3.1.4 燃煤发电厂的电气系统

火电厂的电气系统是将发电机产生的电力输送到电网的重要设施，如图3-19所示，由发电机、励磁系统、厂用电系统和升压变等设备组成，电气系统的作用包括以下几个方面：

（1）电能输送和分配：电气系统是将发电机产生的电能输送到变电站，再通过变电站进行电力分配，使电能能够被人们广泛利用。

（2）控制和保护：电气系统在输送电能的同时，还负责实现火电厂内部电力的控制和保护。例如，控制发电机输出的电量、电压和频率等参数，以及对各种电器设备进行电气保护。

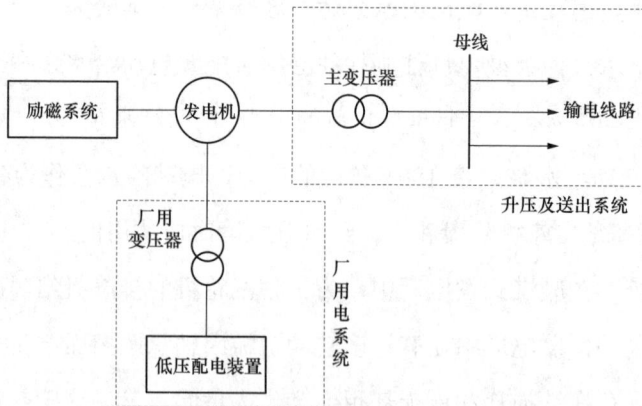

图 3-19　典型火力发电厂电气系统示意图

（3）调节发电机负荷：火电厂的电气系统还负责调节发电机的负荷，保证电能的稳定输出。例如：根据负荷需求，相应调整燃煤量和水量等参数，使得发电机输出的电力能够满足供电需求。

（4）监控和诊断：电气系统也有监控和诊断的作用，包括对发电机、变压器和电缆等设备进行实时监控，预测可能的设备故障，并及时采取修复措施，保障电网运行的稳定性和可靠性。

3.2　燃煤发电厂调度运行

燃煤发电厂机组的运行所涉及的内容非常广泛，包括机组的启动、停机、功率调节以及进相运行等工况。此外，汽轮机的经济调度、汽轮机设备的事故处理等也属于运行方面的内容。

3.2.1　单元机组的启动

3.2.1.1　单元机组的启动概述

单元机组的启动是指从锅炉点火、升温升压、暖管，到当锅炉出口蒸汽参数达到一定值时，开始冲转汽轮机；然后将汽轮机转子由静止状态加速到额定转速；最后发电机并网带初负荷直至逐步加到额定负荷的全过程，包括锅炉启动、汽轮机启动和发电机并网等。

（1）锅炉启动是指锅炉由静止状态到运行状态的过程，停炉则相反。锅炉启动分为冷态启动和热态启动。锅炉在启动和停炉过程中，主要存在着各个部件受热均匀性、启停时间、稳定燃烧及热量和工质的回收等方面的问题。

（2）汽轮机启动是指汽轮机转子从静止或盘车状态加速至额定转速，并将负荷逐步地加到额定值的全过程，实质上是一个加热过程。在此过程中，汽轮机各金属部件从室温和大气压的状态转变到与汽轮机额定蒸汽压力和温度所对应的热力状态，停机则相反。为防止温度差引起的热应力对设备的损伤，因此加热过程升温升压速度应很好地加以控制，特别是汽包等壁厚大的部件。另外启动过程中，各个受热面内部工质流动不正常，要注意流动受热面的可靠冷却。

汽轮机启动主要包括升速、暖机、并列带负荷、升负荷至额定值等几个阶段。影响汽轮机启动的主要因素有：①汽轮机零件内的温度应力；②转子和汽缸的胀差；③汽轮机主要部件的变形；④转子的热弯曲。

（3）发电机并网是将发电机同步并入电网，以向电网输出电能。发电机并网需满足三个条件：①发电机的频率与系统频率相同；②发电机出口电压与系统电压相同；③发电机相序、相位与系统相序、相位一致。满足条件时，可以合上并网断路器，使发电机并入系统运行。发电机频率、电压、相位与系统完全一致时并网称为同期并网；频率、电压、相位与系统有偏差，但偏差量在规定的范围内时并网称为准同期并网，大中型发电机均采用准同期并列方法。

3.2.1.2 机组启动方法分类

1. 定参数和滑参数启动

机组启动根据启动采用的新蒸汽参数不同分为两类：

（1）定参数启动。即整个启动过程中，从冲转到机组带额定负荷，电动主蒸汽门前的蒸汽压力和温度始终保持为额定值，通过调整调节汽门的开度来适应机组在启动过程中不同阶段的要求。这种方式由于热经济性差、金属部件加热不均以及热冲击较大，故大容量机组已不再采用。

（2）滑参数启动。启动过程中，电动主蒸汽门前的蒸汽压力和温度随机组转速或负荷的变化而逐渐升高。对喷嘴调节的汽轮机，定速后调节阀保持一定开度，完全靠蒸汽参数的调整来适应机组启动过程中不同阶段的要求。这种启动方式的特点是热经济性好，金属部件加热均匀，并且金属温度随蒸汽温度的逐步升高而升高，不会受到强烈的热冲击，有利于设备安全。现代大型汽轮机已广泛采用滑参数启停方式，其优缺点如表 3-3 所示。

表 3-3 滑参数启动和停机的优缺点

优缺点	启动	停机
优点	缩短机炉启动时间	加速各金属部件冷却，对机炉大修提前开工有利
	减少锅炉对空排汽，节约蒸汽及热量损失	减少汽轮机上下汽缸温差因而减少热应力及变形
	低参数蒸汽可对汽轮机叶片起清洗作用	充分利用锅炉余热提高经济性
	减少启动过程的热应力及热变形	对汽轮机叶片也起清洗作用
	—	停机后汽轮机汽缸温度较低，可缩短盘车时间
缺点	锅炉长时间低负荷运行，对锅炉燃烧不利	
	汽轮机转子因蒸汽参数低、流量大而使轴间推力增大	
	凝结水质量较差，要在较长时间后才可回收	

2. 冷态、温态和热态启动

机组一般按照汽轮机金属温度或锅炉温度进行状态区分，根据机组设备厂商、材料不同，机组各状态规定的设备温度区间会略有不同。下面按某百万机组启动前汽轮机金属温度（汽轮机汽缸或转子表面温度）水平分类进行介绍。

（1）冷态启动：金属温度低于满负荷时金属温度的 40%或金属温度低于 150～180℃ 以下称为冷态启动。

（2）温态启动：金属温度低于满负荷时金属温度的 40%～80%或金属温度在 180～350℃之间称为温态启动。

（3）热态启动：金属温度高于满负荷时金属温度的 80%或金属温度在 350℃以上，称为热态启动。有时热态又分为热态（350～450℃）和极热态（450℃以上）。

也有根据按停机时间的长短进行的分类：

（1）冷态启动：停机 72h 后启动。

（2）温态启动：停机在 10～72h 之间。

（3）热态启动：停机不到 10h。

（4）极热态启动：停机后 1h 以内。

3.2.1.3　机组启动过程简介

机组的启动过程包括启动前的准备、锅炉点火前后的工作、冲转、升速暖机、并列接带负荷等几个阶段。

1. 冷态启动过程

（1）启动前准备。锅炉点火前，应做好前期准备，确保各辅机设备及系统正常投运，包括投入盘车装置、启动 EH 控制油泵、投运凝结水系统、投运辅气系统、除氧器加热、锅炉上水、投入轴封系统、凝汽器建立真空、投入火检冷风系统、投运燃油系统，按辅机规程启动空气预热器，辅助蒸汽供空气预热器吹灰系统投运，启动送、引风机等步骤。

（2）锅炉点火及暖管。锅炉点火至冲转需要 4～5h，主要包括：投入油枪、使用等离子点火、锅炉升温升压、高压缸暖缸暖阀、发电机一次系统改热备用等。锅炉升温升压情况按照机组启动曲线进行，并应及时开启旁路。电动主闸门前压力、温度达到冲动转子条件时，即可冲动转子。

（3）冲动转子升速暖机。冲动转子后，低速暖机全面检查后即可在 3～4h 内将转速提到 3000r/min，定速。

（4）并列接带负荷。定速后，将发电机和励磁系统按要求投入运行，并列接带少量负荷进行低负荷暖机。加强燃烧，根据启动曲线，缓慢地将主蒸汽压力、主汽温度、再热蒸汽温度升到额定值，再逐渐开大调节阀加负荷至额定出力。

2. 热态启动

机组温热态启动要求尽量采用"带旁路启动"方式，即高、中压缸联合启动。但在旁路故障的情况下也可以采用高压缸冲转。机组热态启动，关键是控制主、再热蒸汽温度与汽机高、中压内缸金属温度相匹配，不使汽轮机金属部件冷却，以延长汽轮机使用寿命，其基本操作可参照机组冷态启动部分。

对不同启动温度，表 3-4 给出了某典型百万机组启动时间，注意该表格从点火开始计算，不含开机前的检查、准备工作以及机组各部件的缺陷影响，因此实际开机时间会更长。同时每次启动机组的各个部件温度变化剧烈，会造成一定的疲劳寿命消耗，因此调度员安排燃煤机组的启动需要尽可能优化。

表 3-4　　　　　　　　　　　　某典型百万机组启动时间

类　别	点火至满负荷时间（min）	寿命消耗（%/次）
冷态启动	970	0.03
温态启动	605	0.0095
热态启动	425	0.0027
极热态	220	0.001

3.2.1.4　锅炉点火和低负荷稳燃

煤粉炉的点火系统主要有两点作用：一是点火暖炉；二是稳定燃烧和助燃。锅炉启动时，由于炉内没有足够的点火能量来引燃入炉煤粉，因而需要利用点火系统来预热炉膛及点燃主燃烧器的煤粉气流，这个过程称为"点火暖炉"。另外，当锅炉机组深度调峰需在较低负荷下运行或燃煤质量变差，由于炉膛温度降低危及煤粉着火的稳定性，炉内火焰发生脉动以至有熄火危险时，也可用点火系统来稳定燃烧和助燃。

目前在火电厂中常用的几种点火系统有等离子点火系统、微油点火系统、汽化小油枪点火系统以及等离子加油枪点火。使用纯油枪点火的电厂煤粉锅炉点火启动、停运和低负荷助燃均需耗用大量的燃油，一般按锅炉额定蒸汽流量的30%设计点火油枪出力，极大地增加了运行成本，因此目前新建电厂大多采用等离子点火或等离子加小油枪点火方式。

等离子点火装置利用直流电流（280～350A）在介质气压（0.01～0.03MPa）条件下通过阴极和阳极接触引弧，并在强磁场控制下获得稳定功率的直流空气等离子体射流。该等离子体射流在专门设计的燃烧器的中心筒一级燃烧室中形成温度大于 6000℃ 的梯度极大的局部高温区（即等离子"火核"）。煤粉颗粒通过该等离子"火核"时受到高温作用，并在 0.001s 内迅速释放出挥发物，并使煤粉颗粒破裂粉碎，从而迅速燃烧。由于反应是在气固两相流中进行，高温等离子体使混合物发生了一系列物理化学变化，因而使煤粉的燃烧速度加快，这样就大大地减少了点燃煤粉所需要的引燃能量，从而实现锅炉无油（或少油）点火和低负荷无油稳燃。

等离子点火装置可实现锅炉冷态启动时少油，甚至无油点火，是目前火力发电厂点火和稳燃的首选设备。与传统的燃油相比，等离子点火装置的运行和技术维护费用仅是使用燃油点火时费用的 15%～20%，但其缺点是一次性投资大，阴极头使用寿命短，运行 50h 左右就需要更换。

3.2.2 机组停机

从汽轮机带负荷运行到卸负荷解列发电机，切断汽轮机进汽到转子静止的过程称为停机。停机时蒸汽温度下降，在汽轮机各零部件中也会产生热应力和热变形，同时也有机械状态的变化发生，只是所产生的情况正好和启动过程相反。我们把机组的停机分为正常停机和事故停机进行介绍。

3.2.2.1 正常停机

正常停机的方式有滑参数停机和额定参数停机两种。下面着重讨论正常的滑参数停机。同机组启动类似，如果整个过程全部采用滑参数方式，停机后汽缸温度可以达到较低的水平，有利于汽轮机检修，缩短工期。机组正常停运方式一般均需采用滑停方式，即在停机过程中，调节阀保持全开，仅通过降低主蒸汽参数的方法来减少负荷，某典型 600MW 机组的停机步骤如下：

（1）机组负荷从 600～540MW 之间，采用定压运行方式。维持主蒸汽压力在额定蒸汽压力，缓慢减少锅炉的燃料量，逐渐减少汽轮机负荷指令，控制负荷变化率。

（2）机组负荷从 540～300MW。机组负荷在 540～300MW 之间采用滑压运行方式。维持汽轮机负荷指令不变，控制负荷变化率，主蒸汽压力变化率，主、再热蒸汽温度维持在额定参数。缓慢减少锅炉燃烧率，机组负荷随着主蒸汽压力的降低而减少。目标主汽压降至 10MPa。期间汽轮机轴封进行汽源切换，停运一台汽动给水泵。负荷降至 300MW 时，主蒸汽压力 10MPa，再热蒸汽压约 1.5MPa。

（3）机组负荷从 300～180MW。机组负荷在 300～180MW 之间采用滑压运行方式。根据机组减负荷要求，逐步停用制粉系统，并投入油枪助燃，负荷降至 180MW，主蒸汽压力 8.62MPa，再热蒸汽压力约 1.0MPa，主蒸汽温度 525℃，再热蒸汽温度 520℃。

（4）机组负荷从 180MW 到 60MW。机组负荷在 180~60MW 之间采用定压运行方式。期间进行厂用电切换，发电机做好解列准备。逐渐减少第二台汽动给水泵的负荷，注意电动给水泵出力跟踪正常，撤出第二台汽动给水泵的运行，注意汽包水位正常。机组负荷降至 60MW，停最后一组制粉系统，停密封风机、一次风机。汇报调度，得到许可后进行机组解列。

3.2.2.2 机组紧急停运

机组发生严重危及人身或设备安全的故障时，应紧急停止机组运行，有锅炉主燃料跳闸（main fuel trip，MFT）动作，紧急停炉（手动 MFT）、紧急停汽轮机、紧急停发电机几种情况。以典型 600MW 机组为例进行介绍，其他机组大同小异。

1. 锅炉 MFT 动作

锅炉 MFT 动作的条件如表 3-5 所示。

表 3-5 锅炉 MFT 动作条件

序号	锅炉 MFT 动作条件（任一条件满足）
1	所有送风机全停
2	所有引风机全停
3	丧失一次风
4	汽包水位高高（high high，HH）
5	汽包水位低低（low low，LL）
6	炉膛压力高高（HH）或低低（LL）
7	锅炉总风量过低
8	全炉膛灭火
9	丧失火检冷却风
10	丧失燃料
11	汽轮机跳闸（任一满足）： （1）负荷大于 30%，汽轮机跳闸； （2）负荷小于 30%，汽轮机跳闸，高压旁路开度小于 3%（延时 5s）
12	炉膛安全监控系统（furnace safeguard supervisory system，FSSS）机柜失电
13	脱硫系统脱硫再循环泵全停
14	手动 MFT

2. 紧急停炉

紧急停炉的条件如表 3-6 所示。

表 3-6　　　　　　　　　　　　　　紧 急 停 炉 条 件

序号	紧急停炉条件（任一条件满足）
1	锅炉 MFT 应动而未动
2	给水、蒸汽管道爆破，不能维持正常运行或威胁人身设备安全时
3	水冷壁管，省煤器管爆破不能维持汽包正常水位时
4	过热器、再热器管壁严重爆破、无法维持正常蒸汽温度蒸汽压力时
5	锅炉主、再热蒸汽压力升高至安全阀动作值而安全阀拒动
6	再热蒸汽中断
7	所有汽包水位计损坏时
8	确认烟道内发生二次燃烧，使烟温急剧升高时
9	炉膛烟道发生爆炸，使主要设备损坏

3. 汽轮机紧急停运

汽轮机紧急停运的条件如表 3-7 所示。

表 3-7　　　　　　　　　　　　　汽轮机紧急停运条件

序号	紧急停汽轮机条件（任一条件满足）
1	汽轮发电机组任一道轴振动达 0.250mm，且其余任一轴振动达 0.125mm
2	汽轮发电机组内部有明显的金属摩擦声或撞击声
3	汽轮机发生水冲击，或主、再热蒸汽温度 10min 内急剧下降 50℃
4	汽轮发电机组任一道轴承断油冒烟或轴承回油温度突然上升至 70℃
5	汽轮机轴封内冒火花
6	汽轮机油系统着火，不能很快扑灭，严重威胁机组安全运行
7	发电机冒烟着火或氢系统发生爆炸
8	发电机滑环、电刷严重冒火，且无法处理
9	汽轮机转速升高到危急遮断装置动作转速（3330r/min）而危急遮断装置未动作
10	汽轮机任一道轴承金属温度升高至下述数值：1~6 号支持轴承达 115℃，7~9 号支持轴承达 105℃，推力轴承达 110℃
11	润滑油压力下降至 0.069MPa，虽经启动交、直流润滑油泵仍无效
12	汽轮机主油箱油位突降至 −150mm，虽加油仍无法恢复
13	汽轮机轴向位移小于 −1.65mm 或大于 1.2mm
14	汽轮机高中压差胀小于 −6.6mm 或大于 11.6mm，低压差胀小于 −8.0mm 或大于 30mm

4. 发电机紧急停运

发电机紧急停运的条件如表 3-8 所示。

表 3-8 汽轮机紧急停运条件

序号	发电机紧急停运条件（任一条件满足）
1	危及人身安全时
2	发电机强烈振动
3	发电机本体严重漏水，危及设备安全运行
4	发电机着火，氢气爆炸
5	主变压器、高压厂用变压器、励磁变压器着火
6	发电机内氢气纯度迅速下降并低于92%以下
7	汽轮机紧急停机条件满足
8	所有密封油泵故障，仅靠主机润滑油供作密封油时
9	发电机保护达到跳闸值但保护拒动

3.2.2.3 机组典型故障缺陷对机组出力的影响

当锅炉或汽轮机的重要辅机发生故障时，机组自动快速减负荷至规定值的过程称之为快速减负荷（run back，RB）。表 3-9 列出了典型的 600MW 和 1000MW 机组影响出力的主要故障。

表 3-9 影响机组出力的主要故障

设备名称	数量		故障时对机组出力的影响
	600MW	1000MW	
引风机	2	2	无备用，其中一台故障时，600MW 机组出力减一半，1000MW 机组出力减到 450MW
送风机	2	2	无备用，其中一台故障时，出力减一半
一次风机	2	2	无备用，其中一台故障时，出力减一半
循环水泵	2	2	循环水系统采用母管制方式运行，即1、2号机组循环水联通运行。夏季气温高时，采用三台泵带两机方式运行，如果一台循泵跳闸，备用泵联启，机组不用减负荷，若不联启则两台机组要相应减负荷；冬季气温较低时，采用两泵带两机运行方式，此时有两台循泵备用，任一台循泵跳闸，备用泵联启，机组不用减负荷
炉水泵	3	1	（1）600MW 机组平时两运一备，一台故障时，不影响出力；两台都故障时，出力减一半；三台都故障时机组将跳闸。 （2）超超临界的1000MW 机组平时不用炉水泵，仅在启动时使用
给水泵及前置泵	2+1	2	600MW 机组有两台汽动给水泵运行，一台电动给水泵备用，单台汽动给水泵出力50%，电动给水泵出力30%，一台汽动给水泵故障可以带80%负荷；1000MW 机组只有两台汽动给水泵，其中一台故障时，出力减一半。两种机组都有两台与汽动给水泵相连的前置泵，若前置泵故障，汽动给水泵也不能运行
凝结水泵	2	3	600MW 机组的凝结水泵平时一运一备，一台故障时，不影响出力；两台都故障时，可以短时间运行，若凝结水泵不能及时启回，机组将跳闸。1000MW 机组的凝结水泵平时两运一备，一台故障时，不影响出力；两台都故障时，出力减一半；三台都故障时机组将跳闸

续表

设备名称	数量		故障时对机组出力的影响
	600MW	1000MW	
空气预热器	2	2	无备用，停一台时，连跳引风机、送风机，出力减一半
凝汽器	2	2	凝汽器单侧隔离时，机组负荷减一半
水冷壁管	1	1	"四管泄漏"对机组出力的影响要看泄漏的具体位置及泄漏程度，如果是在外壁泄漏且泄漏不是很严重，可以采取降出力带压维修，但如果泄漏点是在锅炉内部，就必须停机维修，此时维修一般至少要4～5天
再热器管	1	1	
过热器管	1	1	
省煤器管	1	1	
磨煤机	6	6	平时五台运行，一台备用，每台可以带五分之一的额定出力。磨煤机的故障比较频繁，给煤机与磨煤机、煤仓等组成一套燃烧系统，任一环节故障都将导致本套系统退出运行
给煤机	6	6	
高压加热器	3	3	全退不影响出力，但在故障瞬间，由于做功的蒸汽量增加，锅炉参数可能会增加，为确保机组安全，采取先降机组出力随后恢复的策略
低压加热器	4	4	全退不影响出力
锅炉电源	2	2	平时有两段运行，一段故障时机组出力减半

3.2.2.4　其他影响机组出力的情况

由于燃煤电厂用的煤都含有一定的灰分，燃煤锅炉在运行一段时间后，受热面上总会积灰或结焦，影响锅炉的安全运行。结焦造成的危害是相当严重：

（1）受热面结焦会使传热减弱、吸热量减少，为保持锅炉的出力只得送进更多的燃料和空气，因而降低了锅炉运行的经济性。

（2）受热面结焦会导致炉膛出口烟温升高和过热蒸汽超温，为维持蒸汽温度，运行中要限制锅炉负荷。

（3）燃烧器喷口结焦，直接影响气流的正常流动状态和炉内燃烧过程。

（4）由于结焦往往是不均匀的，因而会对自然循环锅炉的水循环安全性和强制循环锅炉水冷壁的热偏差带来不利影响。

（5）炉膛出口对流管束上结焦可能堵塞部分烟气通道，引起过热器偏差。

因此，日常运行中需要定期安排机组进行吹灰，通常需要在机组稳定带高负荷时进行。煤质差也会影响到机组出力。一般情况下，煤质差的主要表现为：

（1）可磨性差、石子煤多，就会造成磨煤机出力受阻，影响机组出力。

（2）煤中水分高，会造成磨煤机干燥出力下降，锅炉烟温升高，也会影响机组出力。

（3）灰分高，就会造成燃烧后的灰量偏大，超过锅炉的输灰系统设计压力，也会影响机组出力。

（4）热值低，相对于发相同的电量而言，热值越低需要的煤量就越高，一般 5200 大卡（1 大卡=1kcal/kg）以上热值的煤是优质煤。

3.2.3　机组的功率调节

发电机在运行中有功功率的调整由汽轮机调速系统遥控实现，当汽轮机的转动力矩与发电机的制动力矩平衡时，发电机的转速维持恒定。当有功功率增加时，发电机轴上的制动力矩增大，发电机转速就会出现下降的趋势，此时需要增加汽轮机的进汽量，使之维持新的力矩平衡，有功功率下降同理。因此，调节发电机的有功功率，就是改变原动机的输入功率与改变发电机输出功率平衡状态的过程。

在电力系统的总负荷中，既有有功功率，又有无功功率。同步发电机是电力系统的主要无功电源，为了满足系统无功功率的要求，保障供电电压水平，常常需要进行无功功率调整。目前发电机均装有自动励磁装置，它可以自动调整发电机的无功功率，以满足负荷的要求。若自动励磁装置不能满足调整要求时，也可以手动调整发电机励磁的磁场变阻器、自动励磁调整装置的变阻器或自耦变压器来进行辅助调整，来改变发电机输出的无功功率。

3.2.3.1　单元机组的功率调节方式

1. 以锅炉为基础的运行方式

在这种运行方式下，锅炉通过改变燃烧率以调节机组负荷，而汽轮机则是通过改变调速汽门开度以控制主蒸汽压力。当负荷指令改变时，由锅炉的自动控制系统根据负荷指令来改变锅炉的燃烧率及其他调节量，待蒸汽压力改变后由汽轮机的自动控制系统去改变调速汽门开度，以保持汽轮机前的蒸汽压力为设定值，同时改变汽轮发电机的输出功率。这种控制方式的运行特点是当负荷指令改变时，汽轮机前蒸汽压力的动态偏差小，但功率的响应慢。

2. 以汽轮机为基础的运行方式

在这种运行方式下，锅炉通过改变燃烧率调节主蒸汽压力，而汽轮机则以改变调速汽门开度调节机组负荷。当负荷指令改变时，由汽轮机的自动控制系统根据负荷指令改变调速汽门开度，以改变汽轮发电机的输出功率。此时，汽轮机前的蒸汽压力改变，于是锅炉的自动控制系统跟着动作，去改变锅炉的燃烧率及其他调节量（如给水量、喷水量等），以保持汽轮机前的蒸汽压力为设定值。这种控制方式的运行特点是当负荷指令改变时，功率的响应快，但汽轮机前蒸汽压力的动态偏差大。

3. 功率控制方式

这种控制方式是以汽轮机为基础的协调控制方式，机、炉作为一个整体联合控制机组的负荷及主蒸汽压力，也称为机炉整体控制方式。当负荷指令改变时，根据负荷指令和机组实际输出功率之间的偏差以及汽轮机主蒸汽门前蒸汽压力与其设定值之间的偏差，锅炉和汽轮机的自动控制系统协调改变汽轮机的调速汽门开度和锅炉的燃烧率等调节量。这种控制方式的运行特点是汽轮机前蒸汽压力的动态偏差较小且功率响应较快。目前大型火力发电机组大都采用这种控制方式。

大型单元机组升降负荷的速率受锅炉和汽轮机两方面的影响。为了避免温差过大导致设备发生弯曲、变形，锅炉汽包和受热面的温升不能过快，一般要严格控制升温速度，同时应根据锅炉的升压曲线严格控制升压速度。汽轮机主要受汽缸上下缸温差、汽缸内外表面温差、汽缸与汽轮机转子的相对膨胀、汽缸体的绝对膨胀、法兰及螺栓的温差等因素的影响而限制升负荷速率。一般人中型机组升负荷速率控制在 1～1.5%/min。

3.2.3.2　机组的深度调峰

火电机组受本身技术条件限制，存在最低技术出力，即锅炉、汽轮机、发电机能够连续安全稳定运行的最低负荷。深度调峰是指发电机组出力低于该机组最低技术出力的一种运行方式。

低负荷运行对机组危害较大，主要体现在：对锅炉，锅炉的燃烧稳定性变差，炉膛温度变低，煤粉着火困难，火焰稳定性差，容易发生灭火，同时炉膛更容易因偏烧导致受热面超温，水冷壁容易结焦，烟道容易集灰而造成空气预热器堵塞；对汽轮机，低负荷运行会导致缸温温差大、气缸变形，汽轮机末级叶片水蚀；对发电机，低负荷运行时发电机定、转子膨胀差加大，可能导致绝缘材料性能下降，进而发展成匝间短路。

参与深度调峰的机组可通过电力辅助服务市场获取相应的补偿。目前国网经营区内除甘肃省采用容量补偿外，其余省份均为积分电量补偿。以浙江为例，机组实际出力低于额定出力的 40% 才能获取调峰补偿，其中 40% 额定出力减去实际出力的曲线在深度调峰时间段内的积分电量即为可获取补偿的电量，补偿电价则根据机组实际调峰深度划分不同的档次，实际出力越低，补偿电价越高。

3.2.3.3　机组的进相运行

输电线路在正常运行中，因为对地导纳的影响，会产生大量的容性无功功率。因此电力系统在低负荷情况下可能存在无功功率过剩。过剩的无功功率会导致电网电压升高，甚至超过运行电压容许的上限，不仅影响供电的电压质量，还会使电网损耗增加，经济效益下降。这种场景下，为消耗过剩的无功功率，通常需要将机组改为"进相运行"状态。

机组的"进相运行"是指发电机发出有功功率，吸收无功功率的一种运行状态，在这种状态中，定子电流超前发电机端电压一个角度，励磁电流大幅度减少，发电机电动势亦相应降低。发电机进相运行是一种异常运行状态，当其进相运行时，定子电流增加，定子发热增大，出口电压降低。若此时持续增加发电机有功负荷，则可能使发电机向不稳定方向发展，易造成发电机失稳运行甚至系统振荡事故；若持续减少发电机励磁电流，则可能发电机进相深度增加，可能导致发电机失磁保护动作或发电机失稳运行。

因此为保障发电机完全稳定运行，尽量避免全厂所有机组同时进相，进相机组无功平均分配，同时机组进相运行深度不得超过低励限制整定值，一般机组有功出力越大其低励限制值越低。某电厂进相运行深度限制情况如表 3-10 所示（以某 660MW 机组为例）。

表 3-10   某电厂进相运行深度限制情况

发电机有功（MW）	0	165	330	495	660
低励限制值（Mvar）	−280	−245	−185	−135	−75

3.3 燃气发电厂的主要设备和运行

3.3.1 燃气发电厂概况

采用气体燃料，用燃气轮机驱动发电机的发电厂即为燃气发电厂，又称燃气轮机发电厂。燃料与空气在燃烧室（器）内混合、燃烧，燃烧后的高温高压气流推动叶轮旋转，将燃料的热能变为机械能，驱动发电机发电。燃气轮机区别于汽轮机的三大特征：一是工质，它采用燃气而不是蒸汽，故可不用或少用水；二是多为内燃方式，使它免除庞大的传热与冷凝设备，因而设备简单，启动和加载时间短，建设厂房占地面积与安装周期都成倍地减少；三是高温加热放热，使它能大幅提高系统发电效率。

与采用汽轮机的燃煤机组相比，燃气轮机发电的优缺点如表 3-11 所示。

表 3-11   燃气轮机发电的优缺点

优 点	缺 点
（1）设备简单、占地少，基建时间短，建造费用低，可不用或少用水。	（1）燃气轮机必须由其他动力拖动启动，待压气机建立一定气压后方可点火。

续表

优　点	缺　点
（2）启动需要的时间短，机动性能好，热态启动一般 1～2h 即可并网，因此广泛用它来承带尖峰负荷和作为应急备用机组。 （3）造价低，工期短，占地少，用水少，初期投资少。 （4）环境保护性能好，相较于燃煤电厂，烟气中的 CO_2 含量大幅减少，氮氧化物含量降至 20%，SO_2 含量基本为零，属于清洁能源	（2）正常运行燃气初温随负荷变化，因而带低负荷时效率陡降。 （3）高温部件是燃气轮机的弱环节，对燃烧和空气质量要求较高。 （4）燃气轮机目前还不能直接燃用价廉且资源丰富的煤，燃料成本较高

常见的燃气发电厂以气态或液态天然气为发电燃料。天然气主要成分为甲烷，被公认为是地球上最干净的化石能源。将天然气净化并经一连串超低温液化后，就成为液化天然气（LNG），其体积约为同量气态天然气的 1/625，便于大量存储和运输。

按燃气轮机热力特性可分为简单循环和联合循环。其中单独由燃气轮机驱动发电机的形式称之为简单循环；利用简单循环燃气轮机排气进入余热锅炉，加热产生蒸汽，从而驱动蒸汽轮机再次做功的发电形式称之为联合循环。近来大型燃气轮机多与蒸汽轮机组合成燃气-蒸汽联合机组，以进一步提高热效率。

联合循环发电机组的总体布置可以单轴，也可以分轴。单轴指燃气轮机、蒸汽轮机和发电机在同一根轴上，结构上简单而紧凑，如图 3-20 所示；分轴指燃气轮机和蒸汽轮机分别带动一台发电机，可采用一台燃气轮机和一台余热锅炉及一台汽轮机"一拖一"的方式，也可以采用二台燃气轮机和二台余热锅炉及一台汽轮机"二拖一"的方式，有的电站也采用多拖一的方式等。不同布置的联合循环机组结构形式如图 3-21 所示。

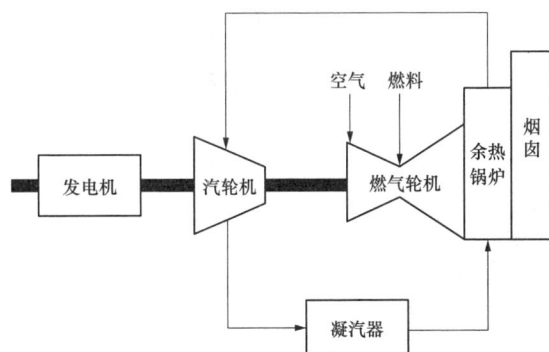

图 3-20　"一拖一"单轴联合循环方式

3.3.2　燃气发电厂的主要设备

以联合循环发电机组为例，介绍燃气发电厂的主要设备，主要包括燃气轮机、蒸汽轮机、余热锅炉、发电机。此外，燃气轮机还具有辅助设备系统，包括进气系统、排气系统、润滑油系统、控制油系统、消防系统、天然气控制系统、燃气轮机控制系统、天然气处理系统、天然气加热器和天然气调节阀。燃气轮机控制系统控制天然气调节阀，以确保向燃烧系统提供设计流量的天然气。

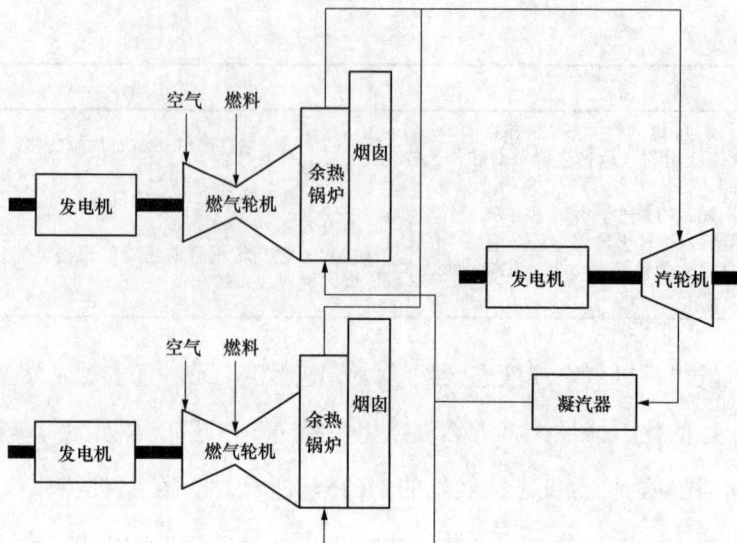

图 3-21 分轴"一拖一"机组与"二拖一"机组结构

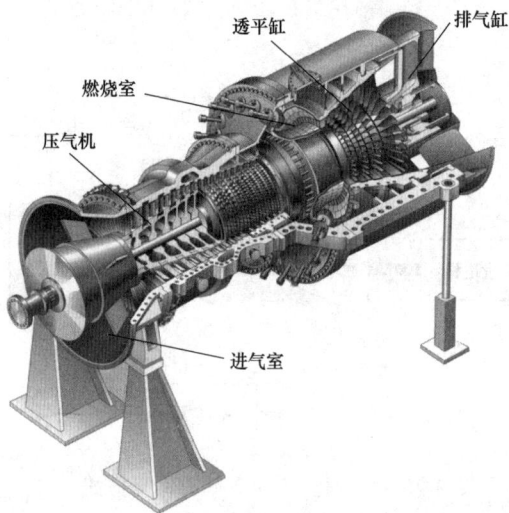

图 3-22 燃气轮机剖面图

3.3.2.1 燃气轮机本体

燃气轮机本体主要包括进气室、压气机、燃烧室、透平缸、排气缸几个组件,其剖面结构图如图 3-22 所示。

(1)进气室:进气室用于连接进气系统进气道与压气机进气缸。

(2)压气机:压气机用于压缩空气,向燃气轮机的燃烧室连续不断地供应高压空气。

(3)燃烧室:天然气和压缩空气在燃烧器内进行预混燃烧。空气经压气机增压增速后进入燃烧室,与燃料混合后经点燃进行燃烧,成为高温高压燃气,然后进入涡轮中进行膨胀做功。

(4)透平缸:透平段多级叶片将高温烟气的热能转化成机械能,转化的机械能一部分用于驱动发电机转子转动,将机械能转换成电能,然后送到电网,另一部分用于驱动轴流式压气机工作。

(5)排气缸:连接燃机透平和余热锅炉(或旁路烟道),用于将经过燃机透平做功后的高温高压烟气排入余热锅炉进行热交换。

3.3.2.2 余热锅炉

在联合循环电厂中，余热锅炉作用是回收燃气
轮机排气的热量，产生蒸汽推动汽轮机做功。与常
规电厂锅炉相比，余热锅炉只有汽水系统，其结构
相似，通常由汽包、省煤器、蒸发器、过热器等换
热管簇和容器组成，构成了水加热、饱和水蒸发、
饱和蒸汽过热三个阶段。燃气发电厂余热锅炉如图
3-23 所示。

图 3-23 燃气发电厂余热锅炉

3.3.3 燃气发电厂的生产主要流程

本小节以联合循环发电机组为例，介绍燃气发
电厂的基本生产流程。如图 3-24 所示，压气机将空
气压缩后，在燃烧室中加入燃料燃烧产生高温高压燃气，继而在燃气透平中膨胀做功，将
热能转化为机械能；而做完功的透平排气排向余热锅炉，在余热锅炉中将水加热为蒸汽，
蒸汽推动汽轮机将热能转化为机械能；燃气轮机和蒸汽轮机共同拖动发电机，将机械能转
化为电能。两个环节的效率在 56%~58% 之间。

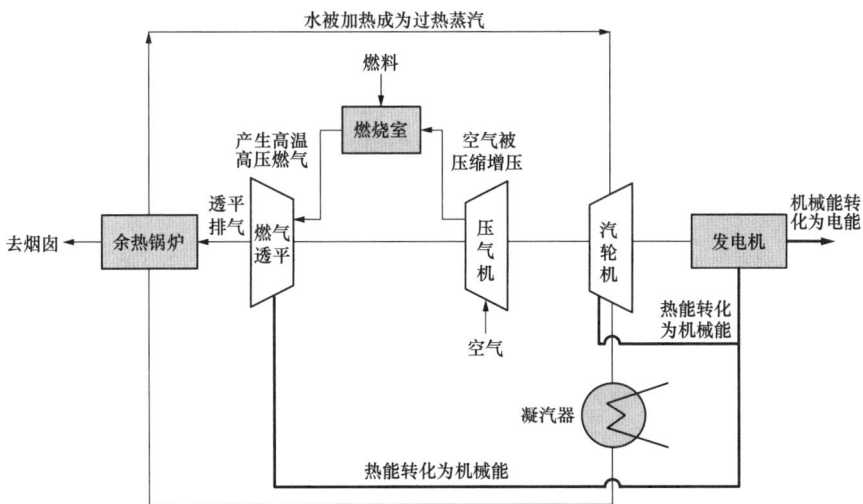

图 3-24 燃气-蒸汽联合循环原理图

3.3.4 燃气机组启动运行

和煤电机组类似，燃气机组启动运行也可以根据启动前机组的状态，分为冷态启动、
温态启动、热态启动三种情形，需要注意的联合循环类型的燃气机组在并网后需要对蒸汽

机组暖机，即机组需要低负荷运行一段时间，当蒸汽机组温度与压力达到一定要求后，机组可增加出力至满负荷。部分典型燃气电厂启动和暖机时间如表 3-12 所示。

表 3-12　　　　　　　　　某省部分典型燃气电厂启动和暖机时间

电厂名称	是否供暖	装机容量（MW）	装机台数（台）	燃气轮机类型	冷态启动时间（h）	热态启动时间	暖机负荷（MW）	暖机时间
燃气厂 1	否	904	2	同轴	3	1h40min	128	20min
燃气厂 2	否	2415	6	同轴	4	80min	40	30min
燃气厂 3	否	112	4	一拖一	5	2h	随参数	40min
燃气厂 4	否	112	4	一拖一	4	1h	随参数	随参数
燃气厂 5	否	788	3	二拖一	5	1h30min	30	3h
燃气厂 6	否	344	3	二拖一	3	1h	50	25min

第4章 水力发电厂的调度运行

水力发电是指利用水体蕴藏的重力势能来推动水力机械转动，最终转换成电能的发电方式。水力发电具有发电效率高、成本低、机组启动快、调节灵活等特点，因此在电网中主要承担调峰、调频、调相、事故备用等作用，另外，水力发电工程还能够发挥防洪、旅游、养殖等水资源综合利用功能。截至 2023 年底，全国全口径水电装机容量 421.5GW（4.215 亿 kW），占总装机容量的 14.44%。

4.1 水力发电厂类型和特点

水力发电厂的类型按水能来源可分为：①利用河流、湖泊水能的常规水电站；②利用电力负荷低谷时的电能抽水至上水库，待电力负荷高峰期再放水至下水库发电的抽水蓄能电站；③利用海洋潮汐能发电的潮汐电站；④利用海洋波浪能发电的波浪能电站。

按对天然径流的调节方式可分为没有水库或水库很小的径流式水电站和水库有一定调节能力的蓄水式水电站两大类。蓄水式水电站按水电站水库的调节周期可再分为多年调节水电站、年调节水电站、周调节水电站和日调节水电站。年调节水电站是将一年中丰水期的水储存起来供枯水期发电用。其余调节周期的水电站按义类推。

按发电水头的形成方式可分为：以坝集中水头的坝式水电站、以引水系统集中水头的引水式水电站，以及由坝和引水系统共同集中水头的混合式水电站。

根据水利枢纽布置不同，主要可分为堤坝式、引水式、抽水蓄能水电厂等，以下分别重点介绍。

4.1.1 堤坝式水电厂

在河床上游修建拦河坝将水积蓄起来，抬高上游水位形成发电水头的方式称为堤坝式。堤坝式水电厂又可分为坝后式、河床式及混合式水电厂等。

坝后式水电厂的厂房建筑在坝的后面，全部水头由坝体承受，水库的水由压力水管引入厂房，转动水轮发电机组发电。坝后式水电厂适合于高、中水头的情况。

河床式水电厂的厂房和挡水坝联成一体，厂房也起挡水作用，因修建在河床中故名河床式。河床式水电厂水头一般在 20～30m 以下。

4.1.2　引水式水电厂

水电厂建筑在山区水流湍急的河道上或河床坡度较陡的地方，由引水渠道造成水头，一般不需修坝或只修低堰。

4.1.3　抽水蓄能水电厂

具有上池（上部蓄水库）和下池（下部蓄水库）。在负荷低谷时水轮发电机组可变为水泵工况运行，将下池水抽到上池储蓄起来，在负荷高峰时水轮发电机组可变为发电工况运行，利用上池的蓄水发电，它可将电网负荷低谷时的多余电能，转变为电网高峰时期的高价值电能，适于调频、调相，稳定电力系统的频率和电压。抽水蓄能电厂原理示意如图 4-1 所示。

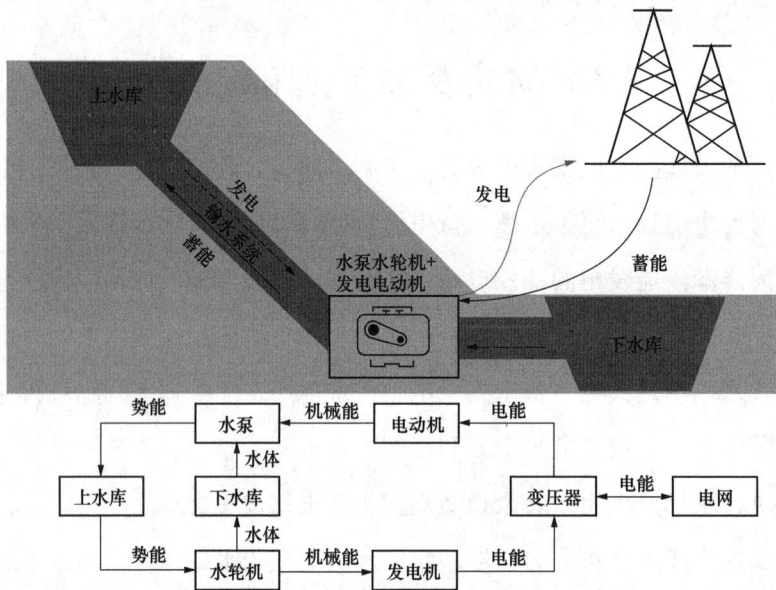

图 4-1　抽水蓄能电厂原理示意图

4.2　水力发电厂的主要设备

水力发电厂由水工建筑物、水轮发电机组以及变电站和输电设备组成。

4.2.1　水力发电厂工程建筑物

水力发电厂水工建筑物主要包括大坝、引水建筑物、泄水建筑物和厂房等。典型坝后式水电厂的结构示意如图 4-2 所示。

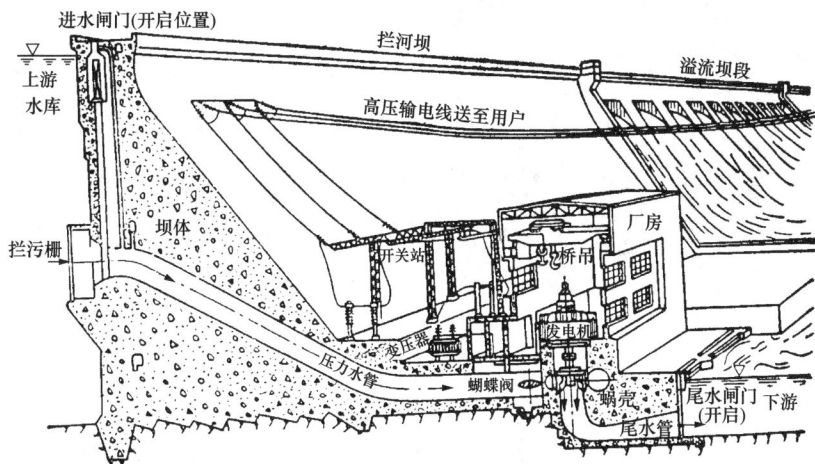

图 4-2　坝后式水电厂结构示意图

大坝又称拦河坝，是水电厂的主要建筑物，作用是挡水提高水位，积蓄水量，集中上游河段的落差形成一定水头和库容的水库，水轮发电机组从水库取水发电。大坝可分为混凝土坝和土石坝两大类。

引水建筑物可采用渠道、隧洞或压力钢管等，作用是向水电厂输送发电流量，主要包括进水口、拦污栅、闸门、输水建筑物等。

泄水建筑物作用是宣泄洪水或放空水库，主要包括溢洪坝、溢流坝、泄水闸、泄洪隧道和底孔等。

水电厂厂房分为主厂房和副厂房。主厂房包括安装水轮发电机组或抽水蓄能机组和各种辅助设备的主机室，以及组装、检修设备的装配场。副厂房包括水电厂的运行、控制、试验、管理和操作人员的工作、生活用房。

4.2.2　水轮发电机组

将水能转变为电能的机电设备称水电厂动力设备。常规水电厂和潮汐电站的动力设备为水轮机、水轮发电机及其附属的调速器、油压装置、励磁设备等。抽水蓄能电站的动力设备为由水泵水轮机和水轮发电电动机组成的抽水蓄能机组及其附属的电气、机械设备。水电厂内全景图如图 4-3 所示。

4.2.2.1　水轮机

水轮机是把水流的能量转换为旋转机械能的动力机械，它属于流体机械中的透平机械。

图 4-3　水电厂内全景图

现代水轮机则大多数安装在水电厂内，用来驱动发电机发电。在水电厂中，上游水库中的水经引水管引向水轮机，推动水轮机转轮旋转，带动发电机发电。做完功的水则通过尾水管道排向下游。水头越高、流量越大，水轮机的输出功率也就越大。

水轮机按工作原理可分为冲击式水轮机和反击式水轮机两大类。冲击式水轮机的转轮受到水流的冲击而旋转，工作过程中水流的压力不变，主要是动能的转换。反击式水轮机的转轮在水中受到水流的反作用力而旋转，工作过程中水流的压力能和动能均有改变，但主要是压力能的转换。反击式水轮机可分为混流式、轴流式、斜流式和贯流式水轮机四种。其中混流式水轮机结构紧凑，效率较高，能适应很宽的水头范围，是目前世界各国广泛采用的水轮机型式之一，下面以混流式水轮机为例对水轮机的主要结构进行介绍。

混流式水轮机一般包含引水部件、导水部件、工作部件和泄水部件四部分，其内部构造如图 4-4 所示。

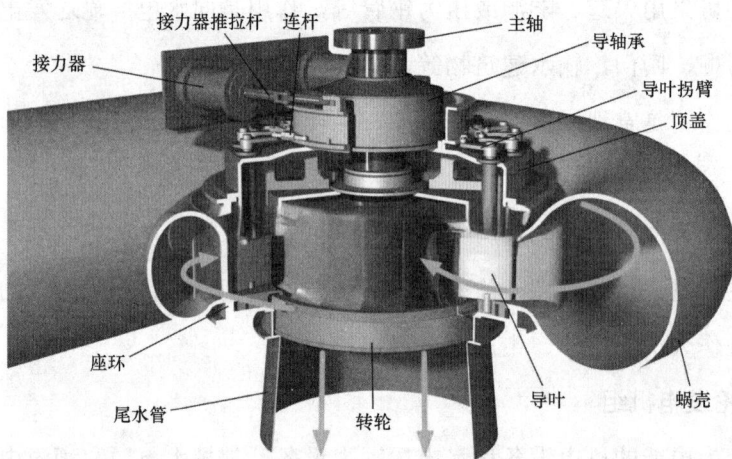

图 4-4　混流式水轮机内部结构示意图

（1）引水部件主要由蜗壳及座环等组成。水流由蜗壳引进，经过座环后进入导水机构。蜗壳的作用是使进入导叶以前的水流形成一定的旋转，并轴向对称地将水流均匀引入导水机构。座环是用来连接蜗壳和导水机构，其作用是承受水轮机的反向推力以及整个机组和上部混凝土的重量，并以最少的损失将水流引入导水部件。

（2）导水部件又称导水机构，包括操纵机构（推拉杆、接力器及其锁定装置）、导叶传动机构（包括控制环、拐臂、连杆和连接板等）、执行机构（导叶及其轴套等）和支撑机构（顶盖、底环等）四大部分。其作用使进入转轮前的水流形成旋转，并可改变水流的入射角度，当发电机负荷发生变化时，用它来调节流量，正常与事故停机时，用它来截断水流。

（3）工作部件，即转轮，它是直接把水能转变为旋转机械能的重要部件。当具有一定流速和压力的水流流过转轮之间所形成的流道时，水流对叶片表面有一个作用力，迫使转轮向规定方向旋转，并通过水轮机主轴传递给发电机主轴及转子。

（4）泄水部件一般称为尾水管，是最后一个过流部件。它安装在水轮机的后面，通过它把工作完的水流引到下游尾水渠。

4.2.2.2　水轮发电机

电力系统对水轮发电机有较高的动态稳定和静态稳定要求。一般而言，水轮发电机需要具有较大的飞轮力矩，因此水轮发电机的转子直径和外形尺寸都比较大。与汽轮发电机不同，水轮发电机为凸极机，磁极数较多，转子转速较低。根据位置方式不同，水轮发电机可分为卧式、立式和斜式三种类型。水轮发电机组主要有以下部件：

（1）定子。定子是产生电能的固定部件，由线圈、铁芯和机壳等组成，如图 4-5 所示。

（2）转子。转子是产生磁场的转动部件，由支架转轴、轮、磁轭、磁极磁芯、励磁线圈、阻尼线圈等组成，如图 4-6 所示。

图 4-5　发电机定子

图 4-6　发电机转子

（3）推力轴承。推力轴承主要承受机组转动部分的总重量和水轮机的轴向推力。

（4）上下导轴承。上下导轴承主要承受由机械和电磁不平衡力所引起的径向载荷，维持机组轴线旋转中的稳定。

（5）上下部机架。上下部机架是装设轴承或放置制动器、励磁机及转桨式水轮机受油器的支承部件。

（6）冷却装置。发电机内部的热风通过均匀布于定子机壳外的冷却装置后重新送入发电机，有空冷、半水冷、全水冷等方式。

4.2.2.3 水轮机调速器

水轮机调节系统是由水轮机控制设备（系统）和被控制系统组成的闭环系统。水轮发电机组不断地调节水轮发电机组的输出功率，维持机组的转速（频率）在额定转速（频率）的规定范围内，就是水轮机调节的基本任务。水轮机调速器是水电厂发电机组的重要辅助设备，其控制性能直接决定水轮机的运行品质。水轮机的调速器经历了机械液压式调速器（20 世纪 50 年代）—电液式调速器（20 世纪 50 年代至 80 年代）—微机调速器（20 世纪 80 年代至今）3 个阶段。目前，微机调速器因其控制精度高、运算速度快、控制方式灵活多变等特点逐步成为主流。

水轮机调速器由实现水轮机调节及相应控制的电气控制装置和机械执行机构组成。调速器是水电厂发电机组的重要辅助设备，它与电站二次回路或计算机监控系统相配合，完成水轮发电机组的开机、停机、增减负荷、紧急停机等任务。水轮机调速器按控制规律可分为 PI（比例积分）调节器和 PID（比例积分微分）调节器，其基本原理均是基于反馈控制原理。水轮机调速器控制原理图如图 4-7 所示，调节器的工作流程是先利用测量元件把机组转速 n（频率 f）、功率 $U×I$、水头 H、流量 Q 等反映机组运行工况的参数作为反馈信号，与给定信号进行处理计算后得到控制信号，然后将控制信号传送到液压控制系统，调节水轮机的导叶开度进而改变发电机的输出功率，使其与电网需求保持一致。

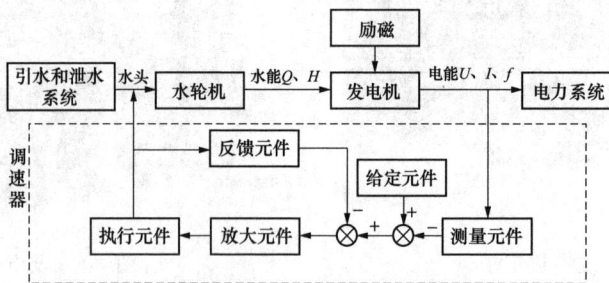

图 4-7　水轮机调速器控制原理图

4.2.2.4 水电厂的生产过程

水电厂的生产过程：高位的水下落将势能转变为动能，从而推动水轮机转动，并带动发电机产生电能，经变压器升压后汇入电网，如图4-8所示。

具体过程可以分为5个阶段：

第1阶段，获得水能——汇集水量、集中水头；

第2阶段，调节水能——水能的存储与调节；

第3阶段，引取水能——将水能引进电厂厂房；

第4阶段，转化水能——将水能转为机械能和电能；

第5阶段，输配电能——输配电能至用户。

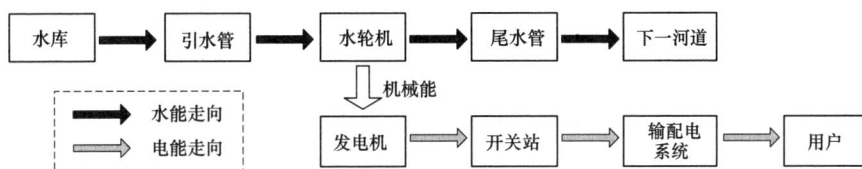

图4-8 水能利用图

4.3 水电厂调度运行管理

4.3.1 水库调度

4.3.1.1 水库调度的定义

水库调度即水库控制运用，是对水利水电枢纽实施合理有效的控制调度，以充分发挥蓄水发电、防洪兴利、民生供水等综合效益。

4.3.1.2 水库调度的任务

水库具有调节天然径流的作用。一座规划设计合理、管理运用得当的水库，它不仅能防洪、灌溉，还能为城市提供优质供水、为工业提供廉价的电力、为交通提供经济的水运、为渔业提供丰富的水产、为居民创造优美的环境，做到一库多用、一库多能，充分发挥水资源的综合效益。

水库调度的任务是根据水文变化规律，结合气象预报，掌握各个时期水库来水量，了解有关部门对水库水量的要求，及时地蓄水、放水，并经济合理地分配给发电与各用水部门。

4.3.1.3 水库调度的基本原则

水库调度的基本原则是在确保水电厂大坝工程安全的前提下，分清发电与防洪及其他综合利用任务之间的主次关系，统一调度，使水库综合效益最大化。当大坝安全与供电、防洪及其他用水要求有矛盾时，应优先满足大坝安全的要求；当供电可靠性与经济性有矛盾时，应优先满足可靠性的要求。同时为提高水能的利用率，需要合理控制水头水位，平衡机组发电单耗和弃水风险。

4.3.1.4 水库的调度方式

目前，我国的水库调度主要围绕防洪、发电、灌溉、供水、航运、防凌等综合利用效益进行。水库调度方式就是依据水库既定的水利任务和要求而制定的蓄泄规则，大中型水库现行的调度方式主要分为防洪调度和兴利调度两类。

1. 防洪调度

防洪调度的主要任务是确保水库大坝安全的前提下，有效地利用防洪库容，拦蓄洪水，削减洪峰，减免洪水灾害，正确处理防洪与兴利的矛盾，充分发挥水库的综合效益，通常采用的调度方式有固定下泄（一级或多级）、补偿调节、预报预泄等。汛限水位是处理防洪与兴利矛盾的基本特征水位。

2. 兴利调度

兴利调度一般是在非汛期，按照水库所承担兴利任务的重要程度，合理分配水资源，谋求经济效益最大化的调度方式，按照工程任务一般分为发电调度、灌溉调度、供水调度、航运调度等类型。

其中发电调度是充分利用水库的调蓄作用，以发电量最大、总出力最大或者电力系统效益最大为目标，进行水库发电调度的优化。按汛期和非汛期两类水文情况，研究优化的内容略有不同。汛期水库发电调度，需在满足工程安全和上下游防洪的前提下进行。此时电站以基荷运行为主，通过优化调度，力争多发电以降低水库水位。非汛期水库发电调度，一般按水库调度图进行控制。水库调度图中规定了水电厂出力（N）与库水位（z）、时间（t）两个参数的关系，即 $N=f(z, t)$。下一节将对水库调度图进行详细介绍。

4.3.1.5 水库调度图简介

由于水库来水存在不确定性、天气预报不够精准等原因，水电厂调度难以达到发电、灌溉、防洪综合最优。因此，为尽量减少或避免管理不当造成的损失，20 世纪 20 年代，苏联学者莫罗佐夫提出利用水库调度图进行水电厂调度。

水库调度图是一种表示水库调度决策变量（电站出力、灌溉与城镇供水量、下泄量等）与状态变量（时段初库水位、入库流量、时间等）的关系线图。在难以掌握天然来水和做出足够精确的长期水文预测的情况下，它采用历史实测径流资料为样本，根据水库各设计参数及特征水位，进行逆时序径流调节计算，偏安全地决定各种调度方案的适应范围，即对于同一决策（如保证供水或加大、降低供水），以各自相应的设计保证率的水文情况，各种可能出现的水库水位的包线为所求的调度线，并由它们组成调度图。

如图 4-9 所示，水库调度图包含上基本调度线（防破坏线）、下基本调度线（出力限制线）、防弃水线、汛限水位线（防洪调度线）4 条指示线和降低保证出力区、正常保证出力区、加大出力区、全部水电装机出力区、防洪调度区 5 个指示区。当某一时期水库水位落在某区时，就应按该区规划的出力来发电（或放水）。

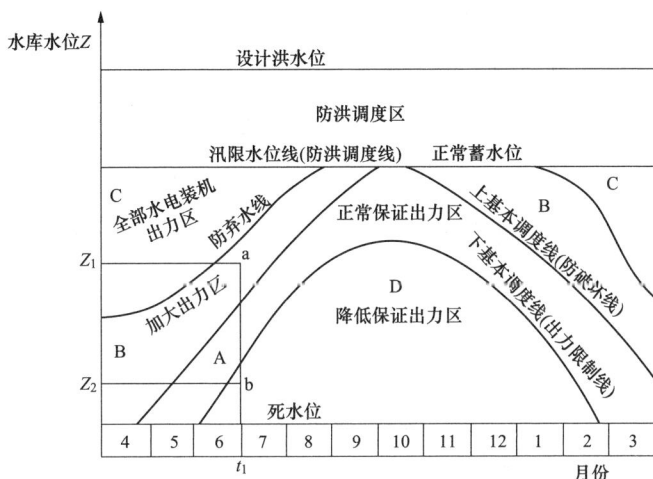

图 4-9　某水库调度图

A—正常保证出力区；B—加大出力区；C—全部水电装机出力区；D—降低保证出力区

为保证电力系统运行的可靠性，当水库水位落在下基本调度线以下时（降低保证出力区），水电厂应降低出力运行，避免水位低于死水位。当水库水位落在上基本调度线与下基本调度线之间时（正常保证出力区），水电厂应保证出力运行，尽可能抬高水库运行水位。当水库水位落在上基本调度线与防弃水线之间时（加大出力区），水电厂应尽可能增加出力，减少弃水风险。当水库水位落在汛限水位线与防弃水线之间时，水电厂应确保全部水电机组发电运行，尽可能降低水位。当水库水位在汛限水位以上时，水电厂要移交当地政府的防汛指挥部，同时在电网安全许可的前提下，确保水电厂的满发。在汛期，水库水位达到防洪调度线，为保证水库安全运行，水库要泄洪，确保水库水位不得高于设计洪水位。水库调度原则是：按设计确定的综合利用目标、任务、参数、指标及有关运用原则，在确保水库工作安全的前提下，充分发挥水库最大的综合效益。

4.3.2 水力发电厂的调度运行

4.3.2.1 梯级运行

从水电厂运行调度的发展过程来看，已从单一电站的发电运行发展到发电、抽水、备用以及水库综合利用等多目标运行；从局部电网内少数水电厂水库发电调度，发展到大地区联合电网内多座水电厂水库群补偿调节。

水电厂的梯级运行优势明显，一方面，梯级运行可以利用多层次的控水布局，最大限度地调节堤坝水位，避免水量失控对环境及经济造成的损害。另一方面，梯级运行可以减少水资源的消耗量，有效提高水能综合发电效益，实现利益最大化。

由于梯级水电厂存在着水力、电力两种联系，约束条件复杂，运行方式较单体水电厂更为灵活多变，因此需要对梯级水电厂进行联合优化调度，以最大程度地利用水能资源。梯级水电厂的优化调度就是在各个单体水电厂的水流量预测和区域负荷预测的基础上，在满足生态平衡约束、单位出力耗水量等约束条件下，利用科学的调度模型计算得到各个梯级水电厂之间的站内机组出力、负荷分配、机组组合，实现梯级水电厂出力的优化调度。

梯级水电厂的调度运行方法如表 4-1 所示。

表 4-1　　　　　　　　　　梯级水电厂常见调度方法

调度方法	调度内容
流量调度	针对不同的用水需求，综合考虑梯级水电厂不同水库的实时入库流量，调整放水流量及发电量，保证下游灌溉用水、城市供水、防洪排涝等
水位调度	根据梯级水电厂水库水位变化，调整上下游的流量、水位，避免水库超调或不足
发电调度	根据电网负荷需求，以及水库的水位、流量情况，制订每个水电厂的发电计划，以最大化利用水能，同时在保证电网稳定运行的前提下进行发电

4.3.2.2 经济运行

水电厂经济运行是从电力系统安全、优质、经济发供电的目标出发，制定水电厂的最优运行方式，最合理地利用水电厂的水量以使电力系统的运行成本或燃料消耗为最小。它主要包括长期经济运行、短期经济运行和厂内经济运行三块内容。根据国内外的实践经验，长期经济运行可提高发电量 2.0%～5.5%，短期经济运行可提高发电量 1.5%，厂内经济运行可节约燃料费 0.5%～3%。

长期经济运行是将较长时期（季、年、多年）内的有限输入能最优地分配到较短时段（月、旬、周、日），制定各电站的长期最优运行方式。

短期（周、日）经济运行的主要任务是将长期经济运行所分配给本时段的输入能在更短时段（日、小时）间合理分配，制定出电站短期最优运行方式，即确定逐日、逐小时的负荷分配及机组组合。

厂内经济运行又称为实时调度，其主要任务是在总负荷给定的条件下，利用经济运行算法研究计算厂内工作机组最优台数、机组组合、启停顺序以及机组间的最优负荷分配。传统的经济运行算法包括等微增率法、动态规划法。微增率法提出较早，但用等微增率法要求微增率曲线是凸的，而实践中导致微增率曲线非凸的因素很多，因此实际应用效果不佳。而动态规划法作为一种全局性寻优的算法应用于水电厂厂内经济运行，可以较好地处理机组稳定运行的问题，适用于机组所有可行的出力范围，最重要的是它能完善地解决时间—空间优化问题，因此得到了广泛的应用。

4.3.2.3 水轮发电机启停

某水轮发电机启机流程如表 4-2 所示。

表 4-2　　　　　　　　　　　　某水轮发电机启机流程

序号	操作步骤
1	打开进水管旁通阀，往机组蜗壳内注水
2	打开轴承冷却水阀
3	打开蜗壳排气阀，直到蜗壳内气体排空，关闭排气阀
4	打开进水电动蝶阀至全开状态
5	合上调速器电源断路器，打开调速器排油阀
6	将调速器切至手动模式，慢慢开启水轮机导水叶机构，使水轮机组低速运行 1～2min，并检查水轮机、发电机声音是否正常、机组是否有振动现象、轴承冷却水是否正常畅通
7	确认机组运转正常后缓慢增加发电机转速至额定转速
8	合上启磁电源开关，对发电机进行启磁
9	调速微机励磁器按钮，调整调速器开度，直至发电机频率、电压与电网基本一致
10	在确定具备安全并网条件下，按下同期并网按钮，待具备条件后合上并网断路器
11	并网合闸成功后，再利用调速器增加导叶开度，逐渐增加机组负荷
12	最后将调速器切至自动模式

某水轮发电机停机流程如表 4-3 所示。

表 4-3　　　　　　　　　　　　某水轮发电机停机流程

序号	操　作　步　骤
1	缓慢调节水轮机调速器，调节励磁电流，使水轮机输出功率接近于零
2	按下分闸按钮
3	断开励磁转换开关

续表

序号	操作步骤
4	关闭水轮机调速器，使水轮机导水叶全部关闭，使机组迅速停止运行
5	关闭进水电动蝶阀、冷却阀及调速器排油阀

4.3.2.4 水电的几种特殊运行方式

水电厂具有开机时间短、出力调整迅速等特点，在电力系统中广泛承担调频、调峰、调相、备用等任务。除常规有功出力增减外，水电机组基于其结构特点，还能够根据电网需求运行在一些特殊的工况下，下面进行简要介绍。

1. 调相运行

当电力系统无功功率不足时，为提高系统运行电压，利用水轮发电机组工况转换简便的特点，可采用调相运行方式。所谓调相运行，就是将水轮发电机组与电网并联运行，水轮机的导叶全关，吸收电网的有功功率带动发电机运行，同时采用过励磁方式向系统输出感性无功功率，达到支撑系统电压的目的。

2. 进相运行

发电机正常运行时，向系统提供有功的同时还提供无功，定子电流滞后于端电压一个角度。当逐渐减少励磁电流使定子电流从滞后而变为超前发电机端电压一个角度，发电机从向系统提供无功而变为从系统吸收无功，此种状态即进相运行。

由于水轮发电机是凸极式结构，其纵轴和横轴同步电抗不相等，电磁功率中有附加分量，因此使它比汽轮发电机有更大的进相运行能力。在电力系统低负荷运行的时候（如春节、国庆等节假日），系统容性无功容量过剩，根据系统调压需要，在采取无功补偿设备调节电压外，也可以通过水电机组进相运行，降低系统部分节点的电压。

3. 空转运行

发电机组开机空转运行是指发电机组开机投入调速器，机组转速稳定运行于额定转速的一种运行状态，此时励磁系统不投入运行，水电厂开机但不并网发电。这种工况一般用于机组试验。

4. 空载运行

发电机组开机空载运行是指发电机组开机投入调速器，在机组转速达到规定的额定转速时，投入励磁系统，建立定子电压至额定电压的一种运行状态，此时发电机仍并网且带有轻微的负荷。电网运行中出于调频需求，可以将水电机组调整为空载运行，实现水电机组有功出力迅速降至零。但是这种工况下机组振动变大，易造成机组设备损坏，因此水电机组不宜长时间运行于空载运行方式。

5. 黑启动

水电机组通常作为黑启动电源的首选。与火电、核电机组相比，水轮发电机结构简单，没有复杂的辅机系统，厂用电简单，启动速度快，因此是理想、方便的启动电源。水电厂的黑启动是指在无厂用电交流电的情况下，仅仅利用电厂储存的两种能量——直流系统蓄电池储存的电能量和液压系统储存的液压能量，完成机组自启动，对内恢复厂用电，对外配合电网调度恢复电网运行。机组具有黑启动功能不仅是电厂在全厂失电情况下安全生产自救的必要措施，也是电网发展的需要。

承担黑启动任务的水电厂，其调速系统、励磁系统、直流系统、辅助设备需满足黑启动要求；水电厂还应编制完善的黑启动预案，并定期组织演练。

6. 运行振动区

根据电网运行实际情况调整水电机组出力时，应避开水电机组的运行振动区。这是因为水轮发电机组是将机械能转换成电能的一整套装置，机组的特性不仅受制于其电气性能的优劣，而且受制于其机械特性。有相当部分的水轮发电机组在低负荷区存在超过标准的振、摆动现象。水轮机组的振、摆动现象主要表现在各种导轴承、推力头的摆动和机架、顶盖的振动以及蜗壳水压脉动上。一般机组在20%~50%负荷区运行时的振摆动现象最严重。

水电机组振、摆动产生的原因主要有两方面：

（1）由机械制造、安装质量不平衡造成。在机组制造、安装过程中质量的不平衡，易产生重心偏移，出现重心与转动中心的偏离距 L，使转动部件出现离心力 F。该离心力作用于导轴承并传给机架而产生振、摆动。

（2）由电磁拉力的不平衡造成。大、中型发电机的定、转子大多采用现场叠片及挂装，由于工装工艺及加工圆精度的限制，难免会产生磁绕组及磁场分布的不均匀，使磁拉力不平衡，从而产生振、摆动。其中以发电机定子2倍频电磁振动最为明显。

短时启停机组易造成机组振动，功率从零到额定功率或从额定功率下降至零会经过机组的振动区，频繁短时启停会影响机组寿命和设备安全。调度员可能会由于电网调峰的需要，会出现开启一台机后马上停机的情况，但为了机组的安全考虑，建议同一水电机组开停机间隔最短时间不少于5~15min。

第5章　核能发电厂的调度运行

核能发电的基本原理是指利用核裂变产生的大量热能,加热高温高压蒸汽,从而驱动汽轮机转动,最终产生电能的发电方式,它与火力发电相似,只是以核反应堆及蒸汽发生器代替火力发电厂的锅炉、以核裂变能代替矿物燃料的化学能。核能发电具有燃料成本低、能量密度高、不排放温室气体等优点。截至2023年底,中国核电装机容量56.91GW(5691万kW),占全国电力装机总量的1.95%,全年核电机组累计发电量为433.4TWh(4334亿kWh),占比约为4.86%,核能发电量达到世界第二。

5.1　核能发电厂的主要设备

5.1.1　核电厂的类型和特点

核电厂一般按照反应堆的种类进行分类,分为压水堆、沸水堆、重水堆、快堆、高温气冷堆等,具体如表5-1所示。

表5-1　　　　　　　　　　　　　核电厂类型比较

核电厂类型	特　点
压水堆	压水堆的水在反应堆内不沸腾。压水堆是目前国内外使用最广泛的核电反应堆类型,结构紧凑,功率密度高,自稳性能好,但压力容器需耐受高压,且对燃料有一定的富集度要求,燃料成本较高
沸水堆	沸水堆中的水在反应堆内直接沸腾。沸水堆只有一个回路,水在反应堆内直接受热变为蒸汽,推动汽轮机做功。沸水堆回路设备少,运行可靠性更高,较压水堆更经济。但带放射性的蒸汽直接进入汽轮机,增大了维护检修难度,检修停堆时间较长
重水堆	重水堆以重水做慢化剂和冷却剂,用天然铀作燃料,对燃料的处理简单,利用率高,燃料成本较低。重水堆剩余反应性小,体积功率密度低,事故后衰变对堆芯完整性威胁小。但重水价格昂贵,且具有正冷却剂温度系数,有一定的不安全因素
快堆	快中子增殖型核电站中反应堆不需要慢化剂,反应堆内绝大部分是快中子,容易被铀238所吸收,变为可裂变的钚239。这种反应堆可以使钚239在10年左右比初装入量增殖20%以上,但初期投资费用较高
高温气冷堆	高温气冷堆采用天然铀作燃料,用石墨作慢化剂,用二氧化碳或氦气作冷却剂,慢化性能好,热效率较高。这种反应堆一次性装入燃料多,体积较大,造价较高

5.1.2　核电厂的构成

核电厂一般由核岛和常规岛组成。核岛与常规岛以是否含有放射性元素为依据区分。其中核岛由反应堆、一回路主系统及设备、辅助系统、各系统的控制保护和检测系统以及其他部分（包括设备冷却水系统、供用水系统、紧急公用水系统、一回路排水处理系统、反应堆安全壳系统、核燃料装换料和储存系统、核辅助厂房通风系统、柴油发电机组等）组成。常规岛指核电站中与核不相关的运行设施，组成与火电厂类似，包括汽轮机系统、发电机系统及其辅助系统、厂房及一些其他系统。以压水堆核电厂系统为例，其构成如图5-1 所示。

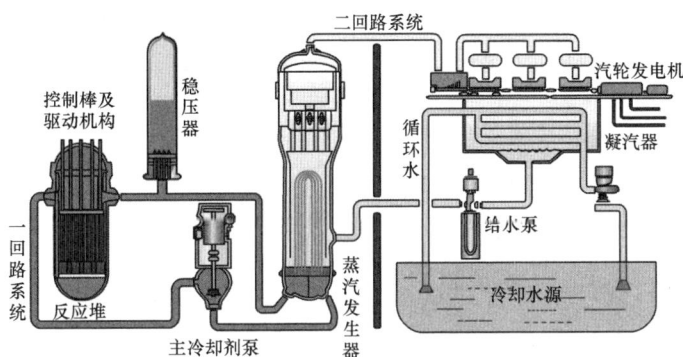

图 5-1　压水堆核电厂基本组成

5.2　核能发电厂的生产流程

5.2.1　核电厂的生产流程

核电厂的能量传递及转换过程为：核裂变产生的能量传递至核燃料包壳，通过反应堆冷却剂强迫循环带走热量传递至蒸汽发生器二次侧，给水加热后产生蒸汽推动汽轮发电机组，能量由热能转换为机械能。最后利用发电机的电磁感应转换为电能。以压水堆为例，能量转换过程中包含互相独立的三个回路。

（1）一回路：反应堆压力容器内的核燃料组件发生核裂变，产生大量热，热量由冷却剂-水带走，并经蒸汽发生器完成热传导之后，再被主泵送回反应堆压力容器继续被加热，形成一个封闭循环，也称主回路，是核电站的核心回路。一回路设备主要位于核岛内。

（2）二回路：一回路的高温冷却剂流过蒸汽发生器传热管时，将携带的热量传输给二回路的水，从而使二回路的水变成高温高压蒸汽。高温高压蒸汽随后通过主蒸汽管道被送到汽轮机厂房，冲转汽轮机，带动发电机一起执行发电功能。冲转后的乏汽经海水冷却，又变成水，再经过加热器后被送回蒸汽发生器，继续被加热成蒸汽，这是第二个封闭循环，也称蒸汽回路。二回路设备主要位于常规岛内。

（3）三回路：三回路是一个开式回路。在三回路中，循环水泵将冷却水源（一般为海水）送入冷凝器，对二回路做完功的蒸汽进行冷却，使其再变成水，同时三回路的水将二回路乏汽中难以利用的热量排出到环境。冷凝器实质上是二回路与三回路之间的热交换器，在冷凝器里，三回路的水与二回路的水也是互不接触，只是通过冷凝器内的管壁交换热量。

简而言之，一回路的作用是带走核裂变产生的热能并对二回路的水进行加热，使其变成蒸汽。二回路的作用是推动汽轮机发电。三回路的作用和一回路正好相反，三回路是对二回路做完功的蒸汽（乏汽）进行冷却，使其再变成水。由于三个回路之间相互独立，因此核电站的二回路和三回路都没有放射性。

5.2.2　核电厂的生产运行特点

相较常规火电厂，核电厂在生产过程中主要有以下几方面不同：

（1）反应堆必须达到临界才能工作。因此，核电厂工作时必须保证足够的核燃料装量，且运行过程中核燃料不可能全部耗尽。装入反应堆的核燃料，根据堆型的不同，能够维持反应堆 1～1.5 年的满功率运行。当核燃料无法维持足够的功率时，电站将进行反应堆燃料更换工作。换料的同时也会安排机组主要设备进行预防性维修，因此换料也称为换料大修。

（2）反应堆内储存有大量的放射性物质。反应堆中主要放射性物质的来源为裂变产物、衰变产物、活化产物，生成的放射性废物存在气态、液态、固态等多种形态。防止放射性物质的释放是核电厂安全的首要目标，也是设立三道安全屏障的原因。

（3）核电厂在生产过程中会产生相当可观的剩余释热。反应堆主要通过冷却剂系统导出热量，此外还设有余热导出系统。即使在停堆期间，反应堆仍应保证足够的冷源，防止余热将反应堆烧毁。

（4）核电厂通常使用饱和蒸汽。在相同规模的情况下，核电厂使用的蒸汽管道、汽轮机、调节阀门等的尺寸与常规火电厂相比较大。

（5）核电厂较少参与调频调峰。核电厂系统设备较火电厂更为复杂，运行过程中，核电厂过渡瞬变更为困难，快速升降负荷可能导致反应堆轴向功率偏差控制困难，可能造成堆芯烧毁。频繁调节负荷会造成反应堆放射性废物生成增加，不利于系统的安全运行。此外，核电厂成本结构也与常规火电厂不同，因此要求核电厂尽量带基本负荷运行，参与调峰较少。

5.3　核能发电厂的运行

截至 2022 年底，全球在运核电机组中，压水堆占 77.92%，沸水堆占 11.89%，重水堆占 6.5%，轻水冷却石墨慢化堆占 1.99%，气冷堆占 1.27%，快堆占 0.38%，其他堆型占 0.05%。目前我国已运行和在建的核电机组大部分为压水堆。我国核电分布在广东、福建、浙江、江苏、辽宁、广西和海南等省，包括秦山、大亚湾、岭澳、田湾等项目。

压水堆核电站是目前最成熟、最成功的动力堆堆型，也是目前世界上使用最广泛的核电站。下面以压水堆核电站为例，介绍核电站的运行。

5.3.1　核电厂正常运行

核电厂的正常运行包括功率运行、启动、热备用、安全停堆、冷停堆和换料等不同运行模式。

5.3.1.1　启动

启动指核电厂正常运行过程中反应堆停闭后的再启动，主要步骤如下：

（1）初始状态：换料的冷停闭工况、初始状态。

（2）冷停闭-热备用：第一步一回路冲水和排气，第二步稳压器建立汽腔，第三步一回路升温升压至热停堆状态。

（3）反应堆趋近临界，达到热备用状态：第一步硼浓度稀释，第二步控制棒提升，第三步控制棒继续提升，反应堆进入热备用状态。

（4）二回路启动：当反应堆达到临界后，用来自蒸汽发生器的蒸汽，开始启动二回路系统。

（5）发电机并网，提升功率。

5.3.1.2　功率运行

核电厂功率控制的主要手段有两种，分别为控制棒的插入深度和冷却剂中的硼浓度。通过改变控制棒的插入深度进行控制，功率响应速度较快，能够采用自动控制，但容易造成堆芯功率分布畸变；通过改变冷却剂中的硼浓度进行控制对堆芯功率分布影响较小，可以控制较大的反应性，延长换料周期，提高经济性。改变控制棒位置和调节冷却剂硼浓度都是控制反应性的主要手段。

核电厂宜长期带基本负荷（满功率或接近满功率）稳定运行。稳定运行情况下，调节一回路水中的硼浓度的操作少，产生的废液也较少，只需补偿因燃料逐渐消耗而减少的反应性，通常是隔一定时间进行硼稀释。对各种类型的反应堆，其功率升降都有严格的规定，快速功率变化会损坏燃料棒的完整性。这种影响是通过燃料芯块和包壳之间的相互作用产生的。

5.3.1.3 核电厂停闭

核电厂停闭一般是指把反应堆从功率运行水平降低至中子源水平的过程。停闭分为正常停闭和事故停闭，其中正常停闭又分为热停闭和冷停闭。

热停闭是短期的暂时性停堆。热停闭时，调节棒全插入，停堆棒组可插入或抽出，但硼浓度必须维持在最小停堆深度。此状态下一回路系统保持热态零负荷时的运行温度压力，二回路系统工况负荷为零，随时可以准备带负荷继续运行。

冷停闭是从热停闭状态开始的长期停堆。冷停闭时，调节棒、停堆棒组全插入，硼浓度不断增加以补偿温度负反馈，维持足够的停机深度。此状态下一回路系统逐步降到冷态，二回路系统逐步停闭。

5.3.2 核电厂异常运行

核电厂异常运行情况包括控制棒失控连续提升、控制棒束掉落堆芯、发电机甩负荷、给水流量不足、反应堆冷却剂系统泄漏等，具体情况如表5-2所示。

表5-2　　　　　　　　　　核电厂异常运行情况简介

类型	简介
控制棒失控连续提升	控制棒失控连续提升一般由反应堆冷却剂环路、汽轮机冲动级压力通道、棒控系统等设备故障引起。控制棒失控连续提升后，由于反应堆功率增加而汽轮机功率增加，将造成反应堆平均温度、稳压器压力、稳压器水位、主蒸汽压力上升，严重时可能造成反应堆紧急停堆
控制棒束掉落堆芯	控制棒束掉落堆芯一般是由棒控系统或驱动机构故障引起。此时，由于控制棒大量吸收核反应过程中产生的中子，因此反应堆功率、反应堆平均温度、稳压器压力、稳压器水位也将持续下降。控制棒束掉落将造成汽轮机自动降负荷，严重时可能因核功率负荷变化率高或稳压器压力低而停堆
发电机自动甩负荷	当核电厂全部送出线路同时故障跳闸，将造成发电机丧失全部或部分负荷，也称为发电机自动甩负荷。此时发电机负荷快速降低（仅带厂内负荷），一回路冷却剂平均温度上升，汽轮机转速上升，主蒸汽旁路排放阀或蒸汽发生器大气释放阀动作，同时控制棒快速下插，直至反应堆核功率和汽轮机负荷平衡为止
给水流量不足	核电厂正常运行时，一般需要两台主给水泵、两台冷凝水泵、两台加热器泵供水。这些泵中任意一台故障都会降低向蒸汽发生器给水的能力。此时运行人员需要降低汽轮机出力以匹配现有给水流量能力，并检查一回路平均温度和反应堆功率，必要时手动插入控制棒以维持设定值，确保蒸汽发生器水位在正常值以上

续表

类型	简　介
反应堆冷却剂泄漏	核反应堆的冷却剂是指用来冷却核反应堆堆芯，并将堆芯所释放的热量载带出核反应堆的工作介质，也称为载热剂。实际运行中，设备故障、操作失误、自然灾害等原因都可能造成核反应堆冷却剂泄漏。冷却剂是在核工程中扮演了重要的角色，其泄漏可能造成燃料过热、反应堆不稳定、核燃料外泄、核辐射泄漏等危害。核反应堆冷却剂泄漏后需要增加上充流量维持稳压器水位，同时设法确定泄漏点并尽快隔离

5.3.3　核电厂事故运行

核电厂事故运行是指反应堆堆芯严重损坏，并有可能破坏安全壳的完整性，从而造成环境放射性污染、人身伤亡、产生巨大损失的事故。压水堆核电站的事故主要包括反应堆冷却剂丧失、蒸汽发生器传热管破裂、未紧急停堆的预期瞬变等严重情形。

5.3.3.1　反应堆冷却剂丧失

由于反应堆冷却剂系统长期工作在中子辐照催化、腐蚀损伤、疲劳磨损的条件下，冷却剂丧失事故发生的频率相对于其他事故来说会更高。冷却剂丧失事故是指反应堆主回路压力边界产生破口或发生破裂，一部分或大部分冷却剂泄漏的事故。对于压水堆来说，便是失水事故（loss of coolant accident，LOCA）。压水堆一回路系统破裂引起的冷却剂丧失事故有很多种，它们的种类及其可能后果主要取决于断裂特性，即破口位置和破口尺寸。

1. 大破口失水事故

大破口失水事故是指反应堆冷却剂系统冷管段或热管段出现大孔直至双端剪切断裂并同时失去厂外电源的事故。大破口失水事故中发生的事故序列可分为喷放阶段、再灌水阶段、再淹没阶段和长期冷却阶段 4 个阶段。

大破口失水事故将导致严重后果。一方面在管道断开的一瞬间，冷却剂在断口处突然失压，会在一回路系统内形成一个很强的冲击波，严重破坏堆芯结构，使得控制棒无法插入或者一部分冷却剂通道堵塞，造成堆芯急剧升温。另一方面，由于冷却剂快速流失，冷却剂液面可能降到堆芯顶面以下，使得堆芯传热工况更加恶化，最终导致堆芯烧毁或熔化。如果堆芯熔化，熔融燃料会同残存在压力容器内的水相接触，进行剧烈的放热化学反应。在水被蒸干以后，熔融燃料可能会把压力壳熔穿。熔融燃料进入安全壳后同水接触，会产生冲击波，破坏安全壳。

2. 小破口失水事故

小破口失水事故是指由于反应堆冷却系统管道或与之相通的部件出现小破口，造成冷却剂丧失速度超过冷却剂补给系统正常补给能力的冷却剂丧失事故。小破口冷却剂丧失事故也包含环路自然循环维持阶段、环路水封存在阶段、环路水封清除阶段、长期堆芯冷却阶段 4 个阶段。

小破口失水事故后由于一回路失去冷却剂，可能使堆芯裸露、燃料损坏，若压力下降不足以使低压、中压安注启动，可能在高压阶段造成严重的燃料损坏；若冷却剂进入安全壳，则会引起安全壳的升温和超压，并伴随放射性的释放。

5.3.3.2 蒸汽发生器传热管破损事故

从世界各国压水堆的运行经验来看，蒸汽发生器传热管破损事故是发生概率较高的事故之一，其主要原因：一是传热管的厚度较薄，只有 1mm；二是整个核反应堆配置有 5000～7000 根传热管，发生个别传热管破损的可能性较大。

蒸汽发生器传热管破损可能导致带有放射性的反应堆冷却剂通过二次侧的释放阀、安全阀直接排放到环境中去，若破损的蒸汽发生器满溢，甚至可能进一步引发其他更严重的事故。

蒸汽发生器传热管破损事故发生后，运行人员需要及时识别破管的蒸汽发生器并进行隔离，随后用完好的蒸汽发生器尽快地冷却反应堆冷却剂系统，使冷却剂温度下降到饱和温度以下，最后再用稳压器喷淋来降低反应堆冷却系统的压力，使反应堆冷却剂系统的压力与已经隔离的蒸汽发生器的压力相等，以终止泄漏。

5.3.3.3 未紧急停堆的预期瞬变

核电厂反应堆保护系统对事故工况的保护手段主要是紧急停堆。当发生预期运行瞬变而要求紧急停堆时（保护未产生紧急停堆信号或产生信号但紧急停堆断路器未断开），控制棒不能插入堆芯所造成的未能紧急停堆的事故一般包括三种类型，分别是丧失一次侧热量排出能力、核反应堆反应性骤增、丧失二次热阱。未紧急停堆的预期瞬变的普遍特征是产热与载热失配，导致核电厂偏离正常工况。

只要加装一条从探头输出开始直至动作部件的独立触发辅助给水投入和汽轮机停机的逻辑系统，确保在发生未紧急停堆的预期瞬变时汽轮机停机和辅助给水自动投入，未紧急停堆的预期瞬变的后果就是可控的。

5.3.4 核电厂的安全措施

核电厂在生产过程中会产生大量放射性物质，核电厂安全的主要目标就是保护站区工作人员、周围居民在各种运行工况及事故状态下受到尽可能低的放射性辐照剂量和对周边环境造成尽可能小的影响。在设计过程中，核电厂一般按照纵深防御原则，采用燃料包壳、压力边界、安全壳等多道屏障隔离放射性物质。

事故状态下，核电厂通常会采用安全控制系统来保障反应堆的安全。其中，快速停堆信号系统能够在监测到有损于反应堆安全的异常状态信号时发出报警信号及紧急动作信号；堆芯危机冷却系统能够在冷却系统异常导致反应堆危急时投入，提供紧急状态下的冷源，防止堆芯过热；紧急停堆系统能够在收到紧急停堆信号后操作控制棒下插，保证反应堆热态安全停堆，同时在控制棒失灵时有另一套停堆系统快速投入。

5.4　核能发电厂并网运行相关要求

5.4.1　核电厂厂用电

核电厂每台机组厂内交流电源的供电来源分为正常电源、厂外电源以及备用电源。正常电源指由主发电机提供厂用电，此时发电机可以在并网运行方式，也可以处于孤岛运行方式。厂外电源指主发电机出口断路器断开，通过与核电厂出线相连接的变电站，经主（辅）变压器、厂用变压器降压，为厂用电提供电源。外界电源通常有两路，有的核电厂会将两路厂外电源区分为优先电源和辅助电源。备用电源指在正常电源、厂外电源均不可用的情况下，由两台备用柴油发电机分别提供电源，用于实现纵深防御功能，确保核安全。

在不同电厂工况模式下，为确保核安全，对厂外电源有运行限制要求。核电厂在功率运行、启动、热备用、安全停堆、冷停堆工况模式下，要求一台备用柴油发电机可用。冷停堆（反应堆压力容器打开）及换料工况模式下，要求一路厂外电源和一路备用柴油发电机可用。

根据不同的供电来源，失电事故分为丧失厂外电源与全厂失电两大类，前者指失去了厂外电源与辅助电源，后者指失去了全部电源。在失电事故下最需要关注的是反应堆的核安全，核电厂运行人员应根据应急运行规程、异常运行规程确保反应堆衰变热能够导出至最终热阱，同时根据应急预案启动失电应急响应。

5.4.2　核电厂调度运行注意事项

（1）由于连续、频繁的调峰对机组的安全性及经济性有一定影响，如无故障情况，核电厂将始终处于满功率并网状态，即承担基荷任务，由其他类型的机组承担电网的调峰任务。在节假日等电网用电功率较低的情况下，核电厂也能够参与调峰，但功率变化速率及负荷变化范围需符合相关规定。在世界范围内，对于法国等核电装机容量占比大（装机容量占比约53%）的国家，由于调峰手段有限，核电机组会直接参与电网的负荷跟踪运行，但仍会以煤电、气电、水电等作为优先调峰手段；其余核电装机比例相对较大的国家如美国、加拿大、日本、韩国等（装机容量占比 10%～25%），核电厂能够以基荷运行为主，以通过电力市场对其他参与调峰的机组进行补偿的方式满足电网的调峰需求。

（2）为避免核燃料包壳和芯块出现局部过热，反应堆不允许长期在低功率下运行。若反应堆在额定功率以下运行一段时间后，调控机构可根据核电厂值长申请，及时将反应堆功率升至满功率运行。

（3）与常规并网机组不同，核电机组的检修不需要参考电网设备的检修计划进行安排，而是根据机组的装料情况先确定核电机组的检修工期，随后再确定其余设备的检修计划。以某核电厂为例，反应堆每次装料后可连续运行 275 个满功率日，然后换料。换料时，先将堆芯外围的 1/3 乏燃料取出，再将堆芯中间燃料移至外围，最后再在堆芯中间装上新的核燃料。275 个满功率日的误差±12 天，且可以通过降低机组负荷适当延长，但燃料达到一定指标后必须换料。所以核电厂的检修必须根据其装料情况进行安排，检修时间过短则浪费燃料，检修时间过长则核电厂无法正常运行。

第6章　新能源电厂的调度运行

6.1　光伏发电的调度运行

光伏发电系统是指采用光伏组件将太阳能直接转换为电能的发电系统。它是一种新型的、具有广阔发展前景的发电和能源综合利用方式。光伏发电是一种清洁的可再生能源发电方式，有利于缓解我国化石能源日益紧缺的矛盾。

截至 2023 年底，我国光伏发电并网装机容量达到 609GW（6.09 亿 kW），连续 9 年稳居全球首位。与此同时，可再生能源发电量也在稳步增长，近 3PWh（3 万亿 kWh），接近全社会用电量 1/3，其中光伏发电量占全社会用电量的 6.2%。然而，光伏发电出力受大气情况及太阳光照强度影响较大，其有很强的波动性和不确定性，给系统的稳定性带来了挑战。

6.1.1　光伏发电的主要设备和生产流程

6.1.1.1　光伏发电的基本原理

1839 年，法国的 Edmond Becquerel 发现了"光伏效应"，即光照能使半导体材料内部的电荷分布状态发生变化而产生电动势和电流。1954 年，美国贝尔实验室的 G.Pearson 等人发明了第一块具有实用价值的单晶硅光伏电池，该光伏电池由半导体 P-N 结组成，受到太阳光照后发生光伏效应，可直接将光能转换成电能。单晶硅光伏电池发电原理如图 6-1 所示，当光线照射在太阳能电池上并在界面层被吸收后，具有足够能量的光子能够在 P 型硅和 N 型硅中将电子从共价键中激发，产生电子-空穴对。界面层附近的电子和空穴在复合之前，将受到空间电荷的电场作用而被相互分离，电子向带正电的 N 区运动，空穴向带负电的 P 区运动。通过界面层的电荷分离，将在 P 区和 N 区之间产生一个向外可测试的电压，此时可在硅片的两边加上电极并接入电压表。通过光照在界面层产生的电子-空穴对越多，电流越大，界面层吸收的光能越多，界面层（即电池面积）越大，在太阳能电池中形成的电流也越大。在 100mW/cm^2 的光谱辐照度下,硅光伏电池的开路输出电压一般为 450～600mV。实际工程中，为了满足负载需要的电压、电流，需要将多个容量较小的单体光伏电池通过串、并联组成数瓦到数百瓦的光伏模块（其输出电压一般为几十伏）。

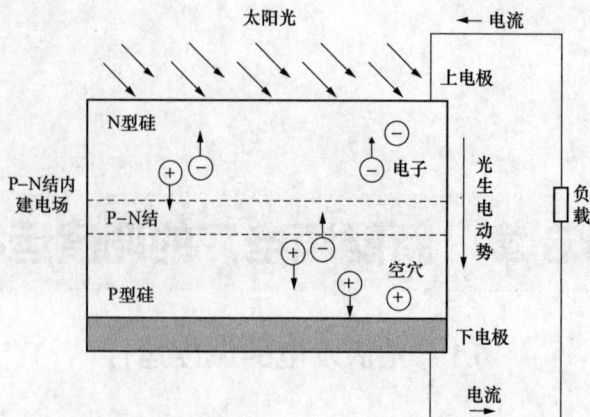

图 6-1　单晶硅光伏电池发电原理

6.1.1.2　光伏发电的分类

光伏发电系统可以分为离网型光伏发电系统和并网型光伏发电系统。

（1）离网型光伏发电系统主要由太阳能电池组件、蓄电池、控制器、DC/AC 变换器（逆变器）组成。光伏阵列受到太阳光的照射后，通过控制器将产生的电能充至蓄电池中，储存在蓄电池中的电能可以根据需要通过 DC/AC 变换器（逆变器）直接供应给负载设备使用，不需要并入公共电网。

（2）并网型光伏发电系统是指太阳能组件产生的直流电通过并网逆变器转换成符合电网要求的交流电，并直接接入公共电网。其主要设备包括光伏阵列、DC/AC 变换器（逆变器）、控制器和储能电池等。并网型光伏发电系统具有太阳能利用率高和发电成本低等优点，是光伏发电技术发展的趋势，因此下文主要介绍并网型光伏发电系统的相关信息。

6.1.1.3　光伏发电厂的主要设备

1. 光伏组件

光伏电池是指在阳光下的光电转换的半导体 P-N 结器件。它是光电转换的最小单元，不能单独作为发电单元使用，而需通过串联、并联并封装后组成光伏组件。光伏组件是光伏发电系统的重要组成部件。根据所用材料的不同，可分为晶硅太阳能电池、薄膜太阳能电池、新型太阳能电池等。

2. 光伏阵列

为了提高光伏系统的输出功率以满足大型负载的供电需求，可以通过串联和并联的方式将光伏组件相互连接，构成光伏阵列（如图 6-2 所示）。光伏阵列的组成结构主要有两种方式。第一种方式是将多个光伏组件通过串、并联的方式直接与单台大功率逆变器相连，将所有光伏组件产生的电能通过单台逆变器传输到电网中。这种结构的可靠性较低，且光伏组件之间的相互影响会降低发电效率。第二种方式是将多台光伏组件与小功率逆变器串联后作为一个支路，再将这些支路并联起来，通过逆变器的相互协调配合，将直流电逆变为交流电。

另外，在布置光伏阵列时，应依据所在地区的最佳倾角进行安装。最佳倾角一般是太阳能电池板平面与水平面的夹角，它与当地的地理纬度有关。倾角不同，不同月份太阳能电池板平面上接收到的太阳辐照差别很大，但在设计中也要考虑积雪滑落倾角（斜率大于50%～60%）等方面的限制，特别是在并网发电系统中，宜根据当地太阳辐射能量的变化确定最佳倾角，使太阳能电池板在一年中的发电量最大。

图 6-2 光伏阵列

3. 光伏逆变器

光伏逆变器（如图 6-3 所示）是一种电力电子装置，其主要作用是将光伏阵列发出的直流电逆变成交流电注入电网，是整个光伏发电系统能量转换与控制的核心。

4. 储能元件

光伏发电具有随机性强、波动性大等特点，难以稳定、持续地为负载供电，对电网来说是

图 6-3 光伏逆变器

一种冲击性电源。随着光伏渗透率的逐渐提高，电网的旋转备用、断面潮流越来越依赖光伏发电参与平衡，当因天气突变造成光伏出力大幅下降或光伏出力预测不准时，极易危及电网的安全稳定运行。因此，目前光伏电厂并网投产后，标配一定比例的储能元件。

6.1.1.4 光伏发电厂生产流程

图 6-4 为并网型发电厂的典型结构,其主要设备包括光伏阵列、直流汇流柜、直流配电柜、并网逆变器、储能系统、交流配电柜和升压变电器等部分。

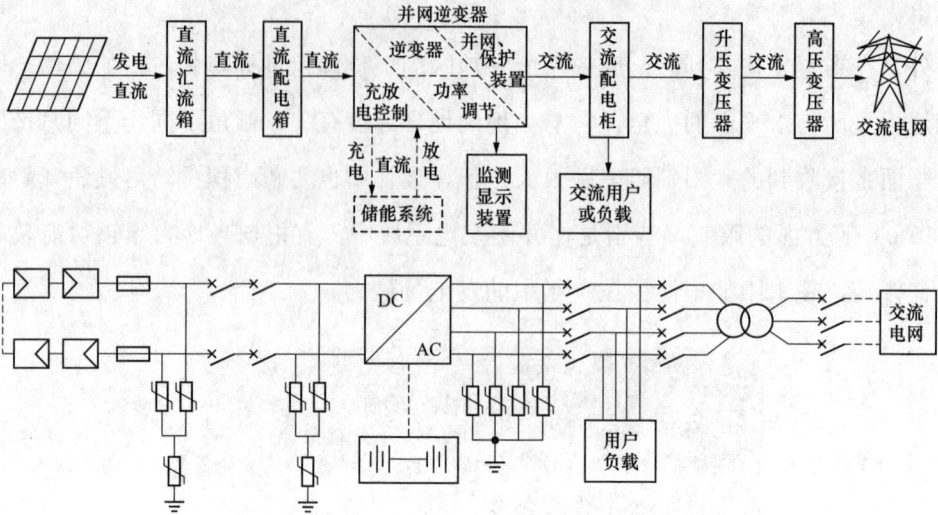

图 6-4 并网型光伏发电厂的典型结构

光伏发电的生产流程相对简单。首先,光伏电厂利用光伏阵列将太阳光的辐射能转换为直流电,再将其与储能元件并联后接入逆变器。通过对逆变器进行控制,利用最大功率跟踪技术确保光伏组件工作在最大功率点附近,并将光伏阵列输出的直流电逆变成交流电。最后,经过升压变压器后,向电网输出同频、同压、同相的正弦交流电。

6.1.2 光伏发电系统并网技术规定和要求

6.1.2.1 光伏发电系统并网技术规定

1. 基本要求

光伏发电站应具备参与电力系统调频调峰的能力,并符合《电网运行准则》(GB/T 31464—2022)、《光伏发电站并网运行控制规范》(GB/T 33599—2017)、《光伏发电站接入电力系统技术规定》(GB/T 19964—2012)等相关规定的要求。

光伏发电站应配置有功功率控制系统,具备有功功率连续平滑调节的能力,并能够参与系统有功功率控制。光伏发电站有功功率控制系统应能接收并自动执行电网调度机构下达的有功功率及有功功率变化的控制指令。

2. 紧急控制

在电力系统事故或紧急情况下,光伏发电站应按下列要求运行:①电力系统事故或特殊运行方式下，按照电网调度机构的要求降低光伏发电站有功功率；②当电力系统频率高于 50.2Hz 时，按照电网调度机构的指令降低光伏发电站有功功率，严重情况下切除整个光伏发电站；③若光伏发电站的运行危及电力系统的安全稳定，电网调度机构按相关规定暂时将光伏发电站切除。

6.1.2.2 功率预测

装机容量为 10MW 及以上的光伏发电站应配置光伏发电功率预测系统，系统具有 0～72h 短期发电功率预测以及 1min～4h 超短期发电功率预测功能。

6.1.2.3 无功容量

1. 无功电源

光伏发电站的无功电源包括光伏并网逆变器及光伏发电站无功补偿装置。

光伏发电站安装的并网逆变器应满足额定有功出力下功率因数在超前 0.95～滞后 0.95 的范围内动态可调，并应满足在图 6-5 所示矩形框内动态可调。

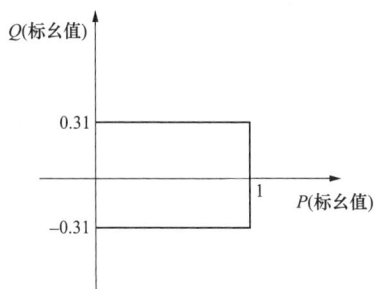

2. 无功容量配置

光伏发电站的无功容量应按照分（电压）层和分（电）区基本平衡的原则进行配置，并满足检修备用要求。

图 6-5　逆变器无功出力范围
Q—无功；P—有功

通过 10～35kV 电压等级并网的光伏发电站功率因数应能在超前 0.98～滞后 0.98 范围内连续可调，有特殊要求时，可做适当调整以稳定电压水平。

对于通过 110（66）kV 及以上电压等级并网的光伏发电站，无功容量配置应满足下列要求：

（1）容性无功容量能够补偿光伏发电站满发时站内汇集线路、主变压器的感性无功及光伏发电站送出线路的一半感性无功之和。

（2）感性无功容量能够补偿光伏发电站自身的容性充电无功功率及光伏发电站送出线路的一半充电无功功率之和。

对于通过 220kV（或 330kV）光伏发电汇集系统升压至 500kV（或 750kV）电压等级接入电网的光伏发电站群中的光伏发电站，无功容量配置宜满足下列要求：

（1）容性无功容量能够补偿光伏发电站满发时汇集线路、主变压器的感性无功及光伏发电站送出线路的全部感性无功之和。

（2）感性无功容量能够补偿光伏发电站自身的容性充电无功功率及光伏发电站送出线路的全部充电无功功率之和。

光伏发电站配置的无功装置类型及其容量范围应结合光伏发电站实际接入情况，通过光伏发电站接入电力系统无功电压专题研究来确定。

6.1.2.4 电压控制

当公共电网电压处于正常范围内时，通过 110（66）kV 电压等级接入电网的光伏发电站应能够控制并网点电压在标称电压的 97%～107%范围内。通过 220kV 及以上电压等级接入电网的光伏发电站应能够控制光伏发电站并网点电压在标称电压的 100%～110%范围内。通过 35kV 及以上电压等级接入电网的光伏发电站，其升压站的主变压器应采用有载调压变压器。

6.1.2.5 低电压穿越

光伏发电站应满足的低电压穿越能力要求，如图 6-6 所示。

（1）发电站并网点电压跌至 0（标幺值）时，光伏发电站应能不脱网连续运行 0.15s。

（2）发电站并网点电压跌至曲线 1（标幺值）以下时，光伏发电站可以从电网切出。

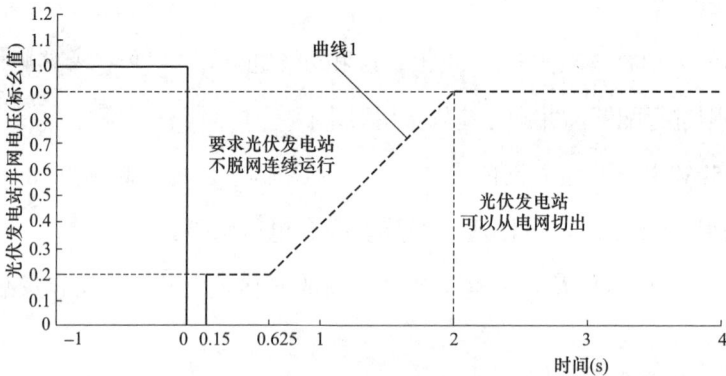

图 6-6 光伏发电站的低电压穿越能力要求

6.2 风力发电的调度运行

风力发电是利用流动空气的动能进行发电的一种发电方式。世界上第一座风力发电站是由丹麦科学家在 1891 年研制投产。1973 年，随着石油危机的深化，美国、西欧等发达国家开始积极寻求利用新技术研制了现代风力发电机组，开创了风电发展的新时期。20 世纪 90 年代中期，随着大型兆瓦级风电机组和风电场并网技术的日趋成熟，风力发电正式步入了发展的快车道。

我国是世界第二大风能发电国家。截至 2023 年底，全国风力发电并网装机容量达 441.34GW（4.4134 亿 kW），占总装机容量的 15.12%，全国风力发电量约为 885.87TWh（8858.7 亿 kWh），占比 9.4%。

6.2.1　风力发电的原理

风力发电是将风能转换成机械能，再将机械能转换成电能的一种发电方式。风力发电的生产流程是当风流过叶片时，由于空气动力效应带动叶轮旋转，叶轮透过主轴连接齿轮箱，经过齿轮箱（或增速机）加速后带动发电机发电。

其发电功率计算公式为

$$P = \frac{1}{2}\eta\rho\pi R^2 V^3 \tag{6-1}$$

式中：η 为发电机利用效率；ρ 为空气密度；R 为风机直径；V 为空气流速。

由此可以看出风能大小与气流通过的面积、空气密度和气流速度的立方成正比。因此，在风能计算中，最重要的因素是风速，风速大 1 倍，风能可大 8 倍。

6.2.2　风力发电机的分类

目前国内主流风力发电机组主要有恒速恒频风力发电机和变速恒频风力发电机。

6.2.2.1　恒速恒频风力发电机

恒速恒频风力发电机在 20 世纪得到了较多应用。这种发电机一般采用鼠笼式异步电机，通过变压器直接与电网连接，运行过程中通过控制风力机转速不变来实现恒频的目标。

由于这种风力发电机只能在同步转速下运行，风能利用率低，无法实现发电系统的最大风能控制，因此现在已经逐渐退出市场。

6.2.2.2　变速恒频风力发电机

变速恒频风力发电机运行方式非常灵活，既可以在同步转速下运行，也可以在非同步转速下运行。当风速变化时，风力机的转速允许随风速变化，只需要对并网电路进行控制即可实现恒频的目标。与恒速恒频风力发电机相比，变速恒频风力发电机风能利用效率更高，运行控制也更为简单。因此，变速恒频风力发电机已成为风力发电的主要发电方式。

变速恒频风力发电机的实现方式较多，一般可以分为直驱式风力发电机和双馈式风力发电机两类。

1. 直驱式风力发电机

直驱式风力发电机的拓扑结构如图 6-7 所示，其发电机与电网之间通过电力电子变换器相连，其变速恒频控制是在永磁同步电机的定子电路中实现的。发电机发出频率变化的交流电后，先通过机侧整流器变换成直流电，然后通过网侧逆变器变换成频率、电压满足并网要求的交流电再注入电网。由于变频器直接与发电机定子相连，因此存在体积大、成本高等缺点。

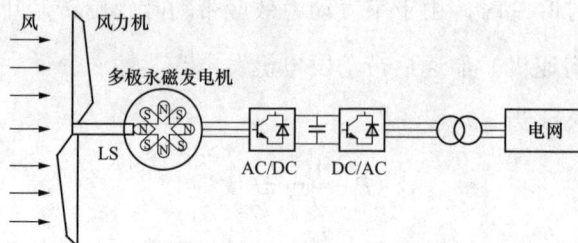

图 6-7 直驱式风力发电机基本结构

2. 双馈式风力发电机

双馈式风力发电机的拓扑结构如图 6-8 所示，双馈型异步电机的定子与电网直接相连，其转子通过励磁变流器与电网相连。当风速变换引起发电机转速变化时，通过控制励磁变换器适当调节转子电流的频率来维持定子输出的电流频率恒定。其励磁变换器由一个转子侧整流器和网侧逆变器构成。

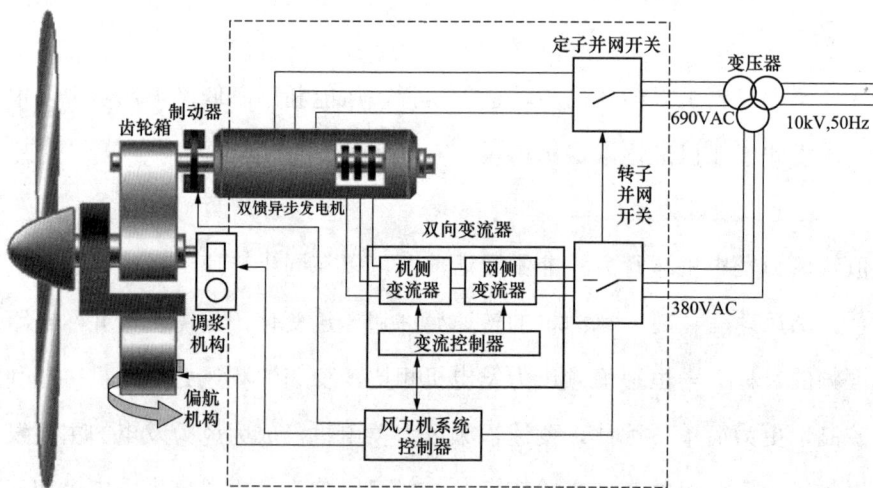

图 6-8 双馈式风力发电机基本结构

与直驱式风力发电机相比,双馈风力发电机的变流器一方面大大降低了变流器的体积、重量和成本,另一方面实现了机电系统的柔性连接。

6.2.3　风力发电的主要设备

风力发电机组的总体结构如图 6-9 所示,包括叶片、整流罩、轮毂、主轴承座、主轴、变速齿轮箱、主控制柜、发电机、风速风向仪、机舱底座及偏航电机等。下面对重要构件进行简单介绍。

图 6-9　风力发电机的总体结构

1—叶片;2—整流罩;3—轮毂;4—主轴承座;5—主轴;6—变速齿轮箱;7—主控制柜;

8—发电机;9—风速风向仪;10—机舱底盘及偏航电机

（1）叶片:叶片是吸收风能的单元,它将空气的动能转换为叶轮转动的机械能。叶片根据空气动力学原理设计,当风在叶片的一侧时会加速流动因而压力较低,而离开叶片的一侧会减速流动因而压力较高。这种压力差会在叶片上产生一个向前的推力,从而使叶片旋转。

（2）变速齿轮箱:齿轮箱的作用是将风轮在风力作用下所产生的动力传递给发电机,并使其得到相应的转速。

（3）发电机:发电机将叶轮转动的机械动能转换为电能。转子与变频器连接,可向转子回路提供可调频率的电压,输出转速可以在同步转速±30%范围内调节。

（4）偏航电机:其作用在于当风速矢量的方向变化时,在控制系统的作用下,使叶轮能够快速平稳地对准风向,充分利用风能,提高发电效率,同时提供必要的锁紧力矩,保障机组安全运行。

（5）轮毂:轮毂的作用是将叶片固定在一起,并且承受叶片上传递的各种载荷,然后传递到发电机转动轴上。轮毂由 3 个放射形喇叭口组成。

6.2.4　风电场接入电网技术要求

为规范风电场接入电网，明确风电场应具备的并网特性，保障风电接入电网后电力系统的安全、可靠运行，国家市场监督管理总局和国家标准化管理委员会于 2021 年 8 月 20 日发布了《风电场接入电力系统技术规定　第 1 部分：陆上风电》（GB/T 19963.1—2021）。

《风电场接入电力系统技术规定　第 1 部分：陆上风电》（GB/T 19963.1—2021）提出了风电场接入电网的有功功率控制、惯量响应和一次调频、功率预测、无功容量、电压控制、故障穿越、运行适应性、电能质量、仿真模型和参数、二次系统、测试与评价方面的技术要求，适用于通过 110（66）kV 及以上电压等级线路与电网连接的新建或扩建风电场。对于通过其他电压等级与电网连接的风电场，可参照执行。

风电场应具备参与电网调频、调峰和备用的能力。当风电场有功功率在总额定出力的 20% 以上时，场内所有运行机组应能够实现有功功率的连续平滑调节，并能够参与系统有功功率控制。

风电场应满足低电压穿越要求：

（1）风电场并网点电压跌至 20% 标称电压时，风电场内风电机组应保障不脱网连续运行 625ms。

（2）风电场并网点电压在发生跌落后 2s 内能够恢复到标称电压的 90% 时，风电场内的风电机组应保证不脱网连续运行。

风电场应满足高电压穿越要求：

（1）风电场并网点电压升高至标称电压的 125%～130% 之间时，风电场内风电机组应保证不脱网连续运行 500ms。

（2）风电场并网点电压升高至标称电压的 120%～125% 之间时，风电场内风电机组应保证不脱网连续运行 1s。

（3）风电场并网点电压升高至标称电压的 110%～120% 之间时，风电场内风电机组应保证不脱网连续运行 10s。

6.3　其他新能源发电技术

除太阳能和风能外，其他常见的新能源发电方式还有地热发电、生物质能发电、潮汐能发电和氢能发电等。

6.3.1 地热发电

地热发电是指通过汽轮机将地下热能转换成为机械能，再把机械能转换为动能推动发电机组发电。地热发电方式主要有地热蒸汽发电、地下热水发电和联合循环发电。

地热发电的优点是：一般不需燃料，发电成本在多数情况下比水电、火电、核电都要低，设备的利用时间长，建厂投资一般都低于水电厂，且不受降雨及季节变化的影响，发电稳定，可以极大地减少环境污染。

6.3.2 生物质能发电

生物质是指通过光合作用而形成的各种有机体，包括所有的动植物和微生物。而所谓生物质能，就是太阳能以化学能形式贮存在生物质中的能量形式，即以生物质为载体的能量。它直接或间接地来源于绿色植物的光合作用，可转化为常规的固态、液态和气态燃料，取之不尽、用之不竭，是一种可再生能源。

生物质发电主要是利用农业、林业和工业废弃物为原料，也可以将城市垃圾为原料，采取直接燃烧或气化的发电方式，主要包括生物质直燃发电、生物质混合燃烧发电、生物质气化发电、沼气发电和垃圾发电。

6.3.3 潮汐能发电

海水在月亮和太阳等的引力作用下形成周期性涨落而产生的能量称为潮汐能。潮汐能包括潮差能（海水垂直升降部分）和潮流能（海水水平流动部分）。目前，成熟的潮汐能发电技术为水库式潮汐能发电。

水库式潮汐能发电通过建筑大坝把海湾或靠海的河口与大海隔开后形成水库，利用潮汐涨落的水位差驱动水力涡轮发电机组发电。潮汐能发电分为单库单向型、单库双向型、双库双向型三种。

6.3.3.1 单库单向型

单库单向电站只用单个水库，仅在涨潮（或落潮）时发电，又称单水库单程式潮汐电站。浙江省温岭市沙山潮汐电站属于这种类型。

6.3.3.2 单库双向型

单库双向电站只用单个水库，在涨潮与落潮时均发电，又称单水库双程式潮汐电站。广东省东莞市镇口潮汐电站及浙江省温岭市江厦潮汐电站属于这种类型。

6.3.3.3 双库双向型

双库双向电站利用两个相邻的水库。其中，上水库在涨潮时进水，下水库在落潮时放水，两个水库始终保持着水位差，能够全日连续发电。

按正规半日周期潮计，单库单向式每昼夜发电 2 次，平均日发电 9～11h。单库双向式每昼夜发电 4 次，平均日发电 14～16h，发电时间和发电量均比单库单向式多，但由于要兼顾正反两向发电，发电平均效率比单库单向式低，而且机组结构较复杂。目前研究认为，双库造价昂贵，单库落潮发电较好，但何种方式最佳，要根据当地潮型、潮差、地形条件、电力系统负荷要求、发电设备的组成、建筑材料和施工条件等技术经济指标进行选择。

6.3.4 氢能发电

氢能发电，指利用氢气和氧气燃烧，组成氢氧发电机组。这种机组是火箭型内燃发动机配以发电机，它不需要复杂的蒸汽锅炉系统，因此简单、维修方便、启动迅速。在电网低负荷时，还可吸收多余的电来进行电解水，生产氢和氧，以备高峰时发电用，有利于电网运行。另外，氢和氧还可直接改变常规火力发电机组的运行状况，提高电站的发电能力。例如氢氧燃烧组成磁流体发电，利用液氢冷却发电装置，进而提高机组功率等。

6.4 储能发电技术

根据能量转换性质，面向电力系统的储能技术可以分为狭义储能和广义储能，其中狭义储能是指将电能转化为其他形式的能量进行长期存储，必要时再将能量转化为电能使用的储能方式；广义储能是指仅将电能转化为其他形式的能量存储，之后不转化为电能而利用的储能方式。可见，狭义储能设备可以在不同时间尺度上实现电能的输入和输出调控，可有效改善系统的运行特性，满足新型电力系统的功率和能量平衡需求。本节介绍的储能聚焦于狭义储能。

从已有的储能技术来看，电力系统中的狭义储能按存储能量的方式可以主要分为：机械储能、电化学储能、化学储能和电磁储能。表 6-1 归纳了 4 种类型中常见的储能方式及其关键技术特征，从电力系统多时间尺度功率-能量平衡需求角度来看，重点关注的技术特征/参数包括：

（1）功率和容量：储能设备的额定输入/输出功率和额定容量范围，代表储能的应用规模。

（2）响应时间：储能设备从响应充放电指令开始到充放电功率首次达到额定功率的

时间。

（3）全容量放电持续时间：储能设备在充满电的情况下，以额定功率放电的持续时间。

（4）能量循环效率：储能设备输出的能量相对于前一次充电过程中输入能量的比值，即放电量与充电量之比。

表 6-1　　　　　　　　　　　　常 见 储 能 方 式 对 比

储能类型		功率（MW）	容量（MWh）	响应速度	全容量放电持续时间	能量循环效率（%）
机械储能	抽水蓄能	$10\sim5\times10^3$	$200\sim500$	分钟级	$1\sim24h$	$70\sim85$
	飞轮储能	$10^{-3}\sim5$	$0.025\sim5$	毫秒级	$15s\sim15min$	$70\sim95$
	压缩空气	$10\sim10^3$	$200\sim1000$	秒级	$1\sim24h$	$41\sim75$
电化学储能	锂电池	$10^{-3}\sim100$	$0.25\sim25$	毫秒级	$min\sim1h$	$85\sim95$
	铅酸电池	$10^{-3}\sim100$	$18\sim100$	毫秒级	$s\sim5h$	$63\sim90$
	钒液流电池	$10^{-2}\sim10$	$4\sim40$	毫秒级	$s\sim10h$	$60\sim75$
	液流电池	$1\sim100$	$0.05\sim0.5$	毫秒级	$8\sim10h$	$60\sim85$
	钠硫电池	$10^{-3}\sim10$	$8\sim245$	毫秒级	$1\sim8h$	$75\sim90$
化学储能	氢储能	$10^{-3}\sim10^3$	$1\sim200$	毫秒级	$s\sim24h$	$30\sim50$
电磁储能	超导储能	$10^{-2}\sim10$	$0.015\sim0.1$	毫秒级	$ms\sim s$	$80\sim95$
	超级电容	$10^{-2}\sim1$	$10^{-6}\sim0.005$	毫秒级	$1ms\sim1min$	$85\sim95$

以超级电容和超导电磁储能为代表的电磁储能技术具有响应速度快、功率密度高、能量循环效率高等优点，但存在容量较小、放电持续时间短、成本高等主要问题。飞轮储能和电化学储能的响应速度较快，其中飞轮储能具备功率密度高、能量循环效率高等优点，但是其能量密度较低。电化学储能的优势在于其功率和容量可以根据应用需求灵活配置，且不受外界条件的影响和限制。抽水蓄能和压缩空气储能是目前可大规模存储和长时间放电且技术较为成熟的两项储能技术，但二者都在一定程度上受到地理、地质等条件的制约。氢储能作为一种清洁高效、生产灵活的能源，可以有效推动电网、热网等多种能源网络的"互联"，提升综合能源利用率，但是作为储能设备以电能-氢能-电能的转换方式与电网耦合，尚存在循环效率低、经济性差等问题，有待技术持续进步，并取得重大突破。可见，不同储能的技术特征差异较大，单一的储能技术难以具备快速充放、大容量存储、持续充放、可靠性高、成本低等全面的条件。不同储能技术在电力系统中的应用也有所不同：响应速度快、功率密度高的功率型储能技术（如电磁储能、部分电化学储能）适用于参与系统短时间尺度的调节，譬如提供虚拟惯量、快速调频、抑制电网低频振荡、改善短期电压

稳定性等；容量大、放电持续时间长的能量型储能技术（如抽水蓄能、压缩空气储能）适用于系统中长时间尺度的调节，譬如参与系统调频、削峰填谷、系统备用等。为了满足新型电力系统对大规模、多时间尺度功率-能量平衡的全面需求，综合运用多种储能技术方以有效实现新型电力系统中功率-能量的多时间尺度平衡，是得到最佳的技术经济效益必要方式。

6.5　新能源发电对调度运行的影响

近年来，光伏、风电等新能源装机保持快速增长，电量占比不断提升。一方面，新能源电厂出力不确定性强、日间波动大的特点给电力电量平衡带来了严峻的挑战；另一方面，由于新能源电厂采用电力电子装置并网发电，无法像常规电源一样为系统提供转动惯量支撑，同时故障时动态响应特性复杂，对系统稳定及保护配置均带来不利影响。

6.5.1　对电力电量平衡的影响

新能源出力与天气具有强相关性，可调节性较差，当其装机容量占比较小时，可以通过火电、水电机组的灵活调节能力进行平抑，但是随着新能源渗透率的提高，传统的调节手段愈发难以覆盖新能源出力的波动。

从正备用角度，尖峰负荷时刻电网依赖新能源参与平衡，若出现"极热无风、极寒少光"等情况，光伏、风电出力大幅减少，系统正备用紧张，严重时甚至可能出现供电"硬缺口"，影响电力保供。

从负备用角度，由于新能源占比上升，常规能源占比降低，系统的整体调节能力下降，特别是在节假日等负荷低谷时段，若新能源大发，可能造成系统负备用不足，严重时需要紧急调停机组以维持系统稳定。

简而言之，新能源的大幅并网导致电力电量平衡问题日益突出，而这也成为制约新能源消纳能力提高的关键因素。

6.5.2　对电力系统运行稳定性的影响

随着新能源装机容量逐年攀升，大量的电力电子设备接入电力系统，系统的电力电子化特征愈发凸显，影响电网安全稳定运行，主要带来以下两方面的问题。

（1）加重系统频率、电压失稳的风险。由于各类新能源机组涉网性能标准偏低，其频率、电压耐受能力与常规火电机组相比较差（如表 6-2 所示），事故期间容易因电压或频率异常而大规模脱网，特别是区内直流故障后可能引发连锁故障，造成事故扩大。

表 6-2　　　　　　　　　新能源与常规火电机组的频率、电压耐受特性对比

项目	电压耐受上限（标幺值）	频率耐受下限（Hz）	频率耐受上限（Hz）
常规火电	1.3	46.5	51.5
风机	1.1	48.0	50.2
光伏	1.1	48.0	50.5

（2）加重系统振荡风险。由于电力电子装置自身的响应特性，使得同步电网在传统的以工频为基础的稳定问题之外（功角稳定、低频振荡等问题），又出现了中频带（5～300Hz）的新稳定问题。与传统电网中同步、异步概念不同，电力电子装置容易诱发新型次/超同步振荡、中宽频段振荡，且故障后仍可能会继续挂网运行，持续威胁电网安全运行。

6.5.3　对继电保护装置的影响

6.5.3.1　故障电流特征不明确

新能源自身出力的间歇性和随机波动性造成故障电流难以预测，场站内大量电力电子器件的应用造成故障电流特征不明确。上述原因导致了故障分析方法及故障计算模型的不明确，严重影响场站内部保护配置。

以光伏电站为例，光伏阵列具有非线性 $I\text{-}V$ 特性，这导致难以解析计算故障期间光伏阵列提供的有功功率与电网电压跌落的关系，严重影响光伏场站内部保护配置。

6.5.3.2　影响保护动作正确性

受到并网换流设备自身故障穿越控制策略带来的弱馈效应，传统保护原理应用于新能源并网系统线路时存在保护拒动的风险；新能源并网易对电流保护及重合闸前后加速产生影响，在重合闸前会倒送短路电流，导致线路保护灵敏度降低，重合闸后可能会引起保护不正确动作。

第7章 变电站运行基本知识

7.1 变电站的总体介绍

7.1.1 变电站的定义

变电站是把一些设备组装起来，用以切断或接通、改变或者调整电压的场所。在电力系统中，变电站是输电和配电的集结点。发电厂发出来的电能输送到较远的地方，必须把电压升高，变为高压电，就需要升压变电站；到用户附近再按需要把电压降低，就需要降压变电站。

变电站起变换电压作用的主要设备是变压器。除此之外，还有断路器、隔离开关、母线、互感器、仪表、继电保护装置、防雷设备等。为了保证电能质量，有的变电站还有电力电容器、电抗器、调相机、无功静止补偿器等。

变电站的容量是指变电站的主变压器的容量之和，220kV 及以上变电站一般用兆伏安（MVA）作为单位。

7.1.2 变电站的分类

（1）按变电站的最高电压等级分，有 1000、750、500、330、220、110、66、35、10（20）kV 等。

（2）按变电站的作用及用途分，有升压变电站、枢纽变电站、地区变电站、企业（用户）变电站、换流变电站等。升压变电站一般布置在发电厂，作用是将发电机出口电压升高，再把电力送到远方的区域变电站或地区变电站。枢纽变电站，又称区域变电站，它是电力系统中各发电厂和地方变电站的枢纽,供电给不同的工业企业和城市中的地区变电站。地区变电站向电力系统的地区电网供电，它把电力供给城市、个别大型企业和农业地区。企业（用户）变电站，是工矿企业的专用变电站，降压供电给一个或多个特定的企业和用户。换流变电站一般用于高压直流输电系统中，是将交流电变换为直流电或者将直流电变换为交流电的变电站。

（3）按变电站的构造形式分，有户外式变电站、户内式变电站、地下式变电站、移动式变电站等。

（4）按变电站的值班方式分，有无人值班变电站、少人值班变电站和有人值班变电站等。

（5）按变电站的技术发展趋势分，有常规变电站、数字化变电站和智能变电站等。

7.2　变电站的主接线

变电站主接线是指变电站中的一次设备按照一定规律连接而成的电路。现代电力系统是一个巨大的、严密的整体。各类发电厂、变电站分工完成整个电力系统的发电、变电和配电的任务。厂站主接线的选取是否恰当不仅对发电厂、变电站和电力系统本身的可靠性、灵活性、经济性有影响，也会对电气设备、继电保护和控制方式的选择产生影响。因此，变电站主接线的选取，往往要通过技术经济比较后，进行合理选择。

发电厂、变电站主接线必须满足以下基本要求：①运行的可靠性；②具有一定的灵活性；③操作应尽可能简单、方便；④经济上合理；⑤具有可扩建性。

下面就 500kV 和 220kV 变电站常见主接线分别做介绍。

7.2.1　500kV 变电站的主接线

7.2.1.1　3/2 断路器接线

3/2 断路器接线一般用于 1000、750、500、330kV（或重要的 220kV）电网的变电站主接线。3/2 断路器接线的两组母线之间由三台断路器串联，形成一串。在一串中从相邻的两台断路器之间引出元件，即三台断路器供两个元件，中间断路器作为共用，相当于每个元件用一个半断路器供电，因此也称为一个半断路器接线。

如图 7-1 所示是典型 500kV 变电站 3/2 断路器接线图，由六串间隔组成，一串中有三台断路器的是"完整串"，其中接于母线的两台断路器（如断路器 5031、断路器 5033）称之为边断路器，中间的断路器（如断路器 5032）称之为中间断路器或联络断路器。中间断路器因关系到两回出线，故在电网运行中往往比边断路器显得重要一些。由线路和线路构成一串，称为"线线串"。由线路和变压器构成一串，称为"线变串"。

有些 500kV 变电站由于初期规模小，扩建次数多，所以经常存在"半串"的过渡过程，即一串中只有两台母线断路器（如断路器 5012、5013）同时供一回线路或主变压器，且设备命名编号也鉴于远景考虑做相应的改变。此时虽然它已不是严格意义上的 3/2 断路器供一回线路或主变压器，但仍具有 3/2 断路器接线可靠、运行灵活的优点，还是称为 3/2 断路器接线的一种形式。

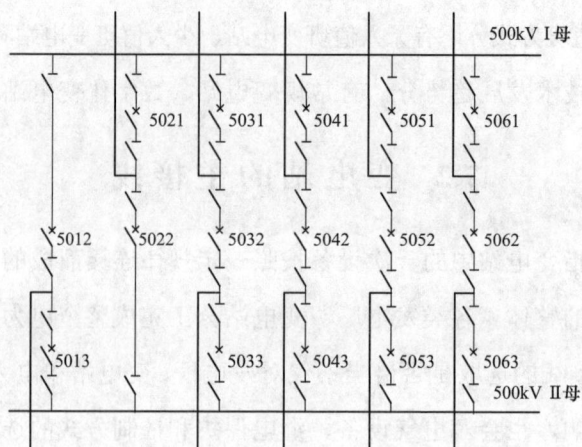

图 7-1　典型 500kV 变电站 3/2 断路器接线图

3/2 断路器接线设置下，保护交流电压回路一般采用线路电压互感器（三相式设置），母线单相电压互感器用于母线电压测量和边断路器同期。

7.2.1.2　3/2 断路器接线的优缺点

3/2 断路器接线具有很多优点，主要有：

（1）有高度的供电可靠性。正常运行时，每一回路有两台断路器供电，当母线故障、检修或断路器检修时都不会导致出线停电，即使两组母线都故障，也可保证与系统有最低限度的联系。

（2）运行调度灵活。正常运行时两组母线和所有断路器都投入运行，从而形成多环路供电方式。

（3）一次设备倒闸操作方便。检修断路器，不需要考虑线路陪停或旁路代；检修母线，不需考虑出线倒母切换。

3/2 断路器接线的缺点主要是二次接线复杂和投资增加。由于三台断路器连接着两回出线，故使继电保护和二次回路复杂化。

7.2.2　220kV 变电站的主接线

7.2.2.1　双母线接线

双母线接线就是每回进、出线通过一台断路器和两组隔离开关连接到两组母线上，且两组母线都是工作母线。两组母线一般通过母线联络断路器并列运行。

当双母线中只有一组工作母线再用分段断路器分段时，则称为双母单分段接线；如果双母线中两组工作母线均再用分段断路器分段时，则称为双母双分段接线，如图 7-2 所示。

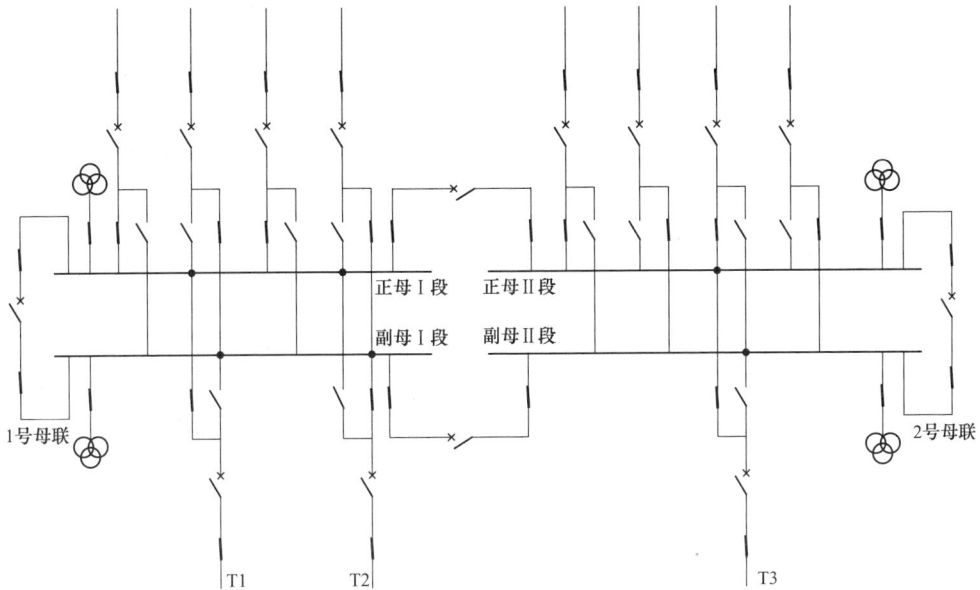

图 7-2　220kV 变电站双母双分段主接线图

双母线接线在任一组母线检修或故障时，可将检修或故障母线上的回路倒换到另一组母线，不中断供电。在个别回路需要单独进行试验时运行方式安排比较容易，也便于扩建。但接线相对复杂，在倒母线过程中，有可能把隔离开关当成操作电器使用，易发生误操作而引起重大事故。当母线故障时，须短时切除较多的电源和线路，这对特别重要的大型发电厂和变电站是不允许的。

7.2.2.2　双母线带旁路接线

双母线带旁路接线（如图 7-3 所示）就是在双母线接线的基础上，增设旁路母线。其特点是兼有双母线接线和带旁路的优点，当线路（主变压器）断路器检修时，仍能采取旁路代方式继续供电。

旁路接线在老变电站中很常见，旁路的倒换操作比较复杂，增加了误操作的机会，也使保护及自动化系统复杂化。随着设备可靠性水平不断提高（断路器很少出问题），网架不断加强（停一回线或主变压器不至于造成其他设备过负荷），新建 220kV 变电站通常不设计旁路。

一般为了节省断路器及设备间隔，当出线达到 5 个回路以上时，才增设专用的旁路断路器，出线少于 5 个回路时，则采用母联兼旁路或旁路兼母联的接线方式。

7.2.2.3 双母线带旁路兼母联接线

双母线带旁路兼母联接线（如图 7-4 所示），顾名思义就是没有配置专用的母联断路器，而是通过增设一把母线旁路隔离开关，使得旁路断路器兼具母联断路器功能。

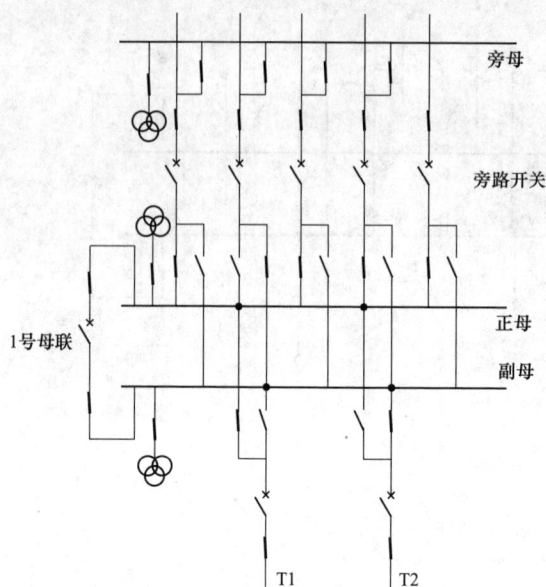

图 7-3 220kV 变电站双母带旁路主接线图   图 7-4 220kV 变电站双母带旁路兼母联主接线图

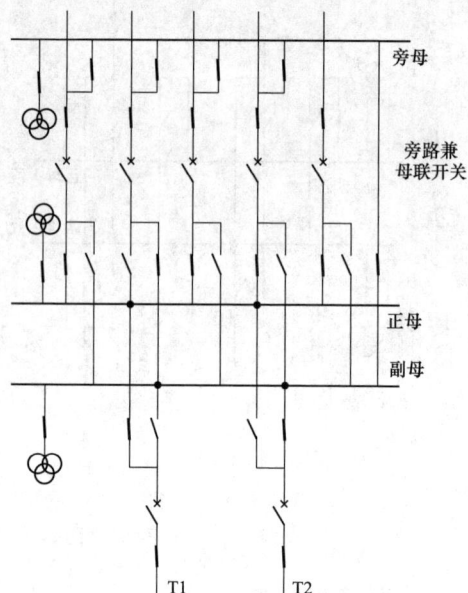

7.2.2.4 双母线分段带旁路接线

双母线分段带旁路接线就是在双母线带旁路接线的基础上，在母线上增设分段断路器，它具有双母线带旁路的优点，但投资费用较大，占用设备间隔较多。因此，在实际工程设计上一般采用此种接线的原则是：当设备连接的进出线总数为 12～16 回时，在一组母线上设置分段断路器；当设备连接的进出线总数为 17 回及以上时，在两组母线上设置分段断路器。

7.2.2.5 常见特殊主接线

1. 桥接线

根据桥形断路器的位置不同，桥形接线又可分为内桥和外桥两种接线，内桥接线的桥臂接于线路断路器内侧，外桥接线的桥臂接于线路断路器外侧。由于变压器的可靠性远大于线路，因此内桥接线应用较多。图 7-5 为内桥主接线示意图，其采用 4 个回路、3 台断路器和 6 个隔离开关。

桥型接线属于无汇流母线的接线形式，这种接线方式简单清晰，设备少，造价低，也易于发展过渡为单母线分段或双母线接线。但内桥接线中变压器的投入与切除会影响到线路的正常运行，外桥接线中线路的投入与切除会影响到变压器的运行，而且更改运行方式时都需要利用隔离开关进行操作，因此桥型接线的可靠性和灵活性较低。

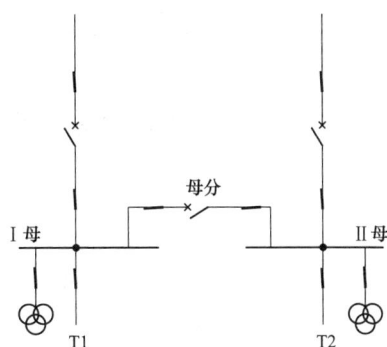

图 7-5　220kV 变电站内桥主接线图

2. 单母线分段接线

单母线分段接线就是将一段母线用断路器分为两段，它的优点是接线简单，投资省，操作方便。缺点是母线故障或检修时会造成部分回路停电。

3. 线路变压器组接线

线路变压器组接线就是线路和变压器直接相连，是一种最简单的接线方式，其特点是设备少、投资省、操作简便、宜于扩建，但灵活性和可靠性较差。

7.3　变电站一次设备

在变电站中输送和分配电能的高压电气设备主要有变压器、断路器、隔离开关、电流互感器、电压互感器、避雷器、母线、输电线路、电力电缆、电抗器等。本节将对变电站内常见一次设备进行介绍，输电线路、电力电缆的介绍见第 8 章，相关设备的异常调度处置见第 14 章。

7.3.1　主变压器

变压器的主要作用是升压或降压。升压变压器的一次（初级）绕组较二次（次级）绕组的匝数少，而降压变压器的一次绕组较二次绕组的匝数多。

变压器主要部件是绕组和铁芯，如图 7-6 所示。绕组是变压器的电路，铁芯是变压器的磁路，二者构成变压器的核心即电磁部分。除了电磁部分，还有油枕（储油柜）、散热器、绝缘套管（高压套管、低压套管）、分接开关和油箱等其他主要部件。

7.3.1.1　铁芯

铁芯（如图 7-7 所示）既是变压器的磁路，又是它的机械骨架。铁芯一般由冷轧或热轧硅钢片叠成，而且一般相邻层按不同方式交错叠放，将接缝错开。

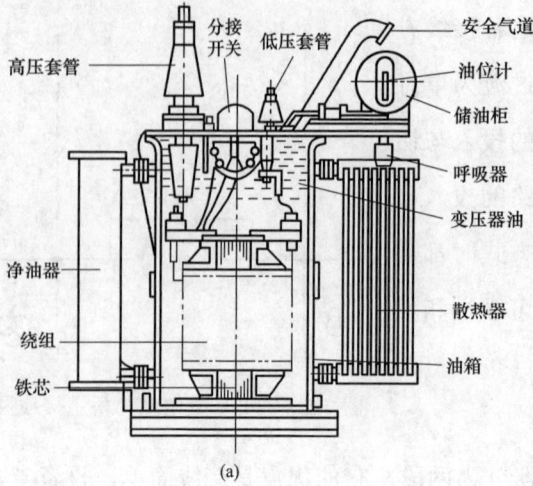

(a)   (b)

图 7-6   主变压器结构示意图和实物图

（a）主变压器结构示意图；（b）主变压器实物图

(a)   (b)

图 7-7   主变压器铁芯结构图

（a）三芯柱铁芯；（b）五芯柱铁芯

7.3.1.2   绕组

绕组（如图 7-8 所示）是变压器传递电能的电路部分，套装在铁芯柱上，一般低压绕组在内层，高压绕组套装在低压绕组外层，以便于提高绝缘性能。

7.3.1.3   变压器油、油箱、散热器

变压器铁芯装在油箱内，油箱内充满变压器油。变压器油是一种矿物油，具有很好的绝缘性能。变压器油起两个作用，一是在变压器绕组与绕组、绕组与铁芯及绕组与油箱之间起绝缘作用；二是变压器油受热后产生对流，随着油温升高，油的密度下降，热油会向

图 7-8　主变压器绕组

（a）三芯柱铁芯绕组；（b）五芯柱绕组

顶部移动，这导致油箱内的油自然地连续循环，并通过油箱壁和散热器将热量传递到外部环境，从而对变压器铁芯和绕组起散热作用。油箱即变压器的外壳，同时起着散热和保护作用。

变压器油箱有散热油管，以增大散热面积。为了加快散热，有的大型变压器采用内部油泵强迫油循环，外部用变压器风扇吹风或用自来水冲淋。

7.3.1.4　油枕（储油柜）

油枕又称储油柜，为一圆筒型容器，横放于油箱上方，通过管道与变压器的油箱连接。当变压器油热胀时，油从油箱流向储油柜；当变压器油冷缩时，油从储油柜流向油箱。储油柜的主要作用有：储存变压器油，从而保证变压器系统中油的充足；扩大变压器散热面积，改善冷却条件；防止变压器油与空气的直接接触，隔绝外部介质的干扰和污染。

7.3.2　断路器

断路器是电力系统的主要控制和保护设备，简称开关。在正常情况下，它用于断开和接通高压电路；当系统发生故障时，在继电保护装置的控制下，断路器自动可靠切断故障电路，并能快速自动重合闸，以缩小故障所影响的范围。

断路器主要由操动机构、传动系统、开断元件、支撑绝缘件、基座构成，其结构如图7-9 所示，各部件的作用如表 7-1 所示。

断路器的工作原理是：①合闸过程中，当操动机构的合闸线圈通电，合闸铁芯被吸合，通过拐臂及连杆使灭弧单元的动导电杆动作，将断路器合闸；②分闸过程中，当操动机构的分闸线圈通电，分闸铁芯被吸合，使锁口释放，断路在分闸弹簧的作用下迅速分断。

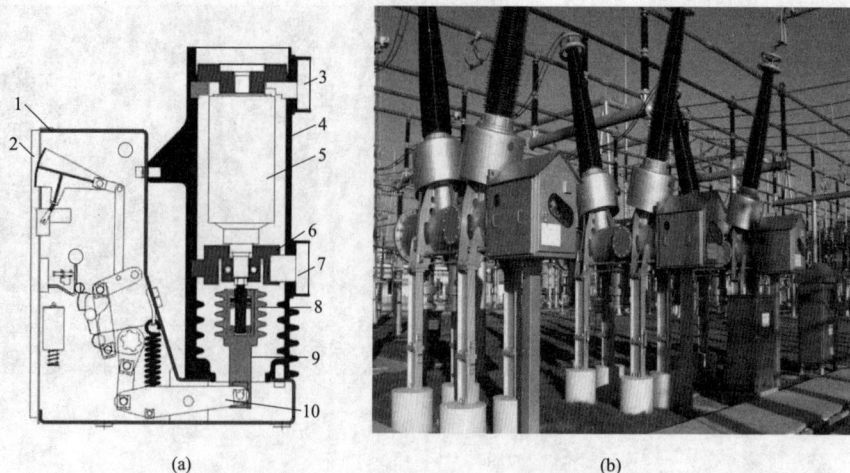

(a)   (b)

图 7-9   断路器结构和实物示意图

（a）高压断路器结构图；（b）高压断路器实物图

1—操动机构外壳；2—面板；3—上出线座；4—绝缘筒；5—真空灭弧室；
6—导电夹；7—下出线座；8—触头弹簧；9—绝缘拉杆；10—传动拐臂

表 7-1   断路器的基本部件及作用

部件名称	基 本 作 用
操动机构	包括弹簧、液压、电磁、气动及手动机构的本体及其配件，主要作用是为开断元件分合闸操作提供能量，并实现各种规定的操作，可分为电动机构、气动机构、液压机构、弹簧储能机构、手动机构
传动系统	包括各种连杆齿轮、拐臂、液压管道、压缩空气管道等，主要作用是将操作命令及操作功传递给开断元件的触头和其他部件
开断元件	包括主灭弧室、主触头系统、主导电回路、辅助灭弧室、辅助触头系统、并联电阻，主要作用是实现开断及关合电力线路，安全隔离电源
支撑绝缘件	瓷柱、瓷套管、绝缘管等构成的支柱本体、拉紧绝缘子等，主要作用是保证开断元件有可靠的对地绝缘，承受开断元件的操作及各种外力
基座	作为整台断路器的底座，用来支撑和固定设备，是整台产品的基础

高压断路器按灭弧介质可分为油断路器、空气断路器、真空断路器、六氟化硫（SF_6）断路器等。目前 220kV 及以上断路器的灭弧介质基本采用六氟化硫（SF_6）。

7.3.3 隔离开关

隔离开关，简称"刀闸"或"闸刀"，是一种主要用于隔离电源、倒闸操作、用以连通和切断小电流电路的开关器件。高压电网中，隔离开关一般没有专门的灭弧装置，没有灭弧能力或灭弧能力较弱，应与断路器配合使用，一般在断路器两侧均配设隔离开关。

正常分开位置时，隔离开关两端之间有符合安全要求的明显可见的绝缘距离，在电网中主要用于将带电运行设备与检修或故障的设备隔离，形成明显的开断点，还可以配合母线进行运行方式的倒换，以及开断允许电流或旁路电流。

日常运行管理中，隔离开关一般按照两种标准分类，一种根据变电站屋外配电装置布置不同，分为水平旋转式和垂直升缩式；另一种根据断开点的数量，分为单断口和双断口。

7.3.3.1　水平旋转式和垂直升缩式

水平旋转式隔离开关如图 7-10（a）所示，是一种悬臂式结构，它通过转动连接杆，使静触头与动触头分离或接触，从而实现电路的切断或接通。

垂直伸缩式隔离开关如图 7-10（b）所示，则是一种直立式结构，它通过上下移动拐臂，使固定触头与活动触头分离或接触，从而实现电路的切断或接通。

(a)　　　　　　　　　　　　　　　(b)

图 7-10　隔离开关示意图

（a）水平旋转式；（b）垂直升缩式

对于双母线接线的变电站，如果正母、副母线隔离开关都为水平旋转式隔离开关，那么其物理连接方式上一般是：正、副母隔离开关一端通过引流线分别与正、副母相连接，另外一端并联后再与断路器相连。如果这两把隔离开关与断路器等高压设备在同一水平面上，如图 7-11（a）所示，很难满足既节省空间又要满足安全距离要求。所以，可以把一组母线及其隔离开关位置抬高，就是所谓的半高型设计，如图 7-11（b）所示。

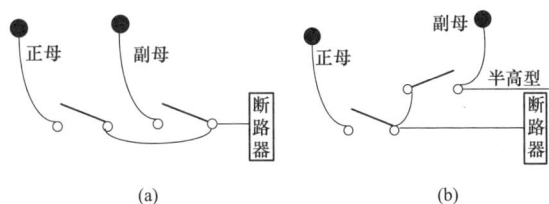

(a)　　　　　　　　　　　　　　(b)

图 7-11　隔离开关布置示意图

（a）双水平旋转式水平布置；（b）双水平旋转式半高型布置

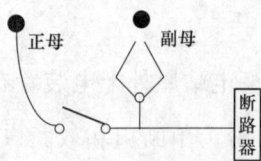

图 7-12　混合配置水平布置

对于双母线接线的变电站，如果正母、副母一把隔离开关为水平升缩式，另一把为垂直升缩式，就可以把所有设备都布置在一水平面上如图 7-12 所示，便于运行人员操作，也节省了基建费用。

7.3.3.2　单断口和双断口

单断口和双断口就是看隔离开关分闸后形成一个还是两个断口。

（1）双柱式水平单断口式如图 7-13（a）所示。两支柱绝缘子相互平行地安装在基座两端的轴承上，且与基座垂直。主导电部分分别安装在两支绝缘子上方，随支柱绝缘子作约 90°转动。

（2）三柱水平双断口式如图 7-13（b）所示，它包括三个单极，每极为三柱式结构。三个支柱绝缘子并立在底座上，主隔离开关装在中间支柱绝缘子的顶部，两个主隔离开关静触头分别装在两侧的支柱绝缘子顶部。当操动机构动作时，带动中间支柱绝缘子水平旋转 70°，从而实现主隔离开关的分、合闸动作。分闸状态，主隔离开关与两侧的主隔离开关静触头间形成清晰醒目的水平双隔离断口。

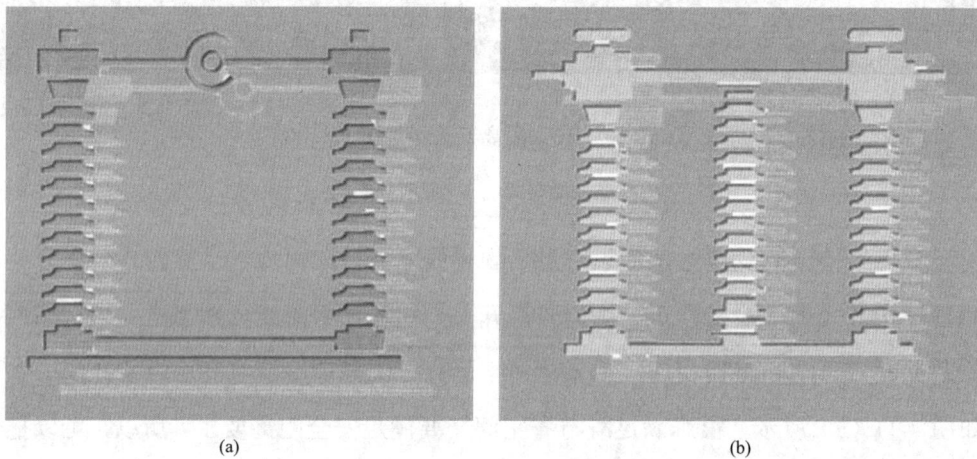

(a)　　　　　　　　　　　　　　(b)

图 7-13　隔离开关示意图

（a）双柱式水平单断口；（b）三柱水平双断口式

新设备启动时，必须确保检验每个支柱绝缘子的耐绝缘能力。如果是三柱水平双断口式隔离开关，当在"分闸"状态时，中间支柱绝缘子不带电，绝缘能力检验不到。因此，在安排冲击方案时，隔离开关状态要"合闸"状态才能保证冲击到位。而如果是单断口隔离开关，即使是在"分闸"状态，隔离开关两侧带了电就可以检查其绝缘支柱的绝缘强度。

7.3.4　母线

母线是指在变电站各级电压配电装置中，将变压器、互感器、线路等主要电气设备与各种电气装置相连接的导线。在变电站中，各主要运行设备之间需要一定的电气安全间隔，所以无法从一个地点引出多个回路；采用母线装置后可将各个载流分支回路连接在一起，起到汇集、分配和传送电能的作用。

母线按外形和结构，大致分为以下三类：①硬母线，包括矩形母线、槽形母线、管形母线等；②软母线，包括铝绞线、铜绞线、钢芯铝绞线、扩径空心导线等；③封闭母线，包括共箱母线、分相母线等。典型的 220kV 变电站母线如图 7-14 所示。

图 7-14　变电站母线实物图

7.3.5　电流互感器（TA）

电流互感器，简称流变，是将大电流按一定的比例转换为小电流的设备。电力系统的一次侧电压高、电流大，且运行的额定参数千差万别，因此用以对一次系统进行测量、控制的仪器仪表及保护装置无法直接接入一次系统，一次系统的大电流需要使用电流互感器进行隔离，使二次的继电保护、自动装置和测量仪表能够安全准确地获取电气一次回路电流信息。

电流互感器由相互绝缘的一次绕组、二次绕组、铁芯、构架、壳体和接线端子组成，其中一次绕组和二次绕组绕在同一个磁路闭合的铁芯上。如果一次绕组中有电流流过，将在二次绕组中感应出相应的电动势。二次绕组为通路时，在二次绕组中产生电流。此电流在铁芯中产生的磁通趋于抵消一次绕组中电流产生的磁通。在理想的条件下，电流互感器两侧的励磁安匝相等，即二次电流与一次电流之比等于一次绕组与二次绕组匝数比。

如图 7-15 所示，电流互感器的物理位置是串在线路中，在断路器与线路隔离开关之间。电流互感器按绝缘介质可分为干式、油浸式及气体绝缘式。

图 7-15　电流互感器实物图

7.3.6　电压互感器（TV）

电压互感器，简称压变。它将一次高电压按比例关系变换成 100V 或更低等级的标准二次电压，供保护、计量、仪表装置使用。电压互感器的基本结构和变压器很相似，它也有两个绕组，两个绕组都装在或绕在铁芯上。两个绕组之间以及绕组与铁芯之间都有电气隔离，同时将一次设备的高电压变换为二次设备的低电压，可以确保操作人员和仪表的安全。

变电站的电压互感器，最主要有母线电压互感器、线路电压互感器两种，如图 7-16 所示，实际应用中，针对不同的电压等级、不同的接线方式，其配置方法也有所区别。

（1）主接线为单母线、单母线分段、双母线时，由于母线电压互感器主要用于保护及测量，对精度及可靠性要求较高，因此采用三相电压互感器，而线路电压互感器主要供同期并联和重合闸检无压、检同期使用，从节省成本考虑，多采用单相电压互感器。

（2）针对 500kV 变电站的 3/2 断路器接线方式，由于此时线路电压互感器需要提供保护、测量功能，因此线路电压互感器为三相电压互感器，而母线电压互感器为单相电压互感器。

（3）在 500kV 系统中，为了满足继电保护的完全双重化，一般选用 3 个二次绕组的电压互感器，其中两组接为星形，一组为开口三角形。在 220kV 及以下电压等级的系统中，电压互感器一般有 2～3 个二次绕组，一组为开口三角形，其他为星形。

（4）当计量回路有特殊需要时，可增加专供计量的电压互感器二次绕组或安装计量专用的电压互感器组。

母线电压互感器、避雷器通常布置在一个间隔，如图 7-17 所示。

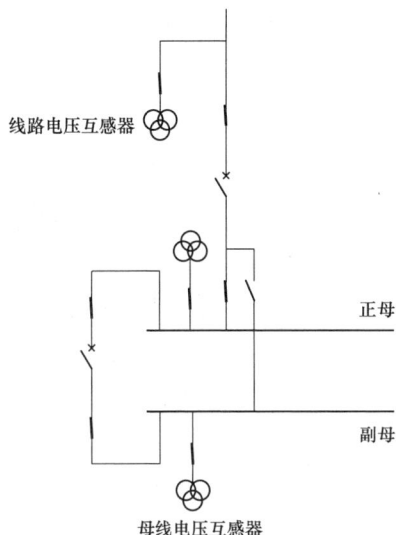

图 7-16　母线电压互感器与线路电压互感器示意图

图 7-17　母线电压互感器及避雷器

7.3.7　无功补偿装置

电力系统若无功功率不足，则系统电压将降低，可能损坏用电设备，严重时造成电压崩溃，使系统瓦解，引起大面积停电。若无功功率过剩，系统电压会升高，功率损耗增大。因此，电力系统中无功功率需要就地补偿、平衡。变电站内的无功补偿装置主要有并联电容器（如图 7-18 所示）、并联电抗器（如图 7-19 所示）等，其中并联电容器主要起向系统注入感性无功功率提高电压的作用，而并联电抗器主要起吸收感性无功功率，降低母线电压的作用。并联电容器、并联电抗器常常同时接入主变压器的低压侧，如并联于 500kV 变电站的 35kV 母线、220kV 变电站的 10kV 母线，如图 7-20 所示。目前并联电容器组和并联电抗器组通常由自动电压控制（automatic voltage control，AVC）系统根据电压控制目标进行自动投切，也可退出 AVC 进行人工手动投切。

7.3.8　气体绝缘金属封闭开关（GIS）设备

前几节介绍设备的例图选取的均为敞开式开关设备（air insulated switchgear，AIS），直接与空气接触，主要靠空气和绝缘子实现带电部分与地、相与相之间绝缘，其特点是投资少，安装简单，可视性好，但外绝缘距离大，占地面积大。随着技术发展，GIS 设备在新投产变电站内得到了越来越多的应用。

GIS 采用 SF_6 气体作为绝缘介质，将除变压器以外的各种变电站电气元件组合在一系列封闭的接地金属壳体内，如图 7-21 所示，其优点在于占地面积小，可靠性高，安全性强，维护工作量小，但一次投资大，对运行维护的技术性要求高。GIS 可包含的组合电器元件有：断路器、隔离开关、接地开关、电流互感器、电压互感器、避雷器、母线及电缆终端等。GIS 间隔剖面详细结构如图 7-22 所示。

图 7-18　并联电容器

图 7-19　并联电抗器

图 7-20　35kV 无功补偿设备

图 7-21　变电站 GIS 组合设备图

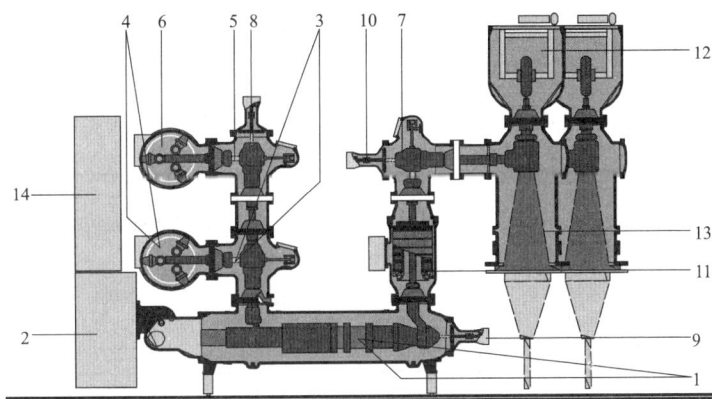

图 7-22　GIS 间隔剖面详细结构

1—断路器灭弧室；2—带断路器控制单元的储能机构；3—Ⅰ段母线隔离开关；4—Ⅰ段母线；5—Ⅱ段母线隔离开关；

6—Ⅱ段母线；7—出线隔离开关；8—接地开关；9—接地开关；10—快速接地开关；

11—电流互感器；12—电压互感器；13—电缆终端；14—就地集成控制柜

　　值得注意的是，相比于传统的 AIS 设备，GIS 设备发生异常和事故后相邻气室或间隔需被迫停电，严重时停电面积更广，调度事故处理难度大、耗费时间长。

7.4　变电站二次系统

　　变电站的二次设备是指对一次设备起控制、保护、调节、测量等作用的低压电气设备。这些二次设备及其互连电路统称为二次回路或者二次系统。变电站二次系统是变电站电气设备的重要组成部分，是整个变电站监视和控制的中枢神经。

　　变电站的二次系统按照功能可以分为控制系统、信号系统、测量系统、计量系统、交直流系统、保护系统、自动化系统和通信系统，其具体介绍如表 7-2 所示。

表 7-2   变电站二次系统介绍

名称	简　　介
控制系统	控制系统由控制开关与控制对象（如断路器、隔离开关）的传递机构、执行（或操作）机构组成，其作用是对断路器及隔离开关进行分、合闸操作，以满足改变系统运行方式或事故处理的需要
信号系统	信号系统主要由信号发送机构、接受显示元件及其网络组成，其作用是准确及时地显示出一次设备的工作状态，为运行人员提供处理故障及异常的可靠依据
测量系统	测量系统由各种测量仪表及相关回路组成，用以采集一次系统的电压、电流信号
计量系统	计量系统由电能计量装置及其相关回路组成，其作用是精确测量一次系统的电流、电压信号，以作为考核电力系统技术经济指标和合理计费的依据
交直流系统	交直流系统主要由交流电源、直流电源（蓄电池）、交流不间断电源（UPS）、直流变换电源（DC/DC）等装置组成，其作用是为其他二次系统提供工作电源和操作电源，并统一监视控制
保护系统	保护系统由互感器、变换器、继电保护及自动装置、选择开关及其网络组成。其作用是当系统发生故障时，有选择性地切除故障，当故障或异常消失后，快速投入有段断路器，恢复系统的正常运行
自动化系统	自动化系统是指广泛采用微机保护和微机远动技术，对变电站的模拟量、脉冲量、断路器状态量及一些非电量信号分别进行采集，经过功能的重新组合，并按照预定的程序和要求对变电站实行自动监视、测量、协调和控制的集合体
通信系统	通信系统包括光端机、PCM、调度电话系统、ATM 交换机、调度数据网路由器、通信电缆、通信电源灯等二次设备。通信系统承载的业务除语音、数据、宽带、IP 等常规电信业务外，还负责传输电力生产专业业务数据（如保护、安全自动装置所需的数据信号）

限于篇幅，本节主要介绍 220kV 变电站的二次系统中的测量系统及交直流系统，保护系统相关内容则将在 7.5 节进行详细介绍。

7.4.1　电压二次回路

220kV 线路及变压器的保护、测量、计量装置用到的交流电压均来自单元所在母线电压互感器的二次回路。线路电压互感器一般用于同期校核。

220kV 正、副母线电压互感器二次总回路一般设有过电流速脱扣空气小开关，通常命名为 ZKKⅠ、ZKKⅡ（分别装设在正、副母线电压互感器端子箱内）。交流电压经过该空气开关后再经过电压互感器隔离开关位置继电器（GWJ）到继保小室电压小母线，然后经过电压切换继电器 YQJ 和交流电压小开关 ZKK（屏后）到保护、测控等装置柜顶小母线，双母线接线交流电压回路示意图如图 7-23 所示。

由于 220kV 电气主接线通常为双母线接线方式，在电压互感器停用或母线倒排时均需要进行二次操作以保证保护装置及测量等设备采集的二次电压与一次接线相对应，电压回路的切换装置除受 220、110、35kV 电压切换开关 BK 控制外，还经母联断路器、隔离开关辅助触点所控制，如图 7-24 所示。

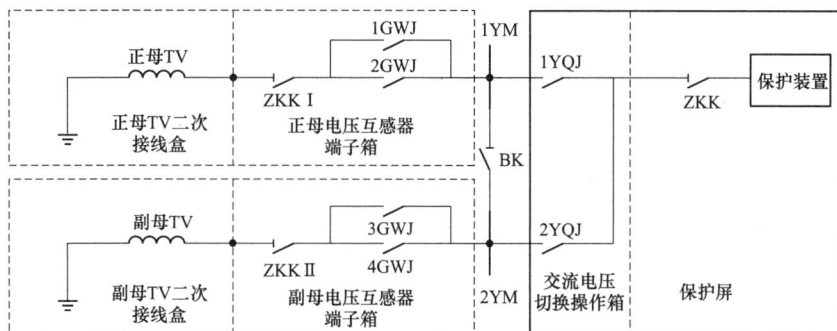

图 7-23 双母线接线交流电压回路示意图

电压互感器在正常运行中，电压切换开关 BK 应在断开位置，如有某一电压互感器因故障需退出运行，应先将电压切换开关 BK 投入接通位置（此时一次应在并列运行）然后拉开或取下需退出运行电压互感器的低压空气小开关或低压熔丝（此时电压互感器仍在运行状态，防止二

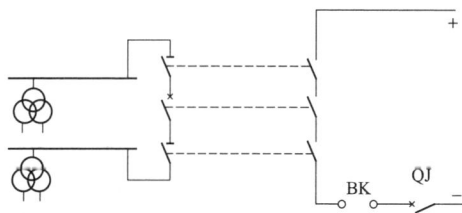

图 7-24 双母线接线交流电压并列回路示意图

次向一次反充电），并根据需要将该电压互感器改成冷备用或检修状态。此时双母线二次侧为并列运行状态。

电压互感器二次侧可有 2～4 个绕组，供保护、测量及自动装置使用。电压互感器根据测量电压误差分为 0.1、0.2、0.5、3、6P 等多个精确度等级，即指电压误差百分比。根据国家电网有限公司输变电工程通用设计，220kV 变电站 TV 二次绕组配置为：0.2/0.5（3P）/3P，0.2 为计量绕组，0.5（3P）为保护和测量共用绕组，3P 为保护绕组，其中计量对精度要求更高，且计量回路压降要求小于 0.25%，因此将计量与保护分开，单独设立一个绕组；两套线路保护和母线差动保护均采用不同的绕组，满足双重化配置原则。

7.4.2 电流二次回路

变电站的电流二次回路主要是利用电流互感器（TA）为变电站内的保护、测量、计量等二次装置提供交流电流信号。典型的 220kV 线路、母线和变压器间隔的电流互感器配置如图 7-25 所示，其二次绕组可根据用途划分为保护、测量、计量等不同回路。线路间隔电流互感器二次回路的配置遵循以下原则：

（1）选用合适的准确级。所谓准确级是指在规定的二次负荷范围内，一次电流为额定值时的最大误差。计量回路对准确度要求最高，一般接 0.2 级（即误差为 0.2%），测量回路要求稍低，可以接 0.5 级（即误差为 0.5%），而保护装置对准确度要求不高，但要求能承受很大的短路电流倍数，所以一般选用 5P30 级（即当一次电流是额定一次电流 30 倍时，该绕组的复合误差小于 5%）。

（2）电流互感器二次绕组的配置应避免主保护出现死区。由于线路保护的范围是从母线指向线路，而母线保护的范围主要针对母线，因此分配时，应将两组线路保护放在第一、二组二次绕组，而母线保护可以放在第三、四组二次绕组，这样可以形成交叉，避免保护元件保护范围内部故障时的保护死区。

（3）对中性点有效接地系统，电流互感器可按三相配置，对中性点非有效接地系统，依具体要求可按两相或三相配置。

（4）一个元件的两套互为备用的主保护应使用不同的二次绕组。

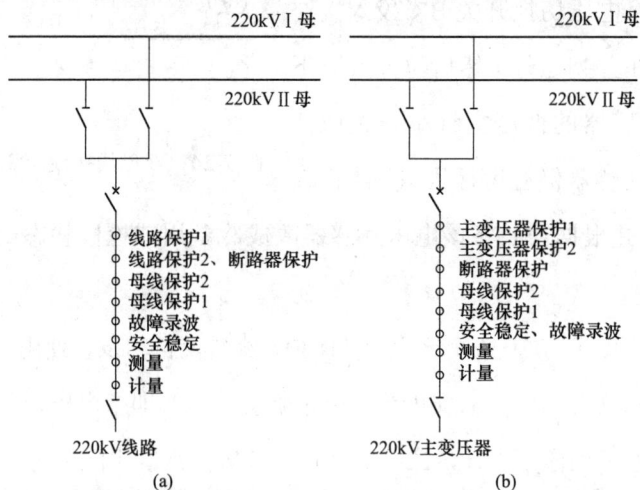

图 7-25　典型的 220kV 线路、母线和变压器间隔的电流互感器配置

（a）220kV 线路间隔电流二次回路示意图；（b）220kV 变压器间隔电流二次回路示意图

7.4.3　站用交直流系统

站用交直流电源主要为变电站二次设备（包括继电保护、自动装置、信号设备、通信、远动、监控系统和控制系统）提供工作电源，主要可以分为交流系统和直流系统两部分。

变电站交流系统是由站用变压器、低压配电屏、交流供电网络组成。其作用是为变压器冷却系统、主变压器调压机构、场地检修电源、直流充电机、机构箱、端子箱（加热驱潮、照明）、隔离开关电动操作电源、UPS 装置、生活用电及全站照明等提供交流电源。

变电站直流系统包括交流输入、充电装置、蓄电池组、监控系统（包括监控装置、绝缘监测装置等）、母线调压装置（降压硅链）、直流馈线屏等单元组成，共同完成直流系统的功能，其系统框架如图 7-26 所示。直流系统的作用是为信号、保护及自动装置、事故照明、应急电源及断路器分合闸操作、储能机构等提供直流电源。直流系统是一个独立的电源，它不受发电机、厂用电及系统运行方式的影响，在外部交流电中断的情况下，可短时由后备电源——蓄电池继续供电。直流系统的用电负荷极为重要，对供电的可靠性要求很高。直流系统的可靠性是保障变电站安全运行的决定性条件之一。

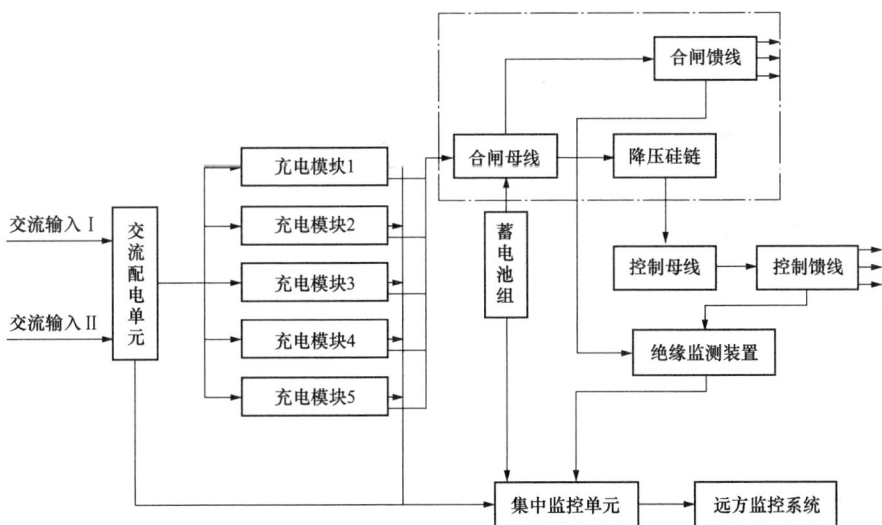

图 7-26　变电站交直流系统原理图

（1）交流输入。一套直流系统一般采用两路交流输入电源，且能保证一路交流电源失去时能自动切换到另一路交流输入。

（2）充电装置。充电装置实质是将交流电整流成直流电的一种换流设备，其主要功能是实现正常负荷供电及蓄电池的均/浮充功能。正常时，蓄电池处于浮充状态，充电装置仅提供较小的浮充电流；当蓄电池容量大幅度下降或者蓄电池带载试验后，充电装置切换到均充状态。

（3）蓄电池组。为直流系统在失去交流输入的情况下提供直流电源。蓄电池组到直流母线之间采用熔断器起保护作用，熔断器应带有报警触点。日常巡视中需关注每个蓄电池电压情况，现阶段普遍采用的额定电压 2V 阀控式铅酸蓄电池，浮充状态下的电压在 2.15～2.35V 之间，超出这个范围应给予关注。

（4）监控系统。包含充电机监控模块、蓄电池监控模块以及绝缘监测装置。用以监控充电机工作状态、蓄电池组电压、各馈线绝缘电阻等，涉及交流输入电压、直流母线电压、负载总电流、蓄电池电压、电池充放电电流等参数，充电装置故障、交流电压异常、控制母线过/欠电压、直流接地、直流空气断路器脱扣、电池组熔断器熔断、绝缘监察和其他装置故障等信号及充电装置的均、浮充转换控制。

（5）母线调压装置直流系统。包括两种直流母线，一种是控制母线，连接控制、监测、信号等回路，是供保护及自动控制装置、控制信号回路等的直流母线；另一种是合闸母线，连接断路器的合闸线圈回路，为断路器操动机构等提供动力电源。合闸母线和控制母线之间通过降压硅链连接。

（6）直流馈线。在大型直流网络中，环形供电网络操作切换较复杂、寻找接地故障点也较困难、路径长，电缆压降大，因此，变电站直流系统的馈线网络应采用辐射状供电方式，不宜采用环状供电方式。

7.5 变电站的继电保护装置

图 7-27　保护小室内的继电保护装置

保护小室内的继电保护装置如图 7-27 所示，是指能反应电力系统中电气元件发生的故障或不正常运行状态，并动作于断路器跳闸或者发出信号的一种自动装置。继电保护装置需要满足四个基本要求，即可靠性、快速性、灵敏性、选择性。

继电保护装置是电力系统重要组成部分，是现代电力系统安全可靠运行的主要手段和重要基础。在电力系统发生故障时，继电保护装置可以快速、可靠和有选择地自动切除故障，终止电网异常状态并保障电网稳定运行；在电网运行失稳时，继电保护装置可以缩小事故范围，防止发展成电网崩溃和大面积停电事故。

下面分别以 500、220kV 变电站为例，简单介绍基本的保护配置。

7.5.1 500kV 变电站的保护基本配置

500kV 变电站保护基本配置如图 7-28 所示。一般每回 500kV 线路配有两套原理完善、彼此完全独立的线路保护；每组母线也配有完全独立的两套母线差动保护。每台 500kV 断路器配有一套断路器保护（包括失灵保护、重合闸）。500kV 主变压器保护配置两套电气量主保护和一套非电量保护。低抗、电容器保护各自配置一套。

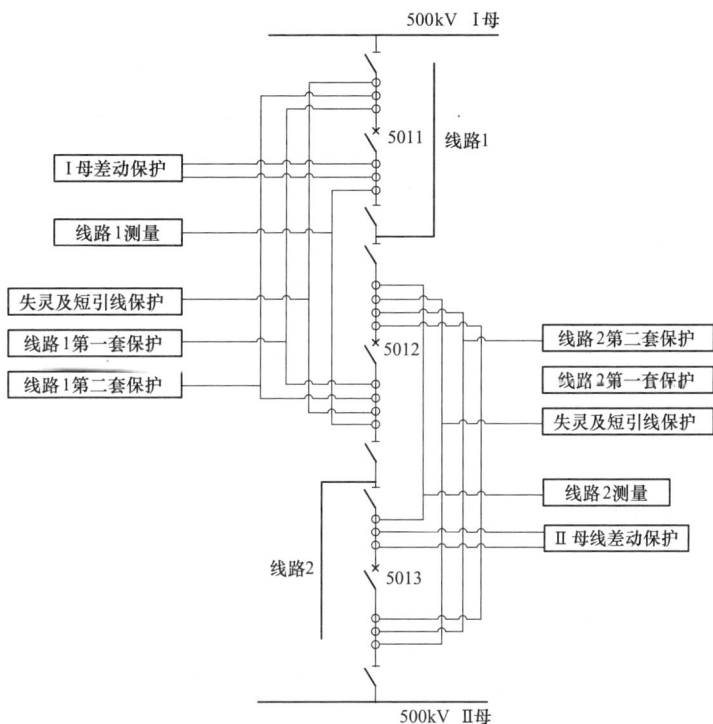

图 7-28　500kV 变电站保护基本配置图

7.5.1.1　500kV 线路保护

所有 500kV 线路配置两套保护，分别作用于相应断路器的两个跳闸线圈。但与 220kV 不一样的是，500kV 线路两套保护的出口一般不经过操作箱，原因是操作箱延缓了出口时间，对快速切除故障不利。每套保护都包含一套远方跳闸。对应于分相电流差动保护的远跳，远跳信号通过差动通道传递。对应于高频保护的远跳，远跳信号通过慢速通道（相对于高频保护的快速通道而言）传递，并需专门配置就地判别装置，以防干扰误动。

由于 500kV 一回出线（主变压器）对应两台断路器，故线路（主变压器）保护、线路（主变压器）测量电流回路需采集两只断路器的电流，保护装置要求两路电流独立接入，早期部分变电站有采用两只断路器电流回路先并接再接入保护装置的和电流模式。为了消除死区，500kV 断路器两侧均配有 TA，TA 的二次保护接线存在重叠区。

500kV 线路两套主保护全部停役时，原则上要求线路陪停。线路远方跳闸由断路器失灵、高压电抗器保护、过电压保护等保护动作启动，远方跳闸动作跳开线路对侧断路器。

对于长线路需要设置过电压保护。过电压保护仅是保护线路运行过电压，在本侧断路器全部断开时自动投入，目的是防止电容效应引起线路末端过电压。

高压电抗器用于长线路，抵消电容效应，高压电抗器保护出口断开高压电抗器所在线路本侧断路器，并通过远跳跳开对侧断路器。

7.5.1.2　500kV 断路器保护

500kV 断路器保护包括重合闸和失灵保护。500kV 断路器三相不一致保护采用本体的三相不一致保护，边断路器 2.0s，与线路相关的断路器，三相不一致保护动作时间按可靠躲过单相重合闸时间整定，统一取 2.5s；只与发电机-变压器组相关的断路器三相不一致保护时间可整定为 0.5s。

500kV 断路器失灵保护，是指故障发生时，保护发出断路器跳闸命令，但由于主触头烧蚀黏连、操动机构失灵、跳闸线圈断线等原因导致断路器拒动，借助回路中其他断路器来切除故障电流的近后备保护。500kV 断路器不允许无失灵保护运行。

500kV 失灵保护一般由保护动作与失灵电流来判别，为配合主保护正确动作，应适当增加出口延时以满足保护间的配合关系，失灵时间 T_1 一般为 200ms。其动作逻辑为瞬时重跳本断路器，延时 T_1 跳相邻断路器，并闭锁相邻线路断路器重合闸。瞬时重跳及延时后备跳均经电流判别，500kV 断路器失灵保护的跳闸逻辑如图 7-29 所示。

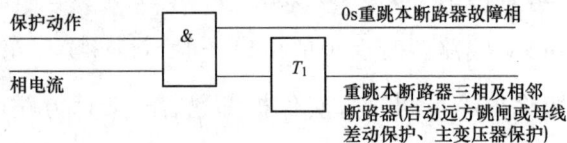

图 7-29　500kV 断路器失灵保护的跳闸逻辑图

在 3/2 断路器接线中，边断路器和中间断路器的失灵动作行为有所不同，如图 7-30 所示。中间断路器失灵动作后，需要跳开相邻两只边断路器、通过远跳跳开对应两条线路对侧的断路器。而边断路器失灵动作后，是跳开相邻中间断路器、通过远跳跳开对应线路对侧的断路器、启动相邻母线的母线差动跳开该母线的所有断路器。

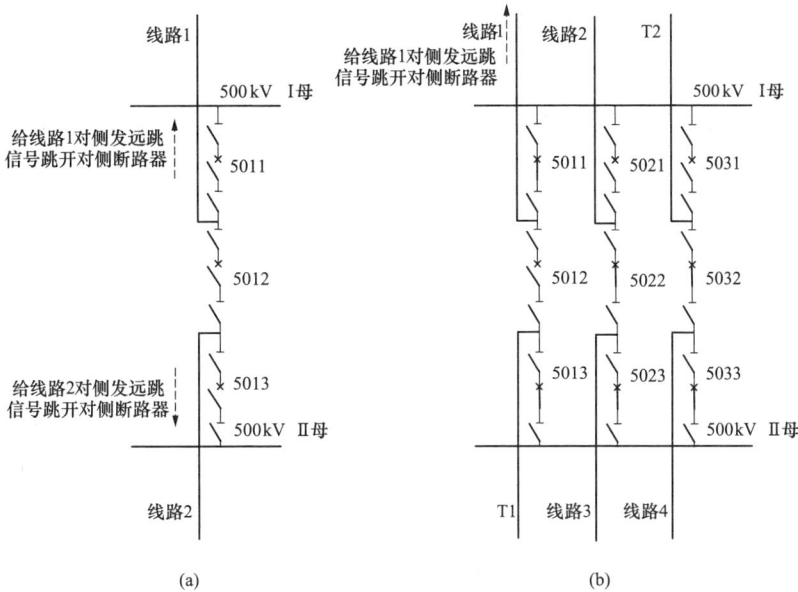

图 7-30　500kV 断路器失灵保护动作行为结果图

（a）中间断路器失灵动作图；（b）边断路器失灵动作图

华东电网 500kV 线路重合闸装置均按断路器安装，一般采用单相重合闸方式。与 220kV 断路器有所不同的是，重合闸仅由保护启动，断路器位置不对应不启动重合闸。考虑交流故障后可能造成特高压直流换相失败，目前华东电网 500kV 线路边断路器重合闸时间整定为 1.3s，中闸断路器则整定为不重合。

7.5.1.3　500kV 母线保护

500kV 主接线为 3/2 接线，两条 500kV 母线各采用两套母线保护。如南瑞继保 PCS-915 型母线差动保护，为比率制动型电流差动保护。该保护能快速切除区内发生的各类故障，具有很高的可靠性和灵敏度；区外故障时，即使系统容量为无穷大且电流互感器严重饱和的情况下，也具有很高的安全性。与 220kV 母线差动保护不同，500kV 母线差动保护不设置复压闭锁元件。

运行中不考虑同一母线的两套母线差动同时停用，若需同时停用，则要求母线陪停。

7.5.1.4　500kV 主变压器保护

500kV 主变压器保护是变电站内最复杂的保护，除配有一套本体非电量保护外，还配置了完整的电气量保护：两套主保护、500kV 和 220kV 距离保护、中性点零序电流保护、两套低压侧过电流保护、主变压器过励磁保护、500kV 过负荷（信号）保护、公共线圈过负荷（信号）保护、低压侧电压偏移（信号）保护以及 220kV 侧失灵保护。

500kV 变压器非电量保护包括气体保护、压力释放保护、温度保护、油位保护、突发压力继电器保护、冷却器全停保护。按照要求，正常处于投跳状态的 500kV 主变压器非电量保护一般有本体重瓦斯、分接开关重瓦斯、两台（组）及以上变压器的本体压力释放、上层油温最高值（105℃）、冷却系统全停延时等；而轻瓦斯、单台（组）变压器本体压力释放、分接断路器压力释放、突发压力继电器、上层油温高低值（80℃）、绕组温度、油位保护、冷却系统全停瞬时等主变压器非电量保护正常一般投信号状态。

（1）500kV 主变压器大差动保护，电流取自三侧独立 TA，保护整台主变压器。

（2）500kV 主变压器分侧差动保护，电流取自高压、中压独立 TA 及公共线圈中性点 TA。由于不引入低压侧电流，因而不能保护低压线圈的任何故障。与 220kV 主变压器不同，500kV 主变压器高中压侧不设过电流保护，而用距离保护作为主变压器的主要后备（不能作为低压侧的后备），两侧距离方向均指向变压器；利用反方向偏移，各侧距离能作为本侧母线的后备。一般动作时间统一为 2s，当所接的 220kV 母线差动均停用时（500kV 母线差动一般不允许同时停用），对应距离保护时限改为 1s。

（3）500kV 主变压器中性点零序电流保护，作为主变压器和出线的总后备，时间较长，一般第二时限 T_2 为 5.5s，跳主变压器三侧。而第一时限 T_1 跳 220kV 母分、母联的回路被解除不用。

（4）500kV 主变压器一般配置两套低压侧过电流保护，作为低压侧所有设备的总后备保护和低压母线的主保护，第一时限跳低压侧断路器，第二时限跳三侧断路器。

（5）由于超高压大容量变压器设计允许的过励磁能力有限，在过励磁情况下，励磁电流非线性地急剧增加且电流很大，容易损坏变压器，故设置了 500kV 主变压器过励磁保护。一般而言，500kV 主变压器在 1.05 倍过励磁倍数以下允许长期运行，1.05 倍时发信，1.1 倍时启动跳闸反时限曲线，1.3 倍时 5s 定时限跳闸。

（6）500kV 主变压器 220kV 侧失灵保护动作跳主变压器三侧、启动 220kV 母线差动（包括解除电压闭锁）。

（7）500kV 低压侧电压偏移保护，其实就是低压侧不接地系统绝缘检测，保护电压量取自母线电压互感器的开口三角。

7.5.1.5　500kV 短引线保护

当 500kV 一次出线或主变压器停运而与其相连的两台断路器仍合环运行时需投入短引

线保护。短引线保护主要用来保护线路侧隔离开关至断路器范围短引线的故障，其应有保护启动、保护动作及相关告警信息、装置运行工况的监视信号。

短引线保护由两个相邻断路器的和电流来动作。理想情况下，正常运行方式短引线保护和电流为 0A；短引线保护范围内部故障时，和电流为短路电流（如图 7-31 所示）。

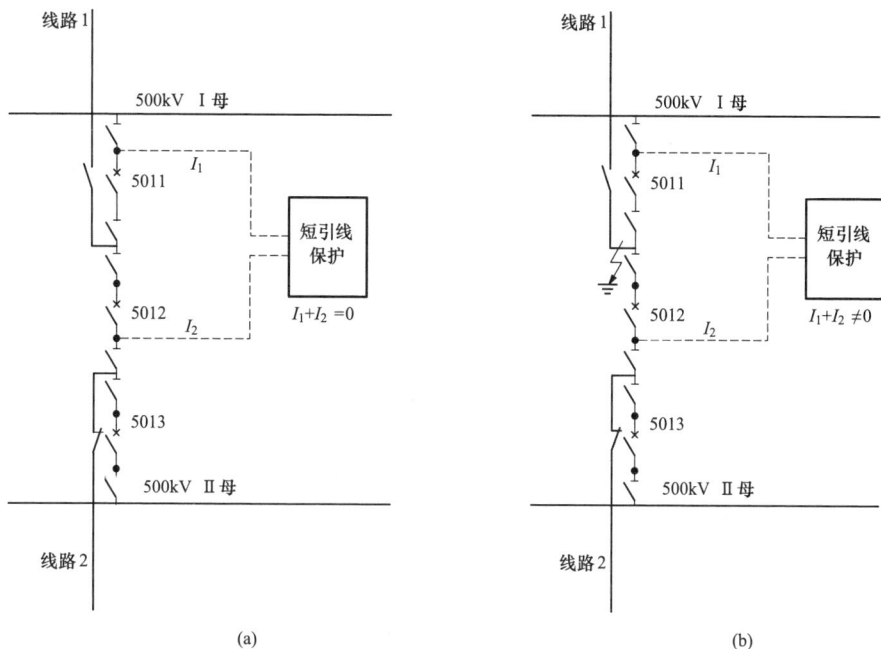

图 7-31　500kV 短引线保护原理示意图

（a）正常情况下短引线保护和电流；（b）故障情况下短引线保护和电流

7.5.2　220kV 变电站的保护基本配置

7.5.2.1　220kV 线路保护

220kV 线路按双重化配置两套完全独立的、全线速断的数字式主保护和完整阶段式距离以及防高阻接地故障的零序后备保护，两套保护要求采用不同厂家保护设备构成。两套保护各自独立组屏，接于两组独立的电流互感器二次绕组，直流电源、通道设备、跳闸线圈等完全独立，使用独立的控制电缆。

220kV 线路两套纵联保护信号一般由不同的通道传送。对于高频保护，一般选用相-地耦合制的电力线高频通道，第一套使用 A 相，第二套使用 B 相。对于有光纤复合架空地线（OPGW 光缆）的线路，保护直接使用不同的光纤芯或复用脉冲编码调制设备（PCM 终端）。对无旁路切换要求的，配置两套分相电流差动保护；对有旁路切换要求的，则第一套选用高频保护，第二套配置分相电流差动保护。

当线路断路器与线路电流互感器之间发生死区故障时，由于其位于母线差动保护范围内，因此母线差动保护首先动作，但是母线差动保护动作后故障仍存在，因此为快速切除故障，母线差动保护动作后会令本侧线路保护停信以使对侧线路保护可以动作跳闸（对于光纤保护，则直接向对侧发送发远跳命令）。

7.5.2.2 220kV 断路器保护

220kV 断路器保护主要包含重合闸和断路器三相不一致功能。线路断路器重合闸一般采用单相重合闸方式。对检修方式下的终端变，电源侧采用特殊重合闸检无压，非电源侧保护和重合闸停用；对单回线运行终端，若受电侧保护不具弱馈功能，则与上述方式采用相同的配置原则，若受电侧保护具备弱馈功能，则投弱馈，用单相重合闸，两侧保护正常投入。

断路器三相不一致保护主要针对断路器因拒动、偷跳等原因出现非全相运行，导致系统出现负序、零序分量，威胁电网及设备安全。220kV 断路器三相不一致保护（或称非全相保护）采用断路器本体机构的三相不一致保护，主要是通过将 A、B、C 三相断路器的动合、动断辅助触点分别并联后再串联的组合电路来实现，具有结构简单、环节少的特点。220kV 线路断路器三相不一致保护动作时间须与重合闸时间配合，统一按 2.5s 整定；220kV 母联（母分）、主变压器断路器三相不一致保护动作时间统一整定为 1s。

当重合闸功能由线路保护实现、断路器失灵保护功能由母线保护实现时，不再配置独立的断路器保护装置。

7.5.2.3 220kV 母线保护

220kV 母线保护一般配置有母线差动保护、母联充电保护、母联过电流保护、母联失灵与母联死区保护和断路器失灵保护等功能。

1. 母线差动保护

母线差动保护由分相式比率差动元件构成，母线大差比率差动（高、低比率系数定值）用于判别母线区内和区外故障，小差比率差动用于故障母线的选择。在动作于故障母线跳闸时必须经相应的母线电压闭锁元件闭锁。

2. 母联充电保护

当任一组母线检修后再投入之前，利用 220kV 母联断路器对该母线进行充电试验时可投入母联充电保护。当被试验母线存在故障时，利用充电保护切除故障。

3. 母联过电流保护

当利用母联断路器作为线路的临时保护时可投入母联过电流保护。母联过电流保护具有相电流和零序电流保护，动作时间可整定。

4. 母联失灵与母联死区保护

当保护向母联发跳令后，母联失灵保护经整定延时并经母线电压闭锁后切除母联断路器所连母线上的所有元件。母线差动保护和母联充电保护才能启动母联失灵保护。母联断路器失灵保护可由母线差动、断路器失灵、母联过流/充电等保护启动。

若母联断路器和母联电流互感器之间发生故障，正好处于电流互感器侧母线小差的死区，断路器侧母线跳开后故障仍然存在，为提高保护动作速度，设置母联死区保护，经延时（时间应可整定）跳开另一条母线。

5. 断路器失灵保护

断路器失灵保护原理为保护跳闸不返回且断路器仍流过故障电流，经其他条件（如复合电压闭锁等）启动，启动后先经短延时动作于母联，再经长延时切除该元件所在母线的各个连接元件。在现代高压和超高压电网中，断路器失灵保护作为一种近后备保护方式得到了普遍应用。

7.5.2.4　220kV 主变压器保护

220kV 主变压器保护的功能要求如下：

（1）每一台变压器应配备两套差动保护（两套保护采用不同原理）作为主保护，瞬时跳开变压器各侧断路器。

（2）每一台变压器应配备一套非电量保护，主要包括轻瓦斯、重瓦斯，以及压力释放、冷却器故障、油温过高、油位过低、绕组温度过高、调压系统故障等，还应有失灵电流元件。变压器重瓦斯等非电量保护出口与变压器差动等有关保护出口分开。

（3）每一台变压器应配备 220、110kV 和 35kV 后备保护，其中 220kV 后备保护包括：

1）220kV 复合电压闭锁过流保护，作为主变压器内部和外部相间故障的后备保护，延时跳开变压器各侧断路器。

2）220kV 零序过流保护，作为主变压器内部和外部接地故障的后备保护，延时跳开变压器各侧断路器。

3）220kV 复合电压闭锁方向过流保护，其方向指向主变压器，作为主变压器内部和中低压侧外部相间故障的后备保护，其跳闸方式为：第一时限跳开主变压器中压侧断路器，第二时限跳开主变压器各侧断路器。

4）220kV 方向零序过流保护，其方向指向主变压器，作为主变压器内部和中压侧外部接地故障的后备保护，其跳闸方式为：分为两段，每段两个时限，第一时限跳开主变压器中压侧断路器，第二时限跳开主变压器各侧断路器。

5）过负荷保护，延时动作于信号。

6）220kV中性点间隙零序电流、电压保护，当电网单相接地且失去接地中性点时，经0.3~0.5s时限动作于断开变压器各侧断路器。

7.6 智 能 化 变 电 站

7.6.1 概况

智能变电站是指采用先进、可靠、集成和环保的智能设备，以一次设备智能化、全站信息数字化、通信平台网络化、信息共享标准化、高级应用互动化为基本要求，自动完成信息采集、测量、控制、保护、计量和检测等基本功能，同时具备支持电网实时自动控制、智能调节、在线分析决策和协同互动等高级功能的变电站。

7.6.2 智能化变电站的体系构架

智能变电站分为三层两网结构，即"过程层、间隔层、站控层"三层和"过程层网络，站控层网络"两网。智能变电站典型网络架构如图7-32所示。

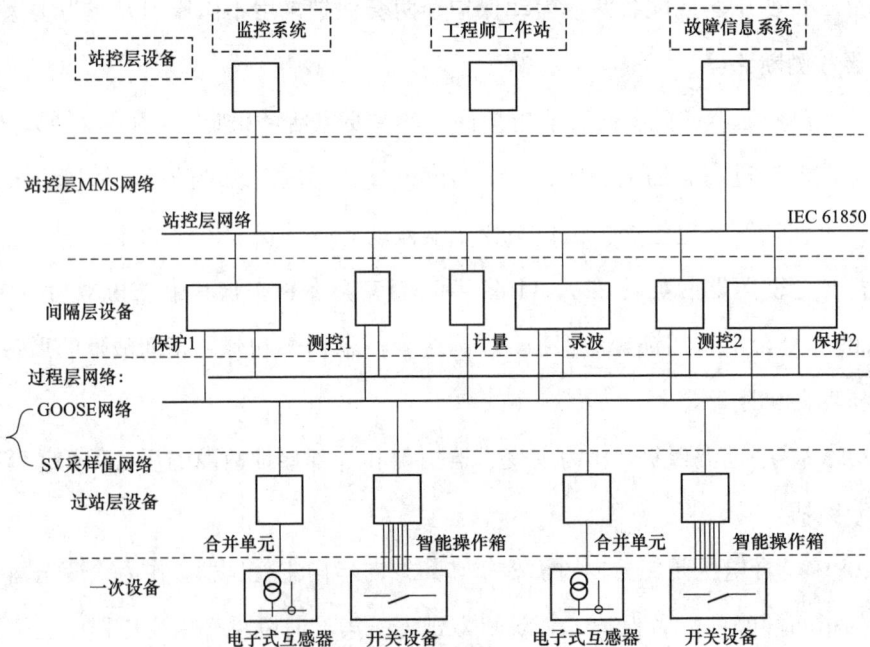

图 7-32 智能变电站典型网络架构

（1）过程层包括变压器、断路器、隔离开关、电流/电压互感器等一次设备及其所属智能组件以及独立的智能电子装置。

（2）间隔层包括继电保护装置、系统测控装置的主智能电子设备（IED）等二次设备，实现使用一个间隔的数据并且作用于该间隔一次设备的功能，即与各种远方输入/输出、传感器和控制器通信。

（3）站控层包括自动化站级监视控制系统、站域控制、通信系统、对时系统等，实现面向全站设备的监视、控制、告警及信息交互功能，完成数据采集和监视控制（SCADA）、操作闭锁以及同步相量采集、电能量采集、保护信息管理等相关功能。

（4）站控层网络通过制造报文规范（manufacturing message specification，MMS）报文传输远方分合闸命令、闭锁逻辑、遥测、遥信等信息。

（5）过程层网络通过采样值（sampled value，SV）报文传递电流、电压采样值，面向通用对象的变电站事件（generic object oriented substation event，GOOSE）报文传递保护跳合闸命令、闭重、一次设备状态等信息。

智能站与传统站的区别主要集中在以下几个方面：

（1）通信标准不同。智能站的通信标准是 IEC61850，全称是变电站通信网络和系统（communication networks and systems in substations），而传统变电站是基于 IEC60870-5-103 规约，全称为继电保护信息接口配套标准。通信标准的升级使得智能站能够完成范围更宽、层次更深、结构更复杂的信息采集和信息处理。

（2）一次设备不同。智能站采用智能终端、合并单元、光电式互感器代替了传统的一次设备，这是智能站与传统站最大的区别。

（3）信息传输介质不同。智能站设备之间连接采用光纤而不是电缆，使得信息的交换和融合更方便快捷，控制手段更灵活可靠，符合易扩展、易升级、易改造、易维护的工业化应用要求。

（4）端子连接方式不同。智能站采用虚拟端子代替物理端子，逻辑连接代替物理连接。

7.6.3 智能化变电站的关键智能设备

7.6.3.1 电子式互感器

智能变电站中核心设备是电子式互感器，由一个或多个电压或电流传感器组成，利用电磁感应等原理感应被测信号，利用光纤传输数字信号，供测量仪器、仪表及继电保护、控制装置使用。常见电子式互感器分类及特点如表 7-3 所示。

表 7-3	电子式互感器分类
分类	特　点
有源式电子互感器	（1）利用电磁感应等原理感应被测信号。 （2）传感头部分具有需用电源的电子电路。 （3）利用光纤传输数字信号
无源式电子互感器	（1）传感模块利用光学原理，不含有电子电路，其具备有源式无法比拟的电磁兼容性能。 （2）传感头部分不需电子电路及其电源。 （3）独立安装的互感器的理想解决方案

7.6.3.2　合并单元

合并单元如图 7-33 所示，为智能站过程层新增设备，主要功能是将互感器输出的电压、电流信号合并，输出同步采样数据，并为互感器提供统一的输出接口，使不同类型的互感器与不同类型的二次设备之间能够互相通信。具体来说，传统变电站中所需要的电气量都通过电缆直接接入常规互感器的二次侧，再通过保护、测控等装置自身的采样和 A/D 转换模块将模拟量转换成数字信号。智能变电站则是通过合并单元专门完成电气量的采样和 A/D 转换。合并单元就地安装并双重化配置，通过电缆连接电流、电压互感器，再通过光纤将采样的数字量直接传送给保护、测控装置。

(a)　　　　　　　　　　　　(b)

图 7-33　智能柜实物图（合并单元+智能终端）

（a）间隔智能柜；（b）母线智能柜

合并单元按照功能一般可以分为间隔合并单元和母线合并单元。间隔合并单元用于线路、变压器和电容器等间隔电气量的采集，只发送本间隔的电气量数据（一般包括三相电压、三相电流、同期电压、零序电压、零序电流）。对于双母线接线的间隔，合并单元根据本间隔隔离开关的位置，自动实现电压切换的功能。母线合并单元一般采集母线电压或者同期电压，在需要电压并列时，可通过软件自动实现各母线电压的并列。合并单元原理如图 7-34 所示。

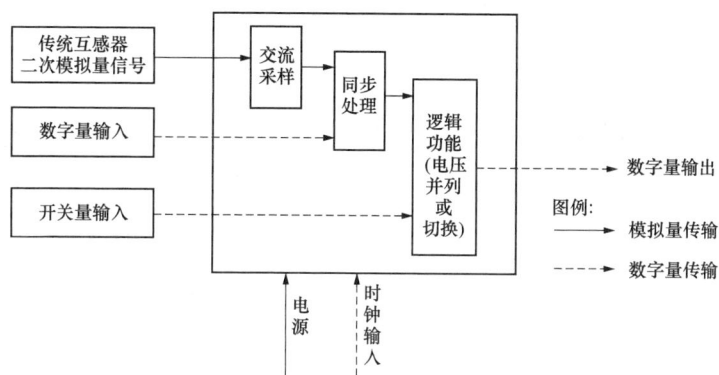

图 7-34　合并单元原理图

7.6.3.3　智能终端

智能终端同样是智能站过程层新增设备，其与一次设备采用电缆连接，与保护、测控等二次设备采用光纤通信，实现对一次设备（如断路器、隔离开关、主变压器）的测量、控制等功能。

智能终端通过开关量采集模块采集断路器、隔离开关、主变压器等设备的信号量，通过模拟量小信号模块采集环境温度、湿度等直流模拟量信号，并将处理后的信号以 GOOSE 报文的形式进行输出。

另外，智能终端还会采集间隔层设备发送过来的 GOOSE 命令，如保护跳合闸、闭锁重合闸、遥控合闸/分闸等，并控制一次设备执行相应的操作。

智能终端应该双重化配置，每个智能终端应该与断路器的跳闸线圈一一对应，各自独立。而两套智能终端的合闸回路应进行并接，即第二套智能终端合闸出口需并入第一套智能终端合闸回路，当第一套智能终端控制电源未消失时，智能终端应能正常分、合闸。

7.6.3.4　继电保护装置

继电保护装置不再直接通过电缆采集电流、电压等模拟量，而是利用光纤传输相应信号，因此光纤接口/扩展板替代了传统的交流、低通滤波以及出口继电器等模拟输入输出插件。同时，智能站的继电保护装置取消了保护功能投退硬压板、出口和开入回路硬压板，只保留检修和远方操作硬压板，新增了 SV 投入、GOOSE 接收和出口、投退保护功能、远方控制软压板、远方修改定值区软压板、远方修改定值软压板等软压板。

7.6.4　控保功能实现方式

常规站的控保功能逻辑主要依赖电流/电压互感器、保护装置、操作箱、断路器等相关设备实现。其中常规站保护装置是控保逻辑的核心，如图 7-34 所示，其主要由 A/D 采样模块、保护 CPU 模块、I/O 转换模块以及人机接口模块组成。其中，A/D 采样模块负责将输入的模拟量（电流、电压）转换为数字量，以供保护 CPU 进行逻辑判断；I/O 转换模块负责采集断路器本体的状态量（如继电器位置、压力值），并传递至保护 CPU 模块进行辅助判断。保护 CPU 模块对这两部分信息实时计算与分析，当判断出系统发生故障时，将跳闸命令经 I/O 转换模块传递至断路器操作箱，进而实现保护功能。常规站控保原理如图 7-35 所示。

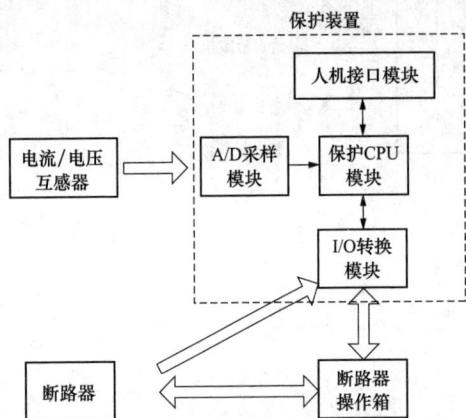

图 7-35　常规站控保原理图

智能站的控保逻辑功能主要依赖电流/电压互感器、合并单元、保护装置、智能终端、断路器等元件实现，如图 7-36 所示。与常规站相比，智能站继电保护装置的 A/D 采样模块与同步对时模块集成为合并单元，I/O 转换模块与断路器操作箱集成为智能终端，而保护装置仅保留了最核心的 CPU 模块。运行时，合并单元负责电压、电流信号并以 SV 报文的形式输出带时标的数字量。智能终端负责收集断路器状态量，并将其转换为数字量后以 GOOSE 报文的形式进行输出。另外，智能终端还负责接收保护装置的跳闸指令，并将其转换为模拟量，最终控制一次设备执行分闸操作。

7.6.5　智能变电站二次设备异常运行处理规范

（1）保护装置异常时，投入装置检修状态硬压板，重启装置一次。

（2）智能终端异常时，退出装置跳合闸出口硬压板、测控出口硬压板，投入检修状态硬压板，重启装置一次。

（3）母线合并单元异常时，投入装置检修状态硬压板，关闭电源并等待 5s，然后上电重启。

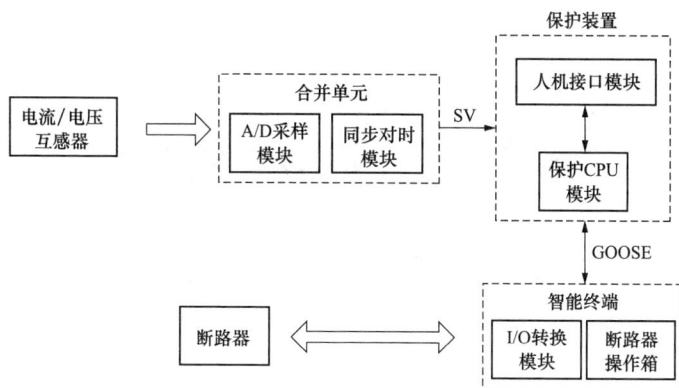

图 7-36　智能站保护功能实现方式

（4）间隔合并单元异常时，若保护双重化配置，则将该合并单元对应的间隔保护改信号，母线差动保护仍投跳（500kV 母线差动保护因无复合电压闭锁功能需改信号），投入合并单元检修状态硬压板，重启装置一次；若保护单套配置，则相关保护不改信号，直接投入合并单元检修状态硬压板，重启装置一次。

（5）合并单元智能终端一体化装置异常重启时的安全措施参照间隔合并单元，并应退出装置出口硬压板。上述装置重启后若异常消失，则尽快将装置恢复到正常运行状态。若异常没有消失，则根据缺陷等级按照《智能变电站继电保护和安全自动装置运行管理导则》（Q/GDW 11024—2013）采取相应措施，对不影响保护功能的一般缺陷可先将装置恢复到正常运行状态。

（6）交换机。由于过程层交换机只传输遥控、联锁、测量、计量信息，在装置故障时，对于保护的功能没有影响。因此，在过程层交换机异常时，直接重启即可，不需要改变保护状态。

第8章 输电技术基础

8.1 输电线路基础知识

8.1.1 电力线路分类

输电线路有架空线路和电缆线路之分。按电能性质分类有交流输电线路和直流输电线路。按电压等级有输电线路和配电线路之分。为了减少电能在输送过程中的损耗，根据输送距离及输送容量的大小，输配电线路采用不同的电压等级。目前，我国采用的电压等级有：交流 380/220V，10（20）、35、66、110、220、330、500、750、1000kV；直流±500、±600、±800、±1100kV。通常把 1kV 以下的线路称为低压配电线路，6、10、20kV 称为中压配电线路，35、66、110kV 的线路为高压配电线路，220kV 线路称为高压输电线路，330、500kV（交、直流）、直流±660、750kV 的线路称为超高压输电线路，直流±800、1000kV 及以上称为特高压输电线路。

架空线路主要指架空明线，架设在地面之上，架设及维修比较方便，成本较低，但容易受到气象和环境（如大风、雷击、污秽、冰雪等）的影响而引起故障，同时整个输电走廊占用土地面积较多，易对周边环境造成电磁干扰。输电电缆则不受气象和环境的影响，主要通过电缆隧道或电缆沟架设，但造价较高，发现故障及检修维护等不方便。电缆线路可分为架空电缆线路、地下电缆线路及海底电缆线路等。电缆线路不易受雷击、自然灾害及外力破坏，供电可靠性高，但电缆的制造、施工、事故检查和处理较困难，工程造价也较高，故远距离输电线路多采用架空输电线路。

8.1.2 架空线路

架空电力线路的构成图如图 8-1 所示，架空电力线路的主要元件有导线、避雷线（架空地线）、杆塔、绝缘子、金具、杆塔基础等。

8.1.2.1 导线

用来传导电流，输送电能。由于架设在电杆上面，要承受自重、风、冰、雨、空气温度变化等的作用，要求具有良好的电气性能和足够的机械强度。导线种类有很多种，应用最多的是钢芯铝绞线，内部几股是钢线，承受机械受力；外部由多股铝绞线绞制而成的，传输大部分电流。在超高压电网中，由于输送容量大、电压等级高，为了提高输送能力，减少电晕以及对纵联通信的干扰，常采用每相两根或多根导线组成的分裂导线。对于裸导线，其型号是用导线材料、结构和载流标称截面积三部分表示的，其中导线材料和结构用汉语拼音字母表示：T—铜、L—铝、G—钢、J—多股绞线或加强型、Q—轻型、H—合金、F—防腐，常见导线对应名称如表 8-1 所示。导线的载流标称截面积的单位为平方毫米（mm^2），如 LGJ—240/30 表示铝线载流标称截面积为 $240mm^2$、钢芯标称截面积为 $30mm^2$ 的钢芯铝绞线。

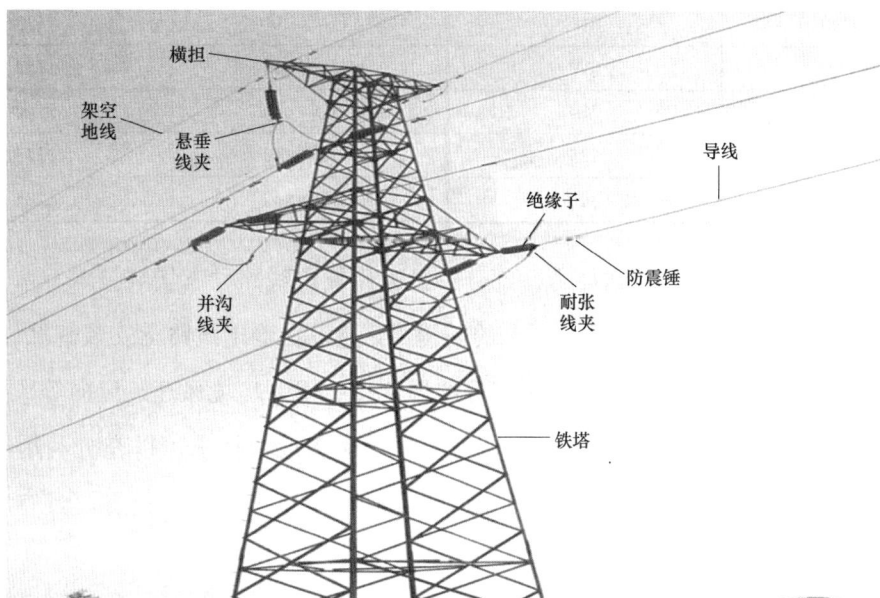

图 8-1　架空电力线路的构成图

表 8-1　　　　　　　　　　　　　　　　导线型号及对应名称

导线型号	LJ	LGJ	LGJQ	LGJJ	TJ
名称	铝绞线	钢芯铝绞线	轻型钢芯铝绞线	加强型钢芯铝绞线	铜绞线

线路的输送限额受导线、电流互感器和保护整定的共同制约，在运行中按其最小允许值进行控制。一般运行限额冬季按环境温度 10℃，夏季按环境温度 35℃考虑，特殊情况下根据气温进行修正。

电力导线由于存在电阻，因此输送电能过程中不可避免地存在有功损耗。这将导致导体发热，限制导线长期运行的安全电流值。采取提高电压、减少无功功率的远距离传输等手段，将减少有功损耗，提高经济效益。常用导线不同温度下载流能力如表 8-2 所示。

表 8-2 常用导线不同温度下载流能力

导线型号	允许电流（A）	导线型号	允许电流（A）
LGJ-50	220	LGJ-500	966
LGJ-70	275	LGJ-2×185	1030
LGJ-95	335	LGJ-600	1090
LGJ-120	380	LGJ-2×240	1220
LGJ-150	445	LGJ-700	1250
LGJ-185	515	LGJQ-2×300	1380
LGJ-240	610	LGJ-2×300	1420
LGJQ-300	690	LGJQ-2×400	1762
LGJ-300	710	LGJQ-4×300	2760
LGJQ-400	825	LGJQ-4×400	3344
LGJ-400	845	LGJQ-6×400	5286

为高效挖掘输电线路的输送能力，部分省份采用输电线路动态增容技术。所谓动态增容技术，是指在保证系统稳定、设备安全的前提下，通过在输电线路上安装智慧导线精灵、微气象、视频监控等前端感知设备，采集导线温度、弧垂、环境风速、风向等数据，实时分析、计算满足热稳定限额的线路最大输送能力。动态增容技术可以充分利用线路客观存在的隐形容量，提高输电线路的输送能力，同时减少输电设备的投资，具有广阔的应用前景。

8.1.2.2 避雷线（架空地线）

避雷线（架空地线）常采用镀锌钢绞线，其作用是当雷击线路时把雷电流引入大地，以保护线路绝缘免遭大气过电压的破坏；当雷击杆塔时，雷电流可以通过避雷线分流一部分，从而降低塔顶电位，提高耐雷水平。近些年来，OPGW 地线获得了广泛的应用，OPGW 全称是光缆复合架空地线，是综合利用架空地线的一种新型光纤通信方式的产品。OPGW 将通信光缆与高压输电线路的地线巧妙地结合成一个整体，一般由光纤单元、金属线芯、绝缘层、护套层等组成，其中光纤单元用于传输光信号，金属线芯用于提供接地保护。

8.1.2.3 杆塔

用来支撑导线和地线，并使导线和导线之间，导线和地线之间，导线和杆塔之间以及导线与大地、公路、铁轨、水面、通信线路等被跨越物之间，保持一定的安全距离。

杆塔按其在架空线路中的用途可以分为直线杆、耐张杆、转角杆、终端杆、跨越杆和其他特殊杆等。杆塔分类及用途如表 8-3 所示。

表 8-3   **杆 塔 分 类 及 用 途**

名称	简 介
直线杆	直线杆又叫中间杆。它分布在耐张杆塔中间，数量最多，在平坦地区，数量上占绝大部分。正常情况下，直线杆只承受垂直荷重（导线、地线、绝缘子串和覆冰重量）和水平的风压。因此，直线杆一般比较轻便，机械强度较低
耐张杆	耐张杆也叫承力杆。为了防止线路断线时整条线路的直线杆塔顺线路方向倾倒，必须在一定距离的直线段两端设置能够承受断线时顺线路方向的导、地线拉力的杆塔，把断线影响限制在一定范围内。两个耐张杆塔之间的距离叫耐张段
转角杆	线路转角处的杆塔称为转角杆。正常情况下转角杆除承受导、地线的垂直荷重和内角平分线方向风力水平荷重外，还要承受内角平分线方向导、地线全部拉力的合力。转角杆的角度是指原有线路方向风的延长线和转角后线路方向之间的夹角，有转角 30°、60°、90°之分
终端杆	线路终端处的杆塔称为终端杆。终端杆是装设在发电厂或变电站的线路末端杆塔。终端杆除承受导、地线垂直荷重和水平风力外，还要承受线路一侧的导、地线拉力，稳定性和机械强度都应比较高
特种杆	特种杆主要有跨越杆、换位杆、分支杆等。超过 10km 的输电线路要用换位杆进行导线换位；跨越杆设在通航河流、铁路、主要公路及电线两侧，以保证跨越交叉垂直距离；分支杆也叫"T"形杆或"T"接杆，它用在线路的分支处，以便接出分支线

8.1.2.4　绝缘子

绝缘子是一种隔电产品，一般是用电工陶瓷制成的，又称瓷瓶。另外还有钢化玻璃制作玻璃绝缘子和用硅橡胶制作的合成绝缘子。

绝缘子的用途是使导线之间以及导线和大地之间绝缘，保证线路具有可靠的电气绝缘强度，并用来固定导线，承受导线的垂直荷重和水平荷重。换句话说，绝缘子既要能满足电气性能的要求，又要能满足机械强度的要求。

按照机械强度的要求，绝缘子串可组装成单串、双串、V 形串。对超高压线路或大跨越等，由于导线的张力大，机械强度要求高，故有时采用三串或四串绝缘子。绝缘子串基本有悬垂绝缘子串和耐张绝缘子串两大类，如图 8-2 所示。悬垂绝缘子串用于直线杆塔上，耐张绝缘子串用于耐张杆塔或转角、终端杆塔上。

8.1.2.5　金具

金具是指用于连接、固定和支撑输电线路的金属器件，它们承载着输电线路的重量和电流，起到保持线路稳定运行的作用。这些金具通常采用优质的铸铁、钢材、铝合金等金属材料制作，具有良好的导电性、耐腐蚀性和机械强度。常见的金具及用途如表 8-4 所示。

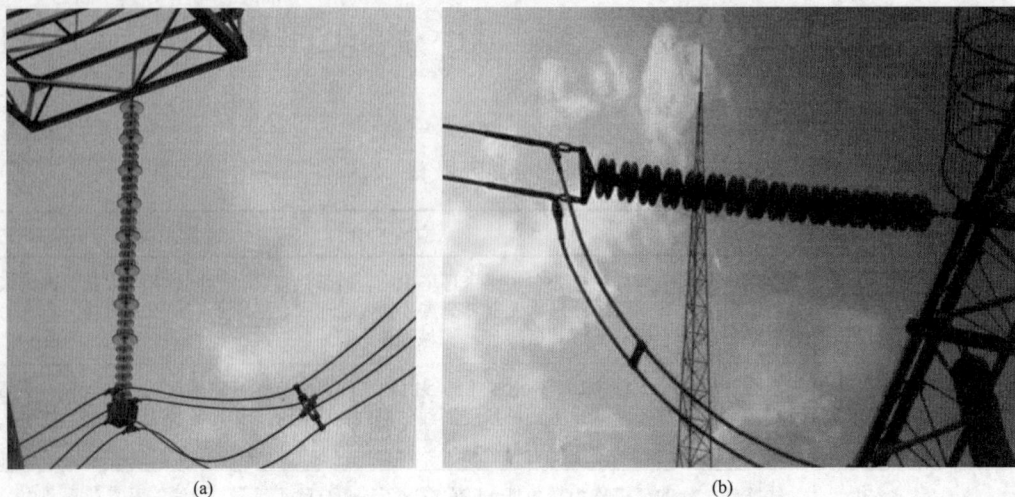

图 8-2　绝缘子

（a）悬垂绝缘子串；（b）耐张绝缘子串

表 8-4　　　　　　　　　　　　金 具 分 类 及 用 途

名称	简　　介
悬吊类金具	用来将导线悬挂在绝缘子串上及悬挂跳线于绝缘子串上，主要指各类悬垂线夹
紧固类金具	主要用来紧固导线的终端，将导线固定在耐张绝缘子串上，也用于拉线的紧固，主要包括各类耐张线夹、楔形线夹及 UT 线夹等
连接类金具	用于绝缘子连接成串及金具与金具之间的连接。常用的有：球头挂环、碗头挂板、U 形挂环等
接续类金具	用于导线的接续、耐张杆塔跳线的接续。定型的有：钳压接续金具、液压接续金具等
防护类金具	防护导线及绝缘体，主要有防震锤、防护条、间隔棒、屏蔽环、均压环等

8.1.2.6　杆塔基础

杆塔基础是将杆塔固定于地下，以保证杆塔不发生倾斜、下沉、上拔及倒塌。主要有混凝土电杆基础和铁塔基础。基础的形式应根据送电线路路径的地形、地貌、杆塔结构形式和施工条件等特点，本着确保杆塔安全可靠、节约材料、降低工程造价的原则经综合比较后确定。大体可分为现浇基础、装配式基础、灌注桩式基础、岩石基础等形式。

8.1.3　电缆线路

电力电缆是用于传输和分配电能的电缆，电力电缆常用于城市地下电网、发电站引出线路、工矿企业内部供电及过江海水下输电线。在电力线路中，电缆所占比重正逐渐增加。

电缆按照内部芯数可以分为单芯电缆、三芯电缆、四芯电缆、五芯电缆等。由于单芯电缆可以承受更高的电压，因此 110kV 及以上电压等级线路多用单芯电缆。单芯电缆的剖面图如图 8-3 所示，主要包括导体、绝缘层（包括导体屏蔽层、绝缘屏蔽层、绝缘）、护套层（包括阻水带、皱纹铝套、铝塑带、铜丝屏蔽）和外护套层等组成。

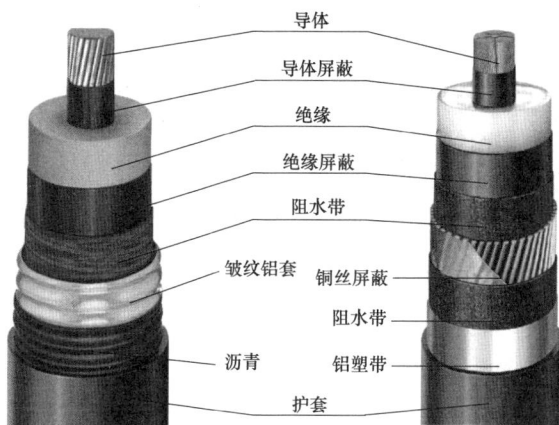

图 8-3　单芯电缆结构图

8.1.4　输电线路缺陷及事故

8.1.4.1　架空线路缺陷及事故

1. 自然因素影响

自然因素对输电线路的影响如表 8-5 所示。

表 8-5　　　　　　　　　　自然因素对输电线路影响

自然因素	影　　响
大风	会导致杆塔倾斜、损坏、导线振动、跳跃、碰线，也可引起短路故障使线路保护动作跳闸
雨	细雨使脏污绝缘子闪络、放电，损坏绝缘子。大雨将导致河水暴涨，山体滑坡等间接造成倒杆、断线等
雷电	雷雨季节，线路遭受雷击，雷电过电压使绝缘子闪络、烧伤或击穿爆炸，造成断路器跳闸
大雾	雾天空气湿度较大，绝缘子沿面闪络电压降低、发生闪络、放电、损坏绝缘子，严重时会击穿，造成停电
冰雪覆盖	冰雪覆盖将导致线路载荷增加，发生断线或倒塔事故，冰雪消融时，绝缘子易发生闪络现象
气温和湿度	导线具有热胀冷缩性质，导线张力随气温高低而变化。夏季气温较高，导线伸张、弧垂变大，易造成交叉跨越处放电、接地短路事故。湿度对放电的影响也是显而易见的

2. 外界环境的影响

（1）不同地区线路受环境影响各不相同，化工、冶炼区的线路受到污染容易发生闪络放电。

（2）城镇周边容易受天线、风筝、气球、塑料袋等外物的影响。

（3）线下作业的吊车吊臂碰到线路引起短路。

（4）树木靠近线路，大风时碰到线路，导致线路接地故障的发生。

（5）鸟类在杆塔上筑巢而带来的鸟粪、树枝、鸟窝等，均可能造成线路短路事故。

（6）山林火灾、采石放炮等均会引发线路跳闸。

3. 线路本身存在缺陷

线路施工时，使用不合格的材料工艺或施工方法错误，以及杆塔结构设计或安装不合格，都可能在运行中造成事故。由于在设计中路径和气象条件选择不当，运行中也会发生断线或倒杆。杆塔形式的选择和定位错误，可能导致运行中的导线对边坡放电的事故。线路个别元件由于运行年久、材质老化，电气和机械强度降低，若未及时进行检修，也会发生事故。

4. 输电线路典型缺陷实例

输电线路典型缺陷如图 8-4 所示。

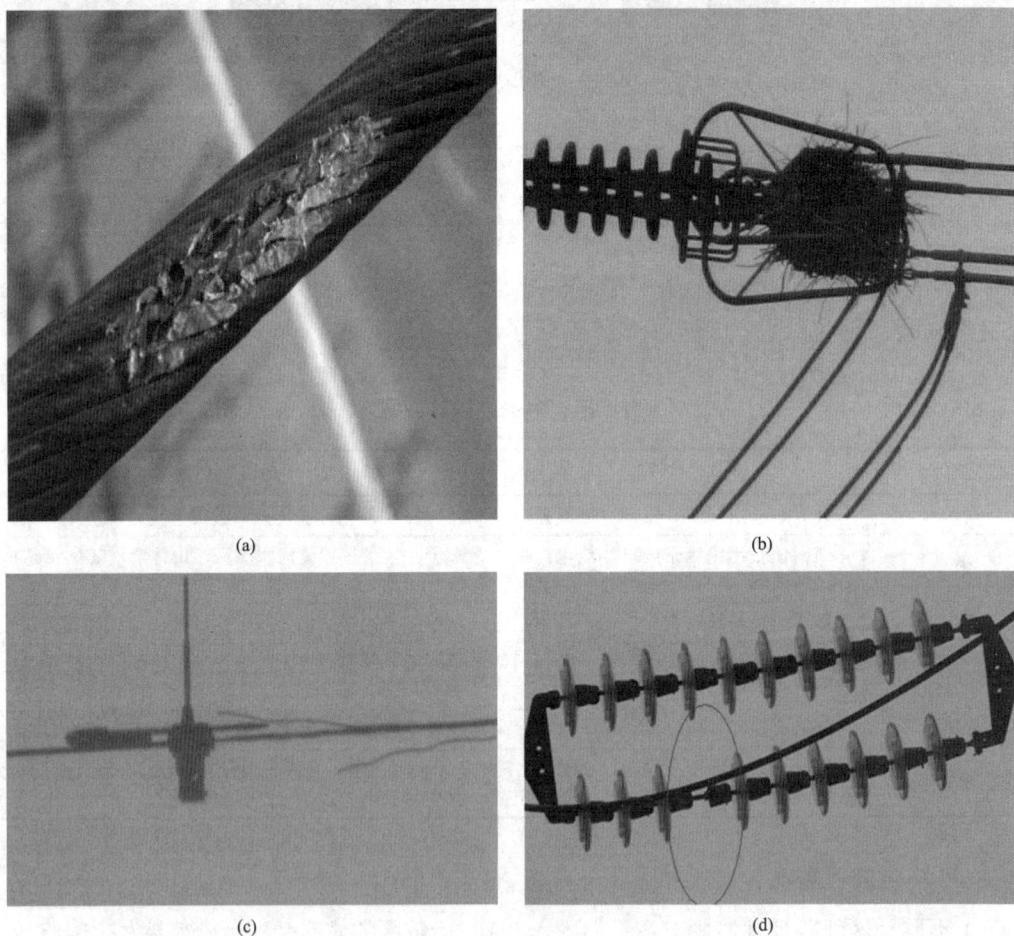

（a）

（b）

（c）

（d）

图 8-4　输电线路典型缺陷

（a）吊机施工放电损伤后的导线；（b）均压环处有鸟窝；（c）导线断股；（d）绝缘子自爆

8.1.4.2 电缆线路缺陷及事故

常见电力电缆线路故障原因及对策，如表 8-6 所示。

表 8-6
电力电缆线路故障原因及对策

故障	原因及影响
外力损伤	在电缆的保管、运输、敷设和运行过程中都可能遭受外力损伤，即使是已运行的直埋电缆，也容易因为工程施工或者船舶抛锚等原因遭到损伤。这类事故往往占电缆事故的50%。电缆遭到外力损伤后，轻者出现漏电、绝缘性能下降等问题，影响电缆寿命，严重时甚至直接造成电力中断
绝缘老化	电缆绝缘长期在电和热的作用下运行，其物理性能会发生变化，从而导致其绝缘强度降低或介质损耗增大而最终引起绝缘击穿为绝缘老化，主要原因又有电缆长期承受过电压、电缆附近有较强热源、敷设环境又能引起电缆起化学反应的介质导致等。调查显示，电缆故障中因绝缘体发生变化的故障为 19%。绝缘老化后，电缆绝缘性能显著下降，进而导致接地短路和短路故障
过电压、过负荷运行	电缆电压选择不当、在运行中突然有高压窜入或长期超负荷，都可能使电缆绝缘强度遭破坏，进而造成电缆击穿
电缆接头故障	电缆接头故障也是常见的故障类型，其原因主要包括机械损伤、接头过热、绝缘受潮、工艺不良等，容易引起局部放电甚至绝缘击穿

8.2 直流输电技术

高压直流输电是指采用直流方式实现高电压大容量电力的变换与传输，通常应用在远距离大容量直流架空线路工程、背靠背直流联网工程、海底和城市地下电缆工程。直流电必须经过换流（整流和逆变）实现直流电变交流电，然后与交流系统连接。因此，高压直流输电通常由把交流电变换为直流电的整流器、高压直流输电线路以及将直流电变换为交流电的逆变器三部分构成。

1987 年，我国依靠自己的力量建成投产了第一个工业试验性直流输电工程——舟山直流输电工程。随后，在 1989 年建成投产了第一个超高压远距离直流输电工程——葛洲坝至南桥直流输电工程。经过 30 多年的发展，我国的特高压直流技术已走在世界前列，2018 年建成投产的 ±1100kV 吉泉直流为目前世界上电压等级最高的输电工程。

到目前为止，工程上绝大部分直流输电的换流器由半控型的晶闸管器件组成，称为常规高压直流输电，常规高压直流输电的换流器是通过电网（源）实现换相。近些年，基于器件实现换相的电压源换流器（voltage source converter，VSC）型高压直流输电得到快速发展和应用，这种直流输电系统的换流器采用全控型电力电子器件，如可关断（GTO）晶闸管、绝缘栅双极型晶体管（IGBT）、集成栅极换流晶闸管（IGCT）等，称为柔性直流输电，本节将分别介绍。

8.2.1 常规高压直流输电

8.2.1.1 概述

常规直流输电系统的简单示意图如图 8-5 所示，它是将三相交流电通过换流站整流成直流电，然后通过直流输电线路送往另一个换流站逆变成三相交流电的输电方式。其主要设备包括两个换流站、换流变压器、接地极、直流线路以及控制保护系统。换流站的交流端分别与两个交流系统相连；换流站的直流端与直流线路相连，这些直流端点称为极；换流器的中间一点接地，将大地作为回流电路，接地点把换流器分成两半，分别称为正极和负极换流器。若正极导线和负极导线对地电位分别为+800kV 和−800kV，则该系统被称为±800kV 双极直流输电系统。

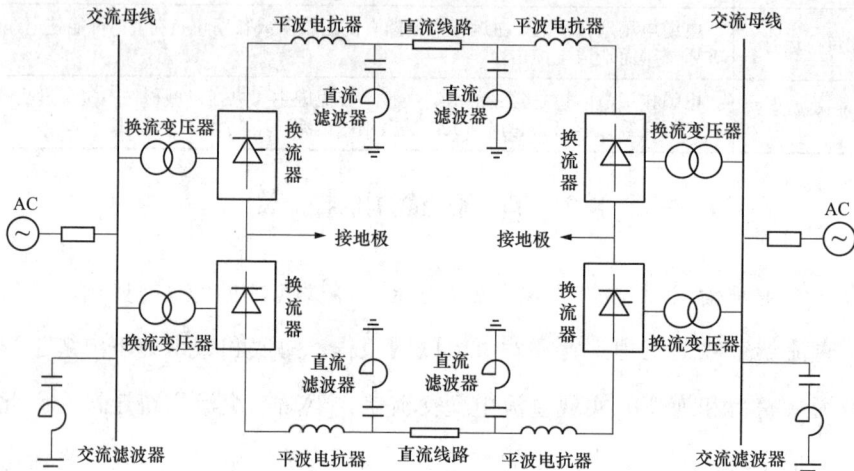

图 8-5　常规直流输电系统的简单示意图

传统高压直流输电（HVDC）是以晶闸管为换流元件，采用相控换流技术，以交流母线线电压过零点为基准，通过顺序发出的触发脉冲，形成一定顺序的硅阀的通与断，从而实现交流电与直流电的相互转换。换流器是直流输电的核心设备，其功能为实现交流-直流或直流-交流之间的电能转换，换流器主要有 6 脉动换流器以及 12 脉动换流器两种类型，考虑到单个换流器尺寸、绝缘等级、成本和故障时的冲击等诸多因素，目前工程上通常采用两组电压相等的 12 脉动换流器串联作为基本换流单元。

8.2.1.2 主要设备

以特高压直流输电系统为例介绍，直流输电系统由直流换流站和直流线路两部分构成，换流站主要由交流场、阀厅、直流场三部分构成。直流输电系统的一次设备主要有换流器、换流变压器、平波电抗器、交流滤波器、直流滤波器、直流线路、直流电压测量装备、直流电流测量装备等，如图 8-6 所示。

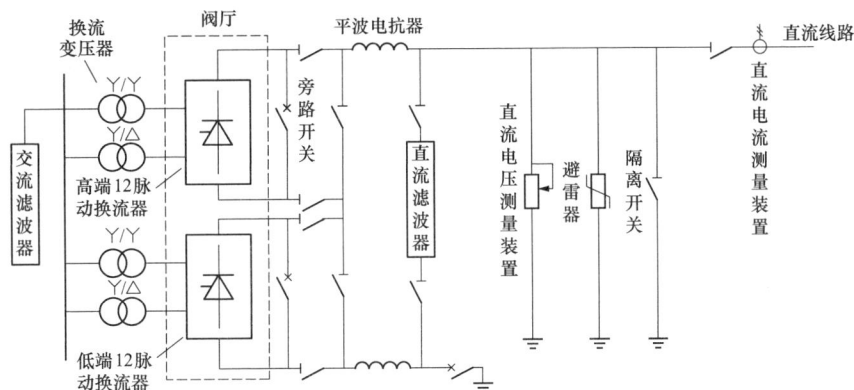

图 8-6　特高压直流输电系统布置图（单极单侧）

特高压直流输电系统一次设备简介如表 8-7 所示。

表 8-7　　　　　　　　　　　特高压直流输电系统一次设备简介

名称	简　介
换流器	换流器是由单个或多个换流桥组成的进行交、直流转换的设备。换流器与换流变压器、相应的交流滤波器、直流滤波器以及控制保护装置等构成一个基本换流单元。考虑到设备电压等级提高后对制造能力、制造成本等的要求，以及运输限制、对交流系统的冲击等诸多因素，特高压直流系统通常采用双 12 脉动换流器串联，即每极有 2 个 12 脉动换流器相串联的接线
换流阀	换流器的基本单元是换流阀，在特高压直流系统中，换流阀采用模块化设计，1 个换流阀包括 2 个换流阀组件，每个组件由 2 个相同的阀段组成，每个阀段由数个晶闸管单元和 2 台串联的饱和电抗器以及 1 台均压电容器组成。每个晶闸管单元又由晶闸管、阻尼回路及直流均压电阻所组成
换流变压器	换流变压器是最重要的设备之一，与换流阀一起实现交流电与直流电之间的相互变换。换流变压器的基本工作原理与普通变压器类似，但在特高压直流系统中，由于采用 12 脉动换流器，换流变压器需要采用不同的绕组接法，为换流器提供相位差 30°的换相电压
平波电抗器	平波电抗器是换流站直流系统中一个重要的组成部件，主要作用是限制由快速电压变化所引起的电流变化率来降低换相失败率；平滑直流电流波纹，防止直流低负荷时直流电流的间断；防止由直流线路或直流开关站所产生的陡波冲击波进入阀厅，使换流阀免于遭受过电压应力的损坏；与直流滤波器组成换流站直流谐波滤波回路，降低噪声及对通信的影响
直流开关	特高压直流系统有多种运行方式，不同方式间的切换主要通过直流开关的变位来完成。此外，直流系统发生故障时也由直流开关来隔离故障点。根据直流开关在系统中的作用，可将其分为直流转换开关、直流隔离及接地开关和直流旁路开关三类
交流滤波器	交流滤波器的作用是滤除换流器产生的谐波电流和向换流器提供部分基波无功。特高压直流系统通常采用无源交流滤波器，由高、低压电容器和电抗器、电阻器组成，其中高压电容器是交流滤波器中的关键
直流滤波器	直流滤波器主要作用是降低流入直流线路和接地极引线中的谐波分量，使对通信线路的干扰水平控制在规定范围内。直流滤波器一般连接于极母线和极中性线之间。其配置应充分考虑各次谐波的幅值及其在等值干扰电流中所占的比重。直流滤波器有无源直流滤波器和有源（混合）直流滤波器两种

续表

名称	简 介
直流线路	直流输电线路可分为架空线路、电缆线路以及架空-电缆混合线路三种类型
直流接地极	直流接地极是高压直流输电系统的重要组成部分,其主要作用是钳制中性点电位和为直流电流提供通路。当直流输电系统运行不平衡时,接地极中会流过双极不平衡电流,但通常小于额定电流的1%。当直流输电系统以单极大地方式运行时,接地极通常会在额定电流下运行,电流可达数千安培

8.2.1.3 运行方式

直流输电系统的运行方式是指在运行中可供选择的稳态运行状态,包括直流侧接线方式、直流功率输送方向、全/降压运行方式以及直流系统的控制方式等。由于采用了双12脉动换流器,特高压直流系统有1/2双极运行、3/4双极运行、1/2单极运行等特殊的"半极"接线运行方式,可根据实际需要灵活变化。总体而言,传统直流的运行方式可分为双极运行和单极运行两种,以特高压直流输电系统为例具体介绍。

1. 双极运行

(1)完整双极运行。完整双极运行是双极直流输电系统最基本的运行方式,每极的两个12脉动换流器都投入运行,可视为正、负两个独立的单极大地回路,对称运行时,接地极中只有少量不平衡电流,如图8-7所示。

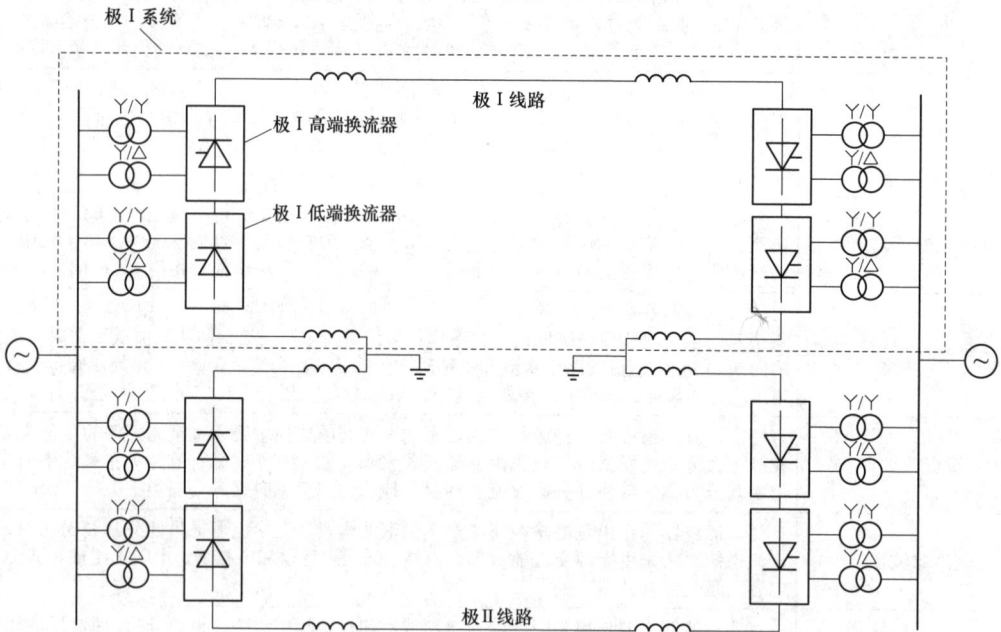

图8-7 双极两端中性点接地特高压直流系统(完整双极运行)

（2）1/2 双极运行。1/2 双极运行是指每极都以 400kV 电压运行，且只投入一组 12 脉动换流器，另一组由旁路开关短接的运行方式。当每一极的两侧换流站都投入高端或低端换流器，为对称运行，当每一极的两侧换流站一侧投入高端换流器，另一侧投入低端换流器，则为不对称运行或交叉运行。1/2 双极运行共有 16 种组合方式。

（3）3/4 双极运行。3/4 双极运行方式是指一极以 800kV 电压运行，另一极的两侧换流站以 400kV 电压运行（对称或不对称）的方式。此方式常出现于完整双极运行方式下一侧换流站的其中一个 12 脉动换流器故障的情况，此时可通过旁路开关将故障换流器短接，系统可在线切换至 3/4 双极运行，减小故障影响。当系统处于 3/4 双极运行方式时，可设定两极运行电流相同，从而减小入地电流。

2. 单极运行

（1）完整单极运行。单极运行是指输电线路只有一极运行的方式，分为单极大地回线运行和单极金属回线运行两种，如图 8-8 所示。

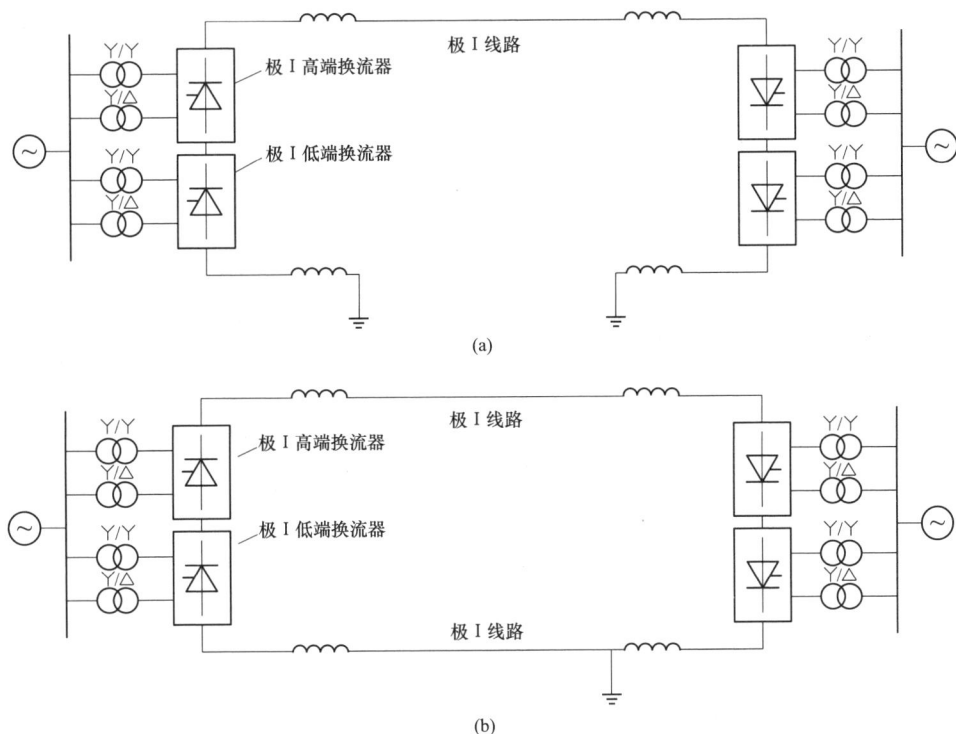

图 8-8　单极运行

（a）单极大地回线运行；（b）单极金属回线运行

利用大地作为回流线路的运行方式会在接地极长期存在较大的直流电流，将引起接地极附近地下金属设备的电化学腐蚀,使附近厂站中性点接地的交流变压器出现直流偏磁。因此,单极大地回线运行方式主要用于直流系统建设初期、双极未完全建成但已需要输送功率的时期。

单极运行时,利用另一极的输电线路作为回流线路,即为单极金属回线运行方式。此方式可避免接地极流过较大的直流电流所造成的一系列影响,常于单极故障时采用。

（2）1/2 单极运行。1/2 单极运行是指单极运行时两侧换流站分别只投入一组 12 脉动换流器的运行方式（对称或不对称）,根据电流回线的不同,分为大地回线和金属回线两种运行方式,不同回线运行方式的特点与完整单极运行方式相同。

3. 直流融冰运行

为满足直流融冰需要,直流线路上的电流需要 6000~8000A,而目前换流阀的额定电流值通常不超过 5000A,在正常接线运行方式下,难以满足融冰需要。可根据特高压直流系统双 12 脉动换流器的特点,利用旁路开关形成双 12 脉动换流器并联的接线方式,使得换流阀可以在额定工况下将直流线路上的电流提升至满足融冰要求的水平。典型的特高压直流融冰运行接线如图 8-9 所示。

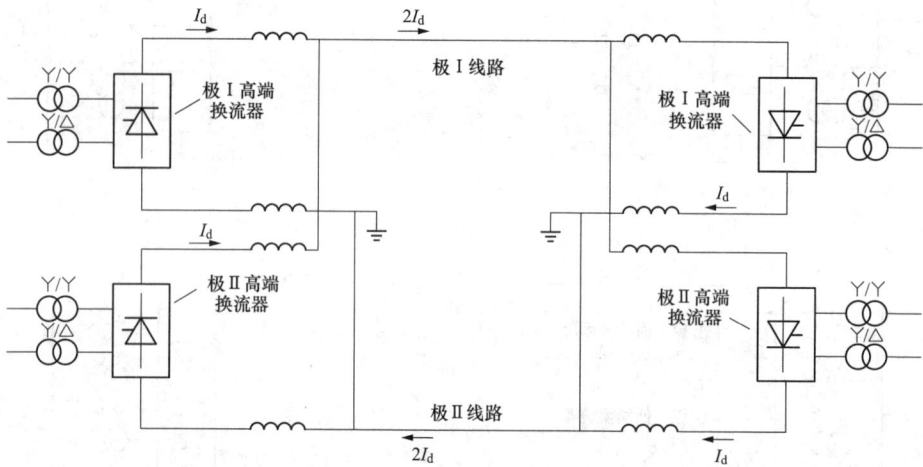

图 8-9　特高压直流融冰运行

8.2.1.4　运行控制方式

1. 有功控制方式

直流输电系统的稳态直流电流为

$$I_d = \frac{U_{doz}\cos\alpha - U_{don}\cos\beta}{d_{rz} + R + d_{rn}} \qquad (8-1)$$

式中：U_{doz} 和 U_{don} 分别为整流器和逆变器的无相控理想空载直流电压，其大小与交流侧的线电压成正比；α 为整流器的触发滞后角；β 为逆变器的触发越前角；R 为等值线路电阻；d_{rz} 和 d_m 分别为整流侧和逆变侧的等值换相电阻。由式（8-1）可知，通过改变 α 或 β 即可对直流输电系统的运行状态进行调控。

高压直流系统的控制系统采取分层控制的方式，一共有 3 个层级，分别为主控制级、极控制级、阀组控制级。其中，主控制级根据从调控中心收到的直流输电功率控制指令，经控制运算后输出一个电流控制指令给极控制级。极控制级收到直流电流指令后，经控制运算生成触发角指令给每个阀组控制单元。阀组控制级收到触发角指令后，转换生成满足条件的触发脉冲来控制晶闸管的通断。

高压直流输电系统的各类响应特性和功率、电流稳定性都是由极控制级的性能直接决定的，因此，极控制是整个控制系统的核心。在极控制级中，整流侧和逆变侧的控制器系统控制直流功率的传送，而三个具有基本环节决定了其主要性能，分别为定电流控制、定电压控制和定关断角控制。

高压直流输电系统的典型控制方式为整流侧配置带最小触发角控制的定电流控制器，逆变侧配置定关断角控制或定电压控制。

2. 无功控制方式

在高压直流输电系统中，无功控制策略是保证系统稳定和电压平衡的重要手段。直流系统运行时，无论是整流器侧还是逆变器侧，都要消耗一定的无功功率。直流系统满载运行时消耗的无功功率达到峰值，为额定有功功率的 40%～60%。而当轻载运行时，换流器的无功消耗又急剧减少。因此，换流站必须装设交流滤波器、并联电容器和并联电抗器对直流系统运行时消耗的无功功率进行补偿，同时通过合理的无功控制策略实时精准地控制滤波器或电容器的投切，使得直流系统在各种运行条件下，换流站的母线电压保持在额定范围内。但是交流滤波器不能切除太多，否则无法满足谐波性能要求，此时可以通过改变换流器的触发角对无功功率消耗进行微调，以使换流器吸收的无功功率得到平滑控制。同等条件下，触发角越大，系统消耗的无功功率越多。

特高压直流系统的无功控制功能集成在直流站控系统中，其控制策略由多个子功能模块实现。这些模块的优先级由高到低依次为最小滤波器控制、交流电压限制控制、谐波控制、无功控制模式（定电压控制或者定无功功率控制）。需要注意的是，低优先级子功能发出的交流滤波器投退命令必须在满足高优先级子功能的控制要求的前提下才能得到执行。

3. 特高压直流运行控制方式

特高压直流控制方式如表 8-8 所示。

表 8-8 特高压直流控制方式

控制方式		备　注
电压方式	全压运行	全压运行为额定直流电压方式。降压方式下的直流电压一般为 70% 或 80% 的额定电压。直流输电工程通常选择全压运行方式，在恶劣天气或特殊工况下可以选择降压运行方式
	降压运行	
有功控制方式	双极功率控制	由逆变站控制方式决定直流电压，整流站控制方式决定直流电流或直流输送功率。在定功率控制方式下，直流输送功率由整流站的功率调节器保持恒定
	单极功率控制	
	单极电流控制	站间通信异常或定功率调节器由于某种原因需退出工作时采用单极电流控制或紧急电流控制，在定电流控制方式下，直流电流由整流站的电流调节器保持恒定
	紧急电流控制	
无功控制方式	定无功控制	换流站进行无功功率控制的手段，主要有投切换流站内的交流滤波器组、静电电容器组或 SVC，来改变换流站消耗的无功功率，以及调节换流器的触发角。定无功控制是将换流站和交流系统交换的无功控制在一定范围，一般的直流输电工程都采用此方式。定电压控制是保持换流站交流母线电压的变化在一定范围，主要在换流站与弱交流系统连接的情况下采用
	定电压控制	

8.2.1.5　常见的缺陷和故障

1. 换相失败

换相是直流输电技术的关键环节。换相成功与否主要取决于两方面因素：一是交流系统电压水平，二是直流控制系统可靠性。交流电压异常（短路造成电压畸变、熄弧面积减小）或直流控制系统异常（丢失脉冲、误触发）都可能造成换相不成功，即换相失败。

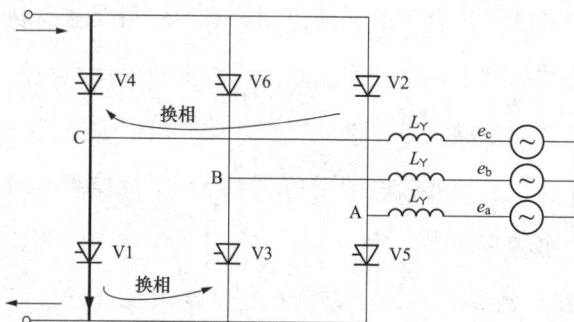

图 8-10　换相失败示意图

换相失败示意图如图 8-10 所示，V1 向 V3 换相（随后是 V2 向 V4 换相），换相结束后，刚退出导通的阀 V1 在反相电压作用时间内，若未能彻底熄弧，则阀 V1 电压由反向转为正向时将重新导通，此时 V2 已换相至 V4，造成同一相上、下桥臂（V1、V4）同时导通，直流系统短路，功率无法向交流系统传输，称为换相失败。

换相失败时，送端直流功率无法送出，短时出现大量有功功率盈余，冲击送端交流电网；受端则出现较大功率缺失，网内潮流大范围转移。换相失败对电网的最大影响就是其引起的直流功率波动过程。另外，除有功大幅波动外，换相失败及恢复期间，直流系统与主网交换大量无功，对送、受端产生较大冲击。

换相失败后，若异常因素消失，则直流即可恢复正常。若异常因素一直存在则可能导致连续多次换相失败，严重时甚至可能造成直流闭锁。

对于换相失败在系统设计和运行中可采用适当的措施：利用无功补偿维持换相电压稳定；采用较大的平波电抗器限制暂态时直流电流的上升、系统规划时降低换流变压器的短路阻抗、增大触发角或关断角的整定值、采用适当的控制方式（如换流器等间隔触发脉冲控制方式、逆变器定关断角控制）、改善交流系统的频谱特性、强迫换相。

2. 单、双极闭锁

特高压直流闭锁是指阀控系统不再给换流阀发送触发脉冲，导致换流阀关断，不再有电流流过。特高压直流闭锁包括单极闭锁和双极闭锁。

特高压直流单、双极闭锁的原因很多，主要分为直流系统内部故障和交流系统故障两大类。其中直流系统内部故障包括直流系统主要设备故障、二次保护设备故障或设计不合理、直流系统冗余配置同时故障等。交流系统故障主要为交流系统发生故障后导致直流系统连续换相失败，如果直流损失的功率大于系统所能承受的临界冲击功率，将引发换相失败保护动作造成直流闭锁。

由于特高压直流输送功率巨大，因此直流单、双极闭锁后，系统频率受到冲击、潮流大范围转移导致部分断面潮流大幅越限，严重时甚至引起系统失稳。因此，需要建设频率紧急协调控制系统，通过直流紧急功率调升、抽蓄切泵、负荷控制等措施使系统维持稳定。

3. 直流偏磁

当双极直流输电系统发生单极闭锁故障或双极不平衡运行时，大地回路作为回流电路，起到备用导线的作用。直流地电流带来的三种效应及简介如表 8-9 所示。

表 8-9　　　　　　　　　　　直流地电流带来的三种效应及简介

效应	简　　介
电磁效应	直流电流经接地极注入大地，在极址土壤中形成一个恒定直流电流场，带来以下影响：①改变接地极附近大地磁场，使极址附近依靠大地磁场工作的设施受到影响；②对极址附近地下金属管道、铠装电缆、具有接地系统的电气设施产生负面影响；③极址附近地面出现跨步电压和接触电动势，影响人畜安全；④换流器产生谐波电流流过接地极引线，形成交变磁场，干扰通信信号系统

效应	简　介
热力效应	直流电流使电极土壤温度升高，对于陆地（含海岸）电极，极址土壤应有良好的导电和导热性能，有较大的热容系数和足够的湿度
电化效应	大地中的水和盐类物质相当于电解液，直流电流通过大地返回时，在阳极上产生氧化反应，使电极发生电腐蚀

对于电网调度，尤其需关注直流地电流对交流输变电系统的影响：大地中的直流电流会在较大范围内造成地表电位变化，形成电位梯度，一部分电流将流经交流变压器中性点、变压器绕组及输电线路。这种电流会使变压器的铁芯不对称地饱和，产生直流偏磁，使得交流电压波形畸变，高次谐波数量增多。直流偏磁程度轻则变压器运行噪声增加，重则变压器铁芯、螺栓、外壳等过热。

针对直流偏磁的影响，目前采取的措施主要是加装主变压器中性点隔直装置，以隔直电容、电阻来阻断或降低变压器中性点直流电流。特高压直流输电产生入地电流时，各级调控需注意隔直装置运行状态，加强隔直装置及中性点直流电流监视。若 500kV 变压器直流偏磁电流三相之和超过 20A，需在规定时间内紧急拉停变压器；若 220kV 变压器直流偏磁电流三相之和超过 12A，变压器不允许过负荷运行，禁止操作有载调压开关，若直流偏磁电流超过 20A，需在规定时间内紧急拉停变压器。

8.2.2　柔性直流输电

柔性直流输电是 20 世纪 90 年代开始发展的一种新型的高压直流输电技术。1990 年，由加拿大 McGill 大学 Boon-Teck Ooi 等人首次提出。其主要特点是采用具有自关断能力的全控型电力电子器件构成的电压源换流器（voltage sourced converter，VSC），取代常规直流输电中基于半控晶闸管器件的电流源换流器。由于电压源换流器的输出电压和功率可控，并且能够实现四象限运行，因此称为柔性直流输电。

柔性直流输电系统作为直流输电的一种新技术，也同样由换流站和直流输电线路构成。图 8-11 是柔性直流输电系统单线原理图，包括两个换流站和两条直流线路。柔性直流输电功率可双向流动，两个换流站中的任一个既可以做整流站也可以做逆变站运行，其中处在送电端的工作在整流方式，处在受电端的工作在逆变方式。

我国柔性直流输电技术的研究起步较晚，但近些年来通过一系列柔直输电系统的建设，已经在工程应用领域走在世界前列。2010 年，上海南汇柔性直流输电系统示范工程正式投入运行，标志着我国正式进入柔性直流输电工程实践领域；2014 年世界首个五端柔性直流工程在舟山投入运营；2016 年投运的鲁西背靠背工程系柔性直流输电首次应用于"西电东送"主电网；2020 年，世界首个特高压柔性直流输电工程-昆柳龙直流工程建成投产，同年，世界首个基于柔性直流输电技术的直流电网工程-张北直流电网工程竣工投产。

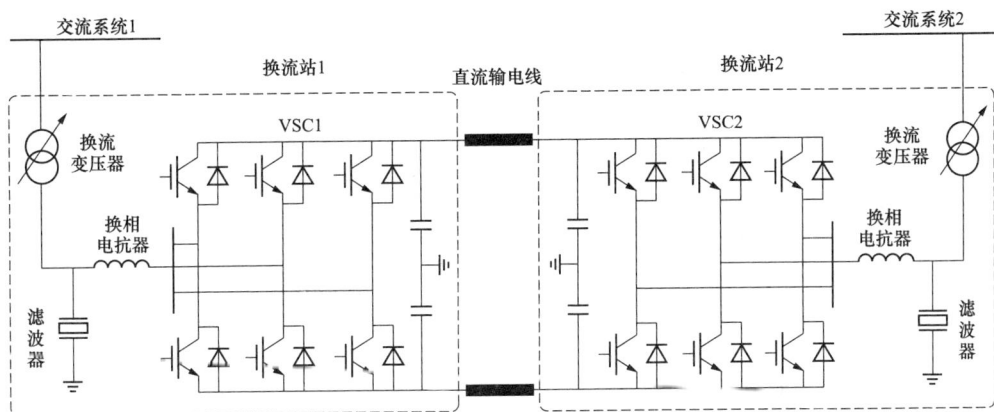

图 8-11　柔性直流输电系统单线原理图

8.2.2.1　柔性直流输电原理及特点

1. 柔性直流输电原理

模块化多电平换流器（MMC）已经成为柔性直流输电系统的发展方向，图 8-12 为其典型的主电路拓扑。换流器由 6 个桥臂构成，每个桥臂由一个换流阀和一个阀电抗器串联而成。一个完整的柔性直流换流阀由多个子模块（SM）级联组成。子模块是柔性直流换流阀的基本功能单元，由两个 IGBT 开关器件 T1、T2 和一个直流存储电容 C_0 构成，如图 8-13 所示。正常运行情况下，当 T1 开通、T2 关断时，子模块输出电压为存储电容电压 U_c，即子模块投入状态；当 T2 开通，T1 关断时，u_{SM} 为零（忽略器件的自身通态压降），即子模块切除状态。功能上等效为一个可控电压源。

模块化多电平电压源换流器的控制基本原则是整个换流器中所有子模块按照一定的控制策略有序输出，即通过变化所触发投入的子模块数量，串联叠加各子模块的输出电压，构成阶梯波的方式来输出期望的正弦波来控制 U_c 和 δ，达到控制输送功率的大小和方向的目的，如图 8-14 所示；同时通过控制 MMC 每相上下桥臂子模块投入数之和不变，从而维持直流电压的恒定。

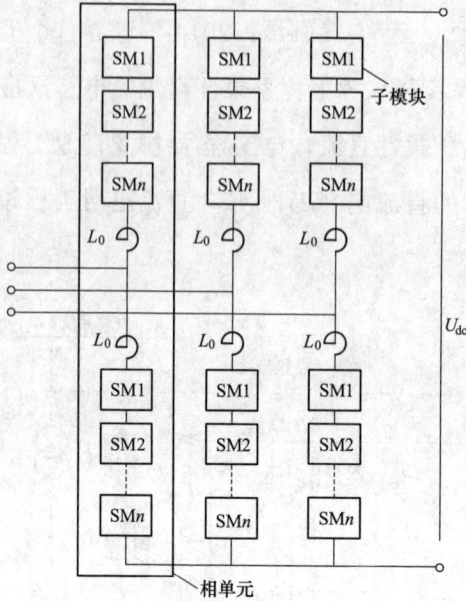

图 8-12　三相结构模块化多电平
电压换流器的主电路拓扑

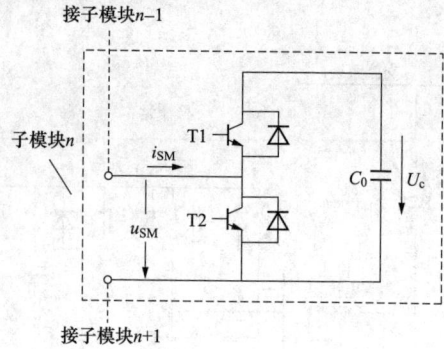

图 8-13　子模块（SM）结构示意图

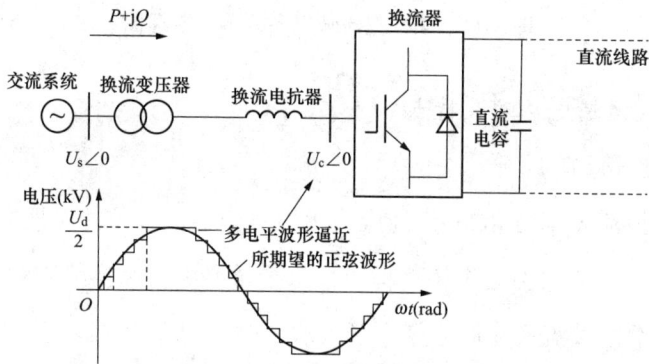

图 8-14　MMC 交流电压波形生成示意图（单相）

MMC 柔性直流系统其有功功率的传输主要取决于 δ，无功功率的传输主要取决于 U_c。因此，通过对 δ 的控制就可以控制直流电流的方向及输送有功功率的大小，通过控制 U_c 就可以控制 VSC 发出或者吸收的无功功率。

2. 柔性直流输电特点

柔性直流输电技术是在常规直流输电技术的基础上发展起来的，因此具备常规直流输电技术所具有的大多数优点，同时作为新一代直流输电技术，柔性直流输电突出体现全控型电力电子器件、电压源换流器和脉冲调制三大技术特点，可解决常规直流输电的诸多固有瓶颈，具有自身的一些特点：

（1）无换相失败问题。常规直流由于晶闸管关断需要依靠反向电压来截止直流电流，在逆变侧交流系统发生故障导致电压畸变时，很容易发生换相失败。柔性直流采用全控器件 IGBT，关断可控，不存在换相失败问题。

（2）换相不依赖交流系统，可对无源系统供电。常规直流依赖交流电源进行换相，为保证换相的可靠性网侧电源必须提供足够的短路比（正常不低于 3）。柔性直流 IGBT 器件工作不需要外加的交流换相电压，受端系统可以是无源网络。

（3）无需无功补偿，还可向交流系统提供无功支援。常规直流换流过程中需要吸收大量无功，数值为直流功率的 40%~60%。柔性直流输电 IGBT 的关断可控性使其不仅不需要交流侧提供无功补偿，还能够起到 STATCOM 的作用，动态支援交流母线的无功功率。

（4）谐波水平低。常规直流换相会产生大量谐波，谐波电流占基波电流的 10%~15%，必须配置相当容量的滤波器。柔性直流输出波形接近正弦波，谐波含量较小，1%左右，可不需要交流滤波器或采用较小交流滤波器。

（5）可独立调节有功功率和无功功率。传统直流输电系统中的换流器只有触发角一个控制量，无法实现有功功率和无功功率的单独控制；柔性直流输电通过控制输出电压的幅值和相角，同时且分别独立地控制有功功率和无功功率。

（6）适合构成多端直流系统。传统直流改变功率方向需要改变电压极性，因此在碰到需要反转功率传送时，可能就需要改变送端和受端的控制策略，控制不灵活；而柔性直流输电系统在潮流反转时只需改变电流方向，电压极性不变，两端换流站控制策略不变，运行方式灵活，适用于构成多端直流系统。

8.2.2.2　舟山柔直工程简介

浙江舟山多端柔性直流输电示范工程主要包括五个换流站工程、四段直流电缆工程和配套试验能力建设项目。其中五个换流站位于五个岛屿的±200kV 舟定、舟岱、舟衢、舟洋、舟泗换流站，容量分别为 400、300、100、100、100MW，工程于 2014 年 7 月 4 日建成投产。

舟山柔直换流站设备主要包括高压直流断路器、谐振开关、联结变压器、电压源换流器、平波电抗器、桥臂电抗器、直流线路、控制保护系统及辅助系统（换流阀水冷、阀厅消防及图像监视系统等），如图 8-15 所示。

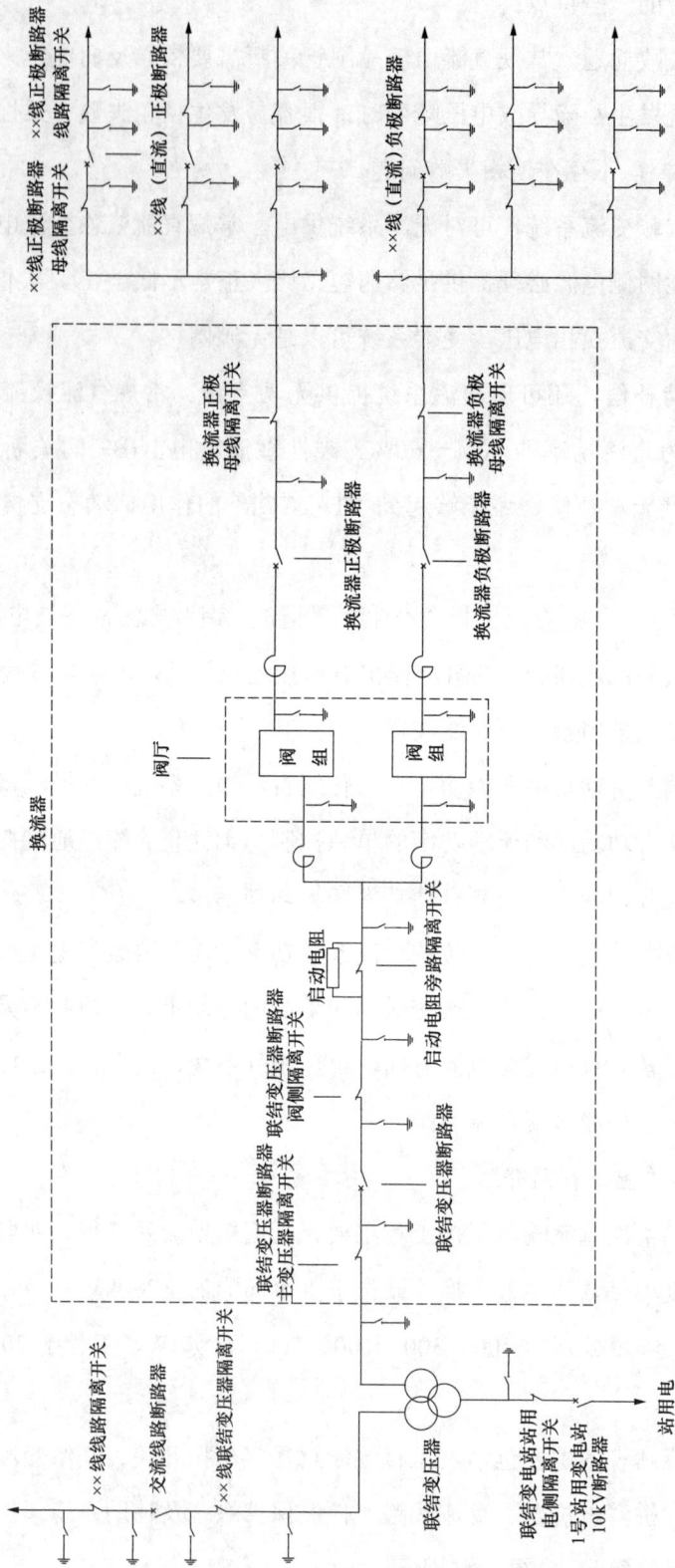

图 8-15 舟山柔直换流站一次系统示意图

1. 舟山柔直工程典型设备

（1）电压源换流器（换流阀）。电压源换流器的作用是通过其中的半导体开关器件，使电能在交流和直流功率之间进行变换。舟山柔直工程目前主要采用模块化多电平拓扑结构。由于采用了具有可关断能力的半导体器件（如 IBGT）和正弦波最近电平调制（NLM）技术，电压源换流器与传统直流输电系统的换流器有着本质区别。

（2）联结变压器。向换流器提供交流功率或从换流器接受交流功率，并且将交流电网侧的电压变换到一个合适的水平。通常采用 Y/△/△接法带可调分接头的单相或三相变压器，这样不仅可以提高有功和无功输送能力，还能防止由调制模式引起的零序分量向直流系统传递。

（3）桥臂电抗器。桥臂电抗器是电压源换流站的一个重要部分，它是主要的换相电抗设备，换流器也是通过桥臂电抗器实现有功和无功的控制。桥臂电抗器的参数选取对换流器工作区间有着重要影响。它是 VSC 与交流系统之间传输功率的纽带，它决定换流器的功率输送能力、有功功率与无功功率的控制。同时，换流电抗器能抑制换流器输出的电流和电压中的开关频率谐波量。

（4）高压直流断路器。实现直流系统故障隔离，能够在出现故障直流线路中产生电流过零点，并在直流分断过程中，吸收直流感性元件储存以及交流系统注入的能量，同时抑制暂态分断电压，降低系统设备的绝缘耐受水平。

（5）平波电抗器。平波电抗器能在换流站直流侧起到滤波作用，防止由直流线路或换流站所发生的陡波冲击波进入阀厅，从而使换流阀免于遭受过电压应力而损坏。同时能平滑直流电流中的纹波，避免在低直流功率传输时电流的断续。平波电抗器通过限制由快速电压变化所引起的电流变化率来降低换相失败率。

2. 舟山柔直工程运行方式

舟山柔直系统的运行方式非常灵活，可通过调整换流站的控制策略实现单点或多点电源向局部电网供电，运行方式组合变化多样。其典型运行方式包括交直流并联情况下多端运行方式、检修方式下的直流孤岛方式、黑启动方式和空载加压方式（OLT）。

（1）交直流并联情况下多端运行方式。交直流并联方式是指柔性直流系统通过直流和交流线路联网运行，共同向电网供电，包括五端系统、四端系统、三端系统、两端系统和STATCOM 五大类。直流联网换流站中必须有且只有一个换流站采用定直流电压控制，其余换流站，采用定有功功率/无功功率控制。根据舟山电网网架结构和换流站容量，承担定直流电压控制的换流站优先顺序为舟定换流站、舟岱换流站、舟衢换流站、舟洋换流站和舟泗换流站。

（2）直流孤岛方式。直流孤岛方式是指柔性直流换流站的交流侧电网与交流主网联络线断开，仅通过柔直换流站向局部电网进行供电的方式。直流孤岛方式包括单换流站直流孤岛方式和多换流站直流孤岛方式。

受海岛地理条件限制，舟山电网网架比较薄弱，特别是舟山北部的泗礁、岱山及洋山电网与舟山本岛电网连接较弱，供电可靠性较低。正常方式或者检修方式下，局部电网失去仅有的交流联络后，局部电网成为一个孤岛系统，会出现单个或多个换流站向孤岛供电的情况，此时换流站需要自动切换到直流孤岛方式，承担起局部电网的调频和调压任务，确保孤岛系统的稳定运行。

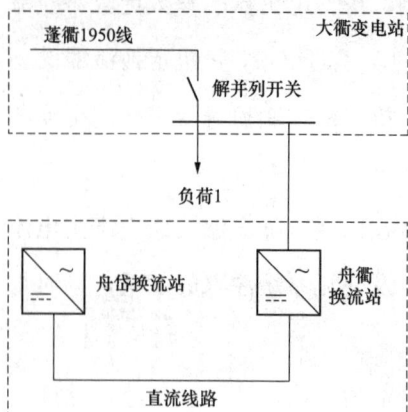

图 8-16 孤岛与联网互转接线示意图

以衢山岛电网为例，如图 8-16 所示，正常情况下，用户负荷由交流线路（蓬衢 1950 线）和柔性直流输电系统共同承担，衢山换流站处于有源控制模式；当蓬衢 1950 线发生故障而退出运行时，形成孤岛，舟衢换流站迅速检测到处于孤岛状态，立即切换到无源控制模式（舟衢换流站定频率、定交流电压控制），从而确保给岛上负荷供电不中断，当然交流线路恢复时，舟衢换流站也能快速准确地检测出已连入交流电网，立即切换为有源控制方式（舟衢换流站定有功功率、定无功功率控制），大大提高舟山电网供电的可靠性和灵活性。

（3）黑启动方式。当舟山电网全部失电时，可通过舟洋换流站对舟山电网进行黑启动。首先通过上海电网实现舟洋换流站、舟岱换流站启动，再进一步启动舟山电网内部机组。黑启动时，舟山柔性直流运行于舟洋换流站和舟岱换流站两端模式。

8.3 灵活交流输电

20 世纪 80 年代中期，随着电子技术、信息技术、控制技术的发展与成熟，美国国家电力科学研究院（EPRI）的 N.G.Hingorani 博士首次提出柔性交流输电技术的概念。柔性交流输电技术是通过应用大功率、高性能的电力电子装置，快速调节交流输电系统的部分运行参数（包括电压、相角、阻抗、潮流等），从而提高系统的可控性和功率输送能力的交流输电技术，其主要作用包括均衡电网潮流、提高电网暂态和热稳定输送极限、为电网提供无功支撑等。

随着电力电子技术的发展，越来越多的柔性交流输电技术在电力系统中得到应用，常见的 FACTS 装置如表 8-10 所示，本节将以浙江电网中两个实际工程介绍灵活交流输电的应用。

表 8-10　　　　　　　　　　　　　常见 FACT 装置分类及简介

类别	名称	简介	典型示范工程
串联型	晶闸管控制串联电容器（TCSC）	TCSC 是第一代串联型的 FACTS 装置，它利用晶闸管控制电容器来抵消线路感抗的影响，能够在较大范围内连续、平滑地调节线路阻抗，其作用包括提高电网输电能力、降低网损、抑制低频振荡、改善电网的暂态稳定性能等	伊（敏电厂）冯（屯）500kV 可控串补示范工程
	静止同步串联补偿器（TCSR）	SSSC 是以控制线路电抗为目标，进而控制线路传输的潮流。它可以优化电网潮流分布，有效提高输电断面的利用效率	江苏江都-晋陵双线 TCSR 工程
并联型	静止无功补偿器（SVC）	SVC 是通过晶闸管控制电抗器或电容器的投退，从而可以向电网输送或吸收无功功率，进而控制装设点的电压，改善攻角稳定性	辽宁鞍山红一变 100Mvar SVC 示范工程
	静止同步补偿器（STATCOM）	SCATCOM 是一种比 SVC 更先进的并联型静止无功调节装置，它主要利用全控型电力电子装置（如 IGBT），它以并网点电压作为反馈调节目标，通过控制指令的调节实现无功的平滑输出，从而为电网提供暂态电压支撑	广东东莞变±200Mvar STATCOM 工程
混联型	统一潮流控制器（UPFC）	UPFC 主要由并联变化器和串联变化器两个功能单元组成，其中并联变化器可以看成静止同步补偿器，而串联变化器可以看成静止同步串联补偿器。两个变化器直流端均与同一组电容器互联，等效于一个理想的"交-交变换器"，从而实现对系统潮流的调节	江苏南京西环网统一潮流控制器示范工程
	柔性低频交流输电技术（LFTS）	柔性低频输电技术是一种基于全控型电力电子器件的柔性交变频器为核心部件，以脉宽调制为理论基础，实现电力的非工频传输的新一代低频输电技术。它可以大幅减少线路阻抗和充电无功功率，显著提升线路的输送容量与输送距离	浙江杭州中埠-亭山柔性低频输电示范工程

8.3.1　杭州柔性低频输电示范工程

杭州柔性低频输电系统是我国首个 220kV 柔性低频输电工程。作为杭州亚运会的配套项目，该工程连接萧山、富阳两大负荷中心，为杭州亚运会主场馆提供 300MW 的灵活电能支撑，并具备毫秒级响应能力。

杭州柔性低频输电系统一次设备主要包括交流线路及其旁路隔离开关、工频变压器、换频阀及其配套桥臂电抗器、启动电阻及旁路断路器、低频变压器、低频联络线等，如图 8-17 所示。

为方便操作发令，将换频阀组所在的封闭大厅命名为阀厅；将阀厅及配套桥臂电抗器、启动电阻及旁路断路器、工频变压器 64kV 断路器、低频变压器 64kV 断路器整体命名为换频器。

杭州柔性低频输电系统双端投运后，其运行方式可分为双端低频三相运行、双端

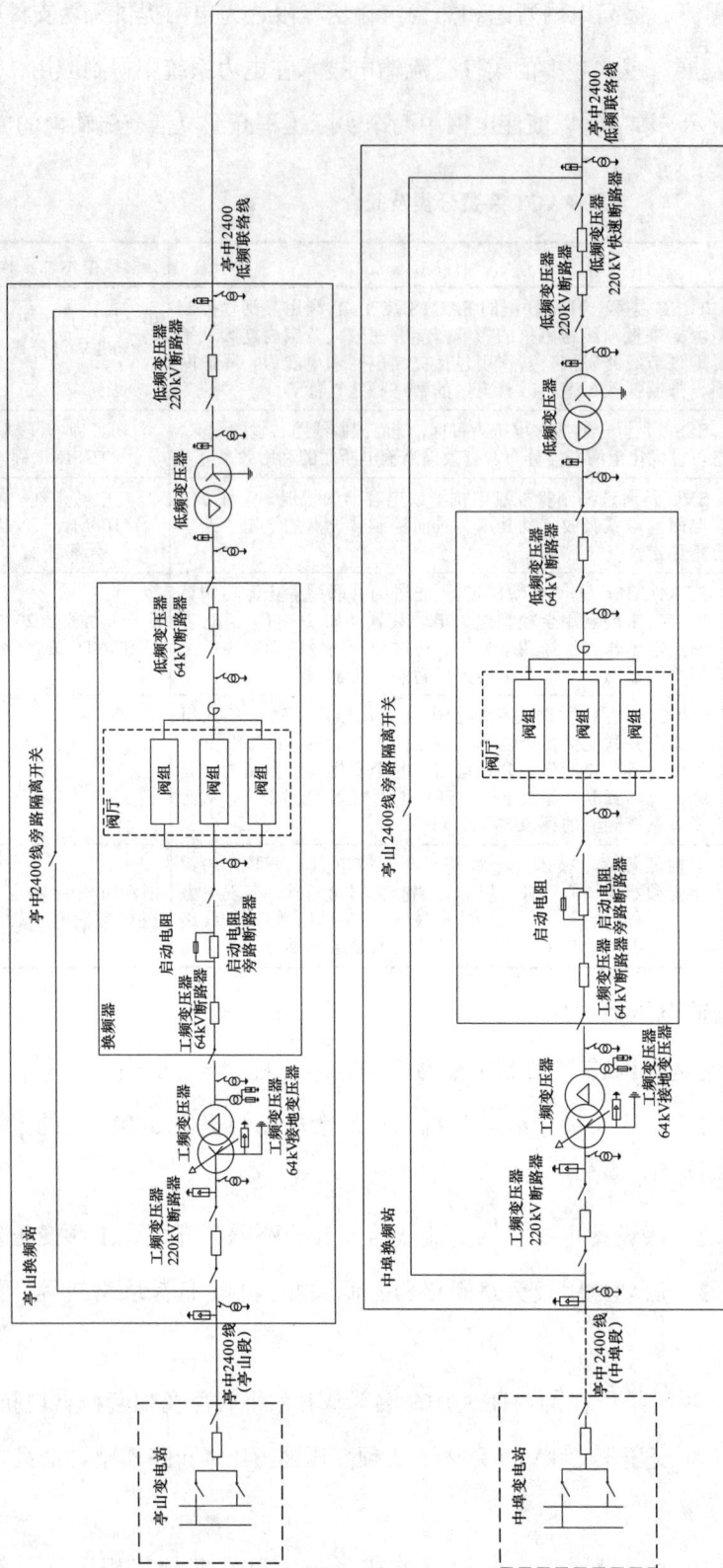

图 8-17 杭州柔性低频输电系统示意图

STATCOM 运行、单端低频三相运行、单端 STATCOM 运行、工频旁路运行方式。

杭州柔性低频输电系统双端低频运行方式可实现有功功率双向传输，具备供区间 300MW 灵活互济能力，能够有效增强区域电网的供电可靠性及事故支援能力。下面以具体实例进行分析。

2023 年某日晚峰，浙江电网 500kV 富阳-昇光断面潮流持续越限，此时浙江省调常规手段已全部用尽，因此采用调整杭州柔性低频输电系统输送功率的方式，以改变潮流分布。杭州柔性低频输电系统近区接线图如图 8-18 所示，省调通过调整换频站控制指令，使得两站之间潮流变为中埠换频站送亭山换频站 200MW 后，相关断面限额得到有效控制（如图 8-19 所示）。

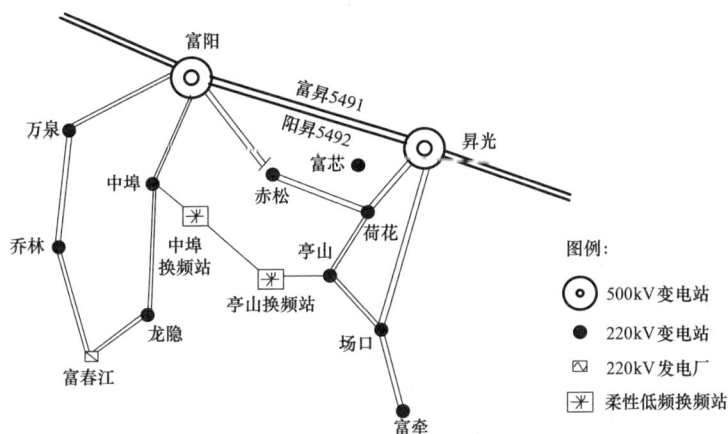

图 8-18　杭州柔性低频输电系统近区接线图

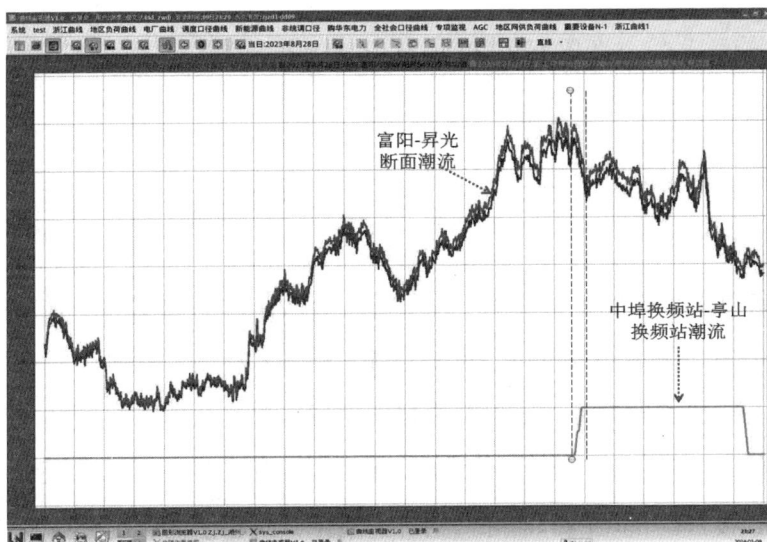

图 8-19　柔性低频系统相关断面限额潮流图

8.3.2　湖州祥福变电站 DPFC 示范工程

浙江电网湖州妙西供区潮流较重，但其近区网架因为历史原因结构较不合理，导致潮流分布不均，特别是甘泉-祥福双线，潮流常年重载。2022 年，浙江电网在祥福变电站甘泉-祥福双线上试点安装 DPFC 装置，以优化潮流分布缓解局部电网"卡脖子"问题。

分布式潮流控制器（distributed power flow controller，DPFC）是一种新型的 FACTS 装置。它利用分布式的小型化单相子模块对电网潮流进行控制，具有体积小、重量轻、成本低廉等特点，主要用来优化潮流分布，缓解局部电网瓶颈问题，提升电网运行极限。

DPFC 是统一潮流控制器（UPFC）演化而来，两者之间最大的区别是，DPFC 去掉了 UPFC 电路拓扑中背靠背的两个变流器的直流耦合电容，将串联侧变流器分散成多个小功率变流器，两者的拓扑结构如图 8-20 所示。

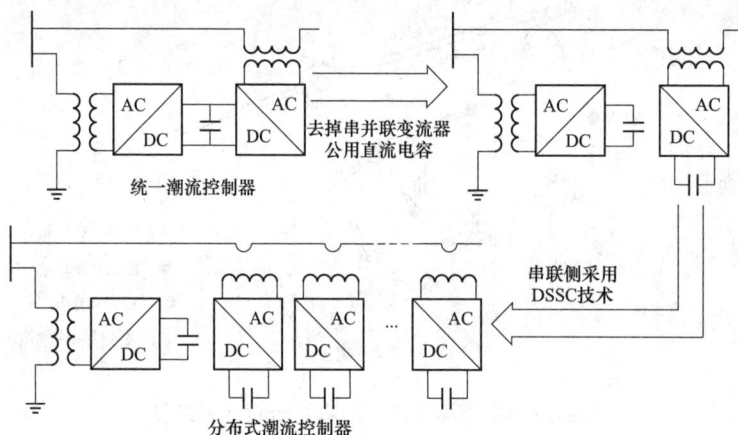

图 8-20　DPFC 与 UPFC 的拓扑结构

DPFC 并联侧装置的作用主要是产生三次谐波电流并注入系统，串联侧装置可以吸收这些无功功率维持电容电压稳定。另外，当并联侧单独运行，此时它相当于一个无功电源，仅为系统提供无功补偿。

DPFC 串联侧装置是分散布置的单相换流器，一方面需要吸收三次谐波来维持电容电压的稳定，另一方面发出基波电压，通过耦合作用注入线路，从而改变线路的等效阻抗以完成功率调控。其原理是通过控制换流器的运行状态，从而对外输出一个大小可连续调节、相位超前或之后线路电流 90° 的电压，使 DPFC 的子模块对外部电路呈现电感或电容特性，进而改变线路的阻抗。而环网运行的线路，线路潮流收到线路阻抗影响，阻抗越大潮流越小。因此，可以通过改变线路的等效阻抗，来影响电网潮流的分布，实现潮流优化的目的。

祥福变电站甘祥 2U21 线 DPFC 装置、甘福 2U22 线 DPFC 装置一次接线方式一致，一次设备主要包括 DPFC 旁路隔离开关、DPFC 母线侧隔离开关、DPFC 母线侧接地开关、DPFC 线路侧隔离开关、DPFC 线路侧接地开关、DPFC 旁路断路器、DPFC 单元模组。其一次主接线如图 8-21 所示。

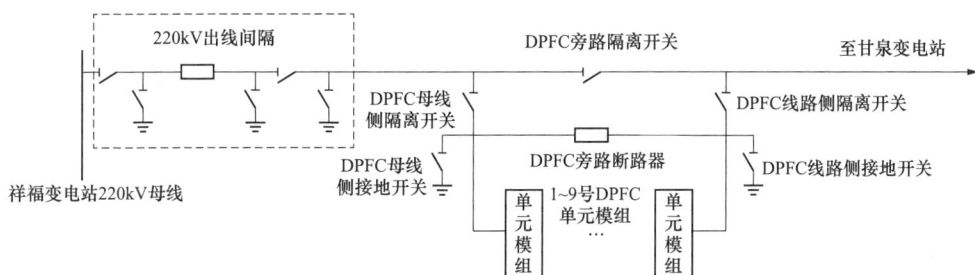

图 8-21　祥福变电站 DPFC 一次主接线示意图

图 8-22 为祥福变电站 DPFC 示范工程投产时近区接线图，从图中可以看出，220kV 祥福变电站、昆仑变电站、金钉变电站、太傅变电站、扬子变电站及油牵变电站负荷依靠甘泉-祥福断面、妙西-扬子断面以及长燃电厂共同供电。但是由于网架原因，该局部电网潮流分布极不均匀，负荷高峰时段甘泉-祥福断面长时间重载甚至越限，而此时妙西-扬子断面负载率较轻（仅为 20%左右）。这一现象严重制约了局部电网的供电能力。另外，为控制限额，省调需要长燃电厂长时间顶峰发电，而燃气机组上网电价较高，又造成了购电成本的大幅增加。

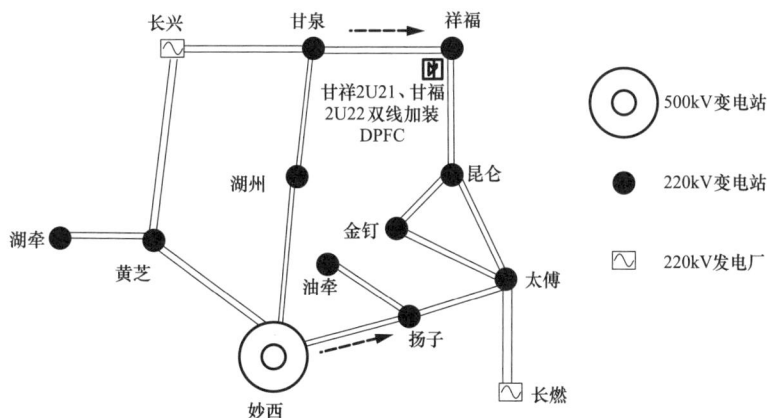

图 8-22　祥福变电站 DPFC 近区接线图

祥福变电站 DPFC 装置可以向甘泉-祥福双线注入电抗，等效增大甘泉-祥福双线阻抗值，从而降低甘泉-祥福断面潮流，有效缓解断面重载情况，大幅优化局部电网潮流分布。据统计，祥福变电站 DPFC 装置投产后，7～8 月用电高峰时段甘泉-祥福双线越限时长下降越 70%。

第 9 章　电网实时调度运行控制

9.1　电网实时调度运行控制综述

电网实时调度运行控制是电力系统调度工作的核心内容之一，其目的是保证正常工况下电力系统的安全稳定运行。具体而言，电网实时调度运行控制是指当班调度员采用多种具有负反馈机制的控制方法来实时调整电力系统中各设备的运行状态，包括有功功率、无功功率等，进而保证电力系统运行在安全、正常和合理的范围内。需要指出的是，电网实时调度运行控制不仅包括了调度员人工直接控制，也包括了计算机辅助控制等其他手段。

电网实时调度运行控制历来都是电力工作者重点关注的问题之一。在本章节中，将电网实时调度运行控制分为有功功率控制和无功功率控制两个主要模块进行阐述。其中，有功功率控制目的是保证电力系统的发用电平衡和稳定断面潮流控制（本章有功功率控制主要介绍发用电平衡，稳定限额的运行控制将在第 10 章介绍），无功功率控制目的是保证电力系统各节点电压在安全合理的范围内，主要采取"分层分区、就地平衡"的原则。需要强调的是，电力系统的有功功率控制和无功功率控制是一个不可分割的整体，二者相辅相成，离开其中一个控制方式都有可能造成电力系统的频率崩溃，亦或是电压崩溃。

近些年来，全球范围内发生了许多大停电事故：1996 年 7 月 2 日和 8 月 10 日的美国西部电力系统大停电，1996 年 8 月 3 日马来西亚电网大停电，2003 年 8 月 14 日美加电力系统大停电，2003 年 9 月 28 日意大利电网大停电，2012 年 7 月 30 日印度北部电网大停电，2016 年 9 月 28 日澳大利亚南部电网大停电，2019 年 8 月 9 日英国英格兰与威尔士地区大停电，2022 年 3 月 3 日台湾电网大停电，2023 年 8 月 15 日巴西国家电网大停电等。上述事故的共同特征表现为，电力系统经历一定程度的扰动后，发生大范围潮流转移，造成部分联络线潮流重载，进而引起频率和电压的连锁反应，最终造成系统解列和大面积停电事故。可见，有效的电网实时调度运行控制在保证现代电力系统安全稳定运行中显得尤为重要。

9.2 电力系统有功功率实时调度运行控制

9.2.1 电力系统频率控制的基本原理

从严格意义上来说，电力系统的发用电平衡是一个动态平衡过程，其平衡是相对的，不平衡是绝对的。对电网实时调度运行控制而言，不平衡电量主要是由于需求侧的负荷变化引起的。一般而言，负荷变化可以分为三种成分：第一种负荷变化幅度较小，周期一般小于 10s，其具有随机性质，称为微小变动分量；第二种负荷变化幅度较大，周期也较长，在十几秒至 2~3min 之间；第三种负荷变化幅度最大，周期最长，为 15min 及以上，主要是由于生产、生活和气象活动引起的负荷变化。为了保证相对的发用电平衡，电力系统电源侧的发电机组必须要进行相应的有功功率调整，即为电力系统有功功率控制，又称为调频控制。相应的，按时间尺度由短到长划分，电力系统调频控制包括一次调频、二次调频和三次调频：一次调频主要是由发电机的调速系统进行控制，调节速度较快但不能实现无差调频，用于平抑第一种负荷变化；二次调频又称为自动发电控制系统（又称 AGC 系统），是由发电机组的调频系统进行控制，能够实现无差调频，用于平抑第二种负荷变化；三次调频即为经济调度，其实质为调度部分根据最优化原则协调各发电厂之间的负荷经济分配，从而实现电网的经济、稳定运行，用于平抑第三种负荷变化。根据电网实时调度运行控制的时间尺度，本章着重介绍电力系统频率控制中的一次调频和二次调频控制。一般认为，一次调频发挥作用时间是几秒到十几秒，十几秒后到几分钟内二次调频慢慢发挥作用。

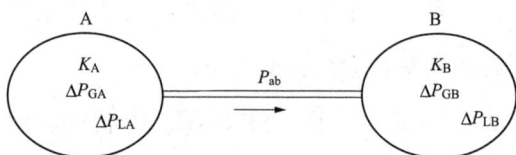

图 9-1 互联系统示意图

以图 9-1 为例，互联电力系统可以分成两个部分或看作是两个系统的联合，其中 K_A、K_B 分别为联合前 A、B 两系统的单位调节功率；K_{GA}、K_{GB} 分别为 A、B 两系统发电机组的频率静态特性，其主要由一次调频控制参数决定；K_{LA}、K_{LB} 分别为 A、B 两系统负荷工频静特性。因此有 $K_A=K_{GA}+K_{LA}$，$K_B=K_{GB}+K_{LB}$。

设 A、B 两系统中都设有二次调频的电厂，它们的出力增量分别为 ΔP_{GA} 和 ΔP_{GB}（即二次调频量），负荷初始增量分别为 ΔP_{LA} 和 ΔP_{LB}，联络线上的交换功率 P_{ab} 由 A 向 B 流动时为正值。

在 A、B 系统联合前，存在以下等式

A 系统：$\Delta P_{LA}-\Delta P_{GA}=-K_A\times\Delta f_A$ （9-1）

$$B \text{ 系统：} \Delta P_{LB} - \Delta P_{GB} = -K_B \times \Delta f_B \quad (9\text{-}2)$$

在联合后，存在以下等式

$$A \text{ 系统：} \Delta P_{LA} - \Delta P_{GA} + \Delta P_{ab} = -K_A \times \Delta f_A \quad (9\text{-}3)$$

$$B \text{ 系统：} \Delta P_{LB} - \Delta P_{GB} - \Delta P_{ab} = -K_B \times \Delta f_B \quad (9\text{-}4)$$

再考虑联合后两系统的频率应相等，即 $\Delta f_A = \Delta f_B = \Delta f$。

则可得

$$\Delta f = -[(\Delta P_{LA} - \Delta P_{GA}) + (\Delta P_{LB} - \Delta P_{GB})]/(K_A + K_B) \quad (9\text{-}5)$$

$$\Delta P_{ab} = [K_A(\Delta P_{LB} - \Delta P_{GB}) - K_B(\Delta P_{LA} - \Delta P_{GA})]/(K_A + K_B) \quad (9\text{-}6)$$

可见，互联电力系统的频率变化取决于总的功率缺额和总的单位调节功率。同时，电力系统通过调节出力增量 ΔP_{GA} 和 ΔP_{GB} 来跟踪负荷变化 ΔP_{LA} 和 ΔP_{LB}，进而消除互联电力系统的频率偏差 Δf 和联络线功率偏差 ΔP_{ab}。上述即为电力系统频率控制的基本原理。根据此原理，因省级电力系统是区域电网的一部分，与其他省级电力系统都有 1000kV 和 500kV 网架联系，因此在整个区域电网内，任一个系统元件发生故障或功率缺失，都会造成全网的频率和断面潮流的波动。

9.2.2 发用电平衡

9.2.2.1 发用电平衡的基本概念

发用电平衡的物理概念可以用能量守恒定律来解释，即

$$\sum P_{Gi} + P_R = P_L \quad (9\text{-}7)$$

式中：P_{Gi} 为发电机组 i 实时出力；P_R 为受电功率；P_L 为用电负荷。

显然，如果两者不相等则会引起频率的变动。对于省调而言，发电种类主要分为三类：

（1）本省统调的机组：该部分为主力电源，包括火电机组、水电机组、核电机组、新能源机组（光伏、风电）。

（2）省外受电：省外受电包括通过省际联络线关口的功率交换计划以及位于省域内但属于网调调度的机组出力计划的总和。

（3）地区及以下管辖的小水电、小火电、新能源机组（光伏、风电）：这部分也是省内发电电源的有力补充。

省调调度员关注的负荷数据主要分为三类：

（1）统调口径负荷：该负荷数据对应的发电数据是统调机组出力和受电之和。

（2）调度口径负荷：该负荷数据是统调口径负荷与地调电厂所承担的负荷之和。

（3）全社会口径负荷：该负荷数据是在调度口径负荷的基础上，叠加 0.4kV 分布式电源以及自备电厂的负荷。

对于省网而言，保证发用电平衡需要保证以下等式成立

$$\sum P_{Gi\min} + P_{R} \leqslant P_{L} \leqslant \sum P_{Gi\max} + P_{R} - P_{S\min} \tag{9-8}$$

式中：$P_{Gi\min}$ 为发电机组 i 最小技术出力；$P_{Gi\max}$ 为发电机组 i 额定出力；$P_{S\min}$ 为系统预留旋转备用容量。

其中预留旋转备用容量是指为了保证可靠供电，调度机构预留一定的发电容量以应对机组事故等特殊情况。各区域电网预留旋转备用容量的规则略有不同，以华东电网为例，华东网调在确定预留旋转备用容量时需保证网内装机容量最大的单台机组与送电功率最大的特高压直流同时故障后仍能满足电网平衡要求，例如，2023 年华东电网单台机最大容量为 1350MW，直流双极最大送电功率 9700MW（华东侧，正常方式），因此 2023 年华东电网全网的预留旋转备用容量定为 11050（1350+9700）MW，然后网调再按照一定分配比例确定各省级电网的预留旋转备用容量。

9.2.2.2 系统正负备用容量

由于电力系统实时运行中负荷功率随时变化，同时也存在故障跳机等不确定的运行风险，因此充足的电力系统备用容量对保证其安全稳定运行至关重要。电力系统的备用容量可以理解为当前运行方式下电力系统有功功率调节能力的大小，可分为正备用和负备用。显然，正负备用容量越大意味着电力系统的有功调节空间越大，系统的运行裕度和区间越大，但是会影响全省发电机组的开机安排和出力大小，降低电力系统运行的经济性。因此，调度员应保留合理的正负备用容量才能平衡电力系统运行的可靠性和经济性。

一般而言，调度员可以根据式（9-9）和式（9-10）计算正负备用容量大小

$$P_{SP} = \sum P_{Gi\max} + P_{R} - P_{L} \tag{9-9}$$

$$P_{SN} = P_{L} - (\sum P_{Gi\min} + P_{R}) \tag{9-10}$$

式中：P_{SP} 为系统正备用容量；P_{SN} 为系统负备用容量。

所有运行机组的额定出力和所有运行机组的最小技术出力可由电厂上报的发电机组出力参数计算所得，如果已经有机组低于最小技术出力运行，应该用该机组的目前出力替换其最小技术出力值；受电值可由计划受电曲线查询所得；负荷大小可由负荷预测曲线查询

所得。可见，计划开机方式、受电情况和负荷预测的准确性会影响到系统正负备用容量的大小。一般情况下，节假日负荷预测误差较大，容易造成系统备用容量紧张。因此，作为调度员需要认真研究并熟悉节假日等特殊日期的负荷特性，不断总结经验形成自己的判断。

9.2.3　互联电力系统有功功率控制策略

为保障互联电网的频率稳定和各省网的有功功率平衡，需要对控制联络线功率进行控制，全国区域电网采取的有功功率控制策略不同，具体如表 9-1 所示，五种标准优劣对比如表 9-2 所示。

表 9-1　　　　　　　　　　　　　联络线管理规定分类

标准分类	考核指标内容		国内实施区域
T1	按 200% 和 100% 两个关键点，大于 200% 时控制区对抑制联络线功率波动有贡献，100% 与 200% 之间对联络线功率波动有责任但不超过允许范围		国调
A1、A2 标准	A1	控制区域的 ACE 在 10min 内必须至少过零一次	华北网调
	A2	控制区域的 ACE 在 10min 内的平均值必须控制在规定的范围内	
CPS1、CPS2 标准	CPS1	控制区域的控制行为对电网频率质量有贡献	东北网调、华东网调
	CPS2	控制区域 ACE 每 10min 的平均值必须控制在规定范围内	
功率偏差（L1、L2、L3、L4）	L1	控制区域 ACE 电力偏差必须控制在规定范围内	西北网调
	L2	控制 00:00～06:00 时段累计偏差电量在规定范围内	
	L3	控制 11:00～17:00 时段累计偏差电量在规定范围内	
	L4	控制 06:00～11:00，17:00～24:00 时段累计偏差电量在规定范围内	
ACE 绝对值考核	ACE 绝对值	各省（市）控制区域 ACE 每 15min 内，每分钟 ACE 绝对值均值在规定范围内	华中网调、西南网调

表 9-2　　　　　　　　　　　　　五种标准优劣对比

标准分类	特　　点
A1、A2 标准	A1 标准要求 ACE 应经常过零，从而在一定情况下增加了发电机组的无谓调节。 由于要求各控制区域按规定的范围来控制 ACE 的 10min 平均值，因而在某控制区域发生事故时，在未修改联络线交换功率时，难以做出较大的支援
CPS1、CPS2 标准	CPS1 标准中的参数可以体现电网频率控制的目标，有利于提高电网的频率质量。 不要求 ACE 经常过零，可以避免一些不必要的调节，有利于机组的稳定运行。 对各控制区域对电网频率质量的"功过"评价十分明确，有利于电网事故时，其他控制区域对其进行支援

标准分类	特　点
功率偏差（L1、L2、L3、L4）	联络线综合采用电力和电量双重考核，提升电网稳定运行水平。 根据各省区新能源装机及负荷情况，对各省制定不同的考核带宽，有利于考核的公平与公正性。 根据新能源发电特性，分时段进行联络线考核，有利于新能源的有序消纳
ACE 绝对值考核标准	不要求 ACE 经常过零，可以避免一些不必要的调节，有利于机组的稳定运行。相比 CPS2 考核标准有细微变化，将 15min 的 ACE 均值绝对值改为每分钟 ACE 绝对值均值，可抑制各省在考核周期的首末段大幅调整

下面以华东电网采用的 CPS1、CPS2 标准为例，对区域有功控制策略进行简单介绍。

控制性能评价指标（control performance standard，CPS）是北美电力系统可靠性协会（NERC）于 1996 年制定，该指标最大的特点是将统计理论及形态应用于有功控制评价。华东电网从 2001 年 10 月 1 日起实行了该标准，主要涉及以下参数来考核区域电网的有功控制水平，即 ACE、CPS1、CPS2。

9.2.3.1　ACE 指标

区域控制偏差（area control error，ACE），表示某区域电力系统通过一定的有功功率控制手段，维持区域内的发用电平衡。该参数即反映该地区的发用电不平衡度，如式（9-11）和式（9-12）所示。

$$\text{ACE}_i = (P_i - P_{si}) - K \times (F - F_0) \tag{9-11}$$

$$K = 10B \tag{9-12}$$

式中：P_i 为省市联络线口子功率实际值，送出为正；P_{si} 为省市联络线口子功率计划值，送出为正；B 为控制区域设定的频率偏差系数（MW/0.1Hz），带负号；F 为系统频率实测值；F_0 为系统基准频率（我国为 50Hz）。

由式（9-11）可见，ACE 指标的公式包含两个部分：第一部分表示联络线口子功率实际值与计划值的偏差，第二部分表示区域电力系统调频特性。ACE 指标不仅可以作为反馈信号来实现发电机组的功率控制，也可以表征区域电力系统发用电平衡的情况，并为后续 CPS 指标计算提供基础数据。当 ACE 为负时，表示区域电力系统内发电量小于用电量，或者区域电力系统中省外送电存在"多受少送"的情况，此时应该增加发电机组的输出有功功率；当 ACE 为正时，表示区域电力系统内发电量大于用电量，或者区域电力系统中省外送电存在"多送少受"的情况，此时应该减小发电机组的输出有功功率。需要注意的是，ACE 是一个综合考虑联络线口子偏差和频率偏差的参数，并且是一个计算所得值，不是实际测量值。因此，切不可把 ACE 简单理解为联络线口子偏差，应理解为考虑频率折算因素后的控制偏差值。

调度技术支持系统提供了"ACE 及调节量"的展示界面，如图 9-2 所示。图中展示了 ACE 的计算流程，该流程主要分为两大块，一块为频率差值的计算及功率折算（图中上部分），另一块为联络功率偏差实际的计算（图中下部分），两者综合可以得出计算 ACE 值。同时，调度员可以人为增设 ACE 偏置，用于指导机组调节出力，保证重要时段的发用电平衡和合格的控制指标。

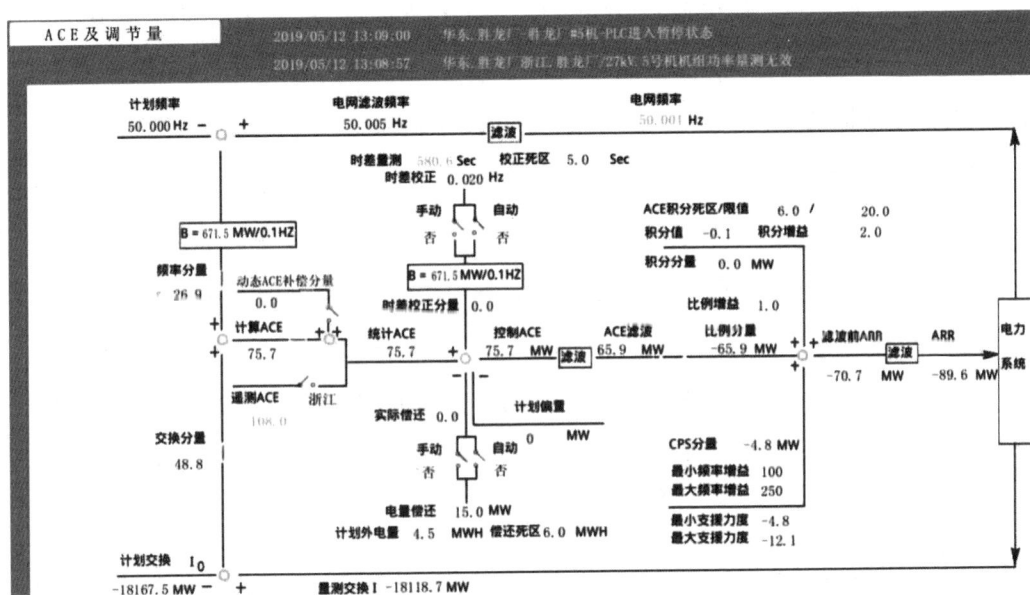

图 9-2　ACE 及调节量

9.2.3.2　CPS 指标

为说明 CPS 标准，首先需要阐述 A1、A2 考核标准。本节将先介绍 A1、A2 考核标准的概念和不足，再介绍 CPS 考核指标。

1. A1、A2 考核标准

对于 A1、A2 标准，可定义为：

（1）A1：控制区域的 ACE 在任意的十分钟内必须至少过零一次。

（2）A2：控制区域的 ACE 十分钟平均值必须控制在规定的最大允许范围 L_d 内。

北美电力系统可靠性协会 NERC 要求各控制区域达到 A1、A2 标准的控制合格率在 90%以上。这样通过执行 A1、A2 标准，使各控制区域的 ACE 始终接近零，从而保证用电负荷与发电、计划交换和实际交换之间的平衡。然而，实际执行中，由于冲击负荷或过调等原因，使得省市区域 ACE 在十分钟内发生大幅正负变化，调频厂被迫跟踪调节，数分钟内调节幅度达十多万甚至几十万千瓦，频繁的调节使设备磨损严重，频率控制十分困难，几年来频率合格率徘徊不进。

总之，A1、A2 考核标准的不足可以归纳为：①控制 ACE 的主要目的是保证频率质量，但在 A1、A2 标准中却未体现出对频率质量的要求；②A1 标准要求 ACE 经常过零，从而在一些情况下增加了发电机组的无谓调节；③由于要求各控制区域严格按 L_d 控制 ACE 十分钟平均值，从而在某控制区域发生事故时，与之相连的控制区域在未修改交换计划前，难以做出较大支援。

2. CPS 考核标准

由于 A1、A2 标准并不完美，北美电力系统可靠性协会在总结多年 AGC 运行经验后，在 1996 年推出新的控制性能评价标准 CPS1、CPS2。相比于 A1、A2 标准，CPS 指标有如下优点：①CPS1、CPS2 对频率的控制目标有明确规定，因而可用于各种频率控制目标的电网；CPS 标准不要求 ACE 在规定的时间内过零，这样可以减少一些不必要的调节，改善机组的运行条件；②CPS 标准中各控制区域对电网频率质量的"功过"评价十分明确，特别有利于某一控制区域内发生事故时，其他控制区域对其进行支援，有利于充分发挥大电网的优越性。

我国华东电网结合电网实际情况，积极研究 CPS 适用性，吸收其合理部分，对现行考核标准进行修改，以期提高电网电能质量。华东电网 CPS 考核的有关公式描述如下：

（1）控制性能标准 2（CPS2 指标）。

$$\text{CPS2：} \ |\text{ACE 十分钟平均值}| \leqslant L_{10} \tag{9-13}$$

$$L_{10}=1.65 \times \varepsilon_{10} \times \text{SQRT} \ [(-10B) \times (-10B_w)] \tag{9-14}$$

式中：B 为控制区域的频率偏差系数；B_w 为互联电网的频率偏差系数；ε_{10} 为互联电网对全年十分钟频率平均偏差的均方根值的控制目标值。

式（9-14）系数 1.65 的由来：北美电力系统可靠性协会 NERC 认为控制区域 ACE 十分钟平均值是符合正态分布的性质的。为满足频率质量的要求，控制区域的 ACE 十分钟平均值应满足 $\delta=\varepsilon_{10} \times \text{SQRT} \ [(-10B) \times (-10B_w)]$ 的正态分布。NERC 对 CPS2 合格率的要求是 90%以上，根据正态分布的特点，分布在（-1.65δ，$+1.65\delta$）范围内的事件概率为 90%，由此用 1.65 为系数。可见，CPS1 指标的物理意义是十分钟内 ACE 控制效果满足统计学上的频率偏差合格标准。

（2）控制性能标准 1（CPS1 指标）。

$$CPS1=(2-CF)\times 100\% \tag{9-15}$$

$$CF=\Sigma(ACE_{AVE\text{-}min}\times \Delta F_{AVE\text{-}min})/(-10B\times N\times \varepsilon_1^2) \tag{9-16}$$

式中：$ACE_{AVE\text{-}min}$ 为一分钟 ACE 的平均值，要求每 2 秒钟采样一次，30 个取平均值；$\Delta F_{AVE\text{-}min}$ 为一分钟频率偏差的平均值，要求 1 秒钟采样一次，然后 60 个取平均值，$\Delta F_{AVE\text{-}min}=F_{AVE\text{-}min}-50$；$B$ 为控制区域设定的频率偏差系数，MW/0.1Hz；N 为分钟数；ε_1 为互联电网对全年一分钟频率平均偏差的均方根的控制目标值。

（3）CPS 日常控制要求。CPS1 指标的公式较为烦琐，但其物理意义的结论可以归纳为：

1）当 CPS1≥200%时，即 CF≤0，说明这段时间内，ACE 对互联电网的频率质量是有帮助的。

2）当 100%≤CPS1＜200%，即 0＜CF≤1 时，说明符合 CPS1 标准的要求，也就是说 ACE 对电网频率质量的影响未超过所允许的程度。

3）当 CPS1＜100%时，即 CF＞1 时，ACE 对频率质量的影响已超过了所允许的范围。

9.2.3.3　华东关于 CPS 指标规范

根据《2023 年华东电网省（市）际联络线功率电量考核参数调整说明》，在这里把参数介绍如下：

1. 华东电网 ε_1、ε_{10} 值

ε_1、ε_{10} 值分别根据上一年度一分钟、十分钟频率平均偏差的均方根值确定，通过该参数计算的 CPS 指标能够合理反映联络线控制质量，根据近年来电网实际频率数据统计结果，华东电网频率质量已维持在一个相对比较稳定的水平，故 CPS 考核参数 ε_1、ε_{10} 基本保持稳定。

2. 华东电网频率响应系数 K 值

K 值根据区域电网用电规模设置，如 2023 年华东电网统调最大用电需求负荷预计为 398030MW，相应全网 K 值取为 39803MW/Hz。全网 K 值在华东四省一市电力公司、皖电东送电厂、直调电厂之间按预测最高用电负荷与可调出力之和的权重进行重新分配。按如上原则，2023 年的频率响应系数 K 值，上海为 3290MW/Hz，江苏为 13685MW/Hz，浙江为 9996MW/Hz，安徽为 6067MW/Hz，福建为 5663MW/Hz，华东直调电厂为 1102MW/Hz，全网为 39803MW/Hz。

3. 华东电网 L_{10} 值

根据 $L_{10省}=1.65\times \varepsilon_{10}\times \sqrt{K_{省}K_{网}}$ 计算，2022 年上海 L_{10} 为 189MW，江苏 L_{10} 为 385MW，浙

江 L_{10} 为 329MW，安徽 L_{10} 为 256MW，福建 L_{10} 为 248MW，即各省市需将 ACE 十分钟平均值控制在对应 L_{10} 内。

图 9-3 为调度技术支持系统中"AGC 运行监视"。从图 9-3 中可以清晰看到全省每分钟的 CPS 情况（左上部分）；可以清楚地看到全省发电侧各种备用情况，包括旋转备用、AGC 备用、负控备用等情况（右上部分）；也可看到各种实时省内外交换信息及自动化状态监视（下部）。调度员可以实时在该图左上部分中，观察 CPS 指标，作出调节出力判断，力图使 CPS2 指标越高越好，同时也要力图使 CPS1 达到 100%。

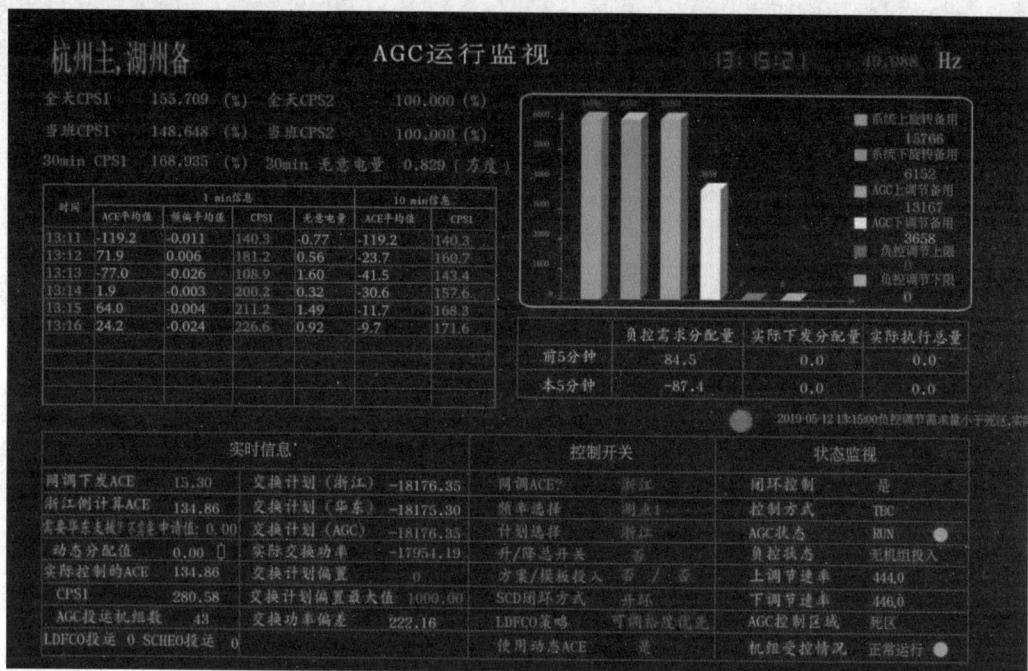

图 9-3 AGC 运行监视

9.2.3.4 动态 ACE

实际电网运行中，标准 ACE 在网内发生大功率缺失故障时，往往无法提供正确的调节功能，如出现特高压直流闭锁后，各省市 ACE 都是正数（即少用）的现象，与故障后需要各省市快速加出机组备用出力的需求正相反。其原因为采用标准 ACE 时，发生大扰动后，在调度员手动修改联络线计划并下发前，将继续跟踪原来的联络线计划，一般情况下从可报告的扰动发生到调度员手动修改联络线计划完毕下发各控制区域需 15～30min。在这段时间内，互联电网区域内所有控制区接收的 ACE 值将是脏数据。假设互联电网外受电通道 1 发生故障（通道 1 的功率均分给 5 个控制区域），损失功率 ΔP，该通道的落点位于控制区 A。那么在扰动发生后及调度员手动修改各控制区 P_0 之前，互联电网内所有未达到退出阈值的 AGC 将根据基于未修改的 P_0 计算出的 ACE 数据动作，结果是控制区 A 内的机组承担了 ACE 中除 $-10B$（$F-F_0$）部分外的所有功率损失，而不是各控制区按受电比例均分的功率损失，从而造成了控制区 A 内的机组 AGC 过调甚至达到阈值退出，其他控制区的 AGC 欠调甚至反调。因 ACE 是计算 CPS 考核数据的基础，此时 CPS 和 DCS 的考核结果偏离控制区实际恢复能力，对互联电网的频率恢复是有害的。

为了消除上述标准 ACE 的缺陷，华东电网实施了动态区域控制偏差（动态 ACE），当华东电网大功率区外来电失去或大功率机组跳闸时，以备用共享为原则，使各省市能合理地分担备用义务，有依据地调集备用支援电网的频率恢复。

1. 动态 ACE 的功能说明

华东电网动态 ACE 主要功能是在直流功率失去、直属大机组跳闸，或者省（市）大机组跳闸且支援申请通过网调审批后，程序根据采集的模拟量和动作判据，自动触发计算并延迟 60s 下发省（市）的动态区域控制偏差。动态 ACE 启动后，程序自动将损失功率按省（市）旋转备用承担比例分摊至各省（市），直接叠加到在 ACE 公式的 ΔP 中，避免事故后联络线计划不变造成的反调，将备用快速调出，促使系统频率恢复。

2. 动态 ACE 的适用范围

华东电网区外直流输送功率为 800MW 及以上时发生单极或双极闭锁；单个控制区内机组机端和功率为 800MW 及以上时发生跳闸。

3. 动态 ACE 的分摊规则

对于直流系统故障，按华东网调下达的各省（市）旋转备用分配比例进行分摊；对于省（市）调度管辖的大机组故障，扣除事故省（市）自身应留旋转备用后，剩余的功率缺额按旋转备用分配比例分摊至非故障机组所在省（市）；对于华东直代管大机组故障，扣除华东直代管应留旋转备用后，剩余的功率缺额按旋转备用分配比例分摊至各省（市）。

4. 事故省市申请支援及网调审批步骤

（1）事故省市通过调度电话向网调调度员提出支援申请，网调调度员予以口头答复。

（2）事故省市通过自动化系统向网调提出申请。

（3）网调调度员对事故省市通过自动化系统提出的申请进行审核确认并触发启动动态 ACE。

（4）相关省市对网调审核信息及动态 ACE 动作信息进行复归操作。

图 9-4 为浙江省调调度技术支持系统中的动态 ACE 监控画面。如区外受电或省外事故导致动态 ACE 动作,一般华东网调会打电话通知江苏、上海、浙江、安徽、福建省调,相应省调应立即针对事故后的动态 ACE 进行判断,并采取措施,调度本省发电机组出力,达到 ACE 动态平衡。如为浙江省内故障,并已达到向华东网调申请动态 ACE 条件,则也应做出相关快速反应,力求减少对系统的扰动。

事 故 支 援

频率: 50.025Hz

省市	补偿功率值	故障损失调度确认值	黄梯备用功率额度	动态ACE偏差	支援限值	申请值	动态ACE启动	调度确认	调度同意	提交申请
浙江	0.00	0.00	588.43	0.00	0.00	0.00	—	—	—	—
上海	0.00	0.00	411.07	0.00	0.00	0.00	—	—	—	—
江苏	0.00	0.00	806.75	0.00	0.00	0.00	—	—	—	—
安徽	0.00	0.00	280.65	0.00	0.00	0.00	—	—	—	—
福建	0.00	0.00	374.55	0.00	0.00	0.00	—	—	—	—
总加	0.00	0.00	2608.30							

	浙 江		
补偿功率值[返送]	0.00		
提交调度申请值	0.00		
动态ACE启动标志[返送]	—		
提交调度申请开关			

图 9-4 浙江省调调度技术支持系统中的动态 ACE 监控画面

9.2.4 省级电网有功功率控制方法

省调调度员需要每时每刻维护全省的发用电平衡。对省级电网的有功平衡,主要有以下四种方法:人工发令调节机组出力、计算机自动调节、受电调整和需求侧管理。以下将分别对各种方法进行说明。

9.2.4.1 人工发令调节机组的出力

人工发令调节机组的出力加减、开停机(包括调停、拍机、拍辅机等较极端的手段)等。这种方法比较直接,但要特别注意"三公调度""节能减排"等约束条件。一般人工发令要遵循以下原则:①核电机组带基荷;②大机组优先发电;③环保机组(包括脱硫、脱硝等)优先发电;④水电机组雨季大发带基荷,平时开停用于调节"口子";⑤燃气发电日内启停调峰;⑥具有提供辅助服务的〔如自动发电控制(AGC)、自动电压控制(AVC)、电力系统稳定器（PSS）〕优先发电等。

9.2.4.2　计算机自动调节

1. 自动调节模式

目前发电机有功自动调节主要有"AGC"和"负控"控制模式。两种方法各有利弊。

AGC 提供发电的监视、调度和控制，通过控制管辖区域内的发电机组的有功功率满足如下的功能：

（1）维持电网频率在允许误差范围之内，频率累积误差在限制值之内，超过时自动或手动矫正。

（2）维持本区域与外界区域的净交换功率计划值，并偿还由偏差引起的随机电量。

（3）在满足电网安全约束、频率和净交换计划的情况下，按最优经济分配原则安排受控机组出力，使区域运行最经济。

AGC 的原理是机组根据区域电网联络线功率偏差指标（ACE），以秒级的响应速度进行出力调节，具有完全负反馈的机制。该算法一般只对当前实时的负荷平衡敏感。

负控的原理是机组根据 5min 一次的超短期负荷预测值和当前实际负荷，扣除受电计划后按一定比例分配到负控机组，其算法公式如下：

$$\Delta P_s = P_{yc(t+1)} - P_{sd(t+1)} - P_{total} \tag{9-17}$$

式中：ΔP_s 为待分配出力；$P_{yc(t+1)}$ 为下一点超短期负荷预报值；$P_{sd(t+1)}$ 为下一点全省受电计划；P_{total} 为当前时刻所有机组出力。

从严格意义上来讲，负控算法是 AGC（自动发电控制）算法的一种。发电机组投负控模式与 AGC 模式，实际调控效果的区别最主要有：

（1）负控调节具有一定的超前性，不必等到 ACE 出现较大偏差才开始调节，且调节范围较大，从机组最低技术出力到最高技术出力可以全程调节，适用于短时段负荷波动较大的时段以及负荷较轻时段。

（2）AGC 调节响应较快，但调节范围有限，一般除负荷很轻时段外都能适用。

2. 机组有功控制模式简介

图 9-5 为机组实时监控画面，该表中分为 PLC 受控对象、控制模式、目标出力等栏目。调度员可以双击任一个机组的控制模式，通过下拉菜单来选择相应的控制模式；也可设定爬坡目标，来快速加减相应机组出力。

机 组 实 时 监 视

| | | | | | 负控跟踪情况 | 水电1 | 水电2 | 火电1 | 火电2 | 火电3 |
| 2019-05-12 13:30:00 负控正常 | | | | | 一键RAMP | 水电4 | 火电4 | 火电5 | 燃机 燃机2 | 燃机3 |

PLC名称	控制模式	目标出力	实际出力	基点功率	计划值	经济运行点	AGC调节范围		电厂申报AGC范围		负控调节范围		缺省模式	定时	爬坡目标	可控 正 受控	SCD
北仑厂#1机	AUTOR	329.6	338.8	338.8	300.0		240.0	600.0	240.2	630.2	240.0	630.0	AUTOR	0	500.0	● ●	
北仑厂#2机	AUTOR	338.9	336.8	336.8	300.0		240.0	630.0	244.0	630.2	240.0	630.0	AUTOR	0	240.0	● ●	
北仑厂#3机	OFFL	0.0	0.0	0.0	0.0		240.0	660.0	0.0	660.0	240.0	660.0	AUTOR	0	240.0	○ ○	
北仑厂#4机	OFFL	0.0	0.0	0.0	0.0		240.0	660.0	0.0	659.6	240.0	660.0	AUTOR	0	660.0	○ ○	
北仑厂#5机	AUTOR	335.0	335.8	335.8	426.4		240.0	660.0	240.1	659.7	240.0	660.0	AUTOR	0	310.0	● ●	
北仑厂#6机	AUTOR	534.0	534.3	534.3	679.7		400.0	1000.0	400.3	999.9	400.0	1000.0	AUTOR	0	400.0	● ●	
北仑厂#7机	AUTOR	535.3	536.9	536.9	679.7		400.0	1000.0	400.5	1000.2	400.0	1000.0	AUTOR	0	800.0	● ●	
强蛟厂#1机	AUTOR	380.2	378.9	378.9	371.4		300.0	630.0	299.1	629.0	350.0	630.0	AUTOR	0	500.0	● ●	
强蛟厂#2机	OFFL	0.0	0.0	0.0	0.0		240.0	630.0	239.5	630.2	350.0	600.0	AUTOR	0	500.0	○ ○	
强蛟厂#3机	OFFL	0.0	0.0	0.0	0.0		240.0	630.0	239.8	629.0	240.0	600.0	AUTOR	0	550.0	○ ○	
强蛟厂#4机	AUTOR	325.1	329.3	329.3	371.4	316.28 --> 315.91	240.0	630.0	239.8	630.8	240.0	630.0	AUTOR	0	550.0	● ●	
乌沙厂#1机	OFFL	0.0	0.0	0.0	0.0	0 是	240.0	450.0	-0.0	450.0	240.0	650.0	AUTOR	0	240.0	○ ○	
乌沙厂#2机	OFFL	0.0	0.0	0.0	0.0	0 是	240.0	650.0	-0.0	650.0	240.0	650.0	AUTOR	0	500.0	○ ○	
乌沙厂#3机	AUTOR	327.3	319.3	319.3	376.4	325 是	240.0	600.0	239.8	599.6	240.0	600.0	AUTOR	13	450.0	● ●	
乌沙厂#4机	AUTOR	371.5	365.8	365.8	376.4	357 是	300.0	600.0	299.1	600.0	300.0	600.0	AUTOR	12	450.0	● ●	
玉环厂#1机	AUTOR	534.1	522.1	522.1	717.6		400.0	1000.0	400.6	1000.6	400.0	1000.0	AUTOR	29	600.0	● ●	
玉环厂#2机	OFFL	0.0	0.0	0.0	0.0		400.0	1000.0	0.4	1000.0	400.0	1000.0	AUTOR	0	600.0	○ ○	
玉环厂#3机	AUTOR	536.3	524.3	524.3	717.6		400.0	1000.0	400.2	1000.2	400.0	1000.0	AUTOR	29	600.0	● ●	
玉环厂#4机	AUTOR	539.9	529.3	529.3	717.6		400.0	1000.0	400.6	1000.6	400.0	1000.0	AUTOR	29	600.0	● ●	

ACE -192. 系统频率 49.966 调节功率 211.0 计划偏差 0.0 CPS1 -100.6 AGC状态 RUN 控制方式 TBC 控制区域 紧急区域 调节状态 正常
预报时刻 2019/05/12 13:35:00 预报负荷 42704.2 预报修正 0.0 允许修正 否 LDFCO策略 可调裕度优先 负荷增量死区 100.0 负荷增量上限 1600.0
2019/05/12 13:31:10 江苏AGC进入紧急控制区域(139.4/138 MW)

图 9-5 机组实时监控界面

在这里把调度技术支持系统中负控及 AGC 等功能做具体说明：

（1）AGC 控制区域划分。按区域总调节功率 P_R（非区域控制偏差 ACE）的大小和给定的静态门槛值。将控制区域划分为：死区（DEADBAND）、正常调节区（NORMAL）、次紧急调节区（ASSISTANT EMERGENCY，又称紧急辅助调节区）和紧急调节区（EMERGENCY），如图 9-6 所示。其门槛值分别用 P_D、P_A、P_E 表示，除 P_R 在死区外，均下发控制命令，控制目标是 P_R 为零。

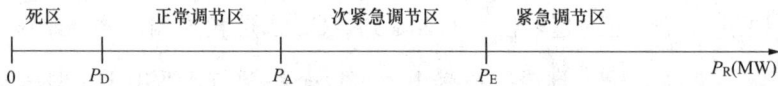

死区　　　正常调节区　　　次紧急调节区　　　紧急调节区

0　　P_D　　　　　　P_A　　　　　　P_E　　　　　　P_R(MW)

图 9-6 AGC 控制区域划分

相对应的，AGC 将每台机组 PLC 承担调节功率模式也分为 O、R、A、E 四种。其中，O（off-regulated）模式，是指在任何情况下都不承担调节功率；R（regulated）模式，是指在任何需要的情况下，无条件承担调节功率；A（assistant）模式，是指当控制区域处于次紧急调节区域或紧急调节区域时，PLC 才承担调节功率；E（emergency）模式，是指当控制区域处于紧急调节区域时，PLC 才承担调节功率。

划分控制区域的目的为：①在不同的控制区域将有不同的机组承担调节功率分量；②在不同的控制区域将有不同的 AGC 控制策略。

（2）PLC（plant controller）手动控制模式。PLC 控制中，常用的手动控制模式包括：

1）OFFL 模式：该模式下的所有机组均离线，该模式由程序自动设置。只要 PLC 控制下的机组有一台投入运行，PLC 就自动转化为 MANU 模式。

2）MANU 模式：由电厂执行当地控制，而非调度端的 AGC 控制。如果 PLC 控制下的所有机组都离线，则自动转化为 OFFL 状态。AGC 可控机组也可以设置为 MANU 模式，不参加 AGC 调节。

3）RAMP 模式：在 AGC 的控制下，PLC 按额定响应速率向给定的目标出力靠近，不承担机组的调节功率。可以手动置 PLC 于 RAMP 模式，也可能自动进入 RAMP 模式。处于 AGC 自动控制模式下的 PLC，当进入禁止运行区域时，自动进入 RAMP 模式，穿过禁止运行区域后再返回原自动控制模式。RAMP 模式之所以归结为手动控制模式，是为了区别于自动控制模式下的 BASEO 模式，因为 RAMP 模式下爬坡是无条件执行。

4）TEST 模式：当 PLC 模式置为 TEST 时，执行机组响应测试功能。具体的测试过程在机组响应测试功能中定义。

5）WAIT 模式：当 PLC 不在遥调状态下，可以设置该控制模式。AGC 不断地向处于 WAIT 状态下的 PLC 发设点控制命令，不过控制命令始终是 PLC 的当前出力，每当实际出力有一定的变化（例如变化 5%）时重新下发一次命令，其目的是进行设点跟踪。由于在上一次 PLC 投入 AGC 时，最后下发的一个 AGC 控制命令仍保留在 RTU 中，如果不更新这一信号，在下次投 AGC 时将对机组造成冲击。另外当远方遥信信号表示退出 AGC 控制时，PLC 模式自动转换为 MANU，而在 MANU 模式下的 PLC 如需再投入 AGC，需要人工设置。由于遥信信号的不稳定，常会造成机组频繁退出 AGC。为了解决这一问题，可设置当遥信信号表示 PLC 退出 AGC 时自动转 WAIT 模式，这样当信号恢复正常时就可自动地重新投入 AGC，避免了调度员的频繁操作，而当 PLC 真正退出 AGC 时可将 WAIT 模式置为 MANU 模式。

（3）PLC（plant controller）自动控制模式。当 PLC 处在远方遥调状态下，可以设置各种自动控制模式。PLC 的自动控制模式由基本功率模式和调节功率模式组合而成，常用的包括：

1）AUTOR 模式：机组的基本功率取当前的实际出力，无条件承担调节量，这是一种最常用的模式。

2）AUTOA 模式：机组的基本功率取当前的实际出力，在次紧急和紧急区域承担调节量。

3）AUTOE 模式：机组的基本功率取当前的实际出力，在紧急区域承担调节量。

4）SCHEO 模式：机组的基本功率由计划曲线确定，不承担调节量，这意味着机组只按照计划曲线运行。

5）SCHER 模式：机组的基本功率由计划曲线确定，无条件承担调节量。

6）SCHEA 模式：机组的基本功率由计划曲线确定，在次紧急和紧急区域承担调节量。

7）BASEO 模式：机组的基本功率取调度员当时的给定值，不承担调节量，用于将机组出力设置到调度员指定的值。

8）PROPO 模式：机组的基本功率按相同可调容量比例分配，不承担调节量。

9）PROPR 机组的基本功率按相同可调容量比例分配，无条件承担调节量。

10）PROPA 模式：机组的基本功率按相同可调容量比例分配，在次紧急区域承担调节量。

11）LDFCO 模式：机组的基本功率由超短期负荷预报确定，不承担调节量。

12）LDFCR 模式：机组的基本功率由超短期负荷预报确定，无条件承担调节量。

13）LDFCA 模式：机组的基本功率由超短期负荷预报确定，在次紧急和紧急区域承担调节量。

3. 有功控制经验总结

由于负荷在每个阶段具有不同的变化值及变化速率，因此在计算机调频的方法上，一般以 AGC 控制为主，从一般经验来看，省调 AGC 投用可以参考以下基本原则和策略：

（1）基本条件：按照电量完成情况和"节能减排"、网络制约要求关注机组出力（无脱硫机组除外）。

（2）核心方法：负荷变动幅度剧烈的时段大量投入负控，负荷变动平缓或者变动幅度较小的时候尽量多投 AGC。

（3）细节方法：负荷上升较大时，负控机组增量变化大于 AGC 机组增量，负控机组得益；负荷下降较大时，负控机组减量变化大于 AGC 机组减量，负控机组失益。

（4）补充方法：对于高峰时段有网络制约的那些电厂，尽量通过低谷时段给他们补一部分电量。同时也因高峰时段网络制约而多发电厂，可以在低谷时段多下调一点。

（5）附加方法：对于调节不灵敏的机组或调节不对称的机组，要求电厂退出 AGC 或负控运行，等恢复正常以后再投入运行。机组退出控制的时候就放 WAIT 或者 MANU 模式。

9.2.4.3　受电调整

当面临备用容量不足时，省调调度员可通过调整受电，保证电网具有安全的备用容量。省级电网调度员调整受电的手段主要有：区域内的双边购电和置换、省间现货交易以及跨区日内应急调度交易。双边购电、置换是指买、卖双方电话协商、确定支援的时段及电力，随后汇报网调请其修改各自的受电计划，其特点是较为便捷，可以在短时间和数小时内提供备用支撑。省间现货则主要通过国调的省间现货交易平台进行交易，需要至少提前 2h 进行申报且最终成交电量取决于交易双方的申报策略。跨区日内应急调度交易是一种指令性临时手段，在省间日内电力现货出清后开展，需要满足区域内手段全部用尽、跨区通道有空间、区外具备支援能力等基本条件，其需求规模应不超过省间电力现货出清后的剩余申报电力规模。应急调度应避免常态化组织，不得在电力系统安全风险可控、没有电力电量平衡缺口或清洁能源充分消纳时开展，也不得在仍有现货交易等市场化调节手段时开展。

1. 区域内的省间双边购电和置换

调度员向邻省购电的主要流程为：①通过负荷预测曲线等信息确定备用短缺的时间段和电力；②向各区域网调汇报备用不足情况，并申请进行双边交易和邻省购电；③询问网调和周边省市备用是否富余，是否能够在该时段提供电量；④向网调汇报邻省购电交易内容已商定，通过省市双边交易系统提交合同进行实时双边交易；⑤调度员做好相应记录和交接班工作。

省间置换的模式则是两省级电网的调度员之间商定某时间段先支援一省部分电力，然后在另一时间段还回相应的电力电量，协商完成后直接向网调申请修改受电计划。其作用是利用不同省份不同的负荷特性，在不同时段相互支援，适用于正负备用的调节。

2. 省间电力现货市场

为落实《中共中央、国务院关于进一步深化电力体制改革的若干意见》（中发〔2015〕9 号）及配套文件精神，充分利用省间通道输电能力，促进资源大范围优化配置和可再生能源大范围消纳，规范开展省间电力现货交易，国家电网于 2021 年 11 月制定省间电力现货交易规则（试行）。

省间电力现货交易主要是在落实省间中长期交易的基础上，利用省间通道剩余能力，开展省间日前、日内电能量交易。省间电力现货为实物交易。在省间电力现货交易中，一般情况下 1 个省为 1 个交易节点。当省内出现严重阻塞，且该阻塞相对频繁发生时，可定义多个交易节点。

日内以 2h 为一个固定交易周期，组织省间日内现货交易（分别为 00:15 至 02:00、02:15 至 04:00、04:15 至 06:00、06:15 至 08:00、08:15 至 10:00、10:15 至 12:00、12:15 至 14:00、14:15 至 16:00、16:15 至 18:00、18:15 至 20:00、20:15 至 22:00、22:15 至 24:00），固定交易周期结果发布后，若在本交易周期内仍有新增富余电力外送和购电需求，可组织临时交易。T-120 至 T-110 分钟（交易时段起始时刻为 T），省内市场主体通过电力交易平台省内功能申报分时"电力-价格"曲线。T-110 至 T-90 分钟，省调对省内市场主体申报数据进行合理性校验，保证节点内部电能申报量可送出或受入。省调将各市场主体报价曲线上报至国调。国调、网调对直调发电企业的申报量进行预校核，保证电能申报量可执行。T-90 至 T-60 分钟，国调、网调组织省间日内现货交易集中出清，采用集中竞价的出清方式，形成考虑安全约束的省间日内现货交易出清结果，将出清结果纳入联络线日内计划，经安全校核后，将包含省间日内现货交易出清结果的跨区发输电计划下发至相关省调及直调发电企业。T-60 至 T-30 分钟，网调组织开展区域内辅助服务市场，并将交易结果和省间联络线计划下发至相关调度机构和发电企业。T-30 至 T-15 分钟，省调根据上级调度机构下发的联络线计划，编制省内实时发电计划或组织省内实时市场及辅助服务市场出清。电力交易机构向市场成员发布市场出清结果。

9.2.4.4 需求侧管理

电力系统的需求侧管理是相对于上述电源侧管理的方法而言的，其内涵较为广泛。基于目前电力系统调度运行的实际情况，本节主要介绍两类需求侧管理手段：需求侧响应和有序用电管理。

1. 需求侧响应

需求侧响应是指应对短时的电力供需紧张、可再生能源电力消纳困难等情况，通过经济激励为主的措施，引导用户根据电力系统运行的需求自愿调整用电行为，实现削峰填谷，提高电力系统灵活性，保障电力系统安全稳定运行，促进可再生能源电力消纳。

需求侧响应资源包括需求侧弹性负荷、分布式电源、电动汽车、储能等资源，与供应侧深度调峰、配置储能等系统调节方式相比成本更低、效果更好，目前许多国家已从能源战略高度将需求侧响应资源置于与发电侧资源同等甚至优先的地位。

需求侧响应类型如图 9-7 所示。

基于价格的需求响应包括采用分时电价（峰谷电价机制）、实时电价等电价的变化，让用户主动改变电力消费行为。基于激励的方式则直接采用激励政策和补偿方式，引导用户参与系统需要的调节方向。

约时需求响应包括执行前一天（日前响应）、执行前数小时（小时级响应），一般由

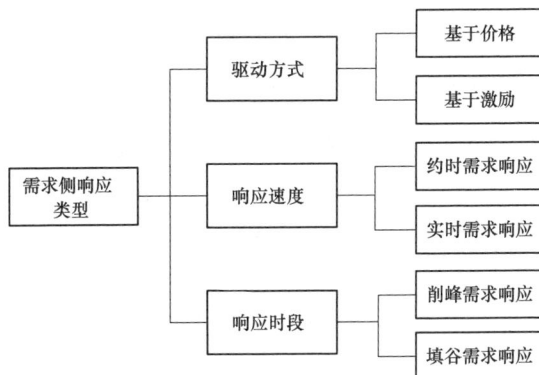

图 9-7 需求侧响应类型

电网企业通过平台公告、短信、电话等方式向参与主体发出响应邀约，告知响应范围、需求量、时段及邀约截止时间等信息，用户在响应时段自行完成负荷调节。实时需求响应（应急需求响应）是在电网紧急状态下，电网企业通过专用变压器负控终端、需求响应终端或精准负荷控制终端等负荷控制装置，远程调控用户内部可调节或可中断负荷。实时需求响应主要包括分钟级可调节响应、（准）秒级可中断响应等类型。

削峰需求响应是在用电高峰期间削减用电量，以将用电水平削减至电网最大供电能力以内。填谷响应为鼓励用户在电力低谷时段提高用电水平。节假日期间，由于用电水平较工作日明显下降，需大量调停调峰性能优异的统调燃煤机组，使得电网调峰能力大幅下降，从而导致低谷时段供需平衡出现困难。此外，煤电机组在偏离额定发电功率、低负荷水平下进行发电，将极大增加单位功率煤耗和污染物排放。通过实施填谷响应，保障低谷时段电网安全稳定运行，促进光伏等清洁能源消纳，降低机组发电煤耗和发电排污，对于提高全社会能效、促进节能降耗起到重要作用。与此同时，企业通过转移生产负荷，充分享受了低谷时段电价优惠，还得到参与响应补贴。

2. 有序用电管理

有序用电是指在可预知电力供应不足等情况下，依靠提升发电出力、市场组织、需求响应、应急调度等各类措施后，仍无法满足电力电量供需平衡时，通过行政措施和技术方法，依法依规控制部分用电负荷，维护供用电秩序平稳的管理工作。

根据《中华人民共和国电力法》等法律法规，以及国家发展和改革委员会制定并印发的《电力负荷管理办法（2023 年版）》（发改运行规〔2023〕1261 号），实施有序用电，应严格遵循安全稳定、有保有限、注重预防的原则，实现确保电网负荷高峰、发电能力不足时，满足民生、公共服务及重要用户用电的目标。

这里需要明确错峰、避峰、拉闸限电等概念，调度员在从事错避峰、拉限电及事后数据统计时，有一定的规范。

（1）错峰：是根据本地的用电缺口，有计划调整企业用电班次，实行有计划的"移峰填谷"用电安排。错峰不损失电量，原则上错峰时段少用电量可以通过企业调整用电时间（低谷用电）后，是可以弥补回来的。

（2）避峰：是错峰企业安排完以后，仍存在用电缺口时，进一步采取计划限制企业用电的一种措施。这部分可临时中断的用电负荷不会对企业生产有重大影响。高峰时段避掉的负荷无法在低谷叠加（含"开几停几"轮流供电，还有如商场、宾馆等场所的避峰）。避峰损失电量一般不可弥补。

（3）移峰：是错峰和避峰的总和。

（4）限电：由调度直接发令电力客户（专线用户）压减用电负荷或通过负荷控制装置（压减）切除的用电负荷，达到在供电线路不拉闸停电方式下限制用电负荷。

（5）拉电：经过先错峰、后避峰、再限电后，仍然超用负荷，由调度命令对某些线路直接拉闸。仅指超电网供电能力拉电和事故拉电，不含计划检修拉电。

对于用电侧管理的统计规范，国家电网有限公司都有相应的规定，在表格形式上也已经基本规范。一般，错峰、避峰、移峰数据由营销专业负责统计，拉限电数据由调度专业人员负责统计。

（1）对于错峰统计，项目内容一般包括错峰用户数和实际错峰负荷。错峰用户数是指当日实际参与错峰的用户户数。错峰负荷是指当日企业参与错峰的压减负荷总量。统计时，应充分利用现场管理系统和负控监视装置进行错峰效果监测及统计。

（2）对于避峰统计，项目内容一般包括避峰用户数、避峰负荷和避峰损失电量。避峰用户数是指当日实际参与避峰的用户户数。避峰负荷是指当日企业参与避峰压减的负荷总量。避峰损失电量是指避峰压减负荷乘以避峰的实际时间，并以此类推日、月、年累计避峰损失电量。

（3）对于拉电统计，项目内容一般包括拉电条次、拉电负荷和拉电损失电量。拉电条次按"拉一次算一次"的原则统计。拉电负荷是指被拉线路拉电前当时的负荷。拉电损失电量是指被拉线路的拉电负荷乘以该线路被拉停的时间。拉电统计按电压等级分别统计。

（4）对于限电统计，项目内容一般包括限电户次、限电负荷和限电损失电量。一般分为专线用户限电与负控限电。对临时限电要充分利用负控设备等技术手段进行统计。专线用户限电可参照拉电的方法统计。负控限电一次命令可切多个企业设备负荷，即为限电多少户，多次投切，累计为户次。

为了防止重复统计，拉限电统计原则与有序用电"先错峰，后避峰，再限电，再后拉电"原则的秩序相反，以拉电统计为最优先级，即拉电后就不再统计被拉线路的限电、避峰或错峰。

9.2.5　省级电网日内电力平衡经验

日内电力平衡重点关注当日及次日的发用电电力平衡，该项工作为调度员的核心业务之一。做好发用电平衡需综合分析全省负荷、受电、新能源出力、常规电源出力的当前情况及变化趋势，同时要统筹考虑潮流控制、网架窝电等局部电网问题。做好发用电平衡的关键是确保全省统调最大发电能力要高于全省统调最大负荷（且应留出旋转备用），且全省统调最小发电能力要低于全省统调最小负荷（且应留出负备用）。由于负荷的调整影响较大、牵涉较广，调度部门在进行发用电平衡管理时优先进行发电能力的管理，而负荷的调整是发电能力管理措施达到极限后不得已而为之的手段，不会轻易使用。

发电能力由以下几方面构成：煤电机组出力、燃气机组出力、水电机组出力、抽蓄机组出力、电化学储能出力、核电机组出力、风电出力、光伏出力、受电等，每一个分量的变化都会引起发电能力总量的变化。下面分条叙述：

煤电机组的发电能力变化主要由机组启停（停机状态包括机组调停、机组检修和机组非停）、计划试验或临时缺陷等引起。临时缺陷的形式主要有设备缺陷受阻、煤质差受阻、供热供气受阻等三大类。煤电机组运行人员需将临时缺陷以发电能力申报的形式汇报给省调。做好发电能力申报（主要是缺陷申报）就是做好煤电机组的发电能力管理。此外，做好煤电机组的发电能力管理还应结合潮流分布和稳定限额情况科学计算煤电机组的网架窝电。

燃气机组的发电能力变化主要由机组启停、计划试验或临时缺陷等引起。燃气机组运行人员同样需将临时缺陷以发电能力申报的形式汇报给省调。燃气机组窝电问题也需在发用电平衡时进行考虑。

水电作为灵活启停机组，即使在调停状态也具有其容量相对应的发电能力，因此无论是调停还是开机运行，都应纳入发电能力进行考虑（检修状态或退出备用时除外）。

抽蓄、电化学储能一般跟踪日前确定的计划曲线，调度员可以通知临时调整出力计划，但出力计划的调整需考虑库容或蓄电池容量等因素。

核电的出力一般保持稳定，但也有机组非停、机组缺陷等突发情况可能会影响机组出力。

风电、光伏由于其随机性、波动性，出力变化较大。通常将其预测出力纳入发电能力考虑。

受电变化的原因包括区域电网调度或国调调度机组的出力计划调整、临时缺陷等，也包括省间现货交易、区域电能交易等。

调度员要做好发用电平衡，最重要的是预判好日内的正、负备用情况。正备用为全省统调最大发电能力与全省统调最大负荷之差，负备用为全省统调最小负荷与全省统调最小发电能力之差。全省统调最大发电能力为煤机最大出力、燃气最大出力、水电最大出力、抽蓄出力计划、核电出力计划、风电出力、光伏出力、受电之和；全省统调最小发电能力为煤机最小出力、燃气最小出力、抽蓄出力计划、核电出力计划、风电出力、光伏出力、受电之和。以浙江为例，某日平衡情况如图9-8所示。

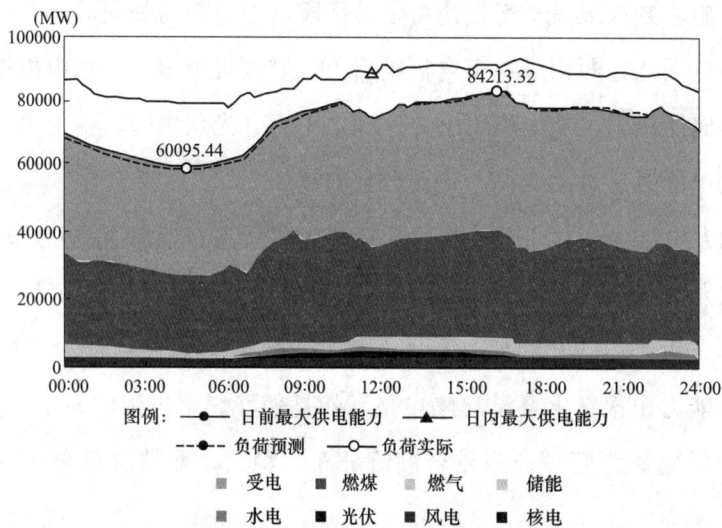

图 9-8　浙江电网某日日内发用电平衡情况示意图

日内负荷或新能源出力的超预期变化往往会造成发用电平衡困难。为解决发用电平衡困难，调度员需要根据负荷变化和发电能力变化，滚动更新备用预测，同时在平衡出现问题时及时采取优化开机方式、买卖电、调用灵活资源等方式进行调整。例如在旋转备用不足时，可以选择增开燃气机组、抽蓄机组改发电运行、储能改放电运行等措施。省内电源侧手段用尽后仍然无法填补发用电平衡缺口，此时可考虑省间电力支援和负荷侧管理措施。

9.3　电网无功功率实时调度运行控制

9.3.1　无功功率控制的重要性

随着电力系统联网容量的增大和输电电压的提高，输电功率变化和高压线路的投切都将引起很大的无功功率变化，系统对无功功率的调节和控制要求越来越高。另外，受电力市场化变革的影响以及来自环境、经济和技术方面的制约，现代电网越来越接近于其极限运行状态，这使得电网缺乏灵活的调节能力，特别是在某些紧急运行情况下，电网更加脆弱。

从 20 世纪 70 年代末以来，世界范围内发生了多起电压失稳及电压崩溃事故，这些事故的停电时间长，波及范围广，造成了巨大的经济损失和严重的社会影响。如何有效地防止电压崩溃事故的发生以及如何更好地进行无功电压控制引起了许多国家电力部门的重视。我国也正朝着超高压、远距离输电、大区互联和电力市场化的方向发展，电压稳定问题也将会威胁电网的安全稳定运行，对电压稳定问题及措施的研究必须给予高度的重视。

9.3.2　电压稳定的基本原理

在电压稳定性中，值得特别关注的是电厂向负荷中心的功率传输。简单电力系统接线如图 9-9 所示，该图是一典型的单电源供电系统的等值电路。由电力系统稳定原理可知：低电压、大电流的情况是系统无法接受的。在实际运行中，电压的失稳往往出现在试图运行在超过最大负荷功率的情况时。

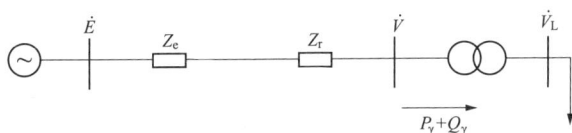

图 9-9　简单电力系统接线

设 $\dot{E}=E\angle\delta$，$\dot{V}=V\angle\dot{0}$，受端的阻抗 Z_r 为标准变比时的值并将其置于高压侧。考虑各类因素，作为一个等效综合负荷接在高压母线上，传输阻抗 $Z=Z_e+Z_r=|Z|\angle\theta$。则系统受端的有功功率及无功功率分别由式（9-18）、式（9-19）给出。消去功角后即得系统功率传输方程如式（9-20）所示。

$$P_r = \frac{EV}{|Z|}\cos(\delta-\theta) - \frac{V^2}{|Z|}\cos\theta \qquad (9\text{-}18)$$

$$Q_r = -\frac{EV}{|Z|}\sin(\delta - \theta) - \frac{V^2}{|Z|}\sin\theta \qquad (9\text{-}19)$$

$$\left(P_r + \frac{V^2}{|Z|}\cos\theta\right) + \left(Q_r + \frac{V^2}{|Z|}\sin\theta\right)^2 = \left(\frac{EV}{|Z|}\right)^2 \qquad (9\text{-}20)$$

在式（9-20）中，分别令 P_r 恒定、Q_r 或功率因数 $\cos\theta$ 恒定，即可得相应条件下系统的 $V\text{-}Q$ 特性曲线，即俗称的"鼻型曲线"，如图 9-10 所示。系统在鼻型曲线的上半支运行时，静态电压稳定性主要取决于网络的电压-功率特性，而系统在鼻型曲线的下半支运行时的静态电压稳定性则主要取决于负荷的静态电压特性。

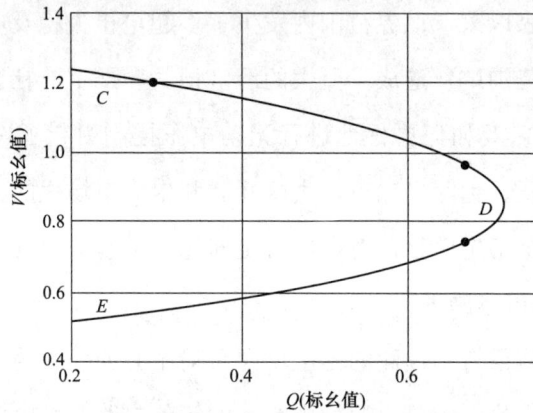

图 9-10　$V\text{-}Q$ 特性曲线

电力系统的电压稳定性是指系统在满足负荷功率需求的前提下，维持负荷电压在其容许范围内的能力。当系统具有这种能力时系统电压稳定，反之就是系统电压失稳。

9.3.3　电网电压水平控制

电力系统实时运行设备的电压需控制在设备额定电压附近。电网低电压运行，主要危害有增大线损、发电机出力降低、降低系统稳定性、降低设备送、变电能力等。电压大幅下降至极限电压时，系统的微小变化将引起静态稳定的破坏，即发生电压崩溃，导致系统的解列甚至系统的一部分或全部瓦解，也可能因发电机甩负荷而导致系统的振荡。电网高电压运行，其危害主要有绝缘的破坏和击穿、变压器无功损耗的增加、发电机励磁的增加和波动及功率因数的破坏等。因此，国家电网有限公司对电力系统电压有明确的控制范围要求：

（1）500（330）kV 及以上母线正常运行方式时，最高运行电压不得超过系统额定电压的+10%；最低运行电压不应影响电力系统同步稳定、电压稳定、厂用电的正常使用及下一级电压的调节。

（2）发电厂 220kV 母线和 500（330）kV 及以上变电站的中压侧母线正常运行方式时，电压允许偏差为系统额定电压的 0%～+10%；事故运行方式时为系统额定电压的–5%～+10%。

（3）发电厂和 220kV 变电站的 110、35kV 母线正常运行方式时，电压允许偏差为系统额定电压的–3%～+7%；事故运行方式时为系统额定电压的±10%。

（4）带地区供电负荷的变电站和发电厂（直属）的 10（6）kV 母线正常运行方式下的电压允许偏差为系统额定电压的 0%～+7%。

调度部门应负责所辖电网的无功平衡和电压质量，在电网运行方式的安排中应包括无功电力平衡、电压调整等保证电压质量的内容。值班调度员在进行有功电力调度和频率调整的同时，也应进行无功电力调度和电压调整。为此，网省公司每个季度都会下发电压控制曲线和厂站无功电压控制要求，用以指导各级调度、发电厂和变电站的调压控制。根据逆调压的原则，加强发电机的无功调节和低抗、电容器的投切，在严格执行电压控制曲线的基础上兼顾各厂站间的电压协调控制，发电厂应配合系统调压。电压控制曲线实际上是一条具有一定宽度的曲线带，一般而言，电压控制曲线主要与厂站电压等级和负荷情况有关。以浙江电网为例，根据《浙江电网 2023 年第四季度电压曲线》要求，浙江省内 1000kV 特高压变电站 1000kV 母线电压控制曲线为 1020～1070kV，500kV 母线电压控制曲线为 502～521kV；500kV 变电站 500kV 母线电压控制曲线为 502～520kV，220kV 母线电压控制曲线为 225～235kV，同一电压等级的不同变电站母线电压控制范围要求略有不同。

9.3.4　省级电网无功控制方法

为减少系统损耗，应避免经长距离线路或多级变压器传送无功功率，无功电压管理的基本原则是"分层分区、就地平衡"。常用的调压手段主要有以下几种：

（1）调整变压器的分接头位置。对于有载调压变压器，一般由 AVC 系统自动调节。对于无载调压主变压器，本方法不常用，一般只在春节前后，调整变压器分接头。

（2）调整发电厂发电机无功出力。该方法是日常调节最有效的方法。在负荷高峰负荷，随着电网对无功需求的增多，可以令电厂多发出无功。在负荷低谷时，可以进相运行吸收无功功率。

（3）利用 AVC 系统投退无功补偿装置。AVC 系统是以在线模式运行的电网电压无功控制系统，通过调度自动化 SCADA 系统采集各变电站、发电厂的母线电压、母线无功、主变压器各侧无功测量数据，以及各开关状态数据等实时数据进行在线分析和计算，从电网优化运行的角度调整全网中各种无功控制设备的参数，对其进行集中监视和分析计算，在满足节点正常功率平衡及各种安全指标的约束条件下，以主变压器分接开关调节次数最少、电容器投切最合理、发电机无功出力最优、电压合格率最高和输电网损率最小的综合为优化目标，实现对无功装置进行协调优化自动闭环控制，保证电网安全、经济运行。华东电网 AVC 系统结构如图 9-11 所示。

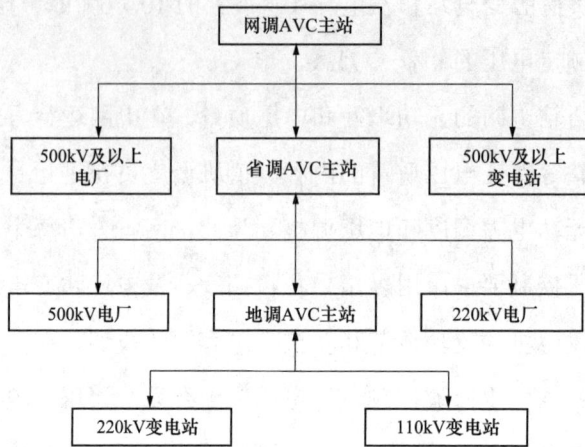

图 9-11 华东电网的 AVC 系统结构

（4）调整网络结构。调整网络结构（如方式调整、投退空充线路等），强迫改变无功分布也可以调整系统电压。

（5）启动备用机组。在无功和有功的匮乏的时候，也可通过启动备用机组，来提供电源支持。

第 10 章　电网稳定运行和限额控制

10.1　电网稳定运行概述

电力系统正常运行的一个重要标志，就是电力系统中的同步电机（主要是发电机）都处于同步运行的状态，即所有互联运行的同步电机都有相同的角速度。这种情况下，表征系统运行的参数具有接近于不变的数值，通常将这样的运行状态称为稳定运行状态。

电力系统的稳定性，是指电力系统在运行中受到小的或大的扰动后保持稳定运行的能力。电网运行中无时无刻不受到外界干扰，如由于负荷正常波动、功率及潮流控制、变压器分接头调整和联络线功率自然波动等引起的小扰动；或者受到系统元件短路、切换操作和其他较大的功率或阻抗变化引起的大扰动。当电力系统运行在稳定性较低的水平或遭受较大的扰动时，可能会出现稳定破坏，造成用户供电中断，甚至导致整个系统的瓦解。因此，保持电力系统运行的稳定性，对于电力系统的安全可靠运行，具有非常重要的意义。

要保证电网不发生稳定破坏，必须提前对可能出现的所有系统运行方式进行分析，确定稳定边界，并安排有一定安全裕度的、合理的电网运行方式。实时运行时，系统的安全边界一般以安全稳定控制要求的形式给出，其中以稳定限额最为常见。稳定限额由调控中心系统运行专业制定，并通过年度运行方式、稳定运行规定、电网运行风险预警、设备检修单等方式递交调度员。调度员在实时运行中严格根据稳定限额进行控制，保持电网稳定运行。

需要指出，作为省级电网调度员，对稳定限额不能仅仅机械执行，还需要了解稳定限额制定的由来，从而对电网稳定形态、稳定裕度及电网运行方式的薄弱点有更清晰的认识，以更好应对实际运行中纷繁复杂的运行边界变化，保障大电网安全稳定运行。

10.2　电力系统稳定性原理和稳定计算

10.2.1　电力系统安全性和稳定性

电力系统的安全性是指电力系统在运行中承受故障扰动（例如突然失去电力系统的元

件或短路故障等）的能力。通过两个特性表征：

（1）电力系统能承受住故障扰动引起的暂态过程并过渡到一个可接受的稳定运行工况。

（2）在新的运行工况下，各种约束条件得到满足。电力系统的稳定性指电力系统受到扰动后保持稳定运行的能力。根据动态过程的特征和参与动作的元件及控制系统，通常将稳定性的研究划分为功角稳定、电压稳定及频率稳定，功角稳定又可细分为静态功角稳定、暂态功角稳定、小扰动动态功角稳定、大扰动动态功角稳定，如图 10-1 所示。

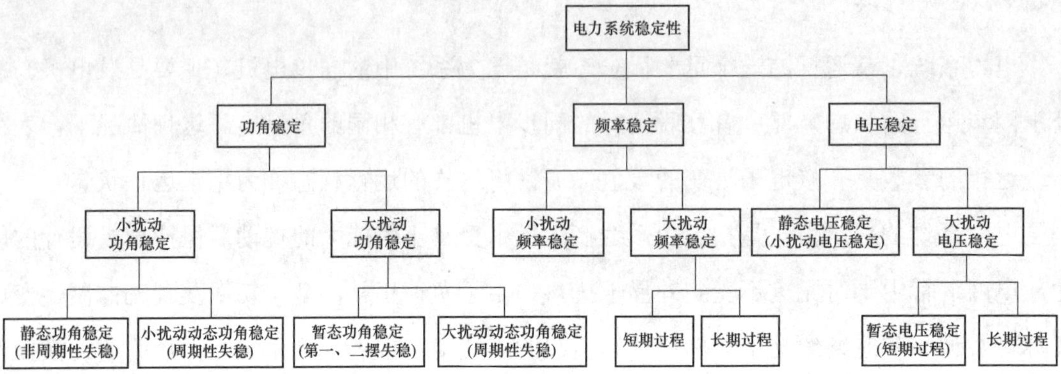

图 10-1　电力系统稳定性的分类

10.2.2　电力系统安全稳定计算

电力系统安全稳定计算分析的目的是通过对电力系统进行详细的仿真计算和分析研究，确定系统稳定问题的主要特征和稳定水平。根据系统的具体情况和要求，开展包括系统的电压无功分析、静态安全分析、短路电流安全校核、静态稳定计算、暂态稳定计算、动态稳定计算、电压稳定计算、频率稳定计算以及再同步计算，并对计算结果进行认真详细的分析，研究系统的基本稳定特性，给出保证电网安全稳定运行的控制措施、提出提高系统稳定运行水平的控制策略。

电力系统安全稳定计算分析前应首先确定的基础条件包括：电力系统接线和运行方式、电力系统各元件及其控制系统的模型和参数、负荷模型和参数、故障类型和故障切除时间、重合闸动作时间、继电保护和安全自动装置的模型及动作时间等。根据计算分析的目的，针对系统运行中实际可能出现的不利情况，设定系统接线和运行方式。应从下列三种运行方式（正常方式、事故后方式、特殊方式）中分别选择可能出现的对系统安全稳定不利的情况，进行计算分析。

安全分析方法可分为静态安全分析和动态安全分析。静态安全分析假设电力系统从事故前的静态直接转移到事故后的另一个静态，不考虑中间的暂态过程，用于检验事故后各种约束条件（主要为电网设备热稳定限额）是否得到满足。静态安全分析一般应用潮流计算和灵敏度分析等工具进行分析校核。

动态安全分析是研究电力系统在从事故前的静态过渡到事故后的另一个静态的暂态过程中保持稳定的能力，计算内容包括功角稳定性、电压稳定性、频率稳定性和中长期过程稳定性分析，通常用于分析系统暂态稳定、动态稳定限额。在分析方式上主要是沿用传统的方法，一般是在电网中设定某种预想故障形式后，对系统安全稳定有严重影响的区域运用仿真工具仿真，根据仿真结果对现有的系统保护装置和控制措施进行校核。

目前，国内系统运行专业在分析工具上通常采用国内开发的 BPA 潮流和暂态稳定程序（电力科学研究院）以及电力系统分析综合程序（power system analysis software package，PSASP），同时部分地区引进了国外的一些分析软件，如美国的 PTI 公司开发的 PSS/E、法国电力公司的 EUROSTAG 等。近年来，调度运行专业也积极利用在线安全分析程序开展电网稳定分析。

10.2.3　三级标准和三道防线

10.2.3.1　安全稳定三级标准

《电力系统安全稳定导则》规定电力系统承受大扰动能力的安全稳定标准：

1. 第一级标准

正常运行方式下电力系统受到单一故障扰动（如线路单相瞬时接地故障、发电机跳闸、变压器故障、直流系统单极闭锁）后，保护、断路器和重合闸正确动作，不采取稳定控制措施，应能保持电力系统稳定运行和电网的正常供电，其他元件不超过规定的事故过负荷能力，不发生联锁跳闸。

第一级安全稳定标准中包含的故障情况有：

（1）任何线路单相瞬时接地故障重合成功。

（2）同级电压的双回线或多回线和环网，任一回线单相永久故障重合不成功及无故障三相断开不重合。

（3）同级电压的双回线或多回线和环网，任一回线三相故障断开。

（4）任一发电机跳闸或失磁，任一新能源厂站或储能电站脱网。

（5）任一台变压器故障退出运行（辐射型结构的单台变压器除外）。

（6）任一大负荷突然变化。

（7）任一回交流系统间联络线故障或无故障断开不重合。

（8）直流系统单极闭锁，或单换流器闭锁。

（9）直流单极线路短路故障。

对于电源（包括常规电厂和新能源厂站）的交流送出线路三相故障、电源的送出直流单极故障、两级电压的电磁环网中单回高一级电压线路故障或无故障断开，必要时允许采用切机或快速降低电源出力等措施。

2．第二级标准

正常运行方式下电力系统受到较严重的故障扰动（单回线或单台变压器故障三相断开、同杆双回线故障、任一一段母线故障、直流系统双极闭锁）后，保护、断路器、重合闸正确动作，应该能保持稳定运行，必要时允许采取切机和切负荷、直流紧急功率控制、抽水蓄能电站切泵等稳定控制措施。

第二级安全稳定标准中包含的故障情况有：

（1）单回线或单台变压器（辐射型结构）故障或无故障三相断开。

（2）任一段母线故障。

（3）同杆并架双回线的异名两相同时发生单相接地故障重合不成功，双回线三相同时跳开，或同杆并架双回线同时无故障断开。

（4）直流系统双极闭锁，或两个及以上换流器闭锁（不含同一极的两个换流器）。

（5）直流双极线路短路故障。

在发电厂或变电站出线、进线同杆架设的杆塔基数合计不超过 20 基，且在同杆架设的线路长度不超过该线路全长 10%的情况下，允许（3）规定的故障不作为第二级标准，而归入第三级标准。

3．第三级标准

电力系统因开关拒动、保护拒动、多重故障、失去大容量发电厂等严重扰动导致稳定破坏时，必须采取失步/快速解列装置、低频/低压减载、高频切机等措施，避免造成长时间大面积停电和对重要用户（包括厂用电）的灾害性停电，使负荷损失尽可能减少到最小，电力系统应尽快恢复正常运行。

第三级安全稳定标准中包含的故障情况有：

（1）故障时断路器拒动。

（2）故障时继电保护、自动装置误动或拒动。

（3）自动调节装置失灵。

（4）多重故障。

（5）失去大容量电厂。

（6）新能源大规模脱网。

（7）其他偶然因素等。

第三级安全稳定标准涉及的情况难以全部枚举，且故障设防的代价大，对各个故障可以不逐一采取稳定控制措施，而应在电力系统中预先设定统一的措施。

10.2.3.2　电网运行三道防线

"三道防线"是电力系统为满足三级安全稳定标准而构建的安全防御体系，是在系统发生大扰动事件后为了确保系统稳定性、防止事故扩大并避免系统崩溃造成大面积停电而布置的继电保护系统以及稳定控制装置和措施的总称。

第一道防线：反应元件故障和异常状态的继电保护装置。由继电保护装置快速、准确地切除故障元件，快速隔离故障，保证系统稳定运行和正常供电。

第二道防线：采用安全稳定控制装置及切机、切负荷等措施，确保在发生大扰动情况下电力系统的稳定性。

第三道防线：系统失去稳定后，为避免电网崩溃而采取的一切必要措施。例如，当电力系统遇到严重故障而稳定破坏时，依靠失步解列装置将失步的电网解列，并由频率及电压紧急控制装置保持解列后各系统的功率平衡，防止事故扩大、防止大面积停电。

10.3　稳定限额的编制

编制稳定限额的目的是通过对电力系统进行详细的仿真计算和分析研究，确定系统稳定问题的主要特征和稳定水平，提出提高系统稳定水平的措施和保证系统安全稳定运行的控制策略，用以指导电网调度运行控制、发用电负荷调节、设备停复役操作、电网事故处理等相关工作。

10.3.1　稳定限额的定义与分类

为确保电力系统在受到各种扰动后仍能保持安全稳定运行，经电网稳定计算分析后给出电力系统中各运行元件的最大输送能力，这些最大输送能力通常被称为稳定限额。稳定限额可以是单个元件的限值，也可以是若干个元件经公式组合计算后得出结果的限值。可以是针对单方向的潮流限值，也可以是双向的潮流限值。

根据针对不同的电力系统稳定问题，可以将稳定限额分为热稳定限额、静态稳定限额、暂态稳定限额、动态稳定限额。

10.3.2　稳定限额编制的依据

稳定限额编制的主要依据有《电力系统安全稳定导则》《国家电网公司电力系统安全稳定计算规定》《电力安全事故应急处置和调查处理条例》等，结合区域相关规定规则和具体电网结构进行编制。

10.3.3　稳定限额编制的基础条件

10.3.3.1　系统接线和运行方式

根据《电力系统安全稳定导则》，进行电力系统安全稳定计算时，应针对具体校验对象（线路、母线等），选择下列三种运行方式中对安全稳定最不利的情况进行安全稳定校验。

（1）正常运行方式：包括计划检修方式和按照负荷曲线以及季节变化出现的水电大发、火电大发、最大或最小负荷、最小开机和抽水蓄能运行工况等可能出现的运行方式。

（2）事故后运行方式。

（3）特殊运行方式：主干线路、重要联络变压器等设备检修及其他对系统安全稳定运行影响较为严重的方式。

编制年度稳定规定主要针对正常运行方式（含检修方式）。但需要特别注意，尽管年度稳定计算数据文件可能只有高峰方式和腰荷方式两种，但实际上在进行稳定计算编制过程中，针对不同的局部电网会演化出无数个正常运行方式（包括开机方式、发电出力、负荷分布的调整等）。

临时稳定规定主要针对特殊运行方式，延伸一下上述描述，应该说主要是针对电网实际出现的多个元件同停方式。

10.3.3.2　系统模型和参数

编制稳定限额主要需要以下一些电力系统模型和参数：

（1）电力系统各元件及其控制系统的模型和参数。

（2）负荷模型和参数。

（3）故障类型和故障切除时间。

（4）重合闸动作时间。

（5）继电保护和安全自动装置的模型和动作时间。

10.3.3.3　电网设备正常及事故后载流能力

电网设备的载流能力受本身属性以及外部环境条件的共同作用，在不同的环境条件（主要是指散热条件）下载流能力存在不同，特别是架空线路。典型线路的载流能力如下。

500kV 线路架空输电线路的运行条件按照《110kV～750kV 架空线路设计规范》（GB 50545—2010）给定，即环境温度 40℃，风速 0.5m/s，日照 1000W/m²。根据线路设计条件和实际运行状况，普通导线最高允许温度可取 70℃和 80℃两档，一般不得超过 80℃。

（1）导线最高允许温度 70℃时 500kV 线路的钢芯铝绞线允许载流量典型取值如下：标称截面面积为 300mm² 的 4 分裂线为 2000A；标称截面面积为 400mm² 的 4 分裂线为 2390A；标称截面面积为 630mm² 的 4 分裂线为 2990A；标称截面面积为 630mm² 的 6 分裂线为 4485A；标称截面面积为 720mm² 的 4 分裂线为 3290A；标称截面面积为 800mm² 的 4 分裂线为 3540A。如设备未经运维部门确认，允许载流量均按 70℃典型值考虑。

（2）导线最高允许温度 80℃时 500kV 线路的钢芯铝绞线允许载流量典型取值如下：标称截面面积为 300mm² 的 4 分裂线为 2500A；标称截面面积为 400mm² 的 4 分裂线为 2900A；标称截面面积为 630mm² 的 4 分裂线为 3850A；标称截面面积为 630mm² 的 6 分裂线为 5775A；标称截面面积为 720mm² 的 4 分裂线为 4190A；标称截面面积为 800mm² 的 4 分裂线为 4480A。

220kV 线路，夏季（环境温度大于 25℃）事故后短时允许载流量如下（仅供参考，具体线路仍以设备部发文为准）：

（1）LGJQ-300 和 LGJ-300 系列导线事故后短时最大载流量 782A（297MVA）；LGJQ-500 和 LGJ-500 系列导线事故后短时最大载流量 902A（343MVA）；LGJ-630 系列导线事故后短时最大载流量 1055A（402MVA）。多分裂输电导线载流量参照上述导线电流值乘以分裂数计算。

（2）耐热导线事故后短时最大载流量取决于线路设计温度，当线路设计温度为 120℃时，JNRLH60-300 导线事故后短时最大载流量 979A（373MVA）；JNRLH60-400 导线事故后短时最大载流量 1151A（738MVA）；JNRLH60-500 导线事故后短时最大载流量 1335A（508MVA）；JNRLH60-630 导线事故后短时最大载流量 1558A（593MVA）。

（3）随着近年来电网新技术的应用，220kV 线路中电缆、耐热导线、碳纤维导线逐渐采用，电缆线路载流量与环境温度、敷设方式、绝缘材料及三相布置方式等诸多因素均存在较大相关性，需根据每条线路投运后实际情况进行具体确定。

由上文可以看出，线路的载流能力受环境温度的影响较大，因此实际运行中，还可以采用输电线路动态增容技术，通过导线精灵等装置实时监测环境稳定进而精确确定线路载流能力，可大幅提高线路的输送限额。

大部分 500kV 主变压器均具有短时（30min 及以上）过负荷 1.5 倍及以上的能力。需要特别注意的是，对部分 500kV 的主变压器起始负荷有所限制。比如浙江电网的双龙变 3 号主变压器，若起始负荷为 0.7 倍额定功率则短时（20min）过负荷至 1.3 倍额定功率；但若起始负荷超过 0.7 倍额定功率，则短时过负荷能力也将随之下降，所谓主变压器限额受主变压器起始倍数限制就是由此而来的。

220kV 电流互感器：220kV 电流互感器可按 1.1 倍额定电流连续运行，短时过负荷能力按 1.2 倍额定功率可连续运行 30min。

220kV 阻波器：根据《交流电力系统阻波器》（GB 7330—2008），环境温度 40℃时，220kV 阻波器可按其 1.2 倍额定电流短时运行 60min。目前大部分省份的 220kV 线路高频保护已逐渐被差动保护替代，剩余部分也将逐步改造，最终 220kV 阻波器将全部拆除。

220kV 断路器、隔离开关：220kV 断路器、隔离开关事故后短时最大允许载流量可按设备的额定电流确定。

线路载流能力的确定需综合考虑导线、断路器、隔离开关、阻波器、电流互感器、站内引线等一系列串联设备；线路载流能力分为长期载流能力、短时载流能力、继电保护定值，在限额编制中，上述三个能力分别用于不同场合；在以上的电网设备正常及事故后载流能力的描述中，均以电流或视在功率的形式表达，而实际应用中则一般以有功功率形式出现。在实际运行中，目前一般按照一定的功率因数（通常取 0.9）进行转换计算。

为了在确保设备安全的前提下，充分挖掘设备输送潜力，还可以对输电线路进行动态增容。其流程如下：

（1）省公司调控中心向省公司设备部提出 220kV 及以上线路动态增容需求。

（2）省公司设备部组织省电科院和相关地市公司运检部开展动态增容工作可行性评估。

（3）地市公司运检部负责开展检测设备选点、安装和数据接入等工作。

（4）省公司设备部负责将实时和日前动态增容数据推送至省公司调控中心，省公司调控中心负责开展动态增容数据的应用，数据应用优先次序为实时核定数据、日前预测数据、静态输送数据。

（5）省公司调控中心负责采取有效措施，控制动态增容告警线路负荷。

10.3.4　稳定限额编制的相关要求

10.3.4.1　稳定限额编制的原则

稳定限额是保证系统稳定运行的稳定控制要求，因此稳定限额通常是按照满足《电力系统安全稳定导则》规定的第一级、第二级安全稳定标准的校核结果和相关设备的能力给出。

根据《国家电网公司电力系统安全稳定计算规定》第 5.2 节中的说明，在确定运行控制极限（也就是稳定限额）时，可根据实际需要在计算极限的基础上留有一定的稳定储备，如按计算极限功率值的 5%～10%考虑。

其中，第一级安全稳定标准的要求为：发电机、主变压器、线路等元件 N-1，系统稳定，不采取稳定措施情况下满足无设备过负荷、不发生联锁跳闸、不损失负荷。而第二级安全稳定标准的要求为：线路（单回线）、母线、同杆并架双线等 N-1，系统稳定，可采取切机、切负荷等稳定措施。

10.3.4.2　稳定限额编制的要求

稳定限额编制依据是需要电力系统安全稳定分析计算，通过开展静态安全分析、静态稳定计算、暂态稳定计算、动态稳定计算、电压稳定计算、频率稳定计算以及再同步计算来确定电网运行的安全边际，从而制定相应的限额。

常见的稳定包括：热稳定限额、暂态稳定限额、动态稳定限额。

对于热稳定限额，目前主要采用全部元件 N-1 扫描，根据 N-1 原则，逐个无故障断开线路、变压器等单一元件，检查其他元件是否因此过负荷和电网电压水平是否符合要求，用以检验电网结构强度和运行方式是否满足安全运行的要求。

对于暂态稳定、动态稳定等稳定形式相关的限额，一般先通过全局扫描来发现系统中存在的失稳场景，再针对性地对相应场景进行近区设备进行专题分析，确定失稳类型、引起失稳的关键断面，并求得系统临界稳定的断面功率。经系统专业对求取的临界功率取一定裕度，即可编制成为对应稳定方式下的稳定限额。同一断面若存在多种不同稳定形式的限额值，取其中的最小值作为实际运行控制中的稳定限额。

本节主要对热稳定限额的编制进行介绍。

10.3.4.3　稳定限额编制的方法

1. 全部元件 N-1 扫描

根据静态安全分析的定义，在预先指定的方式下对全网单一设备进行 N-1 扫描，并对计算结果进行分析，得出瓶颈元件（或者瓶颈断面）以及对应的严重故障，在此基础上获得稳定限额是一种比较理想的方法。

此方法依赖于计算软件或校核系统的强大功能，专业人员主要的工作量在指定运行方式，指定严重故障方式（母线故障的定义）以及对计算结果的分析整理从而制定相关稳定限额。

2. 部分元件 N-1 扫描

目前稳定计算和限额的编制主要还是依赖于专业人员的电网运行经验确定研究对象，并对局部电网进行部分元件 N-1 扫描。

部分元件 N-1 扫描这种方式较为灵活快速，对电网特点的把握较直接，计算过程始终围绕着瓶颈元件（断面）和严重故障。当然，此方式也有明显的缺点，受人的思维惯性的影响，严重故障方式很有可能会遗漏。

10.3.5 稳定限额编制的步骤

实际运行场景中，绝大部分限额都是热稳定限额。下面主要围绕热稳定限额的编制过程进行介绍。热稳定限额的编制过程可以分为四个步骤：

（1）第一步，根据运行方式和潮流计算结果，确定主要研究对象：

1）潮流重载的输、变电通道。

2）相对薄弱的电网结构（比如电磁环网、双线带数个厂站等）。

3）重要厂站的母线（500kV 变电站、电厂、主要输电通道中的 220kV 变电站等）。

（2）第二步，确定瓶颈元件及严重故障，同时获得灵敏系数：

1）围绕选定的研究对象，进行 N-1 扫描（线路、母线、主变压器、电厂机组等），获得使相关设备过负荷最为严重的故障。

2）计算严重故障方式下的灵敏系数。相关设备之所以会过负荷，是因为故障后，故障元件输送的潮流发生了大量转移。所谓灵敏系数，就是将上述潮流的转移关系以一个系数加以模拟，我们关注的是相关设备潮流变化量之间的一种近似线性关系。在此基础上可以知道，故障元件输送潮流的某一个小于或等于 1 的倍数转移至过负荷元件，并根据该系数来推算限额。灵敏系数的方法并不是在什么方式下都适用。根据计算经验，受到局部电网开机方式、负荷分布的影响，灵敏系数误差比较大的时候可以达到 0.04；另外在考虑 500kV 母线发生故障，多个重要元件（500kV 线路、500kV 主变压器）同时故障时，由于各元件对电网其他设备的影响各不相同，就很难分析出其对应的关系，也很难给出相应的灵敏系数。

（3）第三步，根据灵敏系数计算稳定限额：表面看来，根据灵敏系数计算稳定限额是一件显而易见的事情，但很多情况下得出的理论限额公式应该是一个公式限额，如 $a+kb$ $<c$，其中 a 为主控元件（断面），b 为控制元件，k 为灵敏度系数。根据实现方式，可以采用公式限额或分档限额的方式实现相应的限额控制。公式限额即直接以上述公式进行控制，一般主控元件取断面中最薄弱元件。分段限额是公式限额的简化，其原理为：公式限额中主控元件（断面）与控制元件互相关联且成反比关系，缩小其中一项的限额值就可能放大另外一项的限额值，因此将其中一个或多个元件的按照选定的门槛值进行分档，就可以将主控元件以简单加和的方式进行计算和制定限值。在采用分段限额的情况下，往往需要更为仔细地分析系统潮流情况，预测实际可能达到的潮流分布，从而给出比较合适的稳定限额，并且可以根据负荷高峰、低谷以及机组开停机方式的变化，给出一组多个档位的稳定限额，增强对电网运行的适应性。需要注意的是，灵敏系数主要应用于热稳定限额的编制中，无法适用于其他稳定形式。

（4）第四步，提出其他稳定控制要求。根据计算获得的稳定限额以及已有的潮流计算结果，可以评估该项稳定限额是否易超限，是否对局部电网的供电负荷有所限制，是否对局部电网的电力送出有所限制，如果有限制，限制为多少。接下来还可以确定采取什么措施来尽量保证电网稳定运行，常见的措施包括安全自动装置的投入与否，厂站母线接排方式的调整等，在实施了上述措施以后，有可能需要对制定的稳定限额进行再次的计算、调整。

10.3.6　稳定限额的编制案例

例 1：终端变热稳定限额。

（1）图 10-2 为终端变电站单线稳定限额计算示例，其中变电站 A 为终端变电站，通过单线从

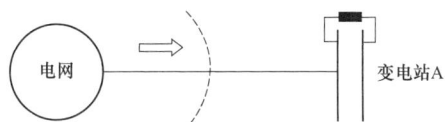

图 10-2　终端变电站单线稳定限额计算示例

主网受电，线路长期载流能力为 300MW，短期载流能力为 350MW，受线路长期载流能力制约，其单线热稳限额为 300MW。

（2）图 10-3 为终端变电站双线稳定限额计算示例，在图 10-2 的基础上新建变电站 A 第二回受入通道，双线长、短期载流能力为 300、350MW。考虑线路 N-1，或变电站 A 母线 N-1 故障后，剩余 1 线不超短时载流能力，双线断面热稳限额为 350MW。

（3）图 10-4 为终端变电站三线稳定限额计算示例，在图 10-3 的基础上新建变电站 A

第三回受入通道，三线长、短期载流能力为 300、350MW。考虑变电站 A 母线 N-1 故障后，剩余 1 线不超短时载流能力，三线断面热稳限额为 350MW。

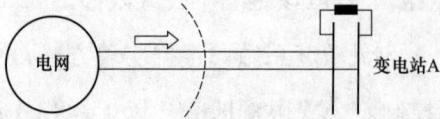

图 10-3　终端变电站双线稳定限额计算示例图　　图 10-4　终端变电站三线稳定限额计算示例图

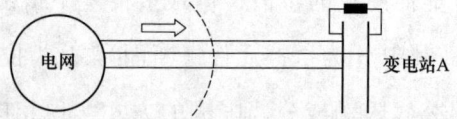

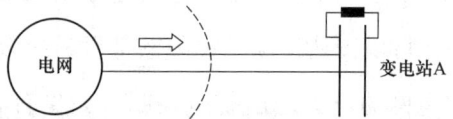

（4）图 10-5 为终端变电站四线稳定限额计算示例，在图 10-4 的基础上新建变电站 A 第四回受入通道，四线长、短期载流能力为 300、350MW。考虑变电站 A 母线 *N*-1 故障后，剩余 2 线不超短时载流能力，四线断面热稳限额为 700MW。

（5）图 10-6 为终端变电站双线带过载联切负荷装置的稳定限额计算示例，变电站 A 通过双线受电，双线长、短期载流能力为 300、350MW，现在变电站 A 加装线路过载联切负荷装置，可切负荷量 100MW。双线断面热稳限额为 450MW（设断面限额为 X，则有 $X-100=350$，得 $X=450$）。

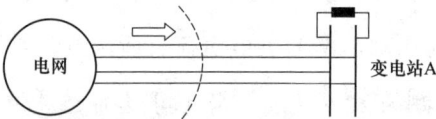

图 10-5　终端变电站四线稳定限额计算示例图　　图 10-6　终端变电站双线带过载联切
负荷装置稳定限额计算示例图

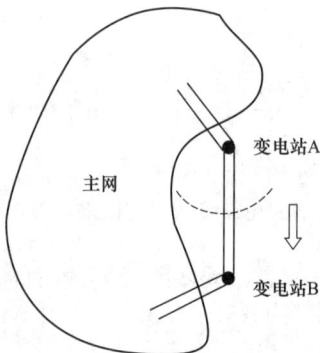

图 10-7　联络变压器双线稳定
限额计算示例图

例 2：图 10-7 为联络变压器双线稳定限额示例，其中变电站 A～B 双线长、短时载流能力均为 300、350MW，双线 *N*-1 故障剩余系数为 0.8。双线断面热稳限额为 437.5MW（设断面限额为 X，则 $X\times0.8=350$，可得 $X=437.5$）。

例 3：变电站 A1～3 号三台主变压器为独立供区运行，起始功率为 1.0 倍时，均可短时过负荷 1.5 倍。受三台主变压器的起始功率限制，变电站 A 三台主变压器最多可送 3×额定功率，受事故后两台主变压器的过载能力限制，变电站 A 三台主变压器最多可送 2×1.5 倍额定功率。因此，变电站 A1～3 号三台主变压器的热稳定限额为 min（3×额定功率，2×1.5 倍额定功率）。

10.4　稳定限额的运行控制

控制稳定限额就是把流经需控制元件的功率或电流水平控制在稳定限额内，针对不同情况，可通过加减电厂出力、控制主变压器下送负荷、调整运行方式等方法来实现。

10.4.1　稳定限额的监视

调度技术支持系统一般都集成有稳定限额监视模块，将相关的设备进行选择即可产生所需控制的设备组合。稳定限额库中还需对设备的潮流送端进行定义，若潮流方向为送端至受端，则该支路潮流为正，反之为负。

10.4.1.1　电网稳定限额监视警戒线

稳定限额监视警戒线主要是便于调度员对重载断面进行监视，当潮流超过警戒线后，该断面将推送到稳定限额监视表，提醒调度员及时进行干预（如调整机组出力、转移负荷等），避免重载断面发展成越限。不同的省份可根据自身需要对稳定限额警戒线进行自主定义。浙江省调将稳定限额值的 90%定义为蓝色警戒线（又称重载线），提醒调度员相关限额存在越限风险，需采取预控措施；限额值的 100%定义为红色警戒线，说明断面潮流已经超过稳定限额，需要立即采取措施将断面潮流控制至稳定限额以内。

10.4.1.2　稳定限额分类

稳定限额可以分为长期规则、检修规则和调度员规则（临时规则）。长期规则的稳定限额，是在电网正常运行时需控制的限额。检修规则的稳定限额是电网设备检修而产生的稳定限额。调度员规则的断面稳定限额是因临时方式产生的稳定限额，比如设备故障、新设备启动等。

10.4.1.3　稳定限额的制作

不同省份稳定限额的制作方式、制作工具不尽相同。下面以浙江电网为例，对稳定限额的制作过程进行简要分析。

浙江省调的稳定限额是在Ⅲ区调控云上的稳定限额管理模块中先进行维护，制作完毕后再同步至Ⅰ区进行控制。其中长期限额由系统处在每年稳定运行规定发布后集中修改同步；检修限额由系统处随检修申请单报送，调度处在执行申请单时在调控云→稳定限额管理系统→检修限额，找到待启用中找到对应限额编号后同步启用。

调度员规则（临时规则）与检修规则类似，点击调控云→稳定限额管理系统→调度员规则，在待启用栏里点"新建"，新建一条调度员规则的限额。调度员规则一般由调度员进行制作维护。限额制作完成后，勾选本条限额，并点击菜单栏中的同步 EMS，自动完成Ⅲ区到Ⅰ区的传输，同步成功等同于已在Ⅰ区执行相应限额。可在调度员规则下的已启用栏里查看，如图 10-8 所示。

这三类限额中，调度员规则权限最高，检修规则次之，长期规则最低。

图 10-8　OMS 限额同步页面

限额启用后，调度技术支持系统的稳定监视界面即可实时对相关断面进行实时越限监视，如图 10-9 所示。

图 10-9　D5000 稳定监视界面

10.4.2 稳定限额的控制手段

调度部门对稳定限额的正常控制手段主要有：调整统调电厂出力（以下简称"Ⅰ类手段"）、调整地方小水电、小火电出力（以下简称"简称Ⅱ类手段"）、通过方式调整控制局部电网网供负荷（不影响用户用电：包括临时调整 110kV 及以下方式不停电转供负荷、临时调整 220kV 电网运行方式，以下简称"简称Ⅲ类手段"）、限制局部电网的网供负荷（将导致少供电量：有序用电错避峰、通过营销负荷控制系统、按《超电网供电能力拉限电序位表》拉限电等，以下简称"Ⅳ类手段"）。

调度员应根据实际潮流所达警戒等级，综合分析潮流趋势走向和控制手段的充足与否，及时、准确、果断地进行稳定限额控制。原则包括：

（1）当监视断面潮流重载（超过 90%）时，当班调度应立即进行相关分析，如利用 PAS 等调度员潮流计算软件对调整发电厂出力（Ⅰ类手段）情况进行分析计算，并需综合考虑相关区域网供负荷趋势走向、近期该断面潮流历史曲线数据，以及相关区域低电压等级电网运行方式变化情况等。同时对有效区域内Ⅱ类手段的实际情况进行了解掌握。

（2）当分析结果为在采取Ⅰ类手段后最终该断面潮流仍将出现超限时，当班调度应根据分析情况（越限可能持续时间、越限大小等）提前布置Ⅱ类或Ⅲ类手段。同时，应立即电话联系系统处进行会商。

（3）各级调度对Ⅲ类手段的临时采取应慎重。在决定实施前，调控、计划、系统、继保等相关专业应一起做好全面分析，调控专业应将此临时操作作为一个重要危险点加以分析与控制。

（4）在Ⅰ、Ⅱ、Ⅲ类手段皆已用尽的前提下，当班调度应当根据实际潮流重载严重程度和断面潮流曲线走向果断采取进一步的控制措施。在这种情况下，调度有权根据实际潮流，适当提前以正令的形式采取Ⅳ类手段。

（5）在采取Ⅳ类手段进行限额控制时，应使用调度正令。在拉闸限电的正令术语上，若相关单位对该限额数据可以做到完全监视，省调调度的正令内容中可以明确要求是"在××区域采取Ⅳ类限电措施，控制××限额不越限（限值）"。有关单位在执行完毕回复省调正令时，应汇报最大实际控制负荷、实际少供电量等相关内容；如果相关单位无法完全监视，省调则直接在正令中明确某指定区域内控制负荷的数量。

（6）对于事故情况下的稳定限额控制，当班调度根据实际情况（包括电网方式、天气、故障情况），应按照事故处理原则进行紧急控制处理。必要时，可以按照《事故限电序位表》

进行直接拉电，在发生重特大事故时，甚至可以动用《事故紧急拉停 220kV 主变压器序位表》。

10.5 电网风险预警简介

在重大检修方式、电网故障后或恶劣天气等外部影响下，电网运行方式可能会出现电网风险，如全站停电、供电能力不足、系统解列等。调度部门需要提前预判和辨识风险，并采取相应的预控措施，以尽可能规避风险和保障电网安全稳定运行。调控部门负责电网运行、二次系统、通信、电力监控系统等方面的风险评估，以及管控措施的组织落实。这里仅以电网运行为例进行介绍。

通常，调度部门系统运行专业负责辨识和评估风险，参照《国家电网有限公司安全生产风险管控管理办法》《国家电网有限公司安全事故调查规程》等文件规定，起草和制定电网运行风险预警通知单，给出相应的预警事由、预警时段、风险等级、责任单位、风险分析及预控、管控措施等。调度运行专业通常根据风险预警单制定相应的事故处置预案，告知相关单位运行风险情况，并督促相关单位完成对应的事故预案。在风险管理过程中，还需要动态跟踪风险发展变化、管控措施效果等因素，必要时及时调整风险管控措施。风险结束后，应及时告知相关单位和取消管控措施，确保风险管控过程闭环。

第 11 章　电网在线安全稳定分析

11.1　在线安全稳定分析概述

保证实时电网安全稳定运行是调度员值班期间必须关注的问题。随着电网规模的不断扩大，电网运行情况日益复杂，局部的扰动也可能会导致电网发生大面积的连锁事故。因此，提高电力系统安全稳定分析技术水平成为保障电力系统安全稳定运行的重要手段之一。在 2003 年 8 月 14 日美加大停电、2006 年 11 月 4 日西欧大停电等重大事故中，因调度运行人员缺乏可以掌握电网实时运行情况及稳定程度的技术手段，对事故的及时处理和事后分析都造成了一定程度的影响。历次大电网大面积停电事故的惨痛教训，促使国际上开始进行电网动态安全评估系统的研究与应用。

2007 年，国家电网有限公司在线安全稳定分析与运行控制辅助决策系统在国家电力调度控制中心（以下简称"国调"）投入运行。随后，国调从技术标准制定、研发部署、机制建设、人员培训、支撑体系构建等方面持续开展在线安全分析的推广应用。到 2015 年，34 家省级以上调控机构已开展常态化应用。在线安全稳定分析目前已成为一项重要的调度运行工作内容。省级以上调度系统设置专门的安全分析工程师岗位，由调度运行专业负责管理。

在线安全分析（dynamic security assessment, DSA）是实现大电网动态安全评估的核心技术。在线安全分析基于智能电网调度控制系统基础平台，获取实时数据和动态信息，综合稳态、动态、暂态等多角度分析评估技术，实现了在线安全分析评估、稳定裕度评估以及运行控制辅助决策等功能，实现了大电网运行的全面安全预警和多维多层协调的主动安全防御。如图 11-1 所示为新一代在线安全稳定分析界面。

在线安全稳定分析是相对于传统的离线安全稳定分析而言的。离线方式下的稳定分析计算主要用于电网规划研究、年度方式研究、检修方式安排、稳定控制策略研究等，通常选用一些典型方式，例如夏季大方式、冬季小方式、水电大发及枯水方式、正常方式、检修方式等，为了满足各种运行方式下的安全稳定要求，给出的约束条件和电网稳定控制策略会偏于保守；而在线安全稳定分析则直接取用实时电网运行数据，在线进行各类安全稳定滚动分析和辅助决策计算，计算考虑的约束条件更加适合实时工况，其结果针对计算时刻电网运行方式应更加精确，如图 11-2 所示。

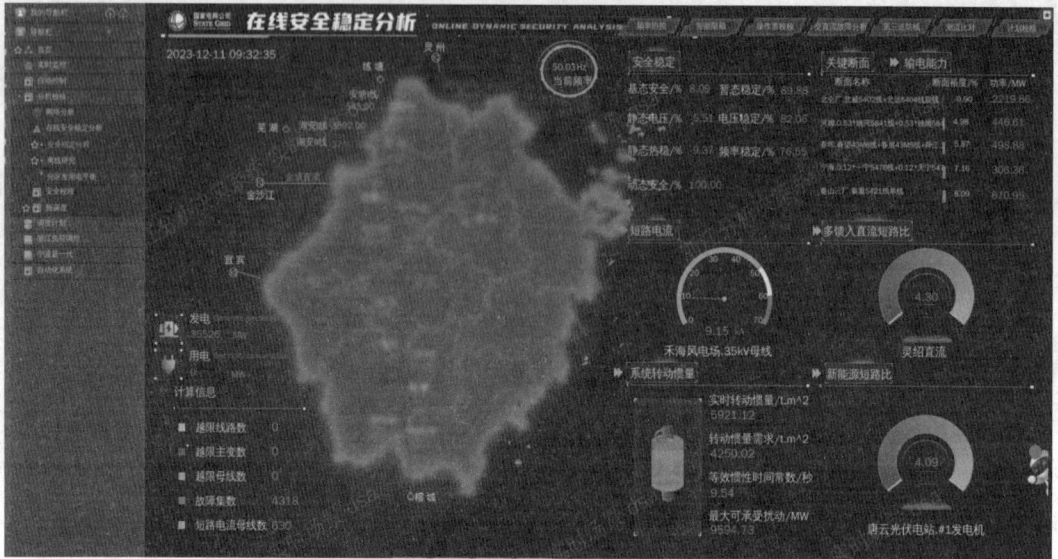

图 11-1　新一代在线安全稳定分析界面图

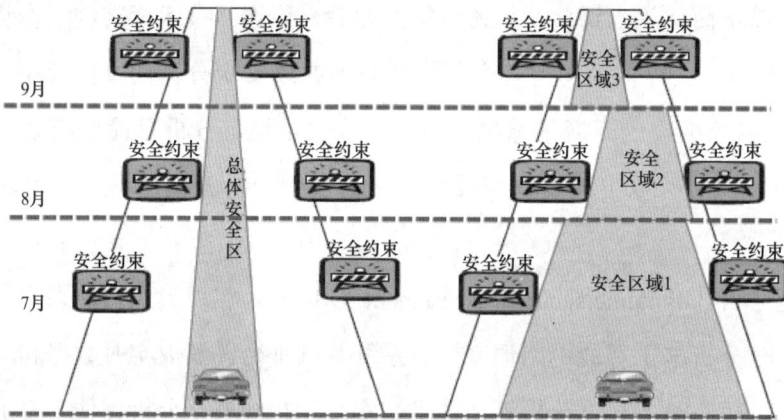

图 11-2　在线离线计算约束条件和安全区域差异示意图

可以说离线安全分析更关注满足各时段分析结果的全面适用性，而在线安全分析更关注当前时段分析结果的精确性，两者相辅相成，在线安全分析可作为对全局电网离线方式分析结果的校核和补充，在实时预警、快速分析实时故障、辅助决策、电力市场稳定极限计算等方面有广阔的应用前景。

11.2　在线安全稳定分析的计算

11.2.1　在线安全稳定分析的关键技术

在线安全稳定分析将离线的电网稳定分析在线化，需要解决两个关键问题，一是数据问题，即如何在短时间内实现全网在线数据整合与接入；二是计算速度问题，即如何在规定的时间内完成各项稳定计算。因此，在线安全分析采用了以下关键技术来满足在线分析实用化要求：

（1）数据校验及整合技术。数据校验及整合技术融合电网模型、实测数据、日内计划数据和计算参数等信息，基于设备模型实现运行数据和模型参数在设备上的集中，对各类信息数据进行数据校验和修正，消除或减少数据冲突，并基于电力系统运行规则，补全缺失信息，提高整个潮流断面计算的收敛性，提升在线分析计算的准确性。

（2）并行计算技术。并行计算技术针对分布式计算资源，通过建立多计算任务管理和计算资源调度策略，并对计算仟务进行并行分解，把一个处理过程分解成若干个可同时进行处理的任务，实现多方式多任务并行批量计算，为在线安全分析应用提供高性能和高效率的并行计算支持，大幅提升在线安全分析的计算速度，从而满足在线应用的实时性要求。

11.2.2　在线安全稳定分析的计算内容

在线安全稳定分析计算内容通常包括在线静态安全分析、在线短路电流分析、在线电压稳定分析、在线小干扰稳定分析、在线暂态稳定分析、在线稳定裕度评估六大类计算内容，并提供各类计算结果的在线辅助决策，如表 11-1 所示。

表 11-1　　　　　　　　　　　　　　　在线安全稳定分析内容

类别	概　述
在线静态安全分析	基于在线潮流数据，进行全网 N-1 开断故障、直流闭锁类故障或其他预想故障后的潮流计算，检查当前电网中是否存在线路/主变压器过负荷、母线电压越限和断面越限等问题
在线短路电流分析	根据实时电网运行工况和网络拓扑信息，计算母线发生三相短路或单相短路后，流过短路点的故障电流，校验是否满足相关断路器开断能力的要求
在线电压稳定分析	基于电网实时运行数据，通过指定潮流调整方式确定功率调整空间，按给定步长增加功率调整量直至系统潮流不收敛，确定断面静态电压稳定的极限运行方式，绘制功率-电压（P-V）曲线，得到各断面对应的静态电压稳定裕度
在线小干扰稳定分析	以电网实时的运行工况为基础，结合电网安全稳定计算模型和参数，对系统进行线性化形成描述线性系统的状态方程，通过求解状态矩阵的特征值分析全网振荡模式，并从中筛选出关键的若干主导振荡模式

续表

类别	概　述
在线暂态稳定分析	根据暂态稳定分析故障集，对电网进行详细的时域仿真计算，分析电力系统受到大扰动后各同步发电机保持同步运行并过渡到稳态运行方式的能力，并给出暂态功角稳定性、暂态电压稳定性和暂态频率稳定性等安全分析结果及其按结果大小的排序
在线稳定裕度评估	针对预先指定的或筛选出的薄弱断面，在保证全系统发电-负荷整体平衡的前提下，通过改变断面送受端的发电和负荷分布，求取满足各类稳定要求的输电断面极限功率和稳定裕度
预防控制辅助决策分析	根据安全稳定分析的结果，针对安全稳定隐患，按给定策略给出满足系统安全稳定性要求、控制代价最小的调整方案，为调度运行人员提供决策建议

除了上述基本的六大类计算功能外，国家电网有限公司近年来根据电网运行特点和调度员实际需求，开展了直流预想故障分析、运行控制综合辅助决策、分区发用电平衡分析、多馈入直流在线短路比，静态安全分析结果 AGC 闭环控制、操作票操作前校核等实用功能部署和运用，在降低调度员工作量的同时，进一步推进了在线应用的实用化。

11.2.3　在线安全稳定分析的数据组织

在线安全分析基于智能电网调度控制系统基础平台，获取电网模型、故障集等计算参数，分别接入来自状态估计、上级调控机构下发、历史数据管理或者调度计划类应用的电网运行数据，生成满足在线安全分析要求的计算数据。计算数据及参数的准确性、完整性是在线安全分析应用正常运行的必要条件。下面将通过数据类型、在线计算数据组织及维护原则和数据文件的形成和交互进行介绍。

11.2.3.1　数据类型

在线安全分析所需数据种类较多，大致划分为：实时运行数据、预测类数据、静态模型数据、动态模型数据、计算控制参数等几大类。

（1）实时运行数据：包括设备拓扑连接关系、投运状态；线路的输送功率、电流、电压；发电机的有功出力、无功出力；变压器的有功值、无功值、电压；母线电压；系统负荷；直落输送功率等全网各类设备的运行数据，可从调度技术支持系统网络分析应用的状态估计功能自动获取。

（2）预测类数据：包括日前计划数据和日内计划数据。日前计划数据包括日前联络线计划、日前发电计划、设备停复役计划、日前系统负荷预测及母线负荷预测、日前新能源预测等数据。日内计划数据包括日内联络线计划、日内发电计划、日内设备停复役计划、超短期系统负荷预测、超短期母线负荷预测及日内新能源预测等数据，其中日内联络计划包括区域间联络线有功功率计划值；日内发电包括发电厂机组有功功率计划值；日内设备停复役计划包括设备运行状态变化值；超短期系统负荷预测由包括各省级电网系统负荷有功预测值；超短期母线负荷预测包括各省级电网母线负荷有功预测值；日内新能源预测包括光伏、风电等新能源发电预测数据。预测类数据可从调度技术支持系统计划类应用自动获取。

（3）静态模型数据：静态模型包含设备命名、静态参数、拓扑连接关系等。主要为各类设备的电阻、电抗值，包括线路的正序电阻、电抗、对地电容、限值；变压器的各侧正序阻抗、额定功率；母线额定电压；机组额定容量、有功上限和下限、无功上限和下限等参数，可从平台网络分析应用的状态估计功能自动获取。

（4）动态模型数据：包括同步发电机模型、励磁系统及其附加控制系统模型、原动机及调速系统模型、直流输电模型、FACTS 装置模型、负荷模型；电网各设备的零序参数；电网故障集、稳定断面信息、监视元件、安控及自动装置策略等。动态模型数据按照调度管辖范围由各单位本地维护。

（5）计算控制参数包括潮流收敛精度、迭代次数等，各单位根据各自电网的需求进行修改和维护。

11.2.3.2　在线计算数据组织及维护原则

（1）遵循"统一命名、源端维护、全网共享"原则。调控机构承担调管范围内电网的设备模型参数维护，并对数据正确性负责。

（2）遵循"由下及上更新，由上及下同步"维护原则。

（3）遵循"（反映当前运行态下的）在线、离线模型参数一致性"原则。

（4）遵循"定量评估"原则。使用量化指标对数据质量和结论正确性进行评估，分专业建立考核机制。

11.2.3.3　数据文件的形成和交互

（1）采集数据上传：从网络分析应用的状态估计功能获取状态估计结果，该结果包含实时运行数据、电网静态模型及参数；省调采集实时数据和静态参数后上传至分中心，由分中心转发至国调。

（2）实时潮流数据下发：实时潮流数据包含设备拓扑连接关系、投运状态、潮流状态估计数据。国调接收各中心上传数据后，整合形成全网实时潮流数据（含静态模型）的 CIM/E 文件、实时采集数据，以 5min 为周期逐级下发。

（3）省调从调度管理类应用的稳定限额管理功能获取断面稳定限额模型信息。

（4）省调从调度计划类应用获取负荷预测、发电计划、交换计划和检修计划等调度计划数据。

（5）省调将收到的电网潮流数据与本地预置的动态模型、日内计划等数据进行匹配，形成在线分析数据，进行在线安全稳定分析。

（6）计算分析结果交互：计算分析结果通过 E 语言文件逐级上传/下发。实时潮流数据下发和计算分析结果交互流程。

11.3　在线安全稳定分析的应用

在线分析范围应涵盖公司所属 220kV 及以上所有输变电设备。遵循"统一分析，分级管理"原则，即采用国调统一下发的全网计算数据，各级调控机构负责调管范围内的安全稳定分析任务，分析结果实现全网共享。在线安全分析的应用从功能上可以划分为实时态分析模式、研究态分析模式、未来态分析模式和应急态分析模式，四种应用模式的区别如表 11-2 所示。

表 11-2　实时态分析模式、研究态分析模式、未来态分析模式、应急分析模式比较

项目	实时态分析模式	研究态分析模式	未来态分析模式	应急态分析模式
数据来源	在线数据	在线数据	在线数据、计划数据	在线数据
分析对象	当前运行方式	任意运行方式（过去或未来可能出现的情况）	未来运行方式	当前运行方式
潮流调整	不允许	允许	允许	不允许
分析过程	周期自动完成，事件触发	允许用户参与	周期自动完成/允许用户参与	允许用户参与
适用范围	实时电网分析监视、事故后方式辅助分析	事故预想、操作前校核、重大方式校核，事故后比对分析	对电网未来方式进行校核	对故障后电网运行方式进行校核，重点分析解决设备过负荷、提高系统稳定性的措施

11.3.1　实时态分析

图 11-3 为调度技术支持系统实时态分析应用界面，实时态分析是基于电网在线实时数据和动态信息，以一定周期自动完成对当前电网方式扫描，从静态、暂态、动态等多方面评估分析电网的安全稳定程度，及时发现电网中存在的运行隐患，并给出预警告警信息，实现对电网在线方式的分析。实时态分析为电网调度运行人员准确判断电网安全稳定运行

状况提供依据。

图 11-3　D5000 实时态分析界面

根据启动模式的不同，可将实时分析模式分为周期触发模式、事件触发模式和人工触发模式三类。

（1）周期触发模式。该模式为常规触发模式，按照固定的时间间隔（一般为 5min），自动检测最新电网方式数据并启动新一轮分析计算，实现对当前电网运行方式的评估、告警与辅助决策。

（2）事件触发模式。在系统发生较严重故障时，根据电网实时监控与智能告警应用提供的电网事件信息，立即终止当前正在进行的分析计算，启动针对事件发生后电网运行方式的分析计算，计算完成后自动切换到周期触发模式。

（3）人工触发模式。根据电网调度运行的需要，人工终止当前正在进行的分析计算，启动新的分析计算，计算完成后自动切换到周期触发模式。

实时态分析模式主要包括静态安全分析、暂态安全分析、动态稳定分析、静态电压稳定分析、短路电流分析、稳定裕度分析，评估电网安全稳定裕度，针对安全隐患及时给出告警和运行控制辅助决策信息，提供潜在危险的预防控制和稳定运行边界。在各级调度机构实际应用中，会针对实际需求开发和部署相应的实时态分析模块，举例介绍如下：

（1）特高压直流预想故障滚动分析：滚动扫描直流闭锁预想故障后送、受端电网断面

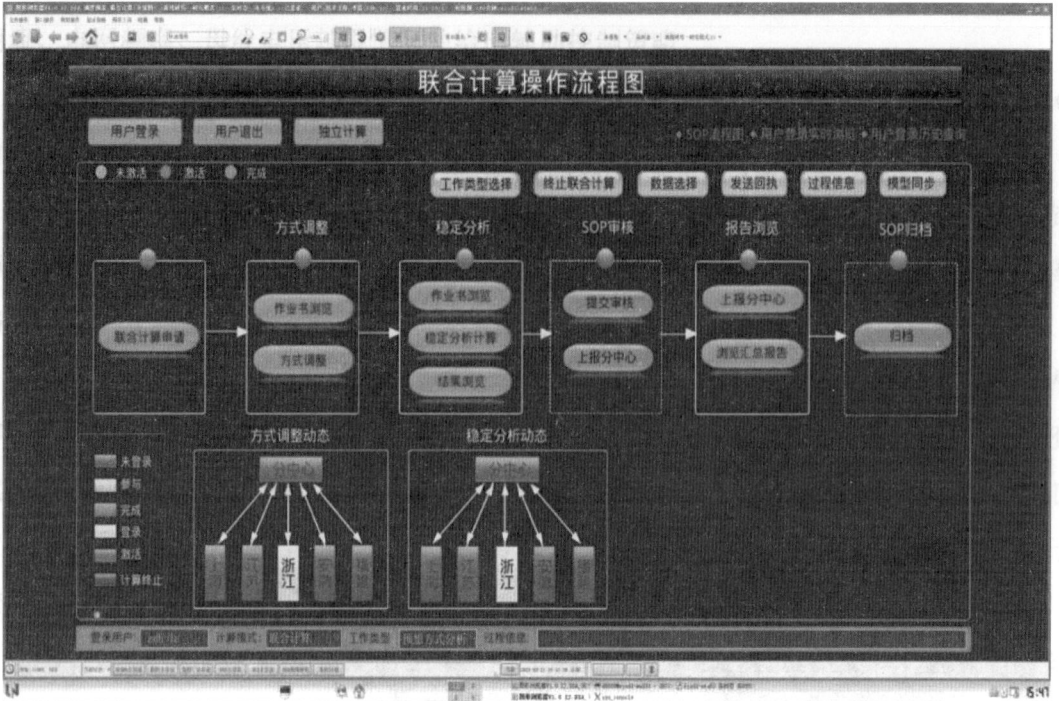

图 11-6　联合计算操作流程图

11.3.3　未来态分析

未来态分析模式，可根据电网当前运行情况，结合超短期/短期母线负荷预测、检修计划、发电计划等数据，生成未来态潮流，超前进行安全分析、预估电力系统稳定性问题和发展趋势，实现未来态预警并提供相应的辅助决策信息。未来态分析使电网从传统的事故告警向事故预警转变，对保障电网安全稳定运行具有重要意义。电网未来态分析时段至少包含未来 4h（数据间隔 15min），对象包含调管电网内全部主设备（含线路、主变压器等）及重要输电断面，其计算画面如图 11-7 所示。

11.3.4　应急态分析

应急态分析模式基于新一代并行计算平台搭建，可作为独立系统运行。主要功能包括 N-1 故障自动生成、预想故障集自动筛选、指定故障集详细分析估算，为调度运行人员提供预想故障前/后监视线路、监视变压器、监视母线和输电断面的潮流信息、安全稳定量化指标，评价是否有元件越限或有发生越限的可能性，并及时给出告警信息。

11.3.5　在线安全稳定分析的应用实例

自 2007 年启动在线安全分析工作以来,国家电网有限公司一直在推进该技术的发展与研究。目前，在线安全分析工作已经得到了常态化的应用，相关分析计算结果帮助调度员

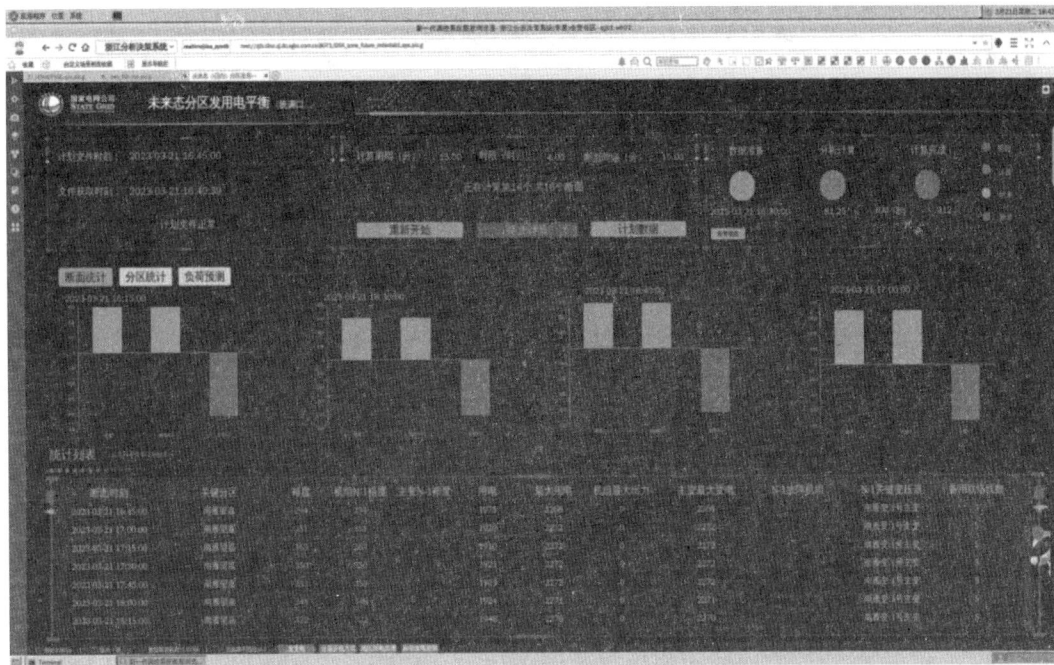

图 11-7　未来态分析计算画面

更精准掌握电力系统实时、未来以及预想方式下的安全运行边界及稳定裕度，为保障大电网稳定运行发挥了重要作用。下面结合案例对各种在线安全分析应用功能进行简要介绍。

11.3.5.1　快速静态安全分析

快速静态安全分析是基于电网实时运行工况，进行全网 N-1 故障或特定元件停运后的潮流计算，分析其余设备是否会发生潮流过负荷或电压越限问题，用以检查电网结构强度和运行方式是否满足安全运行要求。由于该分析计算不涉及系统故障时的动态过程及动态特性，静态安全分析实质上是电力系统的稳态分析问题，即潮流问题。下面，以浙江镇海燃气轮机停机前校核为例进行分析。

燃气轮机受到计划气量的约束，通常不能保持 24h 连续运行。在接到燃气电厂的停机申请后，调度员需要校核确认停机后相关限额是否可控、电力平衡是否满足要求。2023 年冬季某日，浙江镇海电厂因计划气量基本用尽向调度申请 11 号机停机，在接到镇海燃气电厂停机申请后，调度员利用在线安全分析工具进行快速静态安全分析，分析结果如表 11-3所示。停机前，澄浪变.集澄 23K5 线+澄浪变.集浪 23K6 线+姚江变.1 号主变压器+姚江变.3号主变压器断面仍有裕度，而停机后该断面越限。静态安全分析结果表明，该机组暂不具备停机条件，提示调度员需要增加供气等措施确保机组继续运行。

表 11-3   镇海燃气轮机停机前后关键断面静态安全分析对比

状态	关键断面	限额（MW）	潮流（MW）	热稳裕度（%）
停机前	澄浪变.集澄 23K5 线+澄浪变.集浪 23K6 线+姚江变.1 号主变压器+姚江变.3 号主变压器	771.71	780	1.06
停机后	澄浪变.集澄 23K5 线+澄浪变.集浪 23K6 线+姚江变.1 号主变压器+姚江变.3 号主变压器	1123.64	780	−44.05

11.3.5.2 研究态故障后分析

研究态故障后分析是对重大故障的在线评估，其基于在线数据，模拟重现故障时电网的动态过程，同时与 SCADA、WMAS 等实测数据进行比对，用以检验在线安全分析功能的准确性。研究态故障后分析包含稳态结果对比（与 SCADA 实测值对比）、暂态结果对比（与 PMU 实测值对比）、Prony 分析（阻尼分析）、短路电流对比等内容。下面以浙江电网 500kV 龙江线故障后在线分析案例为例进行简单介绍。

500kV 双龙变电站龙江线 B 相电流互感器故障三相跳闸、500kV Ⅱ母跳闸（3 号主变压器 500kV 侧断路器跳开）。故障后双龙变电站与兰江变电站环网重要联络通道仅由双溪 5461 线单线连接，龙江 5462 线潮流主要转移至双溪 5461 线供电；双龙变电站 3 号主变压器跳闸后，潮流主要转移至 2 号主变压器对 220kV 电网供电。

1. 稳态结果对比

对故障后近区设备的稳态潮流进行比对，结果如表 11-4 所示，显示在线安全分析结果与故障后 SCADA 量测值基本一致，最大误差不超过 6.9%。由于双溪线、龙江线故障前断面较轻，事故未造成断面重载或越限，对近区断面潮流的影响较小。

表 11-4   稳 态 结 果 对 比

设备名称	SCADA（MW）	DSA（MW）	差值（MW）
华东.双溪线	20.30	19.56	0.74
华东.夏双线	288.21	307.91	19.7
浙江.龙田线	132.28	138.53	6.25
华东.双龙变电站 2 号主变压器	665.74	677.75	12.01

2. 暂态结果对比

双龙变 500kV Ⅱ母、龙江线故障跳闸后，取龙田线有功在线仿真曲线与 PMU 实测曲线进行对比。可以看出故障仿真和实际 PMU 曲线故障后暂态过程基本一致，如表 11-5 所示，PMU 实际曲线的振幅稍小于 DSA 计算曲线，但仍能比较好地仿真龙江线、双龙变电站 500kV Ⅱ母故障后龙田 2374 线有功潮流的暂态过程（如图 11-8 所示）。

表 11-5 暂 态 结 果 对 比

项目	PMU 值（MW）	仿真值（MW）	差值（MW）
故障前	92.32	102.07	9.75
第一摆峰值	140.66	144.96	4.30
故障后	130.08	135.90	5.82

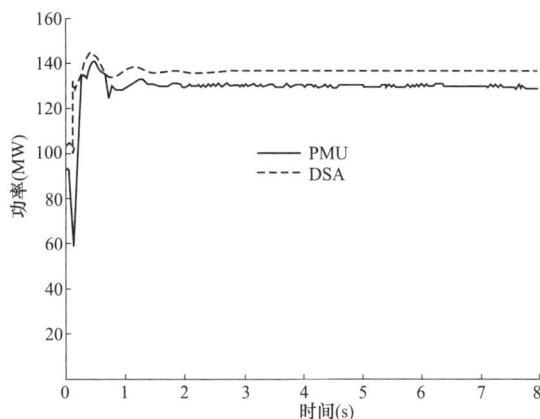

图 11-8 龙田 2374 线暂态分析结果与 PMU 实测曲线

11.3.5.3 研究态暂态稳定分析

研究态暂态稳定分析主要基于在线数据，分析计算电力系统遭受大扰动后保持安全稳定运行的能力，主要研究故障时的暂态功角稳定、暂态电压稳定和暂态频率稳定三方面的内容。下面以浙江电网苍南电厂送出通道 500kV 望嘉—南雁双线 N-2 故障为例说明暂态稳定分析的应用。

苍南电厂送出接线图如图 11-9 所示。暂态故障计算设置积分步长 0.01s，仿真时长 15s，最大功角差 360°。故障前，苍南电厂 2 台机组出力分别为 960、957MW。暂态稳定分析计算参数设置如表 11-6 所示。

表 11-6 暂态稳定分析计算参数设置

关键参数	含 义
预想故障集	500kV 望嘉变电站—南雁变电站双线同杆异名相故障
监视元件集	电网内 500、220kV 所有母线和支路
暂态电压和频率动态安全二元表指标	母线电压安全监视二元表为 0.75（标幺值），1.0s；频率安全监视二元表为 45.0Hz，1.0s

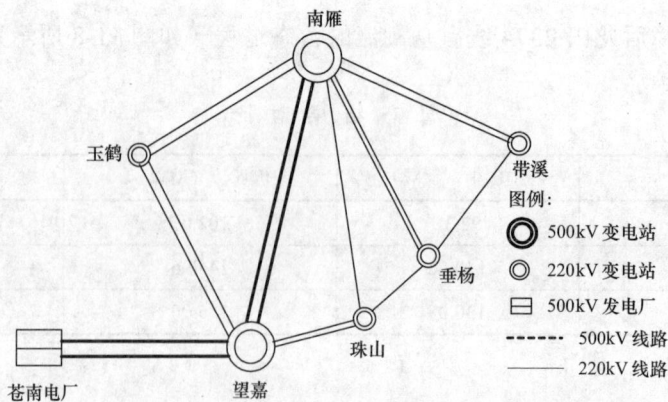

图 11-9　苍南电厂送出接线图

500kV 望嘉变电站—南雁变电站双线同杆异名相 *N-2* 故障后，苍南电厂出力全部通过 220kV 通道送出，苍南电厂机组功角失稳，暂态功角稳定裕度为−17.24%，苍南电厂机组功角曲线如图 11-10 所示。

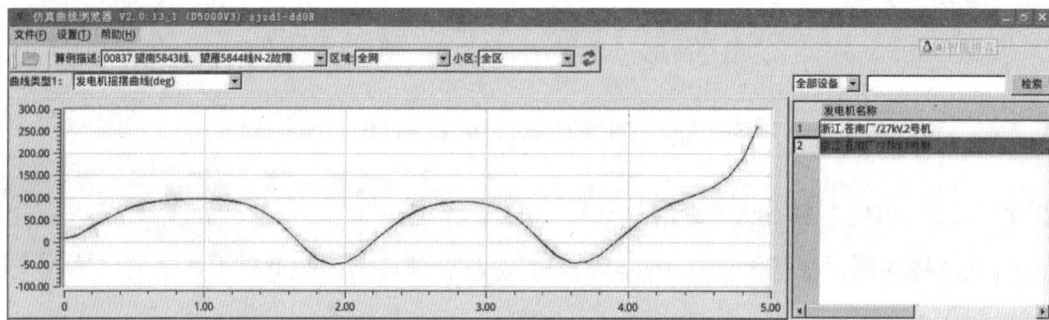

图 11-10　故障后苍南电厂机组功角曲线

为避免暂态稳定问题，考虑采取限制机组出力、安装稳控切机装置等措施，现利用在线安全分析工具分别进行校验：

1. 限制机组出力

通过研究态图形化操作将苍南电厂两台机组出力均降低至 900MW，再进行苍南电厂暂态稳定分析，计算结果如图 11-11 所示，可以发现望嘉—南雁双回线故障同跳后，苍南电厂两机未发生暂态稳定问题。研究结果表明，通过提前限制机组出力可以有效避免暂态稳定问题发生。

2. 安装稳控切机装置

限制机组出力将造成机组窝电进而影响电网供电能力，因此考虑在望嘉变电站加装稳

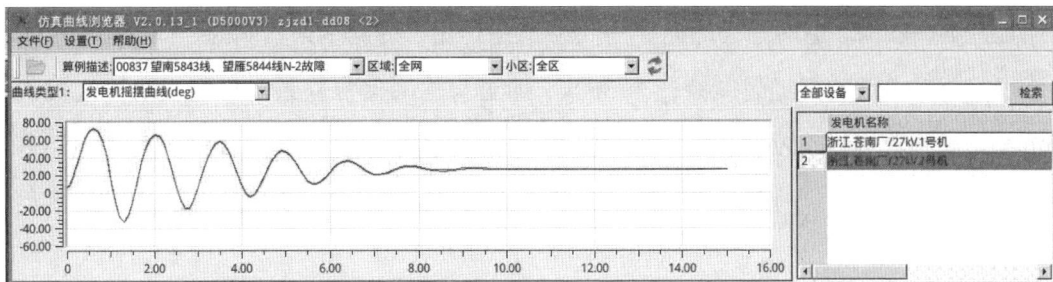

图 11-11　望嘉—南雁双回线故障同跳苍南电厂机组功角曲线

控切机装置并进行校验。该安控切机策略为当 500kV 望嘉变电站—南雁变电站双线同杆异名相 N-2 故障后立即切除苍南电厂一台机组。如图 11-12 所示，在线分析结果表明故障后苍南电厂另一机可以保持稳定，此时暂态功角稳定裕度 34.16%，不存在暂态电压、频率不安全和动态阻尼比不足的问题。

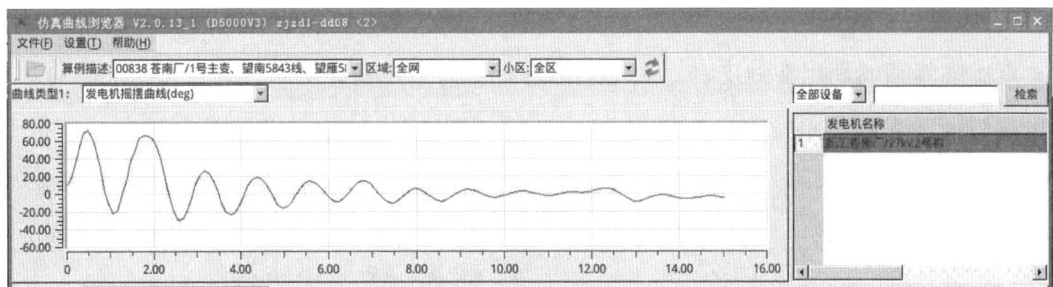

图 11-12　望嘉—南雁双回线故障同跳苍南电厂机组功角曲线

11.3.5.4　局部电网静态电压稳定分析

在线静态电压稳定分析是基于电网实时运行数据，通过制定潮流调整方式（增减出力、增减负荷）确定功率调整空间，按照给定步长增加功率调整量直至系统潮流不收敛，确定断面静态电压稳定的极限运行方式。根据功率调整量和指定母线的电压绘制 P-V 曲线，得到各断面对应的静态电压稳定裕度。

以浙江电网 2019 年夏季高峰方式下莲都—瓯海、塘岭—回浦四线为例，进行台温电网在线静态电压稳定分析。如图 11-13 所示，该局部电

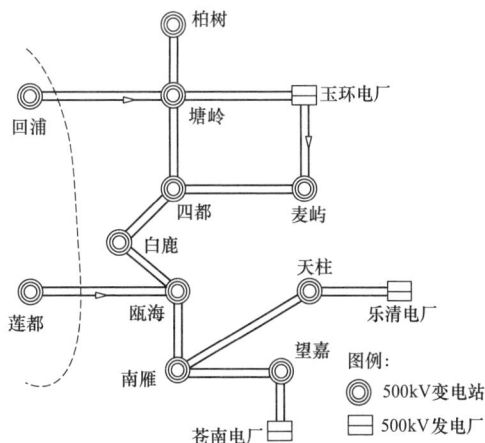

图 11-13　浙江台温电网 500kV 接线图

网通过莲都—瓯海、塘岭—回浦两个 500kV 通道送出。受网络结构制约，当其中一个通道故障后，台温电网将仅通过剩余一个 500kV 通道与主网保持联系，形成 500kV 电网的末端系统。系统处利用 BPA 软件计算的离线校核结果提示在负荷高峰期间、局部电网开机规模较小方式下存在电压稳定问题，在夏季高峰方式下的静态电压稳定计算结果如表 11-7 所示。

表 11-7 　　　　　BPA 计算的夏季高峰方式下静态电压稳定计算结果（MW）

故障描述	最大负荷	基础负荷	负荷增量	稳定裕度（%）
无预想故障	22396	15015	7381	49.16
塘岭—回浦 N-2	19240	15015	4225	28.14
瓯海—莲都 N-2	19865	15015	4850	32.30
相对薄弱母线	瓯海，柏树，南雁，塘岭，望嘉			

夏季高峰期间利用在线工具对局部地区进行静态电压稳定分析。相关设置如表 11-8 所示。局部地区开机方式为 500kV 机组 10 机运行，220kV 机组 13 机运行。

表 11-8 　　　　　　　　在线稳定裕度评估监视断面设置内容

断面组成	莲都—瓯海、塘岭—回浦四线断面
调整方式	断面送端机组加出力，断面受端加负荷调整方式
关键故障	莲都—瓯海双线故障、塘岭—回浦双线故障
监视元件	南雁、麦屿、塘岭、天柱、瓯海、柏树、望嘉变电站 500kV 母线

1. 全接线全机组方式静态电压稳定分析

局部初始负荷 14019.05MW，考虑无故障（基态）和预想故障（塘岭—回浦 N-2、瓯海—莲都 N-2）的静态电压稳定计算结果如表 11-9 所示，可以发现，故障后台温电网仅剩 2 回 500kV 线路与主网连接，静态电压稳定明显下降，但均满足《电力系统电压稳定评价导则》（DL/T 1172—2013）规定的裕度要求，即"在区域最大负荷或最大断面潮流下，正常运行或检修方式的区域负荷有功功率裕度应大于 8%，'N-1'故障后方式的区域负荷有功功率裕度应大于 5%"。

对比表 11-9 与表 11-7 结果，针对夏季负荷高峰局部电网的在线静态电压稳定计算结果和 BPA 离线计算出的夏高方式分析结果十分接近。

表 11-9　　　　台温地区 2019 年 7 月 26 日负荷高峰静态电压稳定计算结果（MW）

故障描述	最大负荷	基础负荷	负荷增量	稳定裕度（%）
无预想故障	21638.85	14019.05	7619.8	54.35
塘岭—回浦 N-2	18324.35	14019.05	4305.3	30.71
相对薄弱母线	瓯海，南雁，天柱，望嘉			

2. 台温电网停役 3 台 500kV 机组后静态电压稳定分析

在上文基础上，手动停役 2 台 500kV 电网的 1000MW 机组，1 台 500kV 电网的 600MW 机组，分析运行机组减少后的台温地区静态电压稳定裕度。基态静态电压稳定分析结果如图 11-14 所示，预想静态电压稳定分析结果如图 11-15 所示，夏季高峰方式下的静态电压稳定计算结果如图 11-16 所示。

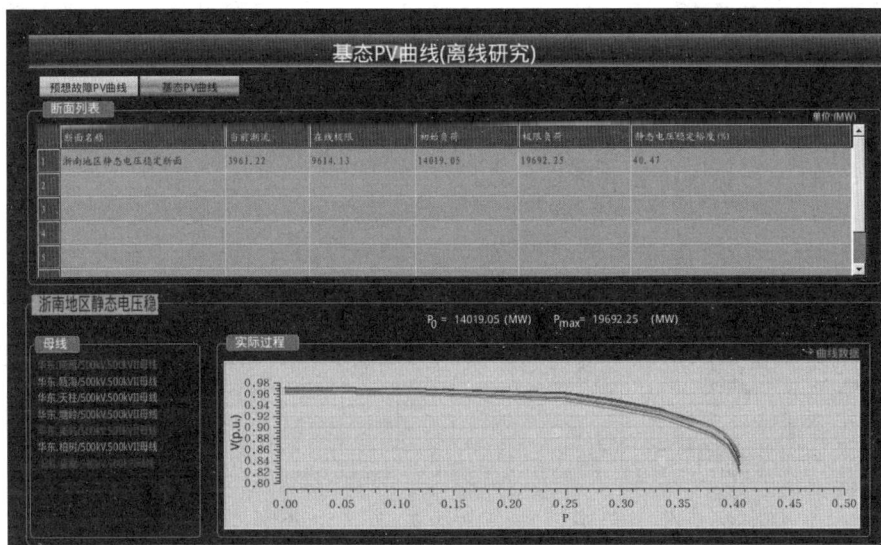

图 11-14　基态静态电压稳定分析结果

表 11-10　　　　　　　夏季高峰方式下的静态电压稳定计算结果（MW）

故障描述	最大负荷	基础负荷	负荷增量	稳定裕度（%）
无预想故障	19692.25	14019.05	5673.2	40.47
塘岭—回浦 N-2	15983.15	14019.05	1964.1	14.01
相对薄弱母线	瓯海，南雁，天柱，望嘉			

可以发现停役 3 台 500kV 电网的机组后，台温地区的电压支撑能力明显减弱，无论是基态下和考虑 500kV 联络线故障下的台温地区静态电压稳定裕度均急剧下降，特别是塘岭—回

浦 N-2 故障后静态电压稳定裕度仅剩 14%，提示调度员对该地区的开机方式需特别关注。

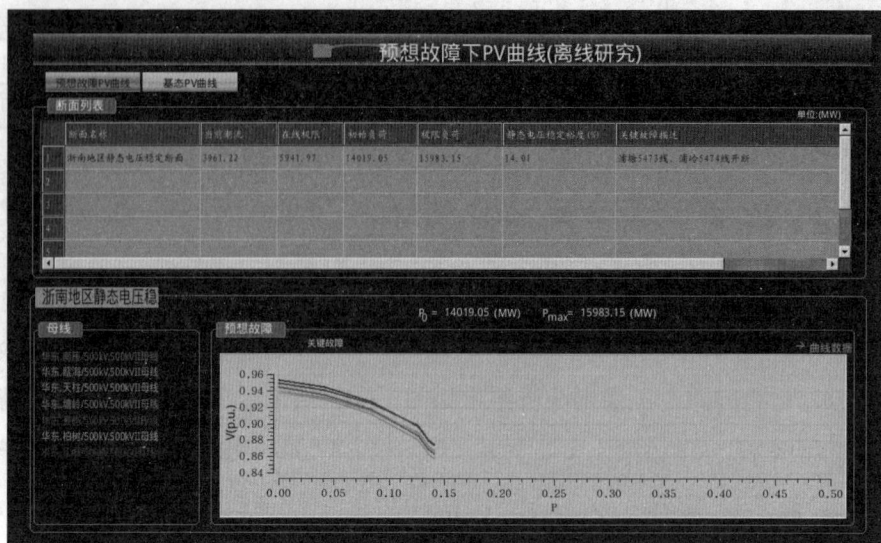

图 11-15 预想静态电压稳定分析结果

11.3.5.5 稳定极限实时在线校核

稳定极限在线校核是在线安全分析的一个基础应用，它基于实时运行数据，计算关键元件 N-1 故障后的潮流分布并分析其余元件是否超短时热稳，校核当前电网的实时稳定极限。下文以浙江电网信安变电站主变压器限额的在线校核案例，探讨在线稳定限额校核的实用性。

信安变电站处于浙江电网西南末端，与 500kV 夏金变成联合供区，如图 11-16 所示，其供区内 220kV 变电站负荷主要由信安变电站 2、3 号主变压器和 220kV 太航 2385 线、文州 2Q50 线、衢乌 2282 线和区域乌溪江水电等电源供电。7 月下旬开始，信安供区负荷逐渐加重，在加足供区内机组出力后仍多次出现信安变电站 2 号+3 号主变压器下送潮流超稳定限额的情况，如图 11-17 所示。

常规情况下，此时需要通知地调开展负荷转移甚至有序用电以确保潮流不越限。为增加电网运行可靠性、保持对用户的正常供电，调度员决定利用在线安全分析工具实时、精准计算稳定极限。

首先，介绍一下"卡脖子"的关键限额是如何确定的。系统专业在事前利用离线的 BPA 软件扫描分析，在发生信安变电站主变压器或 220kV 母线（带主变压器母线）N-1 故障后，潮流大范围转移，其中载流能力最低的文州 2Q50 线最先到达其热稳值，为该运行方式的

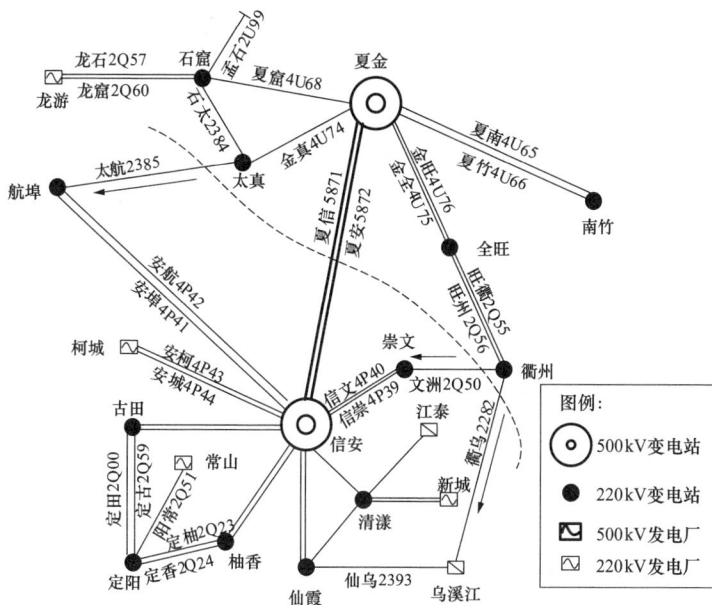

图 11-16　衢州地区电网接线图

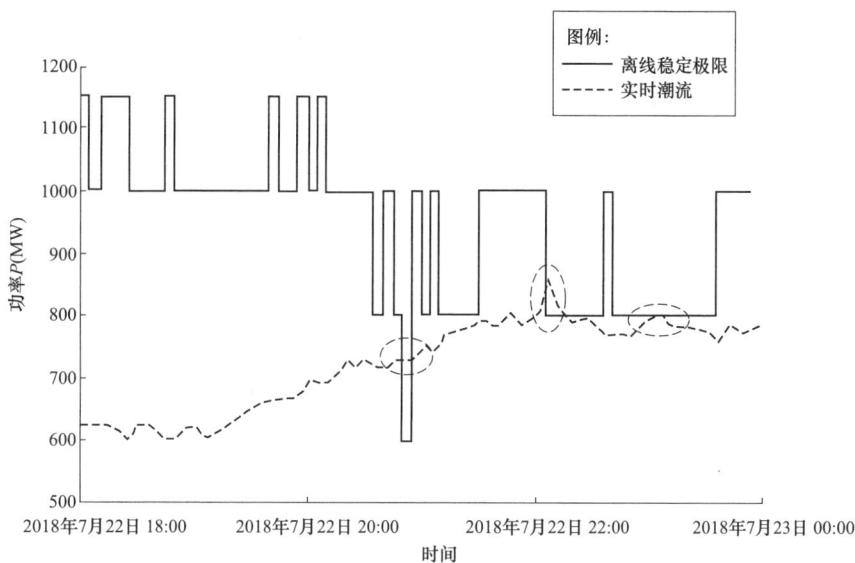

图 11-17　信安变电站主变压器下送稳定限额与实时潮流图

薄弱环节，因此给出信安变电站 2 号+3 号主变压器下送潮流是与文州 2Q50 线潮流相关联的分档限额，即信安变电站 2 号+3 号主变压器稳定限额随着文州 2Q50 线潮流波动而不断变化。

以 7 月 22 日 18:00～24:00 实时运行数据为例，在 20:45～20:50，22:00～22:10，及 23:05～23:10 之间，信安 2 号+3 号主变压器潮流已经大于系统专业给出的离线限额，需靠调度员采取措施进行控制。

但是该限额实际上是基于特定潮流分布计算出来的，是一个偏保守的值，并不能真实、精确地反应电网实时运行的稳定极限。因此，调度员利用在线分析工具对稳定极限进行在线计算。计算时，先将信安变电站 2 号+3 号主变压器下送断面设为在线稳定裕度评估监视断面，并以 7 月 22 日 18:00～24:00 国调下发 QS 文件为计算数据、设置断面组成、调整方式、关键故障和监视元件的设置，如表 11-11 所示。进行信安变电站主变压器下送断面在线极限实时滚动计算。

表 11-11 在线稳定裕度评估监视断面设置内容

断面组成	信安变电站 2 号主变压器、3 号主变压器双元件
调整方式	设置增加信安变供区内 220kV 变电负荷和减供区内机组出力等调整方式
关键故障	信安 3 号主变压器三相永久性故障、信安 2 号主变压器三相永久性故障、信安 220kV 正母 II 段三相永久性故障、信安 220kV 副母 I 段三相永久性故障
监视元件	信安变电站 2、3 号主变压器、太航 2385 线、文州 2Q50 线和衢乌 2282 线

如图 11-18 所示，7 月 22 日 18:00～24:00 信安变电站 2 号+3 号主变压器断面限额在线稳定极限，曲线显示在线算出的系统真实稳定限额随着负荷波动而变化，但均大于信安变电站 2 号+3 号主变压器实际潮流，同时在离线断面越限的 3 个时间点，在线限额均未被越限，无需调度员进行实时调整。

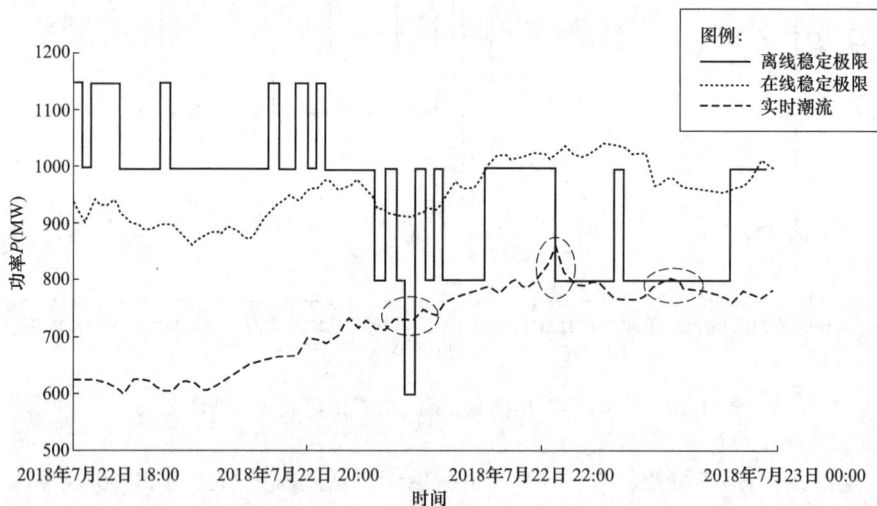

图 11-18 信安变电站 2 号+3 号主变压器下送断面在线稳定极限

上述案例说明调度员可以利用稳定极限实时校核功能，精确获得限额的变化情况，减少无谓的方式调整，极大提高电网的供电可靠性。

第12章 省级电力市场调度运行

我国电力市场改革开始于20世纪80年代。1988年《电力工业管理体制改革方案》提出"政企分开、省为实体、联合电网、统一调度、集资办电"的20字方针，施行政府定价，国家电力公司发电、输电、配电、售电全产业链计划性一体化管理。2002年，国发5号文《国务院关于印发电力体制改革方案的通知》提出"厂网分开，重组发电和电网企业；实行竞价上网"。2015年，中发9号文《关于进一步深化电力体制改革的若干意见》提出"管住中间、放开两头"，进一步明确了深化电力体制改革的重点和路径。国内电力市场发展历程如图12-1所示。

1998~2001年	2002~2014年	2015年~至今
撤销电力部成立国家电力公司政企分开、联合电网	"5号文"发布第一轮电改启动厂网分开、竞价上网	"9号文"发布第二轮电改启动管住中间、放开两头、三放开、一独立、三强化
国家电力公司全产业链计划性一体化、政府定价	上网电价(容量电价+电量电价)电量电价逐步竞价	计划性发电/用电、输配电价，由政府定价；市场化发电、用电价格，由市场形成

图 12-1 国内电力市场发展历程

最新一轮电改期间，现货市场的建设主要采用试点先行的方式。国家层面要求各省因地制宜地选择市场模式、交易品种和参与主体等，同时统筹协调好省间与省内现货市场交易、中长期与现货交易、现货与辅助服务交易，强调有序引导用电侧参与市场交易。为加快组织推动电力现货市场建设工作，国家发展和改革委员会根据各地电力供需形势、网源结构及市场化条件，于2017年选择了南方电网（以广东起步）、蒙西、浙江、山西、山东、福建、四川、甘肃8个地区作为第一批试点省份。在首批8个试点地区大部分已进入长周期连续运行阶段后，于2022年又选择了上海、江苏、安徽、辽宁、河南、湖北6个地区作为第二批试点省份，在国内逐步建立了市场化电量电价的形成机制，推动了电力资源配置由计划模式向市场模式的转变，扩大了电力市场的交易规模。

电力市场环境下，调度机构负责现货交易及与电网运行密切相关的环节，需要同步做好电力现货市场出清运营、电网安全稳定运行的保障工作。随着市场化改革进程不断推进，若市场进入连续不间断运行，调度生产的组织原则和依据逐步由计划模式转变为市场模式，在满足电网安全运行的前提下，需要兼顾市场经济性，对传统的调度业务提出了新要求。近年来，国家电网有限公司各省级电网已逐步增设市场调度员岗位，将现货市场运营作为一项重要的调度运行工作内容，以保障电力市场经济运行与电网安全运行。

12.1　电力市场基础知识

根据交易周期的长短，电力市场可以分为电力现货市场和电力中长期市场。根据电力交易的标的不同，电力市场通常可以分为电能量市场、电力辅助服务市场、输电权市场以及容量市场。其中电能量市场是电力市场中针对有功电能量品种进行交易的市场，根据市场性质又可进一步分为实物市场和金融市场，按时间尺度又可分为中长期、日前、日内、实时等；电力辅助服务市场是指遵循市场原则对提供电力辅助服务的主体进行经济补偿的市场机制，交易品种较为丰富，主要包括有功平衡服务、无功平衡服务、事故恢复服务三类；输电权市场是以电网网络或断面的输电权为标的物进行交易的市场，交易品种包括物理输电权和金融输电权；容量市场是指以可靠性发电装机容量为交易标的物的市场，为保障电力系统总装机的充裕性，对提供可靠装机容量的机组给予必要补偿。电力市场体系划分如图 12-2 所示。

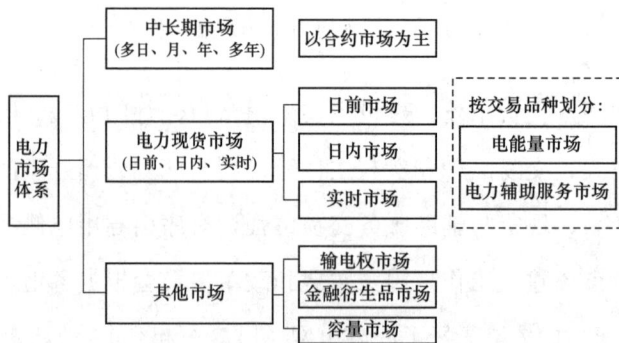

图 12-2　电力市场体系划分

12.1.1　基本概念

在经济学上，电力市场是基于市场经济原则，为实现电力以商品价值进行交换的电力工业组织、经营、管理和运行的总和。电力市场属于商品市场的范畴，它是以电力这一能源的特殊物质形态,作为市场客体来定义和界定市场内涵的。通俗地讲,电力市场就是以电力这种特殊商品作为交换内容的市场,电能生产者和消费者通过协商、竞价等方式交易电能及其辅助服务等产品,通过市场竞争确定价格及数量。现货市场是电力市场中与电网调度运行联系十分紧密的市场类型,本章主要讨论电力现货市场,而包括合约市场等中长期市场的运营并不在本章讨论范围内。

在参与对象上,电力市场体系涵盖了发电商、用户、电网企业、电力交易中心、电力调控中心和结算计量机构等。电力市场化后能够有效提升电力资源的优化配置,以"高效、节能、安全、绿色、经济"等作为市场运行目标,在发电、输电、配电和用电方面最大限度地体现电力的经济价值。

在市场职能上,能够利用打破垄断、解除管制、引入竞争、建立市场等手段来实现电力商品价格的发现、传递、响应,还原电力的商品属性,从而实现供需的调节、对投资的引导和对资源优化配置。

在具体执行上,考虑到电网运行具有快速性、网络性、稳定性、协调性等技术特征,合理的电力市场机制是将市场手段引入到电力系统安全运行中,在保障安全前提下促进系统更经济高效运行,可视作市场经济学与电力系统物理知识的有机融合。

12.1.2　基本原理

构建电力市场的关键目标之一就是建立以市场为基础的电力定价机制,形成合理且为市场成员接受的电价,充分发挥市场对资源配置的决定性作用。为充分体现电网电力供需状况,同时符合安全约束条件,电价因素应至少包括网络约束和购电成本两部分。国内电力现货市场主要为集中式运营模式,采用节点电价的定价方式,电价的形成方式如下:

12.1.2.1　市场主体报价

市场主体报价是电价出清的必备要素,分为单边报价和双边报价两种方式。在单边市场中,发电侧参与报量报价竞价出清,而用户侧不参与报价,即单边报价方式,市场出清价格由发电侧报价决定,单边市场的结算方式一般以发电侧零和方式为主。在双边市场中,发电侧与用户侧共同参与竞价出清,发电侧报量报价,用户侧可选择报量报价或报量不报价的形式,市场出清价格由发电侧与用户侧共同决定。日前市场的报价信息一般沿用至实时市场,但也存在部分地区的现货市场允许实时市场进行改价申报。

12.1.2.2　节点边际电价

目前,对于集中式市场而言,大部分采用边际节点电价的价格展现形式,边际节点电价的含义是在某个网络节点上增加 1MW 电力负荷供应所需要增加系统的总购电成本。由于网络阻塞的存在，随着负荷的变化，不同时刻、不同位置的节点价格有所不同。因此，节点边际电价是基于空间和时间两个维度的变量，能够直观反映该网络节点的电能供需关系的变化。

理论上，节点边际电价应该包括系统边际电价、网络阻塞价格、边际网损价格三部分。

（1）系统边际价格是指当前负荷情况下发电机组报价从低价向高价顺序出清，直至最后一台机组的一段报价能够满足实际负荷需求时的最后一段报价。在不考虑电网安全约束情况下，全网所有的负荷节点价格在同一时刻应相同，即无约束出清价格。

（2）网络阻塞价格是指因电网约束、机组约束等机组出力受限情况下系统增加的成本，即阻塞引起的重新调度成本，其数值可以是正值或者负值。计算结果若为正值，说明某个节点增加机组出力有利于缓解网络阻塞；若为负值，说明某个节点增加机组出力会加重网络阻塞。这一分量提供了价格信号，通过价格的高低指导机组出力的变化，逐步向电力系统可靠运行的目标逼近。

（3）边际网损价格是指在某个节点上增加 1MW 的负荷引起的系统网损的增加，由于目前改革后的输配电价核准已经包含了网损，在系统中不应重复计算，因此这部分分量为零。

由于市场中负荷节点电价是波动的，若市场上没有足够的发电资源满足负荷需求时，此时出清的节点价格会非常高。而在负荷需求较低时，发电能力过剩，由于机组最小技术出力的存在出力无法向下调节的约束，此时节点价格会出现零价或负价的情况。同时由于断面约束、备用约束松弛的存在，理论上节点电价是可以无限的，这明显是不切实际且不可接受的。针对这种情况，需要采用允许的最高/最低市场价格进行限制，"削平"节点电价变化曲线的高/低价段。一个运行良好的电力市场，应该合理化机组组合、预留足够备用容量，尽量避免各类限价的发生。

12.1.2.3 负荷中心价格

为避免一部分用户因其地理位置接入电网的连接点不同导致终端用户电价不一致，人为引入负荷侧统一的结算电价，即负荷中心价格。所有的用户的结算都以负荷中心价格为基础，其计算方式为所有负荷节点的节点边际电价以节点用电电力为权系数作加权平均。最终结果就是，若每个用户均按照该负荷中心价格支付，则用户侧总收入与每个用户按照其节点边际电价结算的收入完全相同，市场结算总费用不受影响，兼顾了每个用户的电价公平性。

12.2　全国统一电力市场

自 2015 年《关于进一步深化电力体制改革的若干意见》（中发 2015 年 9 号文）实施起，我国电力改革有效激发了市场活力、释放市场红利，但也逐步暴露出一些问题，比如：可再生能源快速增长，市场化机制需要适应可再生能源资源分布及发电特点；地区能源资源分布不均，需要有更大范围的资源配置市场机制；为适应发用电计划逐步放开，电力市场体系需要更加完备。因此，需要基于已有市场建设基础，提出一套系统化、科学化且符合国情现实基础的全国统一电力市场顶层设计方案。2021 年 11 月 24 日，中央全面深化改革委员会审议通过了《关于加快建设全国统一电力市场体系的指导意见》，目标是加快形成"统一开放、竞争有序、安全高效、治理完善"的电力市场体系。

现阶段，全国统一电力市场包括省间、省内两级市场，电力市场体系按照不同维度可以有不同的划分，总体上可以分为电力批发市场和电力零售市场两大类，市场交易品种包括电能量、容量、辅助服务等，从时间尺度上可分为中长期市场和电力现货市场，在竞争模式上可分为单边市场和双边市场。全国统一电力市场协同运作机制如图 12-3 所示。

其中与电网运行紧密结合的是电力现货市场，其定义为日前及更短时间尺度内的电力交易，作用为安排次日发用电计划、日内滚动调度计划以及保障电力需求实时平衡等，现货可以通俗地理解为"一手交钱一手交货"。但电力商品有别于一般商品，其具有电能自身特性，如"即发即用"无法大规模存储，发电、输电、配电、用电在瞬时同步完成，电网运行必须保持每时每刻的供需平衡，且电能输送不能超过电网送电能力，否则会造成设备过负荷跳闸、电网崩溃等故障。因此，推进电力市场化改革的关键一步即电力现货市场的建设。

当前，全国统一电力市场采用"统一市场、两级运作"的市场模式，电力现货市场的运营采用国分省三级调度协同运转的方式。国调负责组织省间现货市场，省间市场能够充分利用省间通道输送能力，促进资源大范围优化配置，实现区域间电力余缺互济、新能源

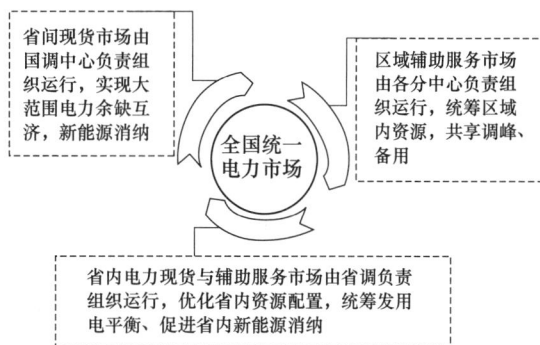
图 12-3　全国统一电力市场协同运作机制

大规模消纳；各分中心负责组织区域辅助服务市场，统筹区域内调频备用等电力资源共享，做好区域内电网运行安全校核与关键断面越限处置，确保交流同步电网安全稳定运行；省级调度负责组织省内现货与辅助服务市场，优化省内电力资源配置，统筹发用电平衡及促进省内新能源消纳。

在省间与省内市场的衔接上，需要注意的是，省间市场交易结果包括中长期交易的预计划与省间电力现货市场交易，再组织出清区域辅助服务市场，上述结果叠加后形成省间联络线计划，即作为省内市场的边界条件，最后开展省内电力现货市场与辅助服务交易。上述过程可以理解为外来电不参与省内现货市场出清。

12.2.1 省间电力现货市场

2021 年 11 月 1 日，国家发展和改革委员会、国家能源局联合印发了《关于国家电网有限公司省间电力现货交易规则的复函》（发改办体改〔2021〕837 号），同意国家电网有限公司按照省间电力现货交易规则组织实施。国调对于省间电力现货交易的解释，是指在落实省间中长期交易基础上，利用省间通道剩余输电能力，开展省间日前、日内电能量交易。其中，省间电力现货交易存在两层定位，一是基于送端富余电力，二是基于通道剩余的能力。

12.2.1.1 省间市场成员

省间市场成员包括风电、光伏、水电、火电、核电企业，以及省级电网公司、电力用户和售电公司等，市场成员及其关系如图 12-4 所示。

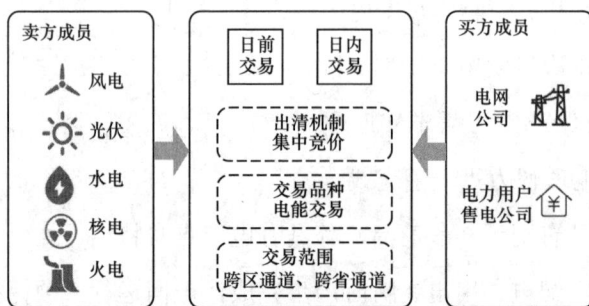

图 12-4 省间市场成员及其关系

12.2.1.2 省间市场出清流程

省间电力现货市场采用集中竞价的出清方式，买卖双方申报本地购售电"电力-价格"曲线，考虑输电费和网损，将买方市场主体申报的电力和价格按交易路径折算到卖方节点进行集中排序撮合，报价最低的卖方市场主体和报价最高的买方市场主体优先成交，双方在卖方节点最后一笔成交的报价平均值作为卖电节点边际出清价格，撮合交易过程如图 12-5 所示，规则中省间现货市场出清的详细流程为：

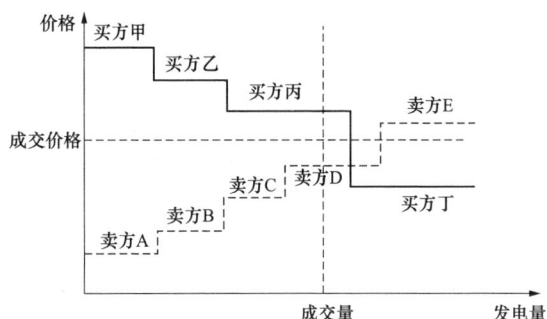

图 12-5　省间现货市场撮合交易机制

（1）买方市场主体在所在节点申报分时"电力-价格"曲线，考虑所有交易路径的输电价格和输电网损后，逐一折算到卖方节点。

（2）在卖方节点，卖方市场主体报价按照从低到高排序，买方市场主体折算后价格从高到低排序。

（3）按照买卖双方价差递减的原则依次出清，价差最大的交易对优先成交，直至价差小于零或节点间交易路径可用输电容量等于零。存在多个价差相同的交易对时，成交电力按照交易申报电力比例进行分配。

（4）每成交一笔交易后，扣除该交易路径可用输电容量以及买卖双方对应的申报量。

（5）卖方节点最后一笔成交交易对中买方折算后价格与卖方申报价格的平均值为该卖方节点的出清价格。

（6）卖方节点价格叠加输电价格（含输电网损折价）为买方节点对应相应路径的出清价格。

需要注意的是，输电价格是顺序链接形成交易路径的各跨省区交直流输电通道和各省内相关输电通道的输电价格之和；输电网损包括顺序链接形成交易路径的各跨省区交直流输电通道和各省内相关输电通道的输电网损。

12.2.1.3　省间市场组织

省间电力现货市场可分为日前现货交易与日内现货交易，均由国调组织。其中日前现货交易频次为每日一次，每 15min 设置为一个交易时段，交易日共分为 96 个时段。而日内现货交易以 2h 为一个固定交易周期，交易时段同为 15min，若本交易周期内仍有新增富余电力外送和购电需求，可组织临时交易。

市场主体申报数据为分时"电力-价格"曲线，每 15min 交易时段可申报的分段曲线最多为 5 段，卖方主体申报分段曲线要求为单调非递减曲线、买方主体申报分段曲线要求为单调非递增曲线，申报电力最小单位为 1MW、价格最小单位为 1 元/MWh，市场主体报价最低为 0 元/MWh，最高为 10000 元/MWh（2023 年 7 月 10 日起上限调整为 3000 元/MWh），政府部门可根据市场运行情况对限价进行调整。

日前现货交易流程包括预计划下发（D-2 日 14:00～17:00，其中 D 指现货交易当日）、交易前信息公告（D-1 日 08:45 前）、省内预出清（预计划，D-1 日 08:45～11:00）、交易申报（D-1 日 11:00～11:45）、省间现货交易出清及跨区发输电计划编制（D-1 日 11:45～12:30）、省间联络线计划编制（D-1 日 12:30～14:30）、省内发电计划编制（D-1 日 14:30～17:30）。

日内现货交易流程包括交易前信息公告（T-120 分钟前）、交易申报（T-120 至 T-90 分钟）、省间交易出清及跨区发输电计划下发（T-90 至 T-60 分钟）、省间联络线计划下发（T-60 至 T-30 分钟）、结果发布（T-30 至 T-15 分钟）。

由于日内现货交易与日内调度运行关系紧密，省级市场主体在交易中需要注意：T-120 至 T-110 分钟，市场主体申报日内交易时段内的"电力-价格"曲线；T-110 至 T-90 分钟，省调对省内市场主体申报数据进行合理性校验，保证节点内部电能申报量可送出或受入，省调将各市场主体报价曲线上报至国调。T-60 分钟前，包含省间现货交易结果的跨区发输电计划会下发至相关省调及直调发电企业。

同时，省间现货出清结果需要通过安全校核，包括省间现货交易出清过程闭环考虑各通道安全约束情况。国调统筹组织网省调开展安全校核，若安全校核未通过，国调按照灵敏度由高至低顺序，取消相关省间电力现货交易，消除设备越限，出清边际电价不变。

12.2.2 区域辅助服务市场

区域电网联络紧密，省间互济能力强，比如华东电网通过 1000kV 特高压网架实现苏沪、沪浙、浙皖、皖苏、浙闽分别相连，通过 500kV 围绕长三角地区形成环网，主网架结构均已形成主干环网或网格状形态，实现了区域内省间紧密互联，布局范围覆盖各省地市。区域省间各省（市）负荷特性存在一定差异，通过区域辅助服务市场机制，可实现省间资源互济。在各省（市）面临着电网调节能力不足造成夏冬季高峰保平衡难度大、春秋季核电和新能源消纳时段性困难及汛期电网低谷调峰困难等情形下，有必要组织开展区域辅助服务市场交易，解决省间资源优化配置问题，共同做好区域电网的安全保供与经济运行。

当前，区域辅助服务市场的交易类型主要包括调峰、备用等品种。以华东电网为例，华东电网电力辅助服务市场分为备用和调峰辅助服务市场，并分别出台《华东电网备用辅助服务市场运营规则（试行）》《华东电力调峰辅助服务市场运营规则（试行）》等市场机制，其中备用市场是指正备用辅助服务交易，调峰市场是指负备用辅助服务交易，通过市场化方式可以实现区域省间备用辅助服务跨省调剂。

（1）在时间尺度上，可分为日前辅助服务市场与日内辅助服务市场，在省（市）电网出现日前预测备用容量不能满足要求时，启动日前备用市场。在省（市）电网出现日内预测备用容量不能满足要求时，启动日内备用市场。备用市场与调峰辅助服务市场有序衔接。日前备用市场出清后，在省（市）电网出现日前预测调峰容量不能满足要求时，启动华东电力调峰辅助服务市场。

（2）在交易对象上，区域辅助服务卖方为省级及以上调度机构管辖且所处电网备用容量富足的发电机组或储能电站，购买方为辅助服务容量不足的省（市）电网企业。

（3）在运营组织上，区域辅助服务市场组织流程分为信息申报、日前市场准备、日前市场出清、日内市场准备、日内市场出清、执行与考核、结算与费用分摊、信息发布等环节。

（4）在出清结果执行上，区域辅助服务市场的出清结果纳入省（市）电网省间联络线计划执行，同时发电机组中标的结果也作为调度机构安排机组运行的依据。

（5）在交易品种上，以华东辅助服务市场为例，可分为备用市场与调峰市场，以下分别对这两类市场的市场机制及组织流程展开描述。

12.2.2.1　华东备用市场出清机制

华东备用市场的卖方主体包括水电机组、电化学储能电站、燃气机组、燃煤机组等，并适时扩大至核电、风电、光伏等其他发电主体，买方主体即备用容量不足的省（市）电网企业。

华东备用市场出清机制采用分段边际电价出清方式，卖方落地报价=卖方报价+卖方省市电网企业输电价（含损耗）+华东分部电量输电价。按照卖方落地报价由低到高进行排序，形成卖方序列，再根据买方报价对卖方序列进行分段，以卖方落地报价不超过各买方报价为前提，按各买方需求容量比例分配该段内的卖方备用容量，每段边际出清电价为各段内最后中标的一档机组容量的卖方落地报价。若卖方落地报价相同，则按照规则规定顺序确定最后中标的一档机组，报价和优先级相同的机组，中标结果按照申报电力比例分配。

12.2.2.2　华东备用市场组织流程

日前备用辅助服务市场每个工作日组织次日 96 点市场交易。交易流程包括发电主体申报（D-1 日 11:30 前）、市场运营相关信息申报（D-1 日 11:30 前）、辅助服务市场出清

（D-1 日 14:15 前）、发布出清结果（D-1 日 14:30 前）。其中，省（市）调度机构需要填报次日调度口径预测负荷、最大可调容量、可参与市场机组预组合和预计划、非机组原因受阻容量、机组预留备用容量、日前/日内备用市场买方报价等信息，并根据本网次日备用容量情况选择作为买方或者卖方。同时，省级电网应预留的备用容量根据相关备用管理规定确定，当预测次日某时段备用容量裕度小于应预留旋转备用容量时，原则上该省级电网不可选择作为该时段的卖方。

日内备用辅助服务市场全天分为 12 个固定市场周期，每个市场周期时长为 2h，日内市场出清 T 到 T+120 分钟时刻交易结果，即 00:15～02:00 为第一个市场周期，以此类推。前一日 14:30～17:00 间市场主体可对日内报价进行调整，日内不再组织报价。T-60 分钟前，根据跨区直流联络线送电计划更新省间联络线计划。T-45 分钟前，日内备用市场开市，将省间联络线计划下发至各省（市）调度机构，由省（市）调度机构选择 T 至 T+120 分钟时刻各时段作为买方或卖方，并申报日内备用需求容量。T-30 分钟前，日内备用市场出清，出清结果纳入省间联络线计划口子，并下发至各省（市）调度机构。

12.2.2.3　华东调峰市场出清机制

华东调峰市场的卖方主体包括 300MW 及以上的燃煤机组、市场化电价的抽水蓄能机组、新型储能或可调节负荷等，买方主体即调峰资源不足的省（市）电网企业。

华东调峰市场出清机制默认采用报价分时段出清。将每个时段卖方主体申报电价从高到低排序，根据排序结果由高到低依次调用，直至满足该时段的负备用需求，成交的卖方主体在该时段的申报电价即为该时段的出清电价，如报价相同，中标结果按申报时间从早到晚排序，即申报时间越早调用优先级越高。

若多个省（市）有调峰需求时，华东调峰市场按总需求进行出清，将卖方主体负备用资源按省（市）调峰需求比例进行匹配。

12.2.2.4　华东调峰市场组织流程

日前调峰辅助服务市场由前一日组织次日 96 点市场交易，组织流程包括卖方主体完成市场报量报价（D-1 日 11:30 前）、买方省市申报调峰需求（D-1 日 13:15 前）、卖方主体可修改日前调峰市场报价（D-1 日 13:30 前）、调峰市场集中出清（D-1 日 14:15 前）、出清结果下发计划（D-1 日 14:30 前）。

日内调峰辅助服务市场分两个交易时段（01:15～24:00 和 10:15～24:00）组织交易，两次出清结果叠加，日内市场中卖方主体不报量、不报价而沿用日前封存的申报信息。D

日 00:15 前，买方省（市）电力调度机构申报 01:15～24:00 之间的省间调峰辅助服务需求；D 日 00:45 前，完成 01:15～24:00 交易时段内的日内调峰市场出清，并下发计划执行。D 日 09:15 前，买方省（市）电力调度机构申报 10:15～24:00 之间的省间调峰辅助服务需求；D 日 09:45 前，完成 10:15～24:00 交易时段内的日内调峰市场出清，并下发计划执行。

对于华东备用市场与调峰市场两者的联系，若遇华东电网备用辅助服务市场启动，则先开展华东电网备用辅助服务市场交易，再开展华东调峰市场交易，华东调峰市场交易时间节点则会相应顺延。

12.2.3　省内电力现货市场

第一批省级电力现货市场的试点启动以来，各省份积极探索"中长期差价合约+全电量集中优化""中长期实物交割+部分电量集中优化"两种市场模式，并开展不同价格形成机制、用户及新能源参与方式等有益的探索和实践，充分发挥了试点的示范效应与引领作用，为全面推广建设提供了典型范例和多样选择。其中，广东、浙江、山西、山东、甘肃、四川均采用"集中式"市场交易模式，现货市场采用全电量竞争方式，中长期与现货采用差价合约方式减少波动风险，不需要采用物理执行的合约；而蒙西采用"分散式"市场交易模式，中长期合约结果需要刚性执行，在日前阶段确定发用电计划曲线。在省内现货市场交易的组成上，广东、浙江、山西、甘肃、四川、福建均采用"日前市场+实时市场"模式，山东、蒙西则增加了"日内市场"进一步调整优化机组组合，对日内机组发电调度计划进行调整，结算仍采用实时市场结算方式。

而第二批试点地区主要参考第一批试点的经验，大多采用集中式全电量竞争的市场交易模式，包含日前市场和实时市场，中长期与现货采用差价合约方式。第一、二批试点地区现货市场建设特点如表 12-1 所示。

表 12-1　　第一、二批试点地区现货市场建设特点对比（截至 2023 年 3 月）

试点地区		市场模式	现货组成	省间市场优势	中长期合约	辅助服务	竞价机制	发电侧结算电价
第一批	广东	集中式全电量	日前+实时	—	差价合约	调频	发电：报量报价 用户：报量不报价	分时节点
	浙江	集中式全电量	日前+实时	—	差价合约	调频、备用联合出清	发电：报量报价 用户：报量不报价	分时节点
	山西	集中式全电量	日前+实时	煤电基地、风火打捆	差价合约	调频、调峰	发电：报量报价 用户：报量不报价	分时节点
	山东	集中式全电量	日前+日内调整+实时	—	差价合约	调频	发电：报量报价 用户：报量不报价	分时节点

试点地区		市场模式	现货组成	省间市场优势	中长期合约	辅助服务	竞价机制	发电侧结算电价
第一批	甘肃	集中式全电量	日前+实时	大规模风电、光伏	差价合约	调频、调峰	发电：单边报量报价	分时节点
	四川	集中式全电量	日前+实时	水电资源	差价合约	调频、备用	发电：报量报价 用户：报量不报价	系统边际
	福建	日前集中+实时平衡	日前+实时	—	滚动执行合约，10%参与现货	调频	发电：单边报量报价	系统边际
	蒙西	分散式	日前+日内+实时	—	物理合约	—	发电：单边报量报价	系统边际
第二批	上海	集中式全电量	日前+实时	—	差价合约	—	发电：报量报价 用户：报量不报价	分时节点
	江苏	集中式全电量	日前+实时	—	差价合约	调频	发电：报量报价 用户：报量报价	分区价格
	安徽	集中式全电量	日前+实时	—	差价合约	—	发电：单边报量报价	分时节点
	辽宁	集中式全电量	日前+实时	—	差价合约	调频	发电：报量报价 用户：报量不报价	分时节点
	河南	集中式全电量	日前+实时	—	差价合约	调峰	发电：报量报价 用户：报量不报价	分时节点
	湖北	集中式全电量	日前+实时	—	差价合约	调频	发电：单边报量报价	分时节点

第一批试点大多已开展长周期结算试运行，形成了长期稳定运行的现货市场。其中，山西、甘肃、山东、福建现货市场已实现 2022 年全年试运行，山西、甘肃现货市场已连续结算试运行近 3 年，形成了连续稳定运营的现货市场，山西政府正在积极推动现货市场转正式运行。浙江电力现货市场也经历了 5 次结算试运行，经历了大负荷、极热、极寒天气及重要保电等多场景检验，形成了清晰反映供需的价格信号，正努力推动开展长周期连续运行工作。

12.3　电力现货市场运营

不同省份的电力现货市场建设模式各有异同，下面以浙江电网为例，简单介绍浙江电力现货市场的运营模式及基本流程。

12.3.1　总体介绍

浙江电力现货市场采用以节点电价为核心，考虑基于安全约束的经济调度和机组组合开展全时段、全电量出清的市场交易，浙江电力现货市场成员关系如图 12-6 所示。在现货市场中，发电侧采用节点边际电价（LMP）作为经济调度和定价的基础，用户侧采用负荷侧节点电价加权平均得到的统一负荷中心价格进行价格结算。国家电网有限公司内，由国调及分中心确定各省（市）送受电计划，并作为电力现货市场出清的边界条件；统调非水可再生能源，如风电、光伏等机组均作为固定出力机组，由日前预测或申报的发电曲线决定，电网全额消纳这一块发电量。发电商、大用户和售电公司通过报量报价参与市场，电力公司代表非市场化用户（如居民用电、小用户等）参与市场，接受市场定价。市场出清的节点价格作为发电商每台机组的结算电价，而用户侧采用所有节点加权平均后的价格作为各用户的结算电价。

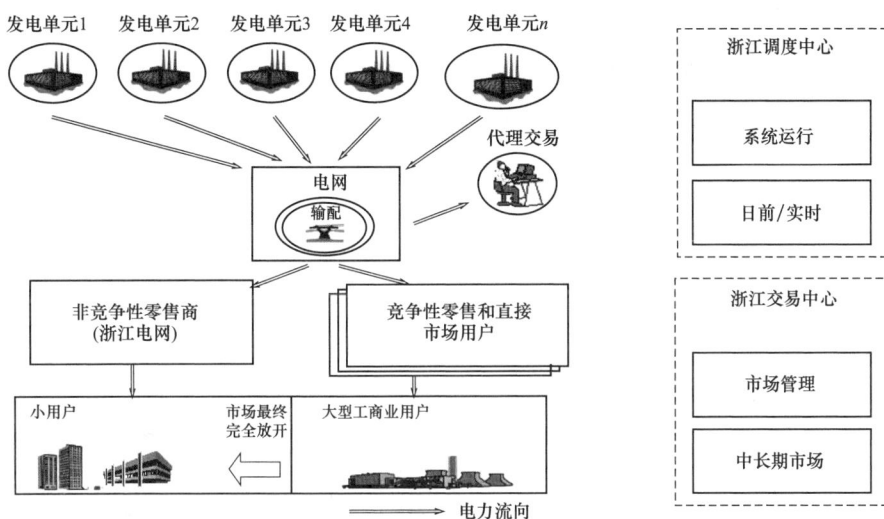

图 12-6　浙江电力现货市场成员关系

12.3.1.1　市场成员

为了维持浙江电力现货市场的平稳运行，需要引入非交易型市场成员加以管理，如电力调度控制中心、电力交易中心、资金结算机构等。

（1）电力调度控制中心负责现货市场交易，主要包括系统可靠性和安全性管理、检修计划管理、安全性评估、机组组合、日前和实时市场出清；负责电力系统安全稳定管理和安全校核；负责日前、日内负荷预测和平衡管理等与电网运行密切相关的环节。

（2）电力交易中心负责中长期合约交易和市场管理，包括市场成员注册、市场成员管理（如培训、查询、信息公开、纠纷等）、信用管理、批发市场结算计算、市场申报和信息发布等与市场交易密切相关的环节。

（3）资金结算机构负责批发市场的结算，持有信用保证（银行保函或现金抵押），由浙江电力交易中心负责提供结算依据，计算市场主体的信用保证额度，监控市场风险。

12.3.1.2 市场构成

现阶段的浙江电力市场由现货市场和合约市场构成，待市场运转成熟后未来再引入零售市场，如图 12-7 所示。其中，现货市场包括日前市场和实时市场。日前市场交易电量以日前价格结算，实时与日前的偏差部分以实时价格结算。市场用户可以选择在日前市场中参与报价，而在实时市场作为价格接受者无需报价。同时为了确保电力系统的安全稳定运行的需要，机组可以提供有偿的辅助服务品种，包括调频、备用等，通过申报、竞价进行联合出清，以确定每台机组中标辅助服务提供量。合约市场（又称为中长期市场）是大用户和发电商进行双边交易、集中交易的场所，一般采用差价合约的形式，同时为了确保现有电量结算模式向市场化结算平稳过渡，电网公司需要与发电商签订政府授权合约以避免偏差量过大而造成资金流失。在未来中/远期市场建设中，会引入金融输电权，建立容量市场，为发电资源、电网建设提供指导性方向。

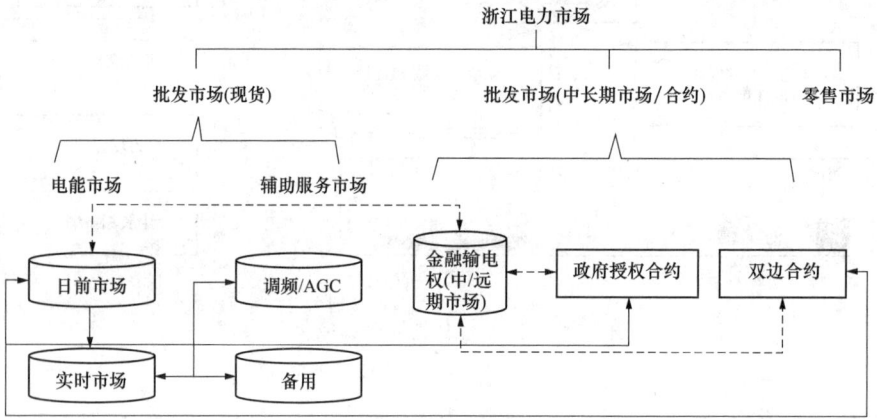

图 12-7 浙江电力市场构成

12.3.2 日前市场

日前市场是运行日前一天开展次日连续 24h 发用电撮合并形成交易结果的过程。组织日前市场的原则包括：安排充足的发电资源以满足运行日负荷需求的变化、预留充足的机组调节能力对重要网络阻塞断面潮流进行控制、满足运行日调频及备用需求、撮合机组与用户进行报量报价交易。日前市场出清结果是形成每隔 15min 发电机组的全日计划曲线以及对应节点价格，两个 15min 的出清数据叠加构成一个 30min 交易周期。

12.3.2.1 发用电双方撮合交易

日前市场理论上是一个金融性质的市场，在考虑电网系统安全约束的情况下尽可能撮合较多的发用电交易对，并完成日前市场出清，形成发电机组运行日的出力计划指导曲线。按照最新浙江省能源局出具的规则，发用电双方在日前市场中报量报价，发电机组的报价曲线为从最小技术出力开始至最大技术出力的单调非递减价格曲线（考虑发电机组的每 1MW 电能成本随着出力增加而增大），大用户或售电公司报价曲线为负荷从零值至最大可能用电负荷的单调非递增价格曲线（考虑用户随着电能价格的升高有减少用电的趋势，体现需求侧响应）。撮合发用电交易对的过程就是，低价发电机组报价段与高价用户侧报价段优先中标，发电侧价格从低至高顺序中标、用电侧价格从高至低顺序中标，直至最后一台机组报价段与用电侧报价段有交点时，此时机组边际的中标电价作为系统的电能边际价格。这一撮合交易的过程在经济学原理上是寻找全社会福利最大化的过程，保证交易双方的利益总和最大化。

12.3.2.2　边界条件管理

在撮合交易之前，除报量报价数据外，日前市场的开展还需要确定一系列的边界条件，包括运行日的系统负荷预测、母线负荷预测、外来电计划、设备检修计划、重要断面限额、固定出力机组等。

系统负荷预测是指运行日 24h 每 15min 频度统调负荷预测数据；母线负荷预测数据是指运行日 24h 每 15min 频度所有 220kV 母线节点的预测负荷数据，可作为浙江电网代理交易的报价数据计算来源。备用需求一般都是按照华东下发的 10min 备用需求（2480MW）去执行，30min 备用一般需要考虑负荷及新能源预测偏差可设置为 3000～5000MW。

外来电计划的管理方式沿用目前的国调和华东总调联合编制下发的计划曲线。设备检修计划，包括次日机组停复役时间、重要输电设备的停复役时间等，需要形成次日每 15min 的电网网络拓扑，是出清计算的先决条件。重要断面限额的管理也十分重要，往往决定了某些节点出清的价格，是形成网络阻塞价格的重要因素。

在市场初期，水电作为固定出力机组参与市场，突破了现有的调度模式，水电需要按照计划曲线下发进行发电，同时还有部分热电联产机组均作为固定出力机组进行发电，本身无需报价，被动接受市场价格的变动。

12.3.2.3　安全校核

在日前市场撮合出清过程中，并不是简单地按报价堆栈的顺序出清，而是需要考虑所有电网安全约束条件。经过系统安全校核，在满足系统安全约束和辅助服务要求的基础上再确定日前市场机组组合和出清结果，包含 15min 出清时段的日前市场出清价格和发电计划。日前市场机组组合作为预调度计划的初始状态，为确保系统安全可靠运行，调度中心

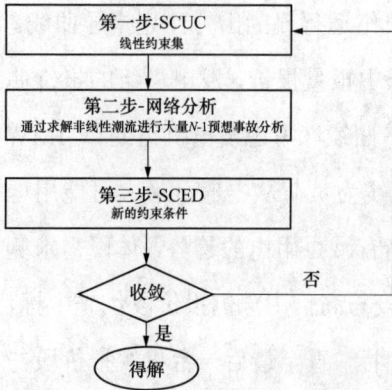

图 12-8 日前安全校核的出清流程

可在此基础上做出相应的调整。日前市场的出清是考虑安全约束的机组组合（SCUC）和安全约束的经济调度（SCED）的过程，日前安全校核的出清流程如图 12-8 所示。

考虑安全约束的机组组合是指在满足机组及网络安全约束情况下，考虑机组启动费用、电能报价、空载成本等，以运行日总购电成本最小为优化目标，形成最优的机组组合结果，包括机组开停方式和各时段机组计划出力。

考虑安全约束的经济调度是指基于当前电网的运行方式、系统机组组合，考虑电网约束条件、机组爬坡率和机组电能报价等因素，以下一时刻系统总购电成本最小作为优化目标，确保满足负荷预测需求，形成机组经济调度结果，包括机组的计划出力。

在完成系统机组组合和经济调度后，需要对出清结果进行迭代校核。安全校核的过程就是基于未来态网络拓扑、检修计划确定的模型，经过交直流潮流计算与预想故障分析，尽量保证电网设备 N-1 方式下不发生过负荷或重负荷的情况。若系统安全校核第一轮未通过，将把重要断面越限的情况作为约束条件迭代开展第二轮的 SCED 和 SCUC，确保日前市场的出清结果是最优的可行解。

12.3.2.4 日前市场组织流程

日前市场每个工作日组织次日 96 点市场交易，如遇周末或节假日则由节前最后一个工作日连续开展多日出清。日前市场组织流程包括日前市场事前信息发布（D-1 日 09:30 前）、市场主体申报（D-1 日 10:30 前）、预出清并参与区域及省间市场出清更新受电计划（D-1 日 14:00 前）、完成日前市场出清并发布（D-1 日 17:00 前）等环节。

运行前日（D-1 日）09:30 前，日前运营人员发布日前市场事前信息。运营人员需提前完成运行日及次日的负荷预测、新能源预测、备用需求设置，并接受外来电预计划，校核固定出力曲线、设备检修计划等边界条件，日前市场事前信息发布内容包括统调负荷预测曲线、备用需求曲线、设备检修计划、电网主要约束信息等。

运行前日（D-1 日）10:30 前，发电侧正常竞价机组和用户侧完成现货市场申报。其中，发电侧电能申报采用 10 段式，申报和出清电价包含环保和超低排放电价，调频申报包括调频容量申报、调频容量价格申报和调频里程价格申报。若发电市场主体在日前市场关闸前未进行申报，则采用常设报价有效申报。由售电公司代理或直接参与市场的 110kV 及以上的工商业用户，在日前市场关闸前申报 48 点用电需求曲线。若用电市场主体在日前市场关闸前未进行申报，则采用默认申报。

运行前日（D-1 日）11:00 前，省间电力现货市场开市后，日前运营人员完成日前市场预出清计算，交易结果通过电力市场技术支持系统进行发布，并据此组织省内市场主体参与省间电力现货市场。

运行前日（D-1 日）14:00 前，日前运营人员使用市场主体申报数据和预估边界开展浙江省内日前现货市场预出清，并参与省间日前现货市场，更新正式外来电计划。

运行前日（D-1 日）17:00 前，日前运营人员使用市场主体申报数据和正式边界开展省内日前市场正式出清。出清完成后，发布日前现货市场事后信息，包含日前机组组合及日前节点电价，并根据日前市场正式结果编制运行日调度计划。

在日前市场出清过程中，若事前披露的电网运行边界条件发生变化，并且可能影响电网安全稳定运行、电力有序供应和清洁能源消纳，日前运营人员可调整边界条件，进行日前市场出清计算。若遇到重大边界条件调整时（边界条件变化超过一定范围），市场运营机构向市场主体公布调整后的外来电计划等信息，并重新组织市场申报，市场出清结果应严格满足国家和行业的政策、标准要求，同时满足电网安全稳定运行、机组安全运行以及电力电量平衡约束条件。

以浙江电力现货市场运营出清时序为例，省级电力现货市场的组织业务流程如图 12-9 所示。

12.3.3　实时市场

在实时市场之前,调度中心根据周期性运行的滚动调度计划的结果更新日前调度计划,主要针对电网需求对开停机进行滚动优化，调度中心执行最新的开停机计划按时通知机组完成开停机。进入实时调度前，调频市场以小时为周期，在每小时开始前 30min 公布调频市场出清结果，每 1h 锁定调频机组及容量。日内、实时滚动出清流程如图 12-10 所示。

实时市场是调度运行的核心环节，与调电运行密不可分。实时市场以 5min 为调度时段，以系统发用电平衡、电网安全作为约束条件，每个调度时段产生一个节点边际电价和发电计划。30min 交易时段内所有调度时段价格的加权平均值作为结算价格，所有调度时段电量进行简单叠加至交易电量。发电商的机组实际计量电量与日前计划电量的偏差根据实时市场结算价格进行结算。

省级现货市场业务流程

D-2日	D-1日	D日
国调 15:30 前编制直流预计划	**省调** 09:30 前汇总新能源预测、负荷预测、联络线计划等市场边界信息推送交易	**市场主体** T-120 之前申报日内省间现货
	↓	↓
	交易 09:30 前发布 D 日市场边界信息	
	↓	
网调 17:00 前编制交流联络线	**市场主体** 10:30 前申报量价信息	**国调** T-120~T-60组织日内省间现货交易
	↓	↓
	交易 10:30 前汇总申报信息推送至调度	**省调** T-90~T-60省内调频市场出清
	↓	↓
	省调 11:00 前市场预出清确定省内平衡裕度	**网调** T-30开展省间市场交流潮流校核
	↓	↓
	市场主体 11:30 前根据省内平衡情况参与省间现货交易	
	↓	
	网调 14:30 前开展区域备用、调峰市场出清	**省调** T-15~T-10省内实时市场每5min开展滚动出清
	↓	
	网调 14:30 前下发联络线正式计划	
	↓	
	省调 17:00 前完成省内现货市场和辅助服务市场（调频）出清	**省调** T: 下发实时市场出清结果至AGC系统
	↓	
	省调 18:00前根据市场出清结果编制D日发电计划	
	↓	
	交易 18:00 前披露日前市场出清结果	

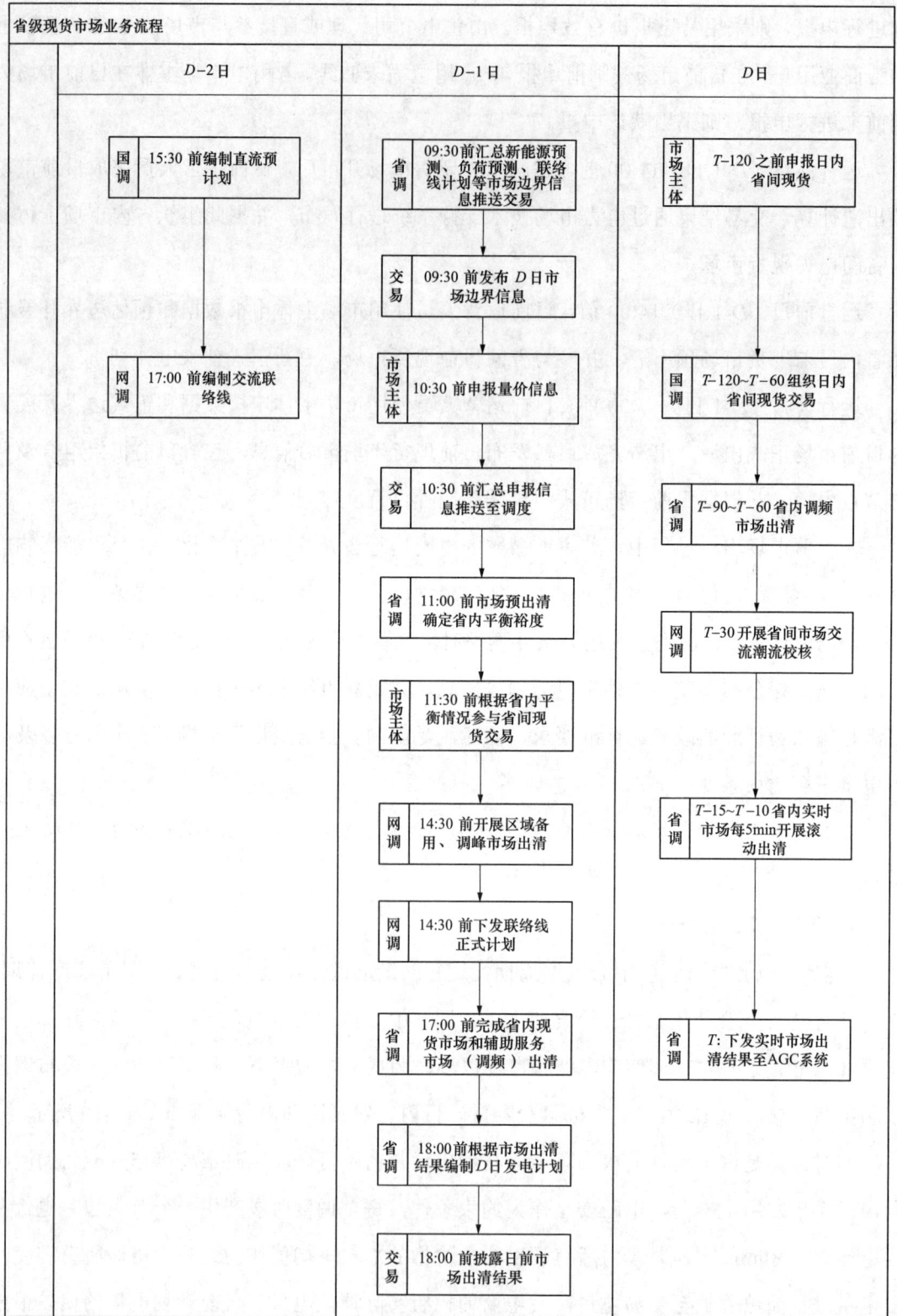

图 12-9　省级电力现货市场运营时序图（以浙江为例）

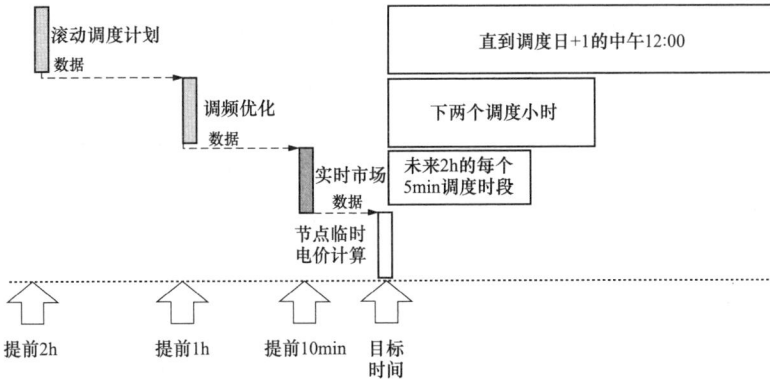

图 12-10　日内、实时滚动出清流程

12.3.3.1　经济调度

运行日组织的实时市场是基于安全约束的经济调度。所谓经济调度，就是为了满足下一时段的负荷需求，用最低生产成本来调用在线的发电资源。实时市场不再进行开停机的优化组合，而是基于即时电网运行状态、机组开停状态、断面约束限额以及超短期负荷预测等，以总发电成本最小为目标进行经济化出清。

实时市场计算所需的机组报价目前阶段是采用日前报价数据封存得到，待市场成熟后应允许报价在运行日进行修改，有利于发电商再次根据实际负荷需求继续竞价。此时，为了避免市场投机行为，报价的调整应该只允许向下调整，即降价。实时市场再根据最新的报价数据进行出清。

在实际调度前 10min，读取当前电网状态，根据超短期负荷需求，将所有在线机组的报价段，从低至高排序，依次中标进入电能量堆栈，直至最后一段报价满足负荷需求，即可得到电能量出清结果以及边际能量价格。同时系统仍需要考虑爬坡约束、断面约束等条件，对出清结果进行迭代滚动校核，出清完毕，发送 AGC 执行。每 5min 均滚动执行上述过程，完成经济调度。

12.3.3.2　联合优化

联合优化是指在实时市场出清时同时考虑电能量、调频和备用最优化过程，从经济上降低实际运行所需成本。逻辑过程为，实时市场阶段需修正时前市场中标调频机组的出力上下限，然后进行电能与 10min 备用的联合优化出清，计算实时节点电价、10min 备用的中标容量、10min 备用的出清价格以及实际的机会成本。

电能和备用的联合优化提供了如下好处：减少了市场外特定机组的机会成本支付；出

清价格更准确地反映了提供备用的真实成本，包括机会成本；根据实时条件优化电能和备用的分配，降低生产成本（而不是提前 1h 预留分配）；更准确的价格信号，更好地反映辅助服务的真实价值，并产生更好的投资信号；对于发电机组而言，无论是提供电能还是备用，都有收益，从而提高运营可靠性。

12.3.3.3　安全校核

与日前出清类似，实时市场在形成所有机组的出清结果时，需要将结果进行可靠性校验，这一过程就是实时市场的安全校核。安全校核基于即时网络拓扑、断面约束等开展交直流潮流计算，若安全校核计算不通过，则将越限断面重复迭代进入作为下一次潮流计算的约束条件，返回进入安全约束经济调度中进行闭环求解，直至满足实时市场计算的可行解。

12.3.3.4　闭环控制

在实时市场出清结果形成后，需要发送机组出力指令至 AGC 闭环控制。AGC 模块自动解析从现货市场发送过来的调频市场出清结果（包括中标机组名称和中标调频容量），自动将中标机组切换到自动调频控制模式，根据中标容量自动修正机组的调节上下限值，并实现调频资源的自动调用。同时机组调频性能统计模块实时统计机组的调节速率、调节精度、响应延时、调节里程等指标，作为机组市场准入的基础数据及调频收益计算的基础数据。

在 AGC 模块中，调频机组和跟踪计划机组的控制模式分别为 AUTOR 和 SCHEO。跟踪计划机组每 1min 等步长跟踪未来 5min 的出清出力，调频机组在基点功率跟踪出清出力的基础上在调频范围内进行实时调频。两类机组共同完成实时调度，确保系统发用电平衡。

12.3.3.5　实时市场组织流程

实时市场在每个运行日每 5min 开展实时出清，出清结果覆盖未来 2h 运行情况，以出清结果指导机组发电。实时市场组织流程包括根据机组组合和实际负荷情况开展实时市场滚动出清计算，根据实时市场出清结果通过 AGC 下发调度指令。

12.3.4　电力辅助服务市场

电力辅助服务一般可分为基本辅助服务和有偿辅助服务。基本辅助服务是指为保证电力系统安全、稳定运行和电能质量需要，根据并网调度协议规定的技术性能要求提供的无偿辅助服务，包括发电机组的一次调频、基本无功等。有偿辅助服务是指基本辅助服务之外的其他辅助服务，主要包括调频（自动发电控制 AGC）、调压（有偿无功调节、自动电压控制 AVC)、备用、黑启动等。区域辅助服务市场（华东区域）主要以调峰、备用品种为主，其中标结果主要影响各省（市）电网的送受电计划，不直接控制省内市场机组的发电出力，而省内电力辅助服务市场的出清结果将直接影响省内市场机组的发电出力，以下对省内电力辅助服务市场展开讨论。

省内电力辅助服务品种主要包括备用和调频，采用集中竞价出清方式进行，发电企业在日前进行调频报价，在现货市场内集中竞价、与电能量联合出清，用户侧不进行交易申报。目前，浙江暂未开展备用市场，调频辅助服务在现货市场中与电能量采用联合优化出清方式，其中日前市场进行电能和 30min 备用的联合优化出清，实时市场开展电能、10min备用和调频联合优化出清。

12.3.4.1 调频市场出清方式

在实时市场运行过程中，电能量市场与辅助服务市场衔接过程为：按照运行过程先后顺序分为调频市场出清和实时市场联合出清两部分。

（1）调频市场出清过程是根据系统调频需求、机组调频报价信息、机组调频性能和实时市场预估机会成本，按照调频组合排序价格由低到高逐台出清机组调频容量直至满足系统调频需求，形成调频中标机组、中标容量及中标价格。调频出清每小时滚动出清一次，每次出清未来 1h 的调频中标结果。提前锁定调频机组名单以及对应的调频容量后进入实时市场。

（2）实时市场联合出清是在调频出清结果的基础上，结合市场边界条件、机组备用与电能量报价，修正调频机组的出力上下限进行实时市场出清，以系统备用与电能量总成本最低为优化目标计算出每台机组下一时段需要执行的出力和中标价格。同时，根据调频中标机组的调频报价信息、机组综合调频性能和实时市场实际机会成本，按照调频组合排序价格由低到高排序，确定调频市场出清价格用于结算。实时市场联合出清通过机会成本耦合达到电能和调频的最优组合，实现了成本和效益的最优化，同时减少了两者间的影响关系，降低了市场主体报价难度，逐步发现电能、调频的边际成本。

12.3.4.2 调频市场出清流程

运行前日（D-1 日）09:30 前，市场运营机构通过系统设置并发布次日的调频需求，调频需求主要根据过去电网运行历史及机组调频情况按照次日系统负荷预测 1%~3%比例进行设置。

运行前日（D-1 日）10:30 前，具备调频能力的发电机组综合市场调频需求及自身运行状态等信息进行调频市场报价，调频报价信息包括机组调频容量、容量价格、里程价格。调频报价信息被封存到次日用于调频市场正式出清。

运行日（D日），调频市场出清功能根据调频需求信息及调频综合报价等信息，每小时自动滚动出清调频结果，出清逻辑是按照调频综合报价由低到高顺序逐台出清机组调频容量直至满足系统调频需求为止。在每轮次调频市场出清阶段结束后，实时市场时序就自动进入了实时市场联合出清环节，调频市场出清结果经过确认后自动下发给中标机组，并安排机组参与电网频率控制。

12.4 市 场 调 度 运 行

市场环境下，电力调度机构负责实时市场交易以及与电网运行相关环节的组织，需要同步做好电网安全稳定运行、实时市场出清运营等工作。若市场进入连续不间断运行，调度生产的组织原则和依据逐步由计划模式转变为市场模式，在满足电网安全运行同时需要兼顾市场经济性。

12.4.1 市场对调度运行业务的影响

由于实时市场运营与电网运行控制密不可分，出清的边界条件涉及日内外来电计划变更、电网检修操作时序变更、超短期系统负荷预测偏差、电网稳定限额潮流控制变化等关键环节，利用 AGC 等外围支持系统将出清结果分解需要自动形成实时发电计划，自动下发至电厂机组 AGC 执行机组发电目标，并满足发用电平衡及电网频率控制要求。市场环境下，需要值班调度员完成实时市场运营和实际电力系统调度系统运行的融合管理结合，实现全省电力的实时平衡控制。

现货市场运行对上述传统的调度业务如检修计划执行、电网阻塞管理、发电执行管理等均提出了新要求，同时带来了新调度业务内容，如市场发用电平衡管理、调频机组运营管理、机组成本补偿标志位管理、市场信息披露等工作，并增加了紧急事件下市场运行处置相关工作。

12.4.1.1 传统调度业务的新要求

（1）针对电网倒闸操作情况，由于 220kV 及以上电网拓扑是省内电力现货市场出清模型的边界条件，每一次倒闸操作都是改变电网拓扑的过程，势必影响电网的潮流分布情况。尤其是涉及 500V 供区间的合解环、220V 厂站的分列或并列操作，均可能导致局部潮流发生改变，进而出现阻塞影响节点电价，可能导致电网窝电的发生，造成机组出力及节点电价均下降。因此，电网倒闸过程必须在日前安排好生产计划与日前市场潮流校核，在实际操作前必须严格执行日内潮流计算任务的条件下再开展。

（2）针对机组检修与调试情况，如计划检修机组，在检修单终结日（含终结日）之前并网运行的，以自计划方式参与市场，在检修单终结日次日起，可正常参与市场申报和出清。有调试、试验要求的机组需要在日前申报调试计划，并制定相应试验出力曲线，以自计划方式参与市场。实时市场根据日前推送的调试机组名单会自动更新调试机组类型并发送调试计划出力，机组接受市场定价。以上要求日内及时办理检修机组申请单的开工与终结，每日核对调试机组名单，对于临时停机（包括故障跳机、紧急停机）务必做好日志记录并予以信息披露、考核，机组异常状态结束后及时在市场平台中将机组恢复为正常机组。

12.4.1.2　新调度业务管理

在市场出清平衡管理方面，实时市场每 5min 滚动出清未来时段的发用电平衡计划，理想情况下实时市场出清会考虑所有应控制断面并在保证安全可靠情况下输出最经济的出清结果。若市场出清所需的边界条件与实际值存在偏差，如超短期负荷预测、新能源预测、母线负荷预测等存在偏差，则实时出清结果的执行会对系统发用电平衡产生一定的影响，特别是负荷在快速变化时段（如 11:00～13:00、22:00～22:30），需要密切关注并修正各类市场边界条件数据，确保市场系统录入的预测数据与实际偏差较小。

在调频市场管理方面，调频市场会提前 1h 出清锁定调频机组名单与调频容量。若事前确定的调频机组容量不足或电网发生较大的波动导致调频带宽被完全占用，此时需要值班调度员在修正偏差的同时，同步开展征调调频机组容量工作，征调调频机组名单应兼顾经济性与安全性，对于未中标调频的机组进行合理征调，并及时通知电厂并发布信息。若电网运行平稳、负荷变动范围较小但电网备用不足，此时作为值班调度员可适当调整下一时段的调频需求，以期释放电网备用能力以满足需要。

在市场机组管理方面，需要值班调度员密切关注各类机组运行情况，在线监视并统计机组实际出力与实时出清结果两者间的偏差，督促偏差较大的机组尽快恢复执行市场出清结果。原则上应将具有远控功能的市场机组投入自动发电控制（AGC）功能，执行调度下发曲线或指令，在异常或紧急情况下时电厂可经当值调度员许可退出机组 AGC，根据调度指令直接调整发电出力，待异常或紧急情况消除后再行恢复。对于跟随市场出清结果发电的机组予以成本补偿，由值班调度员记录并生成机组成本补偿标志位信息，及时维护机组在实际运行中出现违反调度纪律、异常停机、故障后并网、跨天提前开机或跨天延迟开机等情况，审核并发送标志位信息至交易中心，以计算机组成本补偿费用。

12.4.1.3　异常情况处置

针对故障处置情况，市场规则上明确调度机构可根据电网运行情况，采取必要措施优先保障电力系统安全稳定运行。因此，故障发生后依据电网故障处置规程对突发事件进行处理，可快速且紧急调节相关机组出力，尽快恢复电网的正常运行。

当实时运行时发生区内特高压故障，口子大量超用时，值班调度员需立即开启一键 RAMP，将所有市场机组和调频机组出力加足，并开出水电等固定出力机组，及时向华东申请 ACE 调节支援；若协助其他省份控制联络线口子，可通过 D5000 中设置市场偏置调整机组发电出力。注意紧急情况下上述操作过程中并未直接中止市场运行。

当实时负荷与日前预测负荷存在大幅偏差，导致正备用严重不足时，按照优先考虑省间现货市场购电及先加水电等固定出力机组，其次联系华东及三省一市区域支援，取消机组调试计划并考虑新增开机，最后通知统调水电、地区小水火电等机组加出力再考虑新增开机的等操作原则处理。若系统负备用不足时，按照优先联系华东区域支援，取消机组调试计划并考虑水电、燃气机组提前停机，最后通知燃煤机组开展深度调峰等操作原则处理。

值班调度员应遵循市场规则中的相关规定，在出现以下情况时（包括但不限于）调度机构按照安全第一的原则处理事故和安排电网运行方式，必要时可及时中止现货市场结算试运行，恢复非市场模式调度暂停市场并按传统模式调度：

（1）电力系统出力不足，无法保证电力市场正常运行的政府宣布因自然灾害或危及电力系统安全可靠运行的异常事件而进入紧急状态，已指示暂停市场。

（2）电力系统内发生重大事故危及电网安全的浙江电网全部或部分出现严重或完全崩溃。

（3）电力市场技术支持系统、自动化系统、数据通信系统等发生故障导致交易无法正常进行的调控中心技术支持系统出现重大或完全故障，以致无法按照市场规则进行调度。

注意，中止原因消除后恢复市场运行应取得相关部门的同意或授权。

12.4.1.4　市场信息披露

为促进电力市场公开、透明、有序运营，国家能源局及其监管机构发布了《电力现货市场信息披露办法（暂行）》（国能发监管〔2020〕56 号文），国调发布了《国调中心关于做好调度机构电力现货市场信息披露工作的通知》（调计〔2021〕15 号文），浙江电力市场信息披露工作按照平台管理、分工负责、协同合作、统一发布的原则组织开展。

其中调度运行处负责电网实时运行、实时市场运行、电网故障与异常处置等情况的信息报送工作,报送流程包括做好披露信息的收集、整理和审核,在规定周期内通过调控云信息披露平台对外披露,并对真实性、准确性和完整性负责。值班调度员应按月度滚动报送并网电厂月度执行调度指令、调度纪律情况、重要设备停运及其影响的发用电设备(非停)情况等信息,每周滚动报送输变电设备、发电机组计划检修执行情况,实时滚动更新实时市场交易相关量价信息、电网运行潮流、机组出力、辅助服务需求等信息,并在实施调度调整手段后及时公布市场干预情况与原因。

对于市场机组行为的记录信息包括但不限于正常并列、正常解列、临时通知开机、临时通知停机、事故跳机、被迫停机、机组缺陷等情况,对于市场干预的记录信息包括但不限于机组出力上下限调整、控制模式投退、调频容量调整、备用容量调整、机组开停计划变化、固定出力调整等。

12.4.2　省调市场调度员工作内容

电力现货市场运行期间,市场调度员的工作职责是组织协调好电力现货市场有序运营,促进电网安全稳定与经济高效运行,其核心任务是全面掌握电网实际运行态势、研判发用电平衡风险、协调组织实时市场与日内交易、强化电力系统安全校核。要求市场调度员在交接班前提前研判电网日内运行与市场供需态势,在值班期间做好实时市场出清运营与分析决策管理,并在市场交易的全过程开展电网安全管控与市场应急调度,借助在线安全分析等工具,开展国网省联合安全校核,协同开展应急调度支援,及时消除风险隐患。

12.4.2.1　交接班前研判电网日内运行与市场供需态势

省调市场调度员在交接班前,应密切关注电网日内运行情况,了解市场出清的边界条件,结合电力供需形势、电网安全形势和天气变化过程,根据负荷预测与新能源发电短期及超短期预测情况,初步分析评估本班次电网安全和平衡态势;根据日前市场出清的机组组合、出清电价以及阻塞断面潮流变化信息,做好市场日内运行态势研判。

12.4.2.2　值班期间做好实时市场出清运营与分析决策

省调市场调度员在值班期间,严格规范做好实时市场有序运营,保障电网稳定运行。应组织开展日内滚动调度计划,滚动开展电网实时发用电平衡能力分析,监视市场出清电价异常信号,及时发现平衡缺口,协调好各市场主体发电(充用电)计划,根据市场出清结果正确下达调度指令。若评估发现市场平衡存在缺口，应果断采取调整发电机组出力及机组组合、调出备用机组与地县调发电资源、向上级调度机构及周边省市申请支援等措施，并积极参与省间电力现货市场与区域辅助服务市场交易。

同时，市场调度员应密切关注实时市场与调频市场出清结果信息，对比日前市场与实时市场运行偏差情况，重点关注各类边界条件偏差，包括但不限于超短期负荷预测偏差、新能源出力预测偏差、机组运行偏差、受电计划偏差、调频曲线偏差等，并采取有效手段修正各类市场运行偏差，市场调度员值班日常工作明细表如表 12-2 所示。

表 12-2　　　　　　　　　　省级市场调度员值班日常工作明细表

序号	值班日常工作内容	是否完成
1	查看日前市场出清的机组量价、重载断面等信息，关注日前调度计划安排的机组组合结果	√
2	执行日前调度计划安排的机组启停计划，视电网运行需要及时新增日内必开必停机组	√
3	审批市场机组发电能力申报信息，明确每台市场机组的发电出力变化范围	√
4	关注超短期负荷预测、新能源超短期出力预测、受电计划曲线等边界条件信息	√
5	检查并核对所有市场机组（包括调试机组、检修机组）状态，以及运行机组的 AGC 投退情况	√
6	做好日内滚动调度计划，提前预判日内运行可能出现的平衡困难点、运行异常等情况，做好市场辅助决策	√
7	监视调频市场中标机组信息与出清量价信息	√
8	监视实时市场出清结果信息，重点分析电价波动原因	√
9	监视实际调频曲线及实时市场运行偏差量情况，密切关注实际断面潮流情况与出清对比	√
10	做好机组成本补偿标志位管理与审核发送	√
11	做好市场运行报表，规范开展市场信息记录与披露	√

12.4.2.3　全过程开展电网安全管控与市场应急调度

市场调度员在现货市场出清运营全过程中，可利用在线安全分析等工具，联合国调与分中心开展全网模型的安全校核，确保电网静态安全、短路电流、电压稳定等无问题，电网安全裕度充足。当存在电网局部方式薄弱、潮流发生重大变化等特殊方式，市场调度员可针对近区发生故障等场景开展进一步安全校核，确保特殊方式下的电网安全。当电网发生重大故障或电网运行方式临时重大调整时，市场调度员可针对故障后电网运行方式，对已发布执行或正在组织的市场出清结果进行再评估、再校核，必要时应开展调度员干预，并准确记录交易调整原因，合规披露市场干预信息，做好市场调度运行的合规管理。同时，当出现气候异常和自然灾害，或重大电源、电网故障、负荷突变等突发事件影响电力供应或电网安全时，或技术支持系统出现异常无法正常开展交易时，市场调度员应按照安全第一的原则处理事故和安排电网运行方式，必要时可及时中止现货，恢复非市场模式调度。

当严重供电不足或新能源发电过剩发生时，且省内所有手段用尽后仍存在不足情况，市场调度员应及时逐级向上汇报领导，适时申请应急调度支援，发挥兜底保供作用。

第13章 调度倒闸操作

13.1 调度倒闸操作管理

调度倒闸操作是省调值班调度员的重点工作之一，是调度安全生产管理的重中之重。在电网设备的计划检修实施、潮流优化调整和异常事故处置等工作中，凡是涉及运行方式变更的，一般都涉及对相关设备的倒闸操作。为了确保设备、电网和人身安全，电力系统就倒闸操作安全管理制定了严格的规章制度。随着经济社会的不断发展和科学技术的日新月异，电网规模在不断扩大，一、二次系统设备的多样性和运行关联度也在不断增加，电网运行控制的复杂性不断加大，调度倒闸操作管理无论在制度、流程还是标准方面都需要不断优化和完善。调度机构作为电网安全稳定运行的协调指挥者，在未来的倒闸操作管理中将承担比现在更多的责任和内涵。

13.1.1 倒闸操作调度管理一般原则

电网倒闸操作，根据调度范围划分，实行分级管理。省调管辖的设备，其倒闸操作是由省调值班调度员通过"操作指令""操作许可"这两种方式进行。省调管辖设备中属上级调度许可范围的设备状态改变，应得到上级调度机构值班调度员的许可；下级调度管辖设备中属省调许可范围的设备状态改变，应得到省调值班调度员的许可。

属省调管辖范围内的设备，未经省调值班调度员的指令，各级调度机构和各发电厂、变电站、变电运维站（班）的值班人员不得擅自进行操作或改变其运行方式。但对人员或设备安全有威胁者和经省调核准的现场规程规定者除外（上述未得到指令进行的操作，应在操作后立即报告省调值班调度员）。

省调调度的地区调度机构、发电厂、变电站和变电运维站（班），同时接到省调及下级调度或分中心值班调度员发布的指令时，接令人员应向省调和其他发布操作指令的调度汇报，由同时发布操作指令的几级调度中的上级调度员决定先执行谁的操作指令。一般情况下，应由值班调度员双方协商后决定。

13.1.2　操作指令

13.1.2.1　操作发令的形式

省调值班调度员发布操作指令有综合操作指令、单项操作指令或逐项操作指令两种指令形式，其中，综合操作指令是指发令人说明操作任务、要求、操作对象的起始和终结状态，具体操作步骤和操作顺序项目由受令人拟订的调度指令，一般只涉及一个单位完成的操作才能使用综合操作指令；单项操作指令是指由值班调度员下达的单项操作的操作指令，而逐项操作指令是指根据一定的逻辑关系，按顺序下达的综合操作指令或单项操作指令，不论采用何种发令形式，都应使现场值班人员理解该项操作的目的和要求，必要时提出注意事项。

13.1.2.2　操作发令的规范

在决定倒闸操作前，省调值班调度员应充分考虑对电网运行方式、潮流、频率、电压、电网稳定、继电保护和安全自动装置、电网中性点接地方式、雷季运行方式、通信等方面的影响。影响网架结构的重大操作前，应进行在线安全稳定分析计算。省调值班调度员在操作前后均应核对接线图，确认系统中该设备状态与现场一致。

为了保证倒闸操作的正确性，省调值班调度员在操作前应先拟写操作票（机炉解并列操作及故障处置时允许不填操作票，但需发令、复诵、录音并做好记录）。计划操作一般在批准申请当天的中班由值班副值调度员填写操作票，其他值班调度员审核，并在操作前一天的白班预发操作任务（预令）到变电运维站（班）或现场。临时性操作，由值班主值调度员填写操作票，值班调度值长审核，并尽可能提前预发到变电运维站（班）或现场，使变电运维站（班）或现场做好操作准备。

值班调度员在进行倒闸操作时，应互报单位、姓名，严格遵守发令、复诵、录音、监护、记录等制度，并使用调度规程所规定的统一调度术语和操作术语及电网主要设备名称、统一编号等。倒闸操作联系时应使用包括厂站名称、设备名称、统一编号的三重命名。

调度员发布操作指令时，接令人接受操作指令后应复诵一遍，调度员复核无误后给出"发令时间"。"发令时间"是值班调度员正式发布操作指令的依据，接令人没有接到"发令时间"不得进行操作。

汇报人汇报操作结束时，应将执行项目报告一遍，值班调度员复诵一遍，汇报人复核无误后给出"结束时间"。"结束时间"应取用汇报人向调度汇报操作执行完毕的汇报时间，它是运行操作执行完毕的依据，值班调度员只有在收到操作"结束时间"后，该项操作才算执行完毕。

13.1.2.3 操作注意事项

电网中的正常倒闸操作，应尽可能避免在下列时间进行：

（1）值班人员交接班时。

（2）电网接线极不正常时。

（3）电网高峰负荷时。

（4）雷雨、大风等恶劣气候时。

（5）联络线输送功率超过稳定限额时。

（6）电网发生故障时。

（7）地区有特殊要求时等。

正常操作一般安排在电网低谷和潮流较小时进行。但为了故障处置和向用户提前送电的操作，为了改善电网接线及其薄弱环节的操作，为了解决电网频率、电压质量的操作等，可以在任何时间进行。

因设备缺陷或其他客观原因无法继续执行调度指令时，操作人员应立即汇报值班调度员，值班调度员可发令"收回调度指令"，并给出发令时间。发令同时，值班调度员还应根据具体情况明确调度指令收回后设备恢复到操作前状态或操作过程中某一状态。操作人员收到该指令后，应恢复设备至对应状态，并向值班调度员汇报，给出汇报时间。

值班调度员在许可电力设备开始检修和恢复送电时，应遵守《国家电网公司电力安全工作规程》中的有关规定。在任何情况下，严禁"约时"停送电、"约时"挂、拆接地线和"约时"开始或结束检修工作（包括带电作业）。

13.1.3 操作许可

13.1.3.1 操作许可制使用权限

调度操作许可指省调调度管辖内厂站设备的电气操作，若操作只涉及一个单位且对主网运行方式影响不大，由厂站值班人员提出操作要求，省调值班调度员许可其操作，不再发布操作指令。省调值班调度员对调度操作许可的正确性负责，厂站值班人员对现场操作的正确性、工作的安全性以及保护投退的合理性负责。

操作许可指令则是综合操作指令和相关设备调度工作许可的总和。在限定停电设备范围前提下，调度操作许可是对直调设备的停役状态及相关工作采取的较为宽松的调度管理形式。

13.1.3.2 操作许可制使用范围

（1）调度操作许可包括以下操作项目：

1）省调调度管辖的母线操作。

2）省调调度管辖的母线设备操作。

3）省调调度管辖的线路倒闸操作。

4）省调调度管辖的线路断路器操作。

5）省调调度管辖的专用母联、分段及旁路断路器操作，含旁路断路器代线路断路器操作。

6）省调调度管辖的发电机组、变压器或发电机-变压器组操作。

7）省调调度管辖的发电机、变压器、母线的保护、自动化装置以及故障录波器操作。

（2）下列情况一般不采用调度操作许可方式：

1）省调调度管辖设备的停复役操作涉及两个及两个以上单位。

2）省调调度管辖设备的停复役对主网运行方式影响较大。

3）省调调度管辖设备的异常及事故处理。

4）省调调度管辖设备的一、二次设备更换或变动，复役时需要冲击或带负荷试验。

5）省调调度管辖的新建、扩建、改建设备启动。

13.1.3.3 操作许可制流程

采用调度操作许可的设备在停役操作前，厂站值班人员应向省调值班调度员申请停役操作，经省调值班调度员许可停役后，再进行停役操作，停役操作完毕后，由现场向省调汇报设备状态，然后现场根据工作需要布置安全措施并自行许可工作；复役操作前，现场验收工作完毕后向省调申请复役操作，经省调值班调度员许可复役后，再进行复役操作，复役操作完毕后，由现场向省调汇报设备状态。

13.1.4 设备状态移交

设备状态移交是指调度部门将处于"移交状态"的站内变电设备移交给现场运维单位，后续安全管理、设备状态变更操作及工作由现场运维单位自行掌握执行的一种调度操作管理模式。

实施"设备状态移交"操作模式在不降低整体生产过程安全性的前提下，进一步强化"调度管网"的理念，实现调度机构、运维单位对设备状态的分级管控，充分发挥一键顺控程序化操作优势，减少现场与调度的交互环节与频度，提升电网生产组织运行效率。

省调管辖设备工作如采用"设备状态移交"模式，由省调值班调度员发令操作至设备"移交状态"，将设备移交现场值班运行人员。后续"移交状态"到"工作状态"的一、二次设备状态变更由现场自行发令操作，工作由现场自行许可。工作许可后，现场值班运行人员应及时告知省调值班调度员设备已在"工作状态"。工作完成后，现场将设备操作至"移交状态"并确认设备具备复役条件后，将设备移交给省调值班调度员，同时申请设备复役，由省调值班调度员发令进行后续复役操作。设备状态移交现场后，现场后续操作、安全措施和工作许可的安全责任由现场运维单位承担。

13.1.5 网络化发令

13.1.5.1 网络化发令概念

传统的调度发令形式是通过调度电话方式下令，网络化下令作为一种新型的发令形式，在遵守发令规范的前提下，调度员、监控员和厂站运行值班人员通过倒闸操作网络化下令管理系统，开展计划操作指令票的预令下发、正令下令、复诵、调度确认、回令、收令、厂站确认等环节的网络化流转，调度电话发令仅作为备用方式。

13.1.5.2 网络化发令流程

（1）调度员、监控员和厂站运行人员值班期间保持网络化下令系统登录状态，发布（接收）调度倒闸操作预令、正令，汇报指令完成情况。

（2）省调调度员通过网络化下令系统向各级调度员、监控员和厂站运行值班人员下发省调操作票预令，相关人员核对操作票信息无误后，在系统中签收；如对票面内容有疑问，应通过调度电话向省调调度员汇报，省调调度员更改预令或确认指令无误后，各级调度员、监控员和厂站运行值班人员再进行签收。

（3）省调调度员下发正令时，各级调度员、监控员和厂站运行值班人员应在上一环节结束后 3min 内完成受令人复诵、调度确认、调度收令、受令人确认等正令执行环节。

网络化下令流程如图 13-1 所示。基于网络化发令的智能操作票系统见第 17 章介绍。

时间	省调调度员	受令单位（地调调度员、监控员、厂站值班人员）

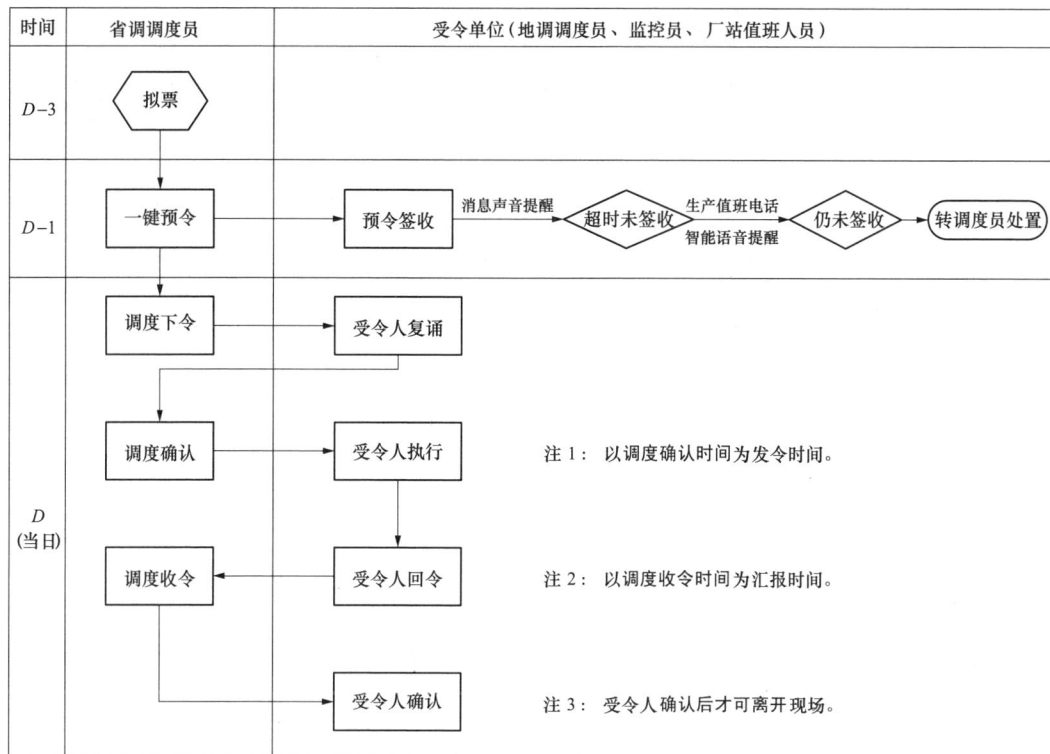

图 13-1　网络化下令流程图

13.2　调 度 操 作 票

调度操作票是为了保证电气设备倒闸操作的正确性，依据操作目的（任务），遵循电力系统调度规程、电力安全工作规程及其设备的技术原则，按一定的操作顺序（或逻辑关系）拟定的书面程序，是调度系统进行电气操作的书面依据。操作票是电力安全生产管理"两票三制"中的"两票"之一，是防止误调度、误操作（误拉、误合、带负荷拉、合隔离开关、带地线合闸等）的主要措施。因此，调度操作票管理必须制度化、规范化、程序化和标准化。

调度操作票可以分为计划性调度操作票和非计划性调度操作票。计划性调度操作票包括已投运设备的停复役操作票、方式变更操作票和新设备启动票；非计划性调度操作票包括临时设备停复役操作票、缺陷和事故处理操作票等。下面，按照拟写、审核、执行和终结等四个操作票管理环节对具体规定加以说明。

13.2.1　调度操作票的拟写

13.2.1.1　操作票拟写原则

（1）对于一个操作任务，凡涉及两个及以上单位共同配合，并按一定逻辑关系才能进行的操作，或虽只涉及一个单位，但对系统运行方式有重大影响的复杂操作，均应填写调度操作票（按操作顺序或逻辑关系在操作项目中逐项填写），如系统运行方式的改变、线路停复电等。

（2）只涉及一个单位的单一元件的操作，一般采取操作许可制，可以不填写调度操作票。但必须在相关的检修申请单中认真填写相关许可和汇报的调度指令记录（可以理解为采用了一种格式化的调度操作票，并将该操作票固化在检修申请单中）。

（3）操作票填写的内容必须符合省级电网电力系统调度控制管理规程中规定的倒闸操作原则。填写操作票应正确使用统一规范术语（如断路器、隔离开关、母线、线路、变压器等），设备名称编号应严格使用双重命名。

（4）值班调度员在进行倒闸操作票填写前应充分分析对电网动态、静态稳定的影响，并认真考虑以下方面：电网接线方式是否合理，应采取的相应措施是否完善，电网运行方式安排是否合理，稳定是否符合规定的要求，相应的备用容量是否合理安排，对电网的有功出力、无功出力、潮流分布、频率、电压、电网稳定、通信及调度自动化等方面是否有影响。继电保护和安全自动装置运行状态是否协调配合，是否需要改变，变压器中性点接地方式是否符合规定，对其他的运行单位影响较大时，是否已将电网运行方式及对其的影响或要求通知该单位，以使其采取相应的措施，由于运行方式的改变，对电网中发、供、用电各方面的影响，操作顺序如何安排为最优等。

13.2.1.2　操作票拟写基本要素

拟写操作票（如图 13-2 所示）是一项复杂的工程。调度员需综合考虑停复役方案、电网运行方式调整、稳定限额、继电保护及安控投退要求等多方面因素，并严格参照相应规程（包括调度规程、设备运行规程、继保规定等）的要求进行拟写，其本质是合理、合规地安排各项操作的顺序，确保电网在设备停复役操作的各个阶段均能安全、稳定、可靠运行。

图 13-2 为一张典型操作票，其主要包括以下几个基本模块，即受令单位、操作内容、备注、操作流程管控（包括下令时间、下令人、受令人、监护人、汇报人、汇报时间）。

1. 受令单位

受令单位主要用于明确承担该项操作的具体单位。受令单位包括调度、集控、变电站、电厂等几种类型，拟写时需注意选择该单位的正式调度命名或相应简称。

当前模式为：下令模式
当前操作人：黄启航
当前监护人：杨冠军

浙江省调度操作指令票

*类型：	计划操作	票号：	231674
申请单号：	ZJN-20231208-018		
操作任务：	宁海变-明州变解环运行		
拟票人：	蒋正邦,叶聪琪	拟票日期：	2023-12-08
执行日期：	2023-12-11 07:00		

*	顺序	受令单位	操作内容	计划时间	下令时间	下令人	受令人	监护人	汇报人	汇报时间	备注	执行状态		
	1	浙江省调	该操作待周一早会后系统处通知		09:40	黄启航	吕知彼	杨冠军				电话令	•••	
	2	浙江省调	12月11日-12月20日，宁蓄能电站在负荷高峰时段（7:00-11:30、12:30-20:00），1组机发电，0:00-6:00，2组机抽水，其余时段1组机		09:47	黄启航	吕知彼	杨冠军				电话令	•••	
	3	浙江省调	明州宁海供区解环，注意控制：1.宁海变.宁同4P51线+宁海变.宁广4P53线 双线≤33万千瓦。		09:47	黄启航	吕知彼	杨冠军			编号：2991	电话令	•••	
	4	宁波电力调度控制中心	岡山变准备220kV改分列运行，请调整相关方式		09:49	黄启航	郝杰	杨冠军				已执行	•••	
✔	5	宁波电力调度控制中心	汇报：岡山变#1主变和#2主变中低压侧已分列运行，主变中性点接地方式已调整完毕，宁蓄电站已接岡山变#1主变，岡山变具备分列运行条件			黄启航		杨冠军	郝杰	11:13	220kV正、副母各保持一台主变中性点接地运行	已执行	•••	
	6	宁海变	宁同4P51线由正母Ⅰ段运行倒至副母Ⅰ段运行		11:20	黄启航	俞勃松	杨冠军	俞勃松	12:16	宁同4P51线、宁广4P53线分接宁海变不同母线	已执行	•••	
	7	岡山变	州同43E5线由正母运行倒至副母运行		11:29	黄启航	郑基安	杨冠军	郑基安	12:16		已执行	•••	
	8	岡山变	广山2316线由副母运行倒至正母运行		11:29	黄启航	郑基安	杨冠军	郑基安	12:17		已执行	•••	
	9	岡山变	汇报：确认州同43E5线、州山43E6线、同铁23N6线、#2主变副母运行，广同2317、广山2316、宁同4P51线，#1主变正母运行			黄启航		杨冠军	郑基安	12:17		已执行	•••	•
	10	华东总调	申请宁海变-明州变解环，明州变、宁海变成独立供区运行			黄启航		杨冠军	汤一达	12:42	华东总调批复：系统方式调整，岡山变改分列，宁海变、明州变各自成为独立供区运行【批准时间：2023-12-11 08:00 至 2023-12-14 18:00】	电话令	•••	•
	11	岡山变	220kV母联开关由运行改为热备用（解环）		12:46	黄启航	郑基安	杨冠军	郑基安	12:59	PAS	已执行	•••	
	12	华东总调	汇报宁海变-明州变已解环，明州变、宁海变成独立供区运行			黄启航		杨冠军	汤一达	13:16	控制明州变2号主变,明州变3号主变 双元件≤135万千瓦，见调度员规则23121101，监控已启用	电话令	•••	•
	13	浙江省调	明州宁海供区解环后，原宁同4P51线、宁广4P53线与天宁5475线、一宁5476线电磁环网限额取消		13:16	黄启航	吕知彼	杨冠军			撤回限额751，票【231655】	电话令	•••	•
	14	浙江省调	12月14日晚，北姚5401线、北江5403线复役后，方式调整见后续申请								14日	待下令	•••	•
	15	浙江省调	待岡山变分列方式恢复后，重新启用限额751									待下令	•••	•

审核人：	蒋正邦,叶聪琪,张林强,刘晨源,郭文杰,金啸虎,黄启航,邹先云,苏直锋,詹文达,杨冠军,吕知彼,钱凯洋		
预令人：	黄启航	预令时间：	2023-12-10
签收人及单位：	浙江省调:黄启航(代签);宁波电力调度控制中心:严晨;岡山变:刘陈亮;华东总调:黄启航(代签);宁海变:关百钦		

图 13-2　典型操作票

2. 操作内容

操作内容主要用于明确该步指令的具体内容，其类型包括调度指令（操作指令或操作许可）、工作许可、工作汇报等。另外，当受令人是省调自身时，也可以将设备停役限额要求、方式调整意见等作为指令内容开进操作票。

当操作内容为调度指令时，必须使用统一规范术语，其内容与格式必须符合调度规程及设备运规的规定。

3. 备注

备注一栏通常列写一些非调度指令，但对操作顺利开展非常重要的信息。备注主要分为两种，一种是解释操作内容的由来及目的，另一种是提示调度员操作时的注意事项。

4. 操作流程管控

操作流程管控主要用于记录操作时的部分关键信息，如发令人、接令人、监护人、发令时间、接令时间等。该部分内容在开票时不需要调度员拟写。

13.2.2　调度操作票的审核

（1）操作票进入审核环节后，在该操作票完全终结前，凡是在其间当班的调度员都应对该操作票进行审核，并认真履行审核、签字手续。

（2）智能操作票系统自动记录修改痕迹。当审核人对前面某一修改有不同意见时，应电话联系协商确定或汇报处室领导。

（3）对已经下发过预令的操作票进行重新修改后（包括对已执行了一部分的操作票的未执行部分的修改），必须通知相关受令单位，重新下发或修改预令。

13.2.3 调度操作票的执行

（1）调度操作票的执行分预令和正令两个环节。

（2）调度操作票的预令一般由操作票执行日前一天的白班主值调度员下发。下发前，当值主值调度员必须认真审核操作票内容，同时确认当班调度值长已经完成对该票的审核工作。

（3）必须将预令及时下达到每一个相关单位，并确认相关单位已明确掌握操作目的、操作任务和逐项指令内容。若操作单位对操作内容存在疑问，当值调度员应重新审核并下发预令，必要时作好记录和交代说明。

（4）调度操作票在正式执行时，必须由两人进行，其中一人下令，一人监护。一般情况下由主值调度员发布指令，调度值长负责监护。如工作需要，调度值长也可发令，但主值调度员也必须严格按操作票的内容及顺序进行监护。

（5）发布和接受操作任务时，必须互相通报单位、姓名，使用规范术语、双重命名，严格执行复诵、录音、监护制度。值班调度员发布的操作指令只能由"具备接令资质"的人接令，其他人员不得接令。

（6）值班调度员下达调度指令应按已审核签字的操作票指令顺序逐项进行。凡需上一个单位操作完成后下一个单位才能进行下一步操作的，值班调度员应在接到上一个单位操作完成汇报后方可对下一个单位按调度操作指令票下达操作指令。

（7）调度操作指令票的执行应依据填写的项目顺序逐项发令操作，一般不得跳项操作。一份操作票中，对于涉及多个单位的、明确无逻辑关系的操作项目可以同时发令，几个单位同时操作，但必须征得调度值长的同意。

（8）操作过程中值班调度员必须充分利用调度自动化系统有关遥测、遥信等信息校核操作的正确性。

（9）操作票各栏目的填写必须真实反映实际操作情况。

（10）严禁不经监护人同意下达调度指令，严禁约时操作，严禁凭记忆下达调度指令。

（11）操作票中某一操作项目因故未能执行，应在备注栏内加以说明，同时记录在值班记录中。若该项操作影响到后续操作，应重新修改调度操作票。

13.2.4 调度操作票的终结

（1）调度操作票使用的印章有"已执行""未执行""此项未执行""此项作

废""作废"五种。

（2）操作票全部执行结束后，在全部操作票盖章处加盖"已执行"印章。加盖"已执行"前，当事调度员必须认真检查确认已无未尽事项。

（3）填写错误或因故取消而不执行的操作票，应加盖"作废"章，不列入操作票合格率考核范围。

（4）只要执行过一条操作项目的操作票，都不能盖"作废"章，而应盖"已执行"章，根据电气操作导则的规定，在每一条未操作项目栏的指定地方加盖"此项未执行"章，并在备注栏加以说明。

终结调度操作票的同时，应对相关的检修申请单进行终结，在交接班记录中做好相关操作记录。

13.2.5　调度操作票与检修申请单

检修申请单是调度员拟写操作票的重要依据。一张完整的申请单应明确需停役的设备、工作内容、安全措施要求、停役后的相关控制限额、保护调整要求、停复役时间。对电网方式影响较大的，计划专业需要给出具体的方式调整方案，对停复役有特殊要求的，还需附上停复役操作方案、工作方案、风险预警通知单等，如图 13-3 所示。

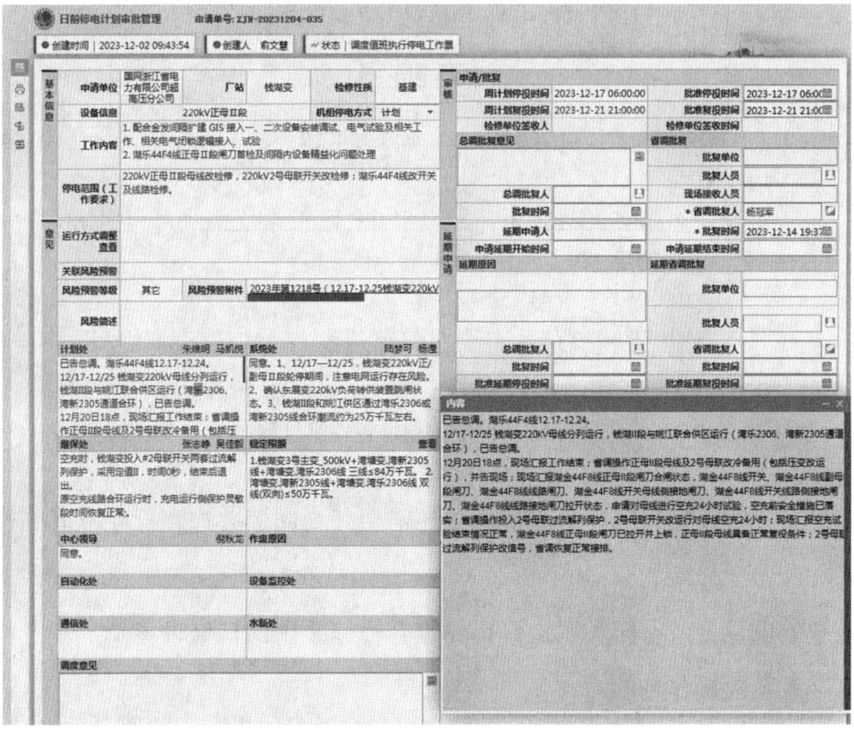

图 13-3　检修申请单示例

复杂的检修工作可能涉及多张检修申请单和多个设备配合，这些设备的停役时间可能会在时间上有所重叠。此时调度员需要根据检修申请单的内容制作相应的停电甘特图，以掌握设备的停复役顺序、理清安全措施之间的衔接关系。

图13-4为2023年浙江电网某检修工程的甘特图，由此可总结出该项检修工程的安排为：12月17日，停役湖乐44F4线及钱湖变电站220kV正母Ⅱ段、220kV2号母联断路器，18日上午停役钱湖变电站220kVⅡ段第一套母线差动保护，18日下午复役该套保护，19日上午停役钱湖变电站220kVⅡ段第二套母线差动保护，19日下午复役该保护，21日复役钱湖变电站220kV正母Ⅱ段、220kV2号母联开关，24日复役湖乐44F4线。根据上述安排，进一步可以简化成如图13-5所示操作顺序。

图13-4 某检修工程甘特图

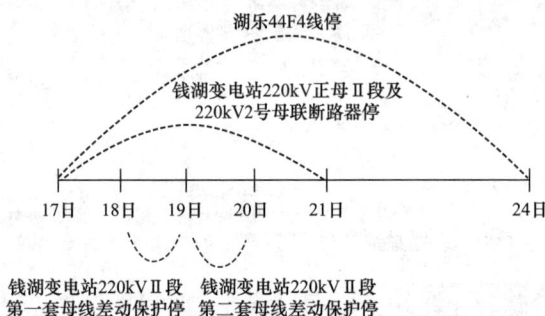

图13-5 某检修工程设备停复役顺序

在明确设备停复役操作顺序后，调度员还需要仔细阅读并检查检修申请单相关内容，包括：

（1）核查停电设备所有相关联检修票。查看检修票中的检修设备及工作内容，明确倒闸操作对象、设备及操作目的。

（2）核查检修票涉及的检修设备名称、编号是否正确，停电设备安全措施是否满足工作内容要求。

（3）核查操作顺序和方式安排是否合理、保护及安控装置配合是否恰当，操作后的方式是否满足运行规定要求，操作后的稳定限额是否可控和操作后运行风险是否可控。

确认并理解申请单内容后，调度员可以着手拟写操作票。拟写操作票类似一个"翻译"的过程，其核心是将申请单"翻译"成运行人员能够理解的、满足各项规程规定的操作票。拟写时，调度员需要根据调控中心相关专业在申请单上签署的批复意见，并结合设备停复役顺序，逐项填写操作指令。

13.2.6　调度操作票和现场典型操作票

调度操作票上发布的调度指令包含单项操作指令和综合操作指令两种类型，通常以综合操作指令为主。综合操作指令只规定了设备操作前的起始状态和最终状态，受令单位接收到调度指令后，需要根据现场运行规程开具现场操作票，将每一步调度令分解成多步的现场实际操作步骤。芝云 4Q03 线由正母Ⅰ段运行改为冷备用典型操作票如表 13-1 所示。通常，变电站会将站内所有一、二次设备的调度指令罗列并分解，汇总现场一、二次典型操作票集，收到调度预令后，可由系统自动开具对应的现场操作票。

表 13-1　　　　　　　芝云 4Q03 线由正母Ⅰ段运行改为冷备用典型操作票

操作顺序	芝云 4Q03 线由正母Ⅰ段运行改为冷备用	
	操　作　项　目	√
1	检查芝云 4Q03 线确在"正母Ⅰ段运行"状态	
2	顺控操作：芝云 4Q03 线由正母Ⅰ段运行改为冷备用	
2.1	拉开芝云 4Q03 断路器	
2.2	检查芝云 4Q03 断路器确在"断开"位置	
2.3	合上芝云 4Q03 间隔隔离开关/接地开关电动机电源	
2.4	拉开芝云 4Q03 线路隔离开关	
2.5	检查芝云 4Q03 线路隔离开关三相确已分闸到位	
2.6	拉开芝云 4Q03 正母隔离开关	
2.7	检查芝云 4Q03 正母隔离开关三相确已分闸到位	
2.8	拉开芝云 4Q03 间隔隔离开关/接地开关电动机电源	
2.9	取下芝云 4Q03 线 PSL-603 失灵启动 1 号 BP 母线差动连接片 GT2	
2.10	取下芝云 4Q03 线 PCS-931 失灵启动 1 号 PCS 母线差动连接片 GT2	
2.11	取下 220kV 第一套母线差动 1 号 BP 跳芝云 4Q03 断路器连接片 GT6	

续表

操作顺序	芝云 4Q03 线由正母 I 段运行改为冷备用	
	操 作 项 目	
2.12	取下 220kV 第一套母线差动 1 号 BP 屏芝云 4Q03 断路器失灵启动 1 号 BP 母线差动连接片 GR6	
2.13	取下 220kV 第二套母线差动 1 号 PCS 跳芝云 4Q03 断路器连接片 GT6	
2.14	取下 220kV 第二套母线差动 1 号 PCS 屏芝云 4Q03 断路器失灵启动 1 号 PCS 母线差动连接片 GR6	
3	检查芝云 4Q03 线确在"冷备用"状态	
4	拉开芝云 4Q03 线路电压互感器第一套保护低压空气开关 1ZKK	
5	拉开芝云 4Q03 线路电压互感器第二套保护及故录、测量低压空气开关 2ZKK	
6	拉开芝云 4Q03 线路电压互感器计量低压空气开关 3ZKK	
备注		
操作人	监护人	值班负责人

13.3 典 型 操 作 任 务

根据省级电网调管范围，下面重点介绍 220kV 设备的典型操作任务及注意事项。

13.3.1 一、二次设备的状态定义

13.3.1.1 一次设备状态定义

电气一次设备常见的状态有四种，包括"运行状态""热备用状态""冷备用状态""检修状态"，调度倒闸操作通常是在电气一次设备的四种状态之间切换。

（1）"运行状态"的设备是指设备的断路器、隔离开关都在合上位置，将电源端至受电端的电路接通；所有的继电保护及自动装置均在投入位置（调度有要求的除外）控制及操作回路正常。

（2）"热备用状态"的设备是指设备只有断路器断开，而隔离开关仍在合上位置，其他同运行状态。

（3）"冷备用状态"的设备是指设备的断路器、隔离开关都在断开位置。

（4）"检修状态"的设备是指设备的所有断路器、隔离开关均断开，挂上接地线或合上接地开关，该设备即为"检修状态"。根据不同的设备分为"开关检修""线路检修"等。

13.3.1.2 二次设备状态定义

电气二次设备常见的有三种状态，即"跳闸状态""信号状态""停用状态"。

（1）"跳闸状态"指装置电源开启、功能压板和出口压板均投入。

（2）"信号状态"指出口压板退出，功能压板投入（纵联保护、过流解列保护信号状态除外），装置电源仍开启。

（3）"停用状态"指出口压板和功能压板均退出，保护检修状态硬压板投入（智能变电站），装置电源关闭。

13.3.2　断路器（开关）操作

断路器的操作即断路器的分合操作，需要注意：

（1）断路器合闸前应检查继电保护是否已按规定投入，断路器合闸后应检查三相断路器位置、电流、有功、无功等遥信、遥测指示是否正常。当发现油断路器缺油、液压机构压力下降超过规定、空气断路器的压缩空气压力不足以及 SF_6 断路器气体压力下降超过规定时，应将该断路器改非自动，禁止用该断路器切断负荷电流，并尽快处理。

（2）断路器操作时，若远控失灵，现场规定允许进行近控操作时，应进行三相同时操作。

（3）当进行 500kV 或 220kV 断路器分合闸操作时，因机构失灵等原因造成断路器三相状态不一致时，应迅速进行处置，不得长时间非全相运行。

13.3.3　隔离开关（闸刀）操作

由于隔离开关开断电流的能力十分有限，在操作隔离开关时一定要注意符合相关规程规定。严禁用隔离开关拉合负荷电流、故障电流、超过规定的设备充电电容电流、超过规定的变压器或电抗器的励磁电流等，否则容易造成人员伤亡、设备损伤、电网事故等严重后果。

隔离开关的操作必须按照一定顺序执行，在停役线路时按照拉开断路器—线路侧隔离开关—母线侧隔离开关顺序操作，送电时操作顺序相反。

隔离开关允许进行的操作如下：

（1）在电网无接地时拉、合电压互感器。

（2）在无雷击时拉、合避雷器。

（3）拉、合 220kV 及以下母线的充电电流。

（4）拉、合断路器旁路隔离开关的旁路电流（指与旁路断路器并列运行，一般需将两断路器同时改为运行非自动）。

（5）在没有接地故障时，拉、合变压器中性点接地开关。

13.3.4 母线操作

涉及母线的倒闸操作主要包括母线的停、送电，母线倒排操作和旁路代操作。母线是电力系统中的重要设备，连接大量的线路和变压器元件，在进行母线操作时，调度员应注意母线操作对母线差动保护的影响、各组母线电源与负荷分布是否合理（停用母线电压互感器时应考虑对继电保护自动装置和表计等影响）以及对电网安全稳定的影响。

13.3.4.1 母线停复役操作

（1）非单母线运行变电站的220kV母线停复役操作的操作指令一般为综合操作指令，包含间隔设备倒排，母联（母分）断路器、旁路断路器、母线电压互感器的停复役操作。根据现场典型操作票，当220kV母线改为检修状态时，母线电压互感器由现场自行调整为冷备用状态，当220kV母线为冷备用状态时，母线电压互感器可为运行或冷备用状态，若母线电压互感器有工作需改为检修状态时，需单独对母线电压互感器发令。

（2）单母线运行的变电站220kV母线停役，则变电站220kV全停。停役前需确认变电站具备220kV全停条件并令地调将主变压器高压侧先改为冷备用，之后发令将进线断路器逐个拉停，直至母线失电。复役时，先将母线改至冷备用状态，无电情况下合上本侧一条进线的断路器，然后由另一侧对母线充电，母线带电后再逐步恢复其余设备，最后许可主变压器复役。

（3）向母线充电时，充电断路器应具有反映各种故障的快速保护（利用母联断路器充电时，应先投入母联充电解列保护）。在母线充电前，应考虑电网稳定的要求。如果稳定有要求则按照规定执行，必要时先降低或减少有关厂、站的有功潮流。

（4）经变压器向220、110kV母线充电时，变压器中性点应接地。

（5）向母线充电时，应注意防止出现铁磁谐振或因母线三相对地电容不平衡而产生的过电压。

13.3.4.2 母线倒排操作

母线倒排操作分为热倒和冷倒两种方式。正常运行方式下，多采用热倒操作，间隔设备（包括母线、线路或主变压器）发生异常、故障时则采用冷倒操作。

热倒即设备不停电倒排，操作时现场运行人员根据典型操作票将母联断路器、母分断路器改为运行非自动（拉开操作电源，防止断路器偷跳造成带负荷拉隔离开关），然后根据等电位原则先合一组母线隔离开关，再拉开另一组母线隔离开关。热倒的优点是倒排时线路或主变压器不需停电，缺点是倒排时若发生故障可能造成故障范围扩大。

冷倒是将倒排的间隔断路器先改为热备用状态，接着拉开一组母线侧隔离开关，然后合上另一组母线侧隔离开关，最后合上断路器。冷倒的优点是倒排时若发生故障不会造成范围扩大，缺点则是线路或主变压器会短时停电，此时需要明确该设备短时停电时是否需要调整方式。

进行母线倒排操作时，应注意以下的事项：

（1）母线差动保护原则上不得停用，否则应做好相应保护方式调整。

（2）母联断路器应改非自动（双母分段接线则视实际运行方式而定）。

（3）各组母线上电源与负荷分布的合理性。

（4）一次接线与保护二次交直流回路是否对应。

（5）一次接线与电压互感器二次负载是否对应。

13.3.4.3　旁路代操作

若变电站装有旁路断路器，则在线路或主变压器断路器检修、异常时，可以利用旁路断路器代替原线路或主变压器断路器运行，保持该回路正常供电，也就是所谓的旁路代操作。旁路代操作是一种较为复杂的倒闸操作，运行人员在操作时必须厘清一二次设备的操作顺序及配合关系，否则可能导致误操作事故，直接威胁人身和设备的安全。

旁路代时需要将旁路断路器倒至被代线路断路器所接母线，若旁路断路器为旁路兼母联或母联兼旁路等方式，则需要发布指令将其状态改为专职旁路断路器。例如：220kV 旁路兼母联断路器由母联运行改为正母对旁路充电（包括合上 1 号主变压器 220kV 副母隔离开关，之后方可执行旁路代操作。另外，由于旁路断路器往往只配置有一套高频保护，因此旁路代前需明确线路保护的配置并停役相应的光纤差动保护（一般为第二套纵联保护），若线路两套纵联保护均为光纤差动保护，则不考虑旁路代运行。如图 13-6 所示为旁路代过程，代线路过程中的实际线路电流是本断路器和旁路断路器之和，如果此时两侧保护为光纤差动原理的微机保护，则旁路代一侧线路断路器流过的电流仅为对侧断路器的一半，可能会导致保护因差流而动作出口，这就是光纤差动保护一般不采用旁路代，而采用旁路代时保护必须要退出的原因。

旁路代操作主要分为"等电位"法和"差电位"法（具体操作内容如表 13-2 和表 13-3

所示)。"等电位"法优点为即使旁路断路器拉不开也可旁路代,而且若旁母较长时,用"等电位"法不需要考虑隔离开关充电电流过大的问题;缺点为旁路代过程中若发生旁路、旁母、母线故障,容易造成事故范围扩大。"差电位"法优点为旁路代过程中发生故障时不会造成范围扩大,缺点为若断路器闭锁分闸则无法开展。

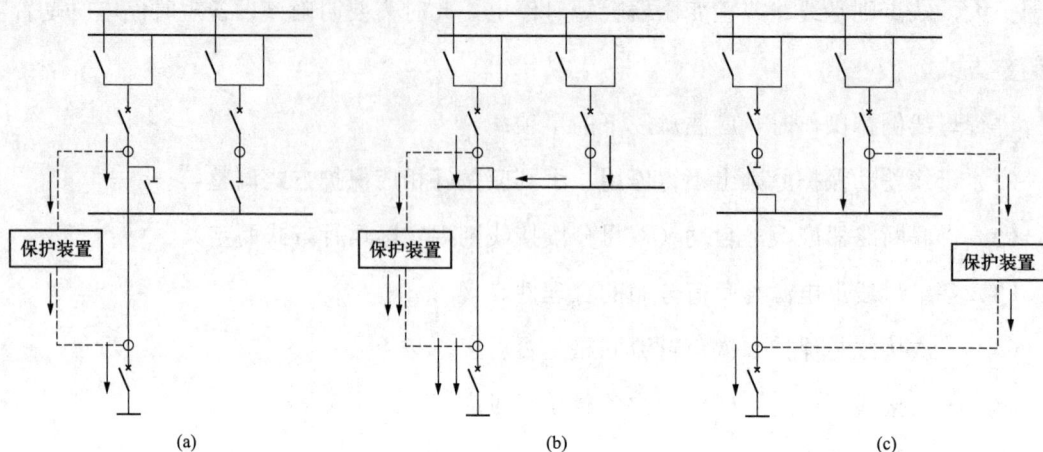

图 13-6　旁路代线路过程电流示意图

(a) 本断路器运行;(b) 代路过程中;(c) 旁路运行

表 13-2　　　　　　　　　　　　　　　"差电位"操作顺序

序号	操　作　内　容
1	检查旁路断路器运行状态
2	拉开旁路断路器
3	调整旁路断路器保护定值,使其与被带线路保护定值一致
4	投入旁路保护
5	合上被带线路的旁路隔离开关
6	合上旁路断路器(并列)
7	检查两个断路器负荷分配基本一致
8	拉开被带线路断路器
9	被带线路断路器由热备用改为冷备用

表 13-3　　　　　　　　　　　　　　　"等电位"操作顺序

序号	操　作　内　容
1	检查旁路断路器运行状态

续表

序号	操作内容
2	调整旁路断路器保护定值，使其与被带线路保护定值一致
3	投入旁路保护
4	拉开被代线路断路器的控制电源
5	拉开旁路断路器的控制电源
6	合上被代线路断路器的旁路隔离开关
7	检查两个断路器负荷分配基本一致
8	合上被代线路断路器的控制电源
9	合上旁路断路器的控制电源
10	拉开被代线路断路器
11	被代线路断路器由热备用转为冷备用

13.3.5 线路操作

线路停电时，应注意以下事项：

（1）正确选择解列点或解环点，并应考虑减少电网电压波动，调整潮流、稳定要求等。

（2）应核实操作后各环节的潮流变化不超过继电保护、安全自动装置、系统稳定和设备容量等方面的限额。

（3）对超长线路应防止线路一端断开后，线路的充电功率引起发电机的自励磁。

（4）对馈电线路一般先拉开受端断路器，再拉开送电端断路器，送电顺序则相反。

线路送电时，应注意以下事项：

（1）充电断路器应具备完整的继电保护，并保证有足够的灵敏度，并且线路间隔一次设备状态完好。

（2）确保合环后各环节潮流的变化不超过继电保护、电网稳定和设备容量等方面的限额。

（3）对超长线路进行送电时，应考虑线路充电功率可能使发电机产生自励磁，必要时应调整电压和采取防止自励磁的措施。

（4）为防止因送电到故障线路而引起失稳，稳定规定有要求的线路先降低有关发电厂的有功功率。

（5）充电端应有变压器中性点接地。

（6）对末端接有变压器的长线路进行送电时，应考虑末端电压升高对变压器的影响，必要时应经过计算。

13.3.6　变压器操作

变压器投入运行时，应注意选择合适的充电端：一般情况下，220kV 高低压侧均有电源送电时应先由高压侧充电，低压侧并列；停电时先在低压侧解列，再由高压侧停电。

变压器并列运行需符合以下的条件：

（1）接线组别相同。

（2）电压比相等。

（3）短路电压相等（指铭牌值）。

对电压比和短路电压不同的变压器通过计算任一台变压器都不会过负荷情况下，可以并列运行。

数台变压器并列运行，正常时只允许一台变压器中性点直接接地。运行中的变压器中性点接地开关如需倒换，则应先合上另一台变压器的中性点接地开关，再拉开原来变压器的中性点接地开关，确保零序网络的完整。

当变压器需将 220kV 或 110kV 侧断路器拉开运行时，应先将该侧的中性点接地开关合上。

向空载变压器充电时，应注意以下的事项：

（1）充电断路器应具有完备的继电保护，用小电源向变压器充电时应校核继电保护的灵敏度，以及励磁涌流对电网继电保护的影响。

（2）为防止充电变压器故障跳闸后电网失稳，必要时可先降低有关线路的有功功率。

（3）变压器充电前应检查电源电压，使充电的变压器各侧电压不超过相应分触点电压的 5%。

（4）220、110kV 变压器在拉、合闸前应先合上变压器中性点接地开关，待正常运行后再按规定改变接地方式。

（5）新投产及大修后变压器在第一次投入运行时，应在额定电压下分别冲击合闸 5 次和 3 次，并应进行核相。有条件时应先进行零起升压试验。

励磁涌流是对变压器充电时，在其绕组中产生的暂态电流，励磁涌流和铁芯饱和程度有关，同时铁芯的剩磁和合闸时电压的相角可以影响其大小，励磁涌流含有数值很大的高次谐波分量（主要是二次、三次谐波）和直流分量。励磁涌流可能引起绕组间的机械力作用，可能逐渐使其固定物松动，此外可能引起变压器的差动保护动作，此时需依靠各种判别条件来判别励磁涌流，可靠闭锁差动保护。

13.3.7　并列和解列操作

并列操作是指发电机（调相机）与电网或电网与电网之间在相序相同，且电压、频率允许的条件下并联运行的操作。通常有系统与系统并列、机组与系统并列。并列操作通常在规定的并列点进行，通过装有同期装置的断路器操作完成。

在进行并列操作时，除常规设备操作外，还应注意以下几个方面：

（1）涉及上一级调度管辖的网络时，合环前应取得有关调度的同意。

（2）核实待操作设备保护按规定正常启用。

（3）两个电网进行同期并列时，应满足相序相同、频率相等、电压相等或偏差尽量小的条件。若调整困难，特别是故障时为了加速并列，允许频率差不超过 0.5Hz，允许 500kV 电压差不超过 10%；220kV 和 110kV 电压差不超过 20%。

（4）选择适合的断路器，经同期装置检定合闸。解列操作是指通过将断路器断开，使发电机（调相机）脱离电网或电网分为两个及以上部分运行的过程。解列操作通常在规定的解列点进行，将机组与系统或系统与系统间的联系切断，分成相互独立、互不联系的部分。

在进行解列操作时，除常规设备操作外，还应注意以下几个方面：

（1）涉及上一级调度管辖的网络时，解列前需得到有关调度的同意。

（2）电网解列时，应先将解列点有功功率调整至接近零，电流调至最小，使解列后的两个电网频率、电压均在允许的范围内。

（3）根据电网实际情况确定解列后各部分电网的调频、调压厂。

（4）选择适合的断路器解列。

13.3.8　合环与解环操作

合、解环操作是电力系统中常见操作，通常是指用断路器或隔离开关将同一电压等级线路组成环网，或由不同电压等级的线路、变压器组成环网闭合或断开的操作。合、解环操作除应符合线路、变压器等设备本身操作的一般要求外，还具有本身的特点。

（1）合环操作时，应满足相位相同或偏差尽量小的条件。操作前应考虑合环点两侧的相角差和电压差，电压相角差一般不超过 20°，电压差一般允许在 20% 以内，确保合环后各环节潮流的变化不超过继电保护、电网稳定和设备容量等方面的限额。对于比较复杂环网的合环操作应事先进行计算或试验。

（2）解环操作，应先检查解环点的有功、无功潮流，确保解环后电网各部分电压在规定的范围内，各环节的潮流变化不超过继电保护、电网稳定和设备容量等方面的限额。

（3）合、解环点一般应选择短路容量小、联系弱的一侧。若一侧是发电厂，则应选在发电厂侧；若一侧是馈供终端，则应选在终端侧；若大系统和小系统合、解环，则应选择小系统侧。

（4）有同期并列装置的断路器应使用"同期"方式进行合环或并列操作，不允许自行解除同期闭锁功能。如果合环时发现同期并列装置有问题，在确认为合环操作，且电气距离比较短的情况下，可经值班调度员同意后解除同期闭锁功能进行合环操作。

除了正常设备停复役的合、解环操作外，省调调度员涉及的合、解环操作还包括 500kV 变电站供区 220kV 联络线合、解环操作，通常发生在 500kV 供区供电能力紧张、220kV 变电站供电线路检修时的 220kV 站负荷转移和方式调整时。

13.3.9　新设备启动操作

新设备启动一般有固定的流程，依照详尽的启动方案分模块进行。新设备启动需要尤其注意方式安排的合理性，比如方式是否满足 N-1 要求，保护是否配合等。例如，一般会倒空母线后用母联断路器过流解列保护做主保护，用穿越潮流做保护带负荷试验。但有时新线路是跨供区的，不宜长时合环做试验，此时会将一台主变压器倒到空母线上，拉开母联断路器后用主变压器负荷做保护带负荷试验。目前在部分地区的保护配置中，为减少新启动设备的单母线运行风险，在新投运的保护中会加装临时过流保护，用临时过流保护作为线路在启动状态下的主保护，这种情况下可以减少空出母线的方式。

新设备启动流程及具体要求如表 13-4 所示。

表 13-4　　　　　　　　　　　　新设备启动流程及具体要求

流程	具体要求
新设备报投	一般根据调管范围进行汇报，站内设备为按一、二次分开汇报，需要汇报当前设备一、二次状态，对新投运的二次设备还要核对整定单
冲击核相校同期	（1）一般先定冲击方式，使得冲击时调整较小，并且调整到其后的带负荷试验方式时也要求方便。注意正母隔离开关一般为双断口的，必须合上才能冲到中间段。 　　冲击时要求有一套能保护线路全长可靠动作的主保护，一般用母联过流保护。用老开关老保护冲击到对侧母线的，可以只将距离保护灵敏段时限改 0.5s，但如果还要冲到二次侧线路的，该保护范围就不够了，只能靠过流保护（母联的，或临时安装在断路器上的）。新保护也必须投上，如果新设备有故障，即便保护极性接反，也很有可能会动作，起到后备作用；如果新设备没有故障，即便保护极性接反，因没有故障电流，保护不会启动。 　　（2）核相应先进行同电源核相确保电压二次回路正确，再进行不同电源核相，确保线路一次相位正确。 　　（3）所谓断路器校同期就是在线路断路器合闸状态下，测量母线电压和线路电压的大小。

流程	具体要求
保护带负荷试验	（4）保护带负荷试验前要求停用纵联保护（除非在基建阶段已做过保护校核），停用保护前则要求新设备有可靠的速断保护。带负荷试验时，一般要求 TA 二次侧电流大于 100mA。 （5）带负荷试验时要注意系统方式，对跨供区解合环尤其要当心，需要利用 PAS 或者 DSA 工具提前校核设备潮流，避免因负荷电流过大造成保护误动作
解合环试验	解合环试验可以结合启动过程做，也可以集中在某一段对所有断路器一起拉合一遍
恢复正常方式及新设备 24h 试运行	以上试验均完成后，需将相关间隔按照单接正、双接负（除有特殊要求的方式外）的规则进行调整，使主接线恢复正常运行方式，并许可新设备 24h 试运行工作开始

第 14 章　电网设备缺陷和故障调度处置

电网故障处置是电力调度员的一项"终极"技能，从对单一元件的异常处理，到短时内上百个元件相继跳闸事件的处置，都属于故障处理范畴。调度员作为电网安全稳定运行的指挥者，当发现电网设备缺陷、异常或者发生故障时，必须及时、正确、果断、合理地对其加以处置，确保人身、电网和设备安全，保障电网安全、优质、经济运行。本章主要介绍省级电网调管范围内电网设备缺陷和故障的调度处置原则及方法。

14.1　典型设备缺陷的调度处置

设备缺陷指运行或备用的设备发生异常或存在的隐患，可能影响设备正常运行，甚至危及人身和电网安全。设备缺陷按照对象可以分为一次设备缺陷和二次设备缺陷。本节主要介绍常见的设备缺陷及其调度处置方法和原则。

14.1.1　一次设备常见缺陷及其调度处置原则

14.1.1.1　主变压器

1. 轻瓦斯发信

轻瓦斯保护的气体继电器由开口杯、干簧触点等组成，作用于信号。轻瓦斯保护继电器动作原理是主变压器油受热分解产生的气体聚集于朝下的开口杯里，使开口杯在变压器油浮力的作用下上浮接通继电器，从而发出报警，表征变压器内轻微故障。

（1）现象。"主变压器分接断路器瓦斯动作""本体瓦斯动作"告警。

（2）原因。造成主变压器轻瓦斯告警的具体原因如表 14-1 所示。

表 14-1　　　　　　　　　　主变压器轻瓦斯告警的具体原因

范围	具 体 原 因
变压器内部	变压器内部有较轻微故障产生气体
	变压器内部进入空气

续表

范围	具 体 原 因
变压器内部	油位严重降低至气体继电器以下，使气体继电器动作
变压器外部	直流多点接地、二次回路短路
	外部发生穿越性短路故障
	气体继电器本身问题
	受强烈振动影响

（3）调度处置。变压器发出轻瓦斯告警信号若不尽快处理，有可能进一步发展为重瓦斯保护动作，造成用户失电。

调度员首先要确认是本体瓦斯发信还是主变压器分接头断路器瓦斯发信，其次确认是真发信还是误发信。对于是主变压器分接头断路器的瓦斯发信，在无法立刻确认是否误发信的情况下，应先停用主变压器自动有载调压功能。应要求现场对主变压器本体或分接断路器进行仔细检查，检查是否存在异响、漏油，主变压器油温及油位是否有较大变化，应着重检查瓦斯气室。

如有异常发现，对于主变压器本体原因引起的发信，原则上应立即停役，并及时汇报相关部门和检修单位。而对于分接断路器原因引起的发信，如有特别明显异响、严重漏油等象，应及时通知检修单位，并及时汇报相关部门，确定是否拉停主变压器。

如无异常发现，则应加强对主变压器或分接断路器及其相关设备的监视，注意主变压器负荷及油温的变化，及时控制负荷，并要求检修单位尽快到现场处理。

2. 冷却器装置故障

（1）现象。"冷却器控制电源故障""强油风冷电源故障"或"冷却器全停"告警。

（2）原因。

1）"冷却器控制电源故障"光字牌亮，表示主变压器冷却器操作回路有问题。

2）"冷却器故障"光字牌亮，表示有工作冷却器运行后发生故障。

3）"强油风冷电源故障"或"冷却器全停"光字牌亮，表示冷却器全停保护回路动作，同时保护屏上有信号发出。

（3）调度处置。对于风冷变压器失去全部风扇，顶层油温不超过 65℃时，允许带负载运行，此时应要求运行人员加强检查，明确是否为接触器、风扇或回路中存在故障。对负荷较重的主变压器，若短期内油温上升较快，则应立即对负荷进行转移，确保油温在正常值范围内。对负荷比较轻的主变压器，除了加强油温监视外，还应该加强负荷监视，防止因负荷上升导致油温升高，并及时通知检修单位，汇报相关部门，进行处理。

对于强油风冷变压器，当冷却系统故障切除全部冷却器时，若顶层油温低于 75℃，允许带额定负载运行 60min，若顶层油温达到 75℃时，则仅允许运行 20min。此时应立刻转移主变压器负荷，防止油温上升，并通知检修单位立即检查冷却系统运行情况，找出故障原因并及时排除，恢复正常运行。若规定时间后仍无法处理的，应拉停主变压器，并汇报相关部门。

3. 主变压器漏油

（1）现象。现场发现主变压器有漏油，现场地面有油渍。

（2）原因。油路或油箱某处密封失严。

（3）调度处置。调度首先应向现场了解清楚漏油的严重程度（比如多少时间漏一滴），能否确认漏油的具体位置。不同的位置、不同漏油严重程度，根据油箱油位、主变压器负荷等的具体情况做出相应的处置。

针对主变压器严重漏油的紧急缺陷，应立即通知相关部门和检修单位，运行人员应对油温和储油柜油位进行密切监视，必要时控制负荷，防止油温上升，如条件许可，可在汇报相关部门后停役主变压器，同时做好负荷转移和控制。若是主变压器喷油，应马上拉停，事后立即汇报相关部门。

4. 压力释放阀动作

（1）现象。"释压器动作"光字牌亮。

（2）原因。"释压器动作"光字牌亮可能有三种情况，第一种是阀门没动、信号触点误动而误发信；第二种是主变压器没有喷油情况，而压力释放阀误动作；第三种是主变压器喷油或油温油压异常。

（3）调度处置。调度员首先应确认压力释放阀保护的投退状态，如果是投跳状态，确认主变压器跳闸情况，按照主变压器跳闸事故相应处置。如果是投信号状态，通过现场检查主变压器本体、储油柜油位以及负荷和油温变化情况，确认光字牌动作原因。如果有主变压器喷油现象，应立即拉停主变压器。

5. 主变压器本体异响

（1）现象。现场发现主变压器本体有异响。

（2）原因。运行主变压器因冷却风扇、循环油泵、电磁声响和部件振动等原因正常时就有一定的声响，如果发生异响，说明主变压器内部或某一部件运转异常。

（3）调度处置。现场运行人员应尽量能判断本体异响的源头是风扇、油泵还是主变压器内部，判断依据主要是听力和运行经验，还有主变压器油温、油压、油位和负荷、差流、瓦斯等情况。应立即通知检修人员到现场进一步会诊、会商，期间，调度应尽量控制主变压器负荷。当主变压器内部声响很大，有爆裂声时，主变压器应立即停运，并及时汇报相关部门及检修单位。

14.1.1.2　断路器

1. SF$_6$压力低告警

（1）现象。"SF$_6$压力低告警"告警，断路器SF$_6$压力低于告警值。

（2）原因。断路器套管、灭弧室内高压SF$_6$气体泄漏。

（3）调度处置。当发生SF$_6$压力低告警时，调度员应立刻通知运维人员赶赴现场检查，确认SF$_6$气体压力表读数是否正常，有无漏气现象。若确认断路器SF$_6$压力低于告警值，应要求运维人员立即联系检修人员进行带电补气。若断路器SF$_6$压力仍在快速下降，则需尽快将该断路器拉停。

2. SF$_6$压力低闭锁

（1）现象。"SF$_6$压力低闭锁"告警，同时可能伴随有"控制回路断线"信号。

（2）原因。断路器套管、灭弧室内高压SF$_6$气体泄漏，导致压力低于闭锁值。

（3）调度处置。当发生SF$_6$压力低闭锁时，断路器不能分合，当遇到故障时断路器的拒动将引起越级跳闸，使得停电范围扩大，严重威胁电网的安全稳定运行。

调度员应立即设法停用该断路器避免事故范围扩大。若该变电站装设有旁路断路器，则利用旁路代的方式隔离故障断路器。若该变电站没有旁路断路器，则需先将该断路器所接母线上的设备冷倒至另一母线运行，再用母联断路器串拉的方式拉停故障断路器。操作时，还需注意是否需要调整相关的运行方式。

3. 断路器N$_2$压力低

（1）现象。"断路器N$_2$泄漏""断路器N$_2$总闭锁"告警，伴随有"重合闸闭锁、合闸闭锁、分闸闭锁、总闭锁及控制回路断线"等信号。

（2）原因。原因可能是氮气筒密封不严、储能回路故障使机构无法正常储能，进而影响操动机构的正常操作动力，导致断路器分合闸能力异常。

（3）调度处置。调度员应立即通知运维人员赶赴现场检查，确认断路器N$_2$压力是否正常、是否有漏气现象。若断路器N$_2$压力确实偏低，则联系检修人员尽快处理。若断路器

N_2 压力仍在快速下降，则考虑提前拉停故障断路器。

当发生断路器 N_2 压力低闭锁分合闸时，可采用旁路代或用母联断路器串拉的方式隔离故障断路器。

4. 断路器油压低

（1）现象。"断路器油压低闭锁重合闸""断路器油压低闭锁合闸""断路器油压总闭锁"告警，油泵频繁打压，油泵空转无法建压。

（2）原因。密封不严，造成高压油向低压油泄漏，油路无法建立压力。

（3）调度处置。现实运行中也有因行程触点问题导致的误发信，所以不管是闭锁分合闸还是油泵频繁启动或打压补上，最终都是要确定断路器要不要停运，如果要停运，停运的操作方法和设备运行方式根据实际情况确定。

对于油泵频繁打压或者空转不建压等缺陷，应重点关注油压变化情况，同时要防止油泵电机长时间运转而烧坏。

5. 断路器弹簧未储能

（1）现象。"断路器弹簧未储能"光字牌亮。

（2）原因。交流回路及电机故障，弹簧或机构故障。

（3）调度处置。断路器可分闸一次，但不能合闸，当遇到故障时断路器跳闸后不能重合，扩大了瞬时故障的停电范围，威胁了电网的安全稳定运行。

当断路器弹簧未储能时，应立刻通知运维人员现场检查处理，做好相关事故预想。

6. 断路器非全相运行

（1）现象。断路器出现一相合闸、两相分闸或者一相分闸、两相合闸等情况。

（2）原因。断路器非全相运行主要分为机械方面的原因和电气方面的原因。机械方面的原因包括传动部分故障和断路器本体故障。电气方面的原因包括操作回路的故障、二次回路绝缘不良、转换触点接触不良、压力不够变位等使分合闸回路不通、断路器密度继电器闭锁操作回路等。

（3）调度处置。操作过程中，断路器发生非全相运行，应立即拉开该断路器所有相别。而运行中的断路器发生非全相运行，则首先需分析断路器非全相运行的类型，若断路器为两相断开，则拉开剩余相断路器；若断路器单相断开，则试合一次断路器，若合闸不成功，应尽快采取措施停役该断路器。

14.1.1.3　隔离开关

1. 隔离开关触头或接头发热

（1）现象。运维人员用肉眼或红外测温仪发现隔离开关温度过高。

（2）原因。由于隔离开关动静触头、引线接头接触不良，造成接触电阻偏大，在高负荷或长时间运行时，比较容易出现发热情况。

（3）调度处置。对于设备发热引起的危急缺陷，应立即采取措施控制发热设备负荷，如开启备用机组、转移负荷或拉限电、使用旁路代等，防止因为设备过热造成电网事故。在降低发热设备的负荷后，运行人员应加强对发热设备的监视和测温，并及时将缺陷汇报检修单位和相关部门。

对于双母接线变电站中设备的母线隔离开关，如果一时不具备停役处理的条件，只要确认该隔离开关仍能进行拉开操作，就可以先采取设备倒排的临时处置方案。

2. 隔离开关分合闸不到位

（1）现象。操作过程中，隔离开关电动操作失灵或中途停止不到位，手动隔离开关卡滞或分、合不到位等，监控后台隔离开关位置显示异常。

（2）原因。产品质量差，多次操作后出现部件损坏或老化；机构螺栓松动或联杆脱扣；人员操作不当，造成设备损坏；电动操作失灵可能为操作电源消失或二次回路故障；地基沉降，造成动静触头错位。

（3）调度处置。调度员在处置时必须首先保证运行系统的安全，尽快、尽早让该隔离开关处于安全、固定的位置，并通知检修人员进行处理。必要时，应紧急拉开相应的设备断路器进行停电处理。

14.1.1.4　电压互感器

（1）现象。电压互感器的常见一次缺陷有压变异响、外部变形和电压互感器冒烟等。中性点不接地系统单相接地、电压互感器二次短路都有可能造成电压互感器绝缘损坏导致电压互感器外部发生变形，或者内部出现异响，甚至冒烟。

（2）原因。电压互感器故障的原因主要包括机械损伤、绝缘老化、长期过负荷运行和设计与制造缺陷等。

（3）调度处置。对于电压互感器缺陷的处置要点是隔离故障电压互感器，对于不同的电压互感器有不同的处置方法。

若故障电压互感器是线路电压互感器，其一般没有独立的隔离开关设置，无法采用高压隔离开关进行隔离，需直接用停役线路的方法隔离故障电压互感器。此时的线路停役操作，应正确选择解环端。对于联络线，选择在线路对侧断路器进行解环操作，避免线路末端过电压对故障电压互感器造成更恶劣的危害。

若故障电压互感器为母线电压互感器，其一般具有独立的隔离开关设置，在确认该电压互感器隔离开关具备远方遥控操作条件可通过母线电压互感器隔离开关进行隔离，不得用近控方法操作异常运行的电压互感器的高压隔离开关，也不得将异常运行电压互感器的二次侧回路与正常运行电压互感器二次侧回路进行并列。若发现母线电压互感器异常无法采用高压隔离开关进行隔离时，可用断路器切断该电压互感器所在母线的电源，然后隔离异常电压互感器。母线电压互感器一般还同时接有避雷器，该避雷器的缺陷停役处置同母线电压互感器。

对有明显故障的电压互感器禁止用隔离开关进行操作，应在尽可能转移故障电压互感器所在母线上的负荷后，用断路器来切断故障电压互感器所在母线电源并迅速隔离；若发现电压互感器冒烟、起火等，马上拉停该母线电压互感器所在母线。

14.1.1.5 电流互感器

（1）现象。电流互感器在内部发生故障时，会发出"TA断线"等异常信号，电流值以及有功、无功值不准确；发"母线差动保护差流越限""主变压器保护差流越限"信号。有可能使设备出现击穿损坏，严重时出现严重渗油、冒烟，并伴有严重异响。

（2）原因。电流互感器故障原因包括机械损伤、绝缘热击穿、局部放电、潮湿环境、人员操作失误等。

（3）调度处置。由于电流互感器是断路器间隔设备，其缺陷停役的处理方式基本上可以参照断路器缺陷停役的处理方式。电流互感器缺陷处置时也需要正确选取解环端，对于联络线，选择线路对侧断路器作为解环端，以减少对故障电流互感器的冲击。当发现电流互感器有异常发出异响，尤其发出嗡嗡的声音时，有可能是电流互感器内部发生故障或电流互感器二次开路，此时调度应立即停运该断路器间隔，要求重点检查取自该电流互感器的各测量、计量和保护回路的二次电流有无显示或异常，并立即通知检修单位，汇报相关部门。

14.1.1.6 线路

线路常见缺陷如表14-2所示。

巡线时运维人员通过肉眼或测温仪发现线路个别部位发热后立即汇报调度，调度接到汇报后应立即根据线路潮流情况，尽快通过调节机组出力、方式调整和负荷转移等方法来减小线路的输送潮流，降低温度，并通知送电工区。若线路发热严重且不具备运行条件，应该立即停电处理。

表 14-2　　　　　　　　　　　　线　路　常　见　缺　陷

分类	常见缺陷	危害
电缆线路	终端头渗漏油、污闪放电、中间接头渗漏油、表面发热、直流耐压不合格、泄漏值偏大、吸收比不合格等	可能会引起线路三相不平衡，若不及时处理有可能发展为短路故障
架空线路	线路断股、线路上悬挂异物、接线卡发热、绝缘子串破损、杆塔倾斜等	可能会引起线路三相不平衡，若不及时处理有可能发展为短路或线路断线故障

当线路下出现山火、铁塔倾斜、异物悬挂、有人攀塔、绝缘子串破损等情况，调度员要第一时间做好线路停役的相关准备，包括编写事故预案、进行停役后安全校核等，确认线路不具备运行条件后应立刻停役该线路。若存在威胁人身安全的情况，调度可不待方式调整直接停役线路。

14.1.1.7　GIS 设备气室 SF$_6$ 压力异常

当某气室 SF$_6$ 发生泄漏、SF$_6$ 压力值降低到告警值时，监视后台就会发出相应"SF$_6$ 压力异常"告警信号。造成 GIS 设备 SF$_6$ 压力降低的原因是多样的，包括设备制造精度不高，设备安装、检修时密封面处理不到位，密封材料老化等。GIS 设备气室 SF$_6$ 压力降低将严重削弱设备绝缘能力，容易造成设备击穿。当 GIS 设备气室出现 SF$_6$ 压力低告警时，调度应立刻通知运维人员赶赴现场检查处理，若设备压力未低到闭锁值，且压力下降趋势不明显，则优先考虑带电补气进行消缺，若设备气室压力已低于闭锁值或压力下降明显，则应迅速隔离此间隔，并做好相关事故预想。但需要注意的是，不同设备的气室压力异常其处置原则并不一致，如表 14-3 所示。

表 14-3　　　　　　　　　　　　GIS 气室压力低处置原则

现象	处　置　原　则
线路隔离开关气室压力低闭锁	可先通知现场进行带电补气，若补气后压力无法恢复，则通过停役线路实现故障隔离
断路器气室压力低闭锁分合闸	可先通知现场进行带电补气，若补气后压力无法恢复，则需要将其所接母线上的其余隔冷倒至另一条母线，随后通过母联断路器串拉的方式隔离故障
母线隔离开关气室压力低闭锁	(1) 母线隔离开关初始状态不同，其处理原则也有所区别。若该隔离开关初始状态为合闸，则考虑到故障后至少仍有另一条母线维持运行，因此可以先通知现场进

现象	处置原则
母线隔离开关气室压力低闭锁	行带电补气，若补气不成功则将该间隔拉停，并将其所接母线上的其余间隔冷倒至另一条母线后陪停所接母线进行故障隔离。 （2）若该隔离开关初始状态为分闸，则考虑到存在该隔离开关气室绝缘击穿导致两条母线同时失去的风险，因此需第一时间停役该间隔，随后通知运行人员进行补气，补气不成功后再陪停所接母线（其余间隔冷倒至另一条母线运行）

14.1.2 二次设备常见缺陷及其调度处置原则

对于二次设备的缺陷处理，调度人员需要了解二次设备缺陷的影响范围、危害程度、消缺安全措施，并明确系统方式调整措施。

14.1.2.1 线路保护

1. 通道异常

（1）现象。"线路第一套保护通道异常""线路第二套保护通道异常"告警信号。

（2）原因。纵联保护通道异常原因包括 OPGW 光缆中断、保护光纤接口松动、保护板件故障等。

（3）调度处置。首先需确认该保护为双通道还是单通道，若为双通道则需确认是否双通道全部中断。若保护为双通道且仅有一个通道中断，此时保护仍具备正常运行条件，可与信通公司明确是否可通过复用光路迂回恢复保护通道，进而恢复纵联保护运行。若保护通道全部中断，此时需要陪停该纵联保护，此时若保护通道短时间内可消缺完复役，则将线路两侧的距离保护灵敏段时限改为短时限（0.5s）作为线路的主保护，此时线路可短时运行。若消缺时间较长，则需陪停线路。

2. TV 断线

（1）现象。"线路第一套保护 TV 断线""线路第二套保护 TV 断线""线路 TV 二次电压空开跳开""线路 TV 失压"告警。

（2）原因。

1）外部回路故障：电压互感器故障、母线隔离开关切换不到位、电压回路端子松动、线路保护装置交流电源空气开关跳开。

2）内部插件故障：如交流电源板故障。

（3）调度处置。TV 断线后，距离保护退出，方向元件退出。带方向元件的零序电流保护的方向元件是否退出由控制字决定。不带方向元件的零序电流保护可以动作。

当出现线路保护 TV 断线信号时，调度员应立即通知变电运维人员检查电压互感器的熔断器熔断、交流电源空开跳闸、二次回路接线松动或断线、辅助触点接触不良等情况。

若设备经检修后信号无复归，且运维人员判断设备存在误动风险，则将相关保护停役。

3. TA 断线

（1）现象。"第一套线路保护 TA 断线""第二套线路保护装置 TA 断线"告警。

（2）原因。

1）外部回路故障：电流互感器故障、电流回路端子松动。

2）内部插件故障：如交流电源板故障。

（3）调度处置。TA 断线后，纵联保护不闭锁，保护启动电流被抬高，此时差动继电器抗扰动能力差，容易误动。

当出现线路保护 TA 断线信号时，调度员应尽可能降低线路正常运行时各侧的不平衡电流，并立即通知变电运维人员检查电流回路有无接触不良、两点接地等情况。

若设备经检修后信号无复归，且运维人员判断设备存在误动风险，则将相关保护停役。

14.1.2.2　断路器保护

（1）现象。"断路器保护装置异常"或"断路器保护装置故障"告警。

（2）原因。断路器保护故障原因包括内部功能插件故障、保护装置电源插件故障、保护装置信号插件故障等。

（3）调度处置。断路器保护故障后，调度应根据现场申请将该保护停用。但需注意，断路器保护退出的持续时间不能太长，应控制在 24h 以内，否则需考虑旁路代或陪停一次设备。

14.1.2.3　母线差动保护

1. 开入异常

（1）现象。出现"母线保护开入异常""母线第一套保护开入异常""母线第二套保护开入异常"等信号。

（2）原因。隔离开关辅助触点与一次系统不对应；失灵触点误启动；联络断路器动合与动断触点不对应；误投"母线分列运行"连接片。

（3）调度处置。当发出母线差动保护开入异常信号后，调度员应通知变电运维人员对母线保护装置进行异常排查，包括隔离开关辅助触点与一次系统是否对应一致、失灵启动回路是否正常、动合触点和动断触点是否同时出现分或者合的情况、"母线分列运行"压板投入及回路是否正确。

2. TV 断线

（1）现象。出现"母线第一套保护 TV 断线""母线第二套保护 TV 断线""正母保护 TV 断线""正母计量 TV 断线""副母保护 TV 断线""副母计量 TV 断线""母线 TV 并列装置直流电源消失"等信号。

（2）原因。

1）外部回路故障：电压互感器故障、电压互感器检修、母线停运、电压回路端子松动、母线差动保护装置交流电源空气开关跳开。

2）内部插件故障：如交流电源板故障。

（3）调度处置。调度员应通知变电运维人员检查电压互感器的熔断器熔断、交流电源空开跳闸、二次回路接线松动或断线、辅助触点接触不良等情况。

3. TA 断线

（1）现象。出现"母线第一套保护 TA 断线""母线第二套保护 TA 断线"等信号。

（2）原因。

1）外部回路故障：电流互感器故障、电流回路端子松动、大电流切换端子切换不到位、隔离开关位置异常。

2）内部插件故障：如交流电源板故障。

（3）调度处置。TA 断线后，母线差动保护会自动闭锁，否则若近区设备故障，将引起母线差动保护误动。当母线差动保护装置报 TA 断线，调度员应立即将母线差动保护装置退出运行进行处理。如果是母线差动保护全停，则应将线路对侧的距离保护灵敏段时限改成短时限。

14.1.2.4　主变压器保护

（1）现象。"主变压器主（或后备）保护装置异常""主变压器主（或后备）保护装置故障"告警。

（2）原因。

1）"主变压器主（或后备）保护装置异常"光字亮，表示保护装置在非正常状态下运行，需尽快处理，但保护或部分保护仍在运行，例如延时 TA 断线告警（保护控制字选择闭锁或不闭锁差动保护），保护装置仍在工作。

2）"主变压器主（或后备）保护装置故障"光字亮，表示保护装置存在严重故障，除告警外，保护完全退出工作。

（3）调度处置。主变压器的主保护主要有差动保护和瓦斯保护，在保护装置故障告警时，应先将保护装置重启，注意退出出口压板。若重启后告警信号仍未能复归，应立即通知相关部门和检修单位，并征得有关部门同意，将故障保护装置停用或尽可能转移主变压器负荷以便停役主变压器。

对于主变压器后备保护装置故障告警，可采用主保护故障时的处理方法。若后备保护装置重启后未能复归，应立即通知相关部门和检修单位，并征得有关部门同意，将故障保护装置停用。

14.1.2.5 直流接地

直流接地分为"正接地"和"负接地"，其影响有所不同。直流"正接地"容易造成保护误动；直流"负接地"容易造成保护拒动。

（1）现象。监视后方发出"直流系统绝缘不良""直流系统接地光字牌动作"等信号。

（2）原因。

1）二次回路绝缘材料不合格、绝缘性能低，或年久失修、严重老化。

2）二次回路绝缘存在某些损伤缺陷，如磨伤、砸伤、压伤等。

3）导接压接太松，造成接触不良引起端子烧伤造成接地。

4）电缆头绝缘有损伤，下雨天受潮造成接地。

5）施工时工作不慎或失误造成直流接地。

6）小动物爬入或小金属零件掉落在元件上造成直流接地故障，某些元件有线头、未使用的螺钉、垫圈等零件，掉落在带电回路上。

（3）调度处置。变电站出现直流接地现象后，采用逐条直流支路拉路方法，检查出接地点。拉路时应遵循"先室外后室内，先信号后控制、先低压后高压"原则，逐条拉路检查。

14.1.2.6 自动化系统及通信异常

1. AGC/AVC 系统异常

（1）现象。当 AGC、AVC 等系统发生异常时，无法对现场设备下发指令，从而导致频率和电压偏离目标值。

（2）原因。现场自动化设备异常时，该厂站的遥测、遥信信息无法上传，调度指令无法下达到该厂站。

（3）调度处置。调度员应立即通知自动化值班人员处理，并及时采取措施，防止对电网安全稳定造成影响。

另外，若为 AGC 系统异常，为防止机组不受控或指令异常，应立即通知各直调电厂退出 AGC 功能并切换至就地模式，同时要求电厂运维人员根据其余机组负荷率自行调整出力。若 AGC 系统出现大面积异常，还需第一时间向上级调度机构报告情况，加强电网统一调度，以尽可能保持电网的稳定，必要时启用备用调度场所。异常处理完毕后，应尽快下令恢复 AGC 运行。

若为 AVC 系统异常，调度员应立即退出相关变电站 AVC 系统控制装置并切换至就地模式，通知运行人员按照电压曲线及控制范围控制各自母线电压，必要时启用备用调度场所。待 AVC 异常处理完毕后恢复相关场站 AVC 运行。

2. 调度技术支持系统故障

（1）现象。调度技术支持系统死机、黑屏。

（2）原因。原因包括主站故障、通道故障、遥测数据不正确、站端设备故障等。

（3）调度处置。调度员应立即通知自动化值班人员处理，并及时采取措施，防止对电网安全稳定造成影响。

若短时不能恢复，调度员通知各级调度及厂站值班人员恢复电话调度，暂停设备操作、调试，尽可能保持网架结构完整。同时通知无人值守厂站恢复有人值守，并改为就地操作模式，加强各厂站现场设备监视。必要时启用备用调度场所。

若在自动化系统异常期间发生电网事故，应详细了解现场的运行情况，包括断路器、隔离开关的位置，有关线路的潮流，母线电压，有无正在进行的工作，附近厂站的运行情况等，再进行处理；在自动化系统未恢复前，值班人员应加强相互之间信息交流，互通有无并保持冷静，必要时启用备用调度场所。

14.1.2.7 通信系统异常

通信故障同样会对电网调度运行产生严重影响，导致调度员无法对调度对象及时发布调度命令。这时调度机构、厂站及相关单位都应积极采取措施，尽快恢复通信联系。在未取得联系前，通信联系中断的单位应暂停可能影响系统运行的设备操作。通信中断的各厂站处置，按表 14-4 执行。

表 14-4   厂站通信中断运行处置

场站运行场景	通信中断处置措施
发电厂出力	承担调频任务的发电厂继续负责调频工作，其他电厂按相关规定协助调频
厂站运行方式	尽可能保持不变

续表

场站运行场景	通信中断处置措施
检修设备完工	待通信恢复后再恢复运行
调度指令执行	（1）发令人已发令，但受令人未完成受令，指令不得执行。 （2）发令人已发令并完成接令，可将操作指令执行完毕。 （3）发令人未接到完成调度指令的汇报，认为调度指令仍在执行中

14.2　典型电网故障的调度处置

电网故障是指由于电力系统设备故障、稳定破坏、人员工作失误等原因导致正常运行的电网遭到破坏，从而影响电能供应数量或质量，甚至毁坏设备、造成人身伤亡的事件。电网故障按照范围划分大体可分为电气设备（元件）故障和系统（电网）故障两类。电气设备故障包括断路器、线路、变压器、母线、四小器（电流互感器、电压互感器、耦容、避雷器）、发电机故障等事故；系统故障包括电网电压、频率异常、稳定破坏事故、系统振荡事故、电网瓦解、局部电网解列小系统事故等。

电网故障的原因是多方面的，如自然灾害、设备缺陷、管理维护不当、检修质量不好、外力破坏、运行方式不合理、继电保护和安全自动装置误动以及调度、运行人员的误操作等。

14.2.1　电网故障处置的基本原则

虽然电网故障形式是各种各样的，但对于 220kV 及以上电网各类故障的调度处理，可遵循以下四点基本原则：

（1）迅速限制故障的发展，消除故障根源，解除对人身、电网和设备的威胁，防止稳定破坏、电网瓦解和大面积停电。

（2）及时调整电网运行方式，电网解列后要尽快恢复并列运行。

（3）尽可能保持正常设备继续运行和对重要用户及发电厂厂用电、变电站所用电的正常供电。

（4）尽快恢复对已停电的用户和设备供电，对重要用户应优先恢复供电。

上述原则可以简单归纳为：隔离故障、保运行设备、恢复供电，也是调度员故障处置的基本次序。

故障处置的另一个重要原则是：保人身优先于保电网，保电网又优先于保设备。

14.2.2　故障处置分工

电力调度机构是电网事故处理的指挥中心，值班调度员是电网事故处理的指挥员，统一指挥调度管辖范围内的电网事故处理。监控员应尽快通过监控系统核对相关设备信息，确认事故信号真实性，同时监控员要接受调度员的调度指令，进行方式调整。运维人员应迅速对事故设备进行检查，并向调度汇报设备情况，同时接受调度指令进行事故处理。各类运行人员在电网事故处理中的主要职责区分如表14-5所示。

表 14-5　　　　　　　　各类运行人员在电网事故处理中的主要职责

分类	电网事故处理中的主要职责
调度员	（1）判断事件性质及影响范围。 （2）指挥电网事故处理。 （3）采取一切必要手段，控制事件波及范围，有效防止事态进一步扩大，尽可能保证主网安全和重点地区、重要城市的电力供应。 （4）制定电网恢复方案和恢复步骤，并组织实施。 （5）将电网事故情况和处置情况向相关上级调度机构和领导汇报
监控员	（1）检查监控系统事故信息，包括事故报文、保护与自动装置动作信息，事故间隔的断路器位置以及电流、电压等遥信、遥测量。 （2）结合监控系统告警、综合智能告警、故障录波、在线监测、工业视频等多重信息，向调度汇报故障情况，并给出是否具备试送条件的结论。 （3）联系运维检修人员迅速赶赴现场检查处理。 （4）依据调度指令，对具备远方遥控条件的设备进行操作
运维人员	（1）事故情况下，接到监控员通知后，在规定时间内，迅速赶赴现场。 （2）对变电站内设备间隔进行详细检查，向调度汇报事故详细情况及设备检查情况。 （3）依据调度指令完成倒闸操作，隔离故障点，恢复正常设备运行

电网发生故障后，调控机构值班调度员应结合电网综合智能告警信息、保护动作信息，监视电网频率、电压及重要断面潮流情况，开展故障处置。故障处置期间，为防止发生电网瓦解和崩溃，值班调度员可以下达下列调度指令：

（1）调整调度计划，包括发输电计划、设备检修计划。

（2）调用备用容量，申请跨区、跨省支援。

（3）调整并网电源有功或无功出力，启停并网电源。

（4）下令停运设备恢复送电或运行设备停运。

（5）采取柔性负荷调节、可中断负荷控制、紧急事故限电等措施。

（6）采取其他调整系统运行方式的措施。

14.2.3　常见故障的调度处置

14.2.3.1　机组故障

机组一般会出现如下事故：水冷壁管爆管；过热器、再热器、省煤器漏汽；汽包水位过低等。出现这类情况，调度一般要求电厂按现场规程处理。此时调度员应重点关注全网发用电平衡、省际联络线潮流及主变压器负荷，必要时对电网运行方式进行适当调整，同时要及时了解机组的消缺处置计划。

14.2.3.2　线路故障

线路故障是指由于线路遭受雷击、鸟害、污闪、树障、大风舞动等原因发生接地、断线或相间短路故障跳闸。线路故障最为常见，一方面是因为线路数量多，另一方面由于线路暴露在广阔地域里，也容易受到各种自然和人为因素的影响。

线路故障停运后，值班调度员应首先考虑故障是否已隔离，故障后电网运行方式是否在稳定要求内，是否存在电网运行风险。值班监控员、厂站运行值班人员及输变电设备运维人员则应立即收集故障相关信息并汇报值班调度员，并明确是否具备试送条件，由值班调度员综合考虑跳闸线路的有关设备信息并确定是否试送。线路故障跳闸后，一般允许试送一次。如试送不成功，一般应由线路运维单位进行故障巡线，明确故障原因后再进行处理。若故障严重影响电网安全或可靠供电的，可再次对故障线路进行试送。

（1）当遇到下列情况时，调度员不对线路进行试送：

1）值班监控员、厂站运行值班人员及输变电设备运维人员汇报站内设备不具备试送条件或故障可能发生在站内。

2）输变电设备运维人员已汇报线路受外力破坏或由于严重自然灾害、山火等导致线路不具备恢复送电的情况。

3）线路有带电作业，且明确故障后未经联系不得试送。

4）新启动投产线路和正常不投重合闸的电缆线路，一般不进行试送。

5）现场汇报天气晴好，判断有较大概率为叉车等外破事件引起，且该线路停役不会造成额外风险时，一般不进行试送。

6）相关规程规定明确要求不得试送的情况。

（2）在对故障线路试送前，调度员应考虑以下事项：

1）正确选择送电端，防止电网稳定遭到破坏。在送电前，要检查有关主干线路的输送功率在规定的限额之内。必要时应降低有关线路输送功率或采取提高电网稳定的措施。

2）送电的线路断路器设备应完好，且具有完整的继电保护。

3）对大电流接地系统，试送端变压器的中性点应接地，如对带有终端变压器的 220kV 线路送电，则终端变压器中性点应接地。

4）联络线路跳闸，送电端一般选择在大电网侧或采用检定无电压重合闸的一端，并检查另一端的断路器确实在断开位置。

5）如跳闸属多级或越级跳闸者，视情况可分段对线路进行送电。

（3）在线路故障跳闸后，在处置告一段路后，省调值班调度员应发布巡线指令，规定如下：

1）省调值班调度员应将故障跳闸时间、故障相别、故障测距等信息告诉巡线单位，尽可能根据故障录波器的测量数据提供故障的范围。属于由多个单位运行维护的线路，省调值班调度员应向所有单位发布巡线指令。运维单位应尽快安排落实巡线工作，长度 50km 左右及以内的线路一般应在 5 个工作日内完成巡线工作。线路较长、巡线工作要求较为复杂的，可适当延长，但最迟不应超过 10 个工作日。

2）省调值班调度员发布的巡线指令有故障线路快巡、故障带电巡线、故障停电巡线、故障线路抢修等。四种指令不应同时许可。无论何种巡线指令，巡线单位均应及时回复调度最后的巡线结果和结论。

3）故障线路快巡指令一般用于天气晴好时发生的线路故障，巡线单位接到指令后应立即出发，根据故障信息和线路管理信息赶往现场检查线路走廊情况，一般不采用登杆、登山方式，应在一天内完成。若省调发布故障线路快巡指令，期间一般不再安排试送或者进一步的停役操作处理，等待巡线结果再行处置。

4）故障带电巡线指令一般用于线路跳闸时有明显雷雨、大风或雾霾天气，线路跳闸重合成功或者试送成功的情况。故障带电巡线指令的调度管理应参照线路带电作业的调度管理。在省调发布该指令后，等同于许可该线路的带电作业，该线路再次发生故障，省调值班调度员应先联系确认后再试送。若巡线期间有特殊要求（如巡线工作要求停用线路重合闸），可当日临时提前与省调值班调度员提出。

5）对重合不成不再试送和试送不成的，将线路两侧改检修后发布故障停电巡线指令。

6）对汇报有明显故障情况的，直接发布故障抢修指令。

14.2.3.3　变压器故障

变压器的故障类型是多种多样的，引起故障的原因也是复杂的，如表 14-6 所示。

表 14-6　　　　　　　　　　　　变压器主要故障原因

序号	变压器故障原因
1	制造缺陷，包括设计不合理，材料质量不良，工艺不佳；运输、装卸和包装不当；现场安装质量不高
2	运行或操作不当，如过负荷运行、系统故障时承受故障冲击；运行的外界条件恶劣，如污染严重、运行温度高
3	维护管理不善或不充分
4	雷击、大风天气下被异物砸中、动物危害等其他外力破坏

变压器跳闸后，省调值班调度员应根据变压器保护动作情况进行处理。变压器重瓦斯和差动保护同时动作跳闸，未查明原因和消除故障之前不得试送。

变压器差动保护动作跳闸，一般不进行试送。经外部检查无明显故障，变压器跳闸时电网又无冲击，有条件时可用发电机零起升压。特殊情况下，经设备主管单位生产分管领导同意后可试送一次。

重瓦斯保护动作跳闸后，即使经外部检查和瓦斯气体检查无明显故障也不允许试送。除非已找到确切依据证明重瓦斯误动，并经消缺后方可试送。如找不到确切原因，则应经设备运维单位试验检测证明变压器良好，并经设备主管单位生产分管领导同意后才能试送。

变压器后备保护动作跳闸，经外部检查无异常可以试送一次。

变压器发生故障时，往往会对局部供电能力造成较大影响。虽然根据电网 *N-1* 原则，正常运行方式下，单台变压器跳闸不会造成其他设备超过短时载流能力，但变压器故障后往往无法很快恢复运行，因此通常还需要考虑失去故障变压器后电网实际的潮流转移情况，以及故障后新的拓扑方式下稳定限额的控制要求，及时采取措施消除设备过负荷及断面过极限风险。

14.2.3.4 母线故障

对于 220kV 变电站，由于母线连接设备较多，母线故障相比线路故障对电网结构的破坏更严重，影响范围更大。母线故障常见的原因如表 14-7 所示。

表 14-7　　　　　　　　　母 线 主 要 故 障 原 因

序号	母线故障原因
1	母线及连接在母线上运行的设备发生故障
2	出线故障时，连接在母线上运行的断路器拒动，导致失灵保护动作使母线停电
3	母线上元件故障，其保护拒动时，依靠相邻元件的后备保护动作切除故障时导致母线停电
4	单电源变电站的受电线路或电源故障
5	发电厂内部事故，使联络线跳闸导致全厂停电
6	保护及二次回路误接线、误整定、误碰所引起的母线差动保护误动或变压器、母联（分段）断路器跳闸

基于上述影响，依照故障处置原则，调度员应该立即着手考虑母线故障后电网运行方式的安全性（这一步骤通常通过调用事故预案完成），尽快识别电网风险点，及时调整运行方式以消除或减小电网运行风险，尽快控制断面潮流至稳定限额以内。

母线故障的迹象是母线保护动作断路器跳闸，并出现由于故障引起的声、光、信号等。

当母线发生故障停电后，值班监控员应立即报告省调值班调度员，并提供动作关键信息：是否有间隔失灵保护动作、是否同时有线路保护动作、是否有间隔断路器位置指示仍在合闸位置。同时联系变电运维站（班）对停电母线进行外部检查，并把检查结果报告省调值班调度员（如母线故障系对侧跳闸切除故障，现场人员应自行拉开故障母线全部电源开关）。母线故障的处理原则如下：

（1）找到故障点并能迅速隔离的，在隔离故障后对停电母线恢复送电。若判断确定为某断路器拒动（或重燃），应立即将该断路器改为冷备用。

（2）找到故障点但不能很快隔离的，若系双母线中的一组母线故障时，应迅速对故障母线上的各元件检查，确无故障后，冷倒至运行母线并恢复送电，对联络线要防止非同期合闸。

（3）经外部检查找不到故障点时，应用外来电源对故障母线进行试送电。对于发电厂母线故障，有条件时可对母线进行零起升压。

（4）如只能用本厂（站）电源进行试送电的，试送时，试送断路器应完好，并将该断路器有关保护时间定值改小，具有速断保护后进行试送。

需要注意的是，GIS 母线故障跳闸后，即使母线外观检查正常也不能试送。母线跳闸很可能就是上述的隔离开关气室漏气造成，也可能是气室内气体绝缘下降造成。试送或者冷倒，就会把故障带到运行母线上造成全停，人为造成故障范围扩大。因此，对 GIS 站的母线跳闸，在故障原因未明确前，必须始终保持警惕不能随意处置。

14.2.3.5 电网解列事故

电网解列后，电网将分为失去联系的两个或多个部分，其中电网容量较小的部分电源及网络结构相对薄弱，容易出现孤岛小系统问题。孤岛小系统指和电网没有电气联系的孤立电网，孤立电网内可以是纯负荷，可以是纯电源，也可以既有负荷又有电源。如果小系统内部电源和负荷可以平衡匹配，则在联络线跳闸后，小系统在躲过联络线故障的冲击扰动，在高周切机、低频减载装置一番动作后有可能稳定运行，不会失电。但这类系统往往稳定性较差，容易因较小的扰动发生频率或电压崩溃导致全停，此时调度员应重点关注解列后孤岛小系统的频率、电压平衡问题，事先尽可能识别潜在孤岛小系统风险，将小系统和大网联系的断面潮流尽量控制到零。在出现孤岛小系统后，应指定内部容量较大、调节能力较强的电厂作为第一调频厂，尽可能保证小系统不发生停电，并尽快将解列后的电网恢复并列运行。

部分电网解列后,如解列断路器两侧均有电压,并具备同期并列条件时,值班监控员、厂站运行值班人员无需等待值班调度员指令,可自行操作恢复同期并列,操作完成后应立即汇报调度。

为了加速同期并列,可采取下列措施:

(1) 调整解列电网的频率,当无法调整时,再调整正常电网的频率。

(2) 将频率较高部分电网降低其频率,但不得低于 49.5Hz。

(3) 将频率较低部分电网的负荷短时停电切换至频率较高的部分电网。

(4) 将频率较高部分电网的部分机组与电网解列,然后再与频率较低部分电网并列。

(5) 在频率较低部分电网中切除部分负荷。

(6) 如有可能,可启动备用机组与频率较低部分电网并列。

(7) 在电网事故情况下,为加速处理,允许两个电网频率相差 0.5 Hz、电压相差 20% 进行同期并列。

14.2.3.6　电网振荡事故

电力系统正常运行时,系统中并联运行的各发电机功角保持稳定,发电机都处于同步运行状态,在这种状态下,各发电机运行参数接近不变,处于稳定运行状态。当系统受到剧烈扰动后,系统中的发电机失去稳定运行,各发电机之间失去同步,各发电机的电流、电压、功率等运行参数在某一数值来回剧烈摆动,这一现象称为系统振荡。

当电网发生系统振荡时,电网内的发电机间不能维持正常运行,电网的电流、电压和功率将大幅度波动,严重时使电网解列,造成部分发电厂停电及大量负荷停电,从而造成巨大的经济损失。

电网振荡时的主要现象如下:

(1) 发电机、变压器及联络线的电流表、电压表、功率表周期性地剧烈摆动,发电机和变压器在表计摆动的同时发出有节奏的嗡鸣声。

(2) 失去同期的发电厂与电网间的联络线的输送功率表、电流表将大幅度往复摆动。

(3) 振荡中心电压周期性地降至接近零,其附近的电压摆动最大,随着离振荡中心距离的增加,电压波动逐渐减小,白炽照明随电压波动有不同程度的明暗现象。

(4) 送端部分电网的频率升高,受端部分电网频率降低并略有摆动。

电网振荡产生的主要原因如下:

(1) 电网发生严重故障,因故障切除时间过长,造成电网稳定破坏。

（2）大机组失磁，再同步失效，引起电压严重下降，导致邻近电网失去稳定。

（3）电网受端失去大电源或送端甩去大量负荷且受端发电厂功率调整不当，引起联络线输送功率超过静稳定极限造成电网静稳定破坏。

（4）环状网络或多回路线路中，一回线路故障跳闸后电网等值阻抗增大且其他线路输送功率大量增加，超过静稳定极限，造成电网事故后静稳定破坏。

（5）大容量机组跳闸，使电网等值阻抗增加，并使电网电压严重下降，造成联络线稳定极限下降，引起电网稳定破坏。

（6）电网发生多重故障。

（7）其他因素造成稳定破坏。

电网振荡事故的调度处置，关键是要尽快先明确振荡区域，确定振荡中心和源头，然后主要掌握"加无功、减有功"的大原则进行处理。"加无功"是指尽量提高振荡区域的电压水平，"减有功"是指尽量控制减小振荡中心设备的输送功率，最终抑制和消除振荡。

电网发生振荡时，任何发电厂都不得无故从电网解列，在频率或电压严重下降威胁到厂用电的安全时，可按各厂现场事故处理规程中低频、低压保厂用电的办法处理。若由于发电机失磁而引起电网振荡时，现场值班运行人员应立即将失磁的机组解列。

为便于省调值班调度员迅速、正确地处理电网振荡事故，防止电网瓦解，有条件时应事先设置振荡解列点。当采用人工再同步无法消除振荡时，可操作拉开解列点断路器。

14.2.3.7　电网频率异常

电网频率偏差超出 50Hz±0.2Hz，属于六级电网事件；若持续时间超过 30min，属于五级电网事件。对频率异常的处置，属于电网故障处置性质，也应遵循电网故障处置的一般规定。当电网频率下降到 49.8～49.9Hz 或上升到 50.1～50.2Hz 范围内时，省调值班调度员应立即检查送受电关口的偏差，并根据受电偏差和电网负荷的变化趋势，发令电厂加减出力（或开停备用机组），主动采取恢复系统频率的措施，并及时汇报上级调度值班调度员。

（1）当电网频率低于 49.8Hz 时，各级调度和有关值班运行人员处理原则如下：

1）省调值班调度员应立即检查受电关口的偏差（即区域控制偏差 ACE）是否满足 CPS 的要求，再根据 ACE 的情况和电网负荷的变化趋势，发令电厂增加出力（或启动备用机组），主动采取恢复系统频率的措施，并及时汇报网调值班调度员。当电网备用出力不足或无备用出力时，省调值班调度员应按照网调值班调度员下达的拉、限电数额，并根据电网的负荷趋势，对地调值班调度员下达限负荷或按当年"超电网供电能力拉限电序位表"下达其中一轮或同时几轮的综合拉电指令。地调接到指令后应在 15min 以内执行完毕。省调值班调度员在下达限电、拉电指令时，应遵循"谁超拉谁"的原则。

2）当电网频率已经低至 49.5Hz 且有继续下降的趋势或低于 49.8Hz 持续时间 15min 以上时，省调值班调度员应对发电厂、变电运维站（班）值班人员和下级调控中心监控人员直接发布拉电指令，或按当年电网事故限电序位表进行拉路（首先对超用地区拉路），使频率低于 49.8Hz 的时间不超过 30min。

3）当电网频率在 49.0Hz 以下时，不论 ACE 值如何，省调值班调度员应立即对各地区按电网事故限电序位表进行拉路，值班监控员和厂站运行值班人员在接到拉路指令后，应立即执行，在 15min 内使频率上升至 49.0Hz 以上。

4）当电网频率在 47.0Hz 以下时，各级值班调度员可不受电网事故限电序位表的限制，直接下令拉开负荷较大的线路、主变压器，直至整个变电站。应在 15min 内使频率回升至 49.0Hz 以上。

5）当电网频率下降到危及发电厂厂用电安全运行时，各发电厂可按照现场规程规定的步骤将厂用电（全部或部分）与电网解列。各发电厂应制定厂用电解列的规定和实施细则，并报调度机构备案。

6）省调发布的拉电指令，任何单位或个人不得少拉或不拉，不得倒换电源（配置有备用电源自投装置的线路，在执行拉路指令时事先停用）。对特殊需要保证供电的用户，应及时向省调汇报，在征得值班调度员许可后方可变更。

7）电网配置的低频减载装置未经省调同意不得退出运行，在电网低频率运行时，各发电厂、变电运维站（班）及现场运行人员应检查低频减载装置动作情况，如到规定频率应动作而未动作者（含发电厂低频解列装置），应立即手动拉开该断路器。未经省调值班调度员许可，不得自行低频减载装置动作切除的负荷。

（2）当电网频率超过 50.2Hz 时，各级调度和有关值班运行人员处理原则如下：

1）省调值班调度员应立即检查送受电关口的偏差（即区域控制偏差 ACE）是否满足 CPS 的要求，发现本省 ACE 为正时，应迅速发令降低各电厂出力直至允许最低技术出力，使 ACE 的偏差趋于零或为负。若电网频率仍高于 50.2Hz，原则上省调值班调度员可自行调停机组，并应立即汇报网调值班调度员申请支援，务必使频率在 30min 内恢复到 50.2Hz 以下。

2）当电网频率超过 50.5Hz 时，各发电厂应立即将出力降到最低技术允许出力，并向省调值班调度员汇报。

3）当电网频率超过 51.0Hz，而本省 ACE 未满足 CPS 的要求，省调值班调度员应立即发布停机停炉指令，并向网调值班调度员汇报。15 min 内使频率降到 51.00Hz 以下。

14.2.3.8　电网电压异常

当发电机的运行电压降低时，有关发电厂的值班运行人员按规程应自行使用发电机的过负荷能力，制止电压继续降低到母线额定电压的 90%以下。

当个别地区电压降低，使发电机过负荷时，有关发电厂的值班运行人员应向有关调度报告采取措施（包括降低发电机有功，增加无功及限制部分地区负荷等），消除发电机的过负荷。

对于发电机过负荷的发电厂处于电网受端时，或电网低频率时，一般不能用降低有功增加无功的办法来提高电压和消除发电机的过负荷。此时应根据具体原因进行处理直至限制或切除受端部分负荷。

根据电网稳定运行规定要求，为防止系统性电压崩溃，当枢纽变电站电压监视点的运行电压下降到"最低运行电压"值以下时，各有关调度应立即采取措施直至拉路，使电压恢复到"最低运行电压"以上。现场值班运行人员也应按电网事故限电序位表进行拉路，同时报告有关调度，尽快使电压恢复到"最低运行电压"以上。

当发电厂母线电压降低到威胁厂用电安全运行时，运行值班人员可按现场规程规定，将供厂用电机组（全部或部分）与电网解列。有关发电厂厂用电解列的规定，应书面报省调备案。

调度机构应根据情况采取必要措施调整电网无功。主要措施包括：

（1）调整发电机无功功率。

（2）调整调相机无功功率。

（3）调整风电场的风电机组、光伏电站的并网逆变器的无功出力。

（4）调整无功补偿装置运行状态。

（5）调整调压变压器分接头位置。

（6）调整直流系统运行方式。

（7）调整电网运行方式，改变潮流分布，包括转移或限制部分负荷。

14.2.3.9　直流输电系统故障

直流输电系统一般连接的是两个异步交流电网，当其发生故障时会对送受两端电网都造成冲击，下面列举一些直流典型故障对电网运行的影响：

（1）当直流系统中换流器出现换相失败时，直流送端的功率无法送出，送端交流电网短时会出现大量功率盈余，而受端电网则出现大功率缺失，网内潮流大范围转移。另外，换相失败及恢复过程中，直流会从系统吸收大量无功，对送受端产生较大冲击。

（2）特高压直流输电输送功率较大，当出现直流单极闭锁或双极闭锁时，送端系统有功功率过剩，电网频率上升，而受端系统有功功率不足，电网频率下降，需要采取送端交流系统切机、受端交流系统切负荷措施。

（3）直流系统发生单极闭锁或不平衡运行时，直流接地极出现较大入地电流，会在沿途变压器中形成直流偏磁，引起变压器波形畸变、噪声及振动增大、增加变压器损耗；同时也会对周围地下的金属管线或金属物体产生影响。

以多直流馈入受端电网为例，发生直流单极或双极闭锁的情况后，受端电网频率将快速下降，同时直流落点近区厂站电压会大幅变化，交流主网潮流将出现大范围转移，甚至可能出现部分断面超稳定限额。直流故障发生后，调度员需要重点关注系统频率是否因直流带来的功率缺额过高或过低，以及电网相关稳定断面是否会发生越限，并及时采取控制措施，包括以下几点处置原则：

（1）确保电网安全原则：直流闭锁后，应把确保电网安全放在首位，防止设备过负荷后发生连锁故障、电网瓦解，确保电网频率、电压在合格范围内，严格控制主网线路和断面限额，必要时采取调控负荷批量控制手段。

（2）控制供电影响原则：应挖掘一切可用的电力资源，尽可能减少特高压直流事故对电网的影响，最大限度满足电网供电需求。若直流短时无法恢复，还要进一步考虑区域电网频率协控结束后的电力平衡。

（3）负荷有序恢复原则：应根据电网潮流和电力平衡恢复状况合理、有序安排负荷恢复。采取批量控制拉路的负荷未接调度指令严禁擅自送出。

14.3　电网黑启动

电网黑启动是指整个电力系统因故障全部停电后，利用自身的动力资源（柴油机、水力资源等）或外来电源带动无自启动能力的发电机组启动达到额定转速和建立正常电压，有步骤地恢复电网运行和用户供电，最终实现整个电力系统恢复的过程。黑启动是电网安全措施的最后一道防线。

国内电网制订黑启动预案时，大多采用"向上恢复"和"向下恢复"两种策略，这两种恢复策略可称作"并行"恢复和"串行"恢复。恢复策略的选择主要取决于系统规模的大小、黑启动机组容量大小以及分布地点，系统紧急备用电源的容量和位置。一般来说"串行"恢复适合于小系统，而大系统采用"并行"恢复策略能有效加快恢复进程，因此，对于黑启动机组容量不足的系统，应在电网规划中考虑增加黑启动机组的数目和容量。

14.3.1 黑启动的一般原则

电力系统黑启动恢复的目标是：在资源允许的情况下，使处于恢复状态的系统在最短的时间内，最大限度地恢复停电区域内的重要负荷，同时，整个电网在采取一系列的恢复工作后恢复到安全经济运行状态。

电力系统恢复的一般原则：

（1）根据系统的结构条件，力求将系统划分为两个或更多的子系统独立地进行恢复，然后在某一阶段，通过调度实现同步联网和并列，以加速全系统的恢复过程。

（2）要选择适当的启动电源，自启动机组或是联络线支持或是两者结合。

（3）对系统在事故后的节点状态进行扫描，检测各节点状态。

（4）调整机组及相应调节设备的参数设定及保护配置。

（5）监视并及时调整系统的参变量水平，如电压、频率及保护配置参数整定。

（6）制定相应的负荷恢复计划及断路器操作序列。

（7）检验恢复计划，考核系统恢复过程中的稳定问题，将事故损失减到最小。

黑启动方案的制定，须考虑电力系统各种设备性能、操作和管理能力以及相应措施，同时系统恢复方案的程序必须保持与电力系统一次接线方式对应，为此根据电网的发展情况应及时对黑启动方案进行检查修订。应对调度管辖范围内电网进行分区，每个分区应有1～2处黑启动电源。

具有自启动能力的机组也称黑启动能力的机组，可以作为黑启动电源使用，水轮发电机组更是黑启动电源的首选。除具备黑启动能力的机组外，还可以根据实际情况选择停电后形成的孤岛、省际或网际联络线作为黑启动电源。对确定的黑启动电源，应每年进行机组黑启动试验，并应加强管理，制定相应的现场运行规程。

14.3.2 黑启动过程一般规定

黑启动过程中，各个子系统都需要控制其自身频率和电压，为确保恢复过程稳定运行并控制母线电压，需及时接入一定容量的负荷。黑启动子系统的频率、电压控制的规定如下：

（1）频率控制：黑启动过程中应优先恢复水电等调节性能好的机组发电，承担调频调压的任务。负荷恢复时，先恢复小的直配负荷，再逐步恢复较大的直配负荷和电网负荷，负荷增加的速度应兼顾电网恢复时间和机组频率稳定等因素，允许同时接入的最大负荷量应确保电网频率下跌值小于 0.5Hz，一般一次接入的负荷量不大于发电出力的 5%，同时保证频率不低于 49Hz。

（2）电压控制：为避免充电空载或轻载长线路引发高电压，可采取发电机高功率因数或进相运行、双回路输电线只投单回线、在变电站低压侧投电抗器、切除电容器，调整变压器分接头，增带具有滞后功率因数的负荷等，应尽可能控制电压波动在 0.95～1.05 额定值之间。

第 15 章 调度运行应急管理

电力系统的运行方式是实时变化的，随着省级电网规模的增加，省调需提前做好针对不同方式和故障的调度运行应急管理措施和预案，才能满足保障当班电网实时安全稳定运行的需求。本章介绍的调度运行应急管理主要包括事故预案、反事故演习和备调管理等内容，其中事故预想、反事故演习是针对特殊运行方式下的电网风险，制定并明确调度处置策略，旨在提高调度员的事故应急处置能力；备调管理旨在确保主调场所因故不能正常行使调度职能后，备调能顺利启用，是最重要的应急管理措施之一。

15.1 事 故 预 案

15.1.1 概述

电力调度员是事故处置的指导者、指挥者和协调者，是事故处置的第一责任人。编制事故预案、制定处理对策是确保事故及时、迅速、准确处理的重要措施。系统、规范的电网事故预案，能大幅缩短事故处理时间，确保事故处理的正确性，从而使事故影响和损失降到最低。

电网事故预案，是指针对某一特定运行方式，在进行隐患辨识和危害评估的基础上，对可能发生的事故模型进行分析研究，然后对其中发生概率高且危害后果大的事故模型预先制定的应急处理方案。一旦发生预案中设想的事故类型，调度运行人员可以按照既定操作程序和操作要领，快速反应、应急处理，以达到降低事故损失或避免事故范围扩大的目的。

15.1.2 事故预案的功能及分类

电网事故预案作为一项行之有效的保电网安全的措施，其主要功能有：

（1）发现事故隐患。

（2）查找电网运行的薄弱环节（危险点分析）。

（3）分析事故影响范围，判明风险大小。

（4）为事故处理提供处理思路。

（5）提供事故处理的依据。

事故预案类型包括年度典型方式预案、特殊运行方式预案、应对自然灾害预案、重大保电专项预案、其他预案等，如表 15-1 所示。

表 15-1　　　　　　　　　　　　　预　案　分　类

预案类型	预案目的	编制时间
年度典型方式预案	针对本电网年度典型运行方式的薄弱环节而编制的预案	本年度
特殊运行方式预案	针对重大检修、基建或技术改造背景下设备停电导致的电网运行薄弱环节，以及新设备启动调试过程中的过渡运行方式而编制的预案	特殊运行方前
应对自然灾害预案	根据气象统计、恶劣天气预警等情况，针对可能对电网安全运行造成严重威胁的自然灾害而编制的预案	自然灾害预警时
重大保电专项预案	针对重要节日、重大活动、重点场所及重要用户保电而编制的预案	重大保电任务时
其他预案	针对其他可能对电网运行造成严重影响的故障而编制的预案	预判故障可能发生时

预案形式包括独立预案和联合预案：

（1）独立预案：单一调控机构编制的预案，故障处置环节不涉及与其他调控机构协调配合。

（2）联合预案：多级调控机构联合编制的预案，故障处置环节涉及与其他调控机构协调配合。

15.1.3　事故预案的一般要求

调度事故预案一般都要求有针对性和可执行性。针对性主要是对预想事故的内容而言，预想事故要有一定的存在可能性；可执行性则主要是指反事故措施要有较高的指导意义。

关于事故预案的针对性，主要有以下三个方面：

（1）针对电网突发情况进行事故预想。导致电网突发事故的主要原因包括气候因素（如雷害、污闪、大风、洪水等）、非气候因素（如鸟害、外力、树竹等）、设备因素、人为因素（如设计、施工、运行等）以及其他一些不明因素。

这些事故具有随机性、突发性等特点，需要调度员灵活把握。以突发恶劣天气为例，尽管不可控，但多少存在着地域性和季节性特点，调度运行人员可根据当地历史和近期气象资料，在恶劣天气多发期前进行事故预测。

（2）针对电网薄弱环节进行事故预想。电网的薄弱环节是由网架结构及电源负荷水平决定的，是电网日趋完善过程中的相对薄弱点。这些环节一旦出现问题，有可能对电网的稳定运行造成恶劣影响。电网的薄弱环节伴随电网建设与改造会发生改变，但在电网中将可能长期存在，它们应成为事故预案的重点关注点，任何风吹草动都要引起调度员的高度重视。

（3）针对电网特殊方式进行事故预想。特殊运行方式指因某种需要导致电网运行接线方式不同于正常方式的运行方式安排，特殊运行方式往往存在供电可靠性低、输送能力受限等情况，如孤网、单线、单变、单母线、母线分列运行等。特殊运行方式安排往往为了限制短路电流、防止弱电磁环网发生连锁反应等目的，比较典型的是在一些负荷密集区将部分 500、220kV 变电站母线分列运行，这些调整将造成供区可靠性的下降，特别是馈供的 220kV 变电站一旦线路发生故障将会造成主变压器失电及负荷损失。

15.1.4 事故预案的编制

15.1.4.1 事故预案的内容

省调及以上调控机构预案主要应包括故障前方式、故障后运行方式及影响、稳定控制要求、故障处置措施等。地调、县调预案主要应包括调管范围内涉及的故障分析、受影响的重要用户、负荷转移策略及处置步骤等。

无论是何种事故预想，单个调度事故预案的内容一般要求都应包括以下几部分：

（1）电网初始运行方式：事故前电网一、二次方式，开机方式，用电负荷，省际交换，可调出力，主要设备潮流等情况。

（2）关键故障信息：包括预想事故的设备名称、故障类型。

（3）故障后运行方式及影响，故障后稳定控制要求。

（4）故障处置措施。

完整的事故预案内容如表 15-2 所示。

表 15-2　　　　　　　　　　完整的事故预案内容

预案编号	按照"调控机构代码-预案类型代码-预案形式代码-编制时间-预案序号"的格式编制，应满足如下要求： 如：浙江-年度典型方式预案-联合预案参考格式为 ZJ-DX-U-20230710-0001
预案名称	按照"故障信息-关键设备信息-其他"的格式编制，其中"故障信息"为必填项，其余为选填项
预案概要	包括：编制时间、编制人员、参与编制调控机构、编制状态等。 以及初始运行方式概况、控制限额、检修项目、故障后运行方式概况、故障后电网运行主要风险等

续表

电网初始运行方式	主要描述故障发生前电网关键运行特征信息,应包含发电及负荷水平、区域交换功率、系统备用水平、稳定控制要求、关键设备运行情况、关键断面或元件潮流、安全自动装置状态等
预想故障及故障后方式分析	主要描述预想故障发生后电网的运行状态、存在的运行风险及影响,应包含如下信息: (1) 故障影响的具体设备或区域。 (2) 继电保护及安全自动装置动作情况。 (3) 故障后电网运行状态,包括但不限于:系统频率越限、功率振荡、断面潮流越限、设备过负荷、母线电压越限、事故解列、新能源脱网、负荷损失。 (4) 故障后稳定控制要求
故障处置措施	(1) 紧急控制阶段: 1) 故障发生后,迅速采取有效控制措施,限制故障发展,满足稳定控制要求和相关标准规范要求。 2) 处置操作应按照电网面临的紧急状态程度由高到低依次编写,并明确操作对象、操作类型,宜给出调整量和处置时限要求。 (2) 方式调整阶段: 优化调整电网运行方式,提高电网安全稳定裕度和供电可靠性。 (3) 故障恢复阶段: 根据故障处理情况,恢复电网故障前运行方式
信息通报	应包含如下信息: (1) 根据故障影响及协同处置要求,通知相关单位进行故障处置。 (2) 按相关规章制度要求汇报故障信息

15.1.4.2 事故预案的编制流程

1. 独立预案编制流程

如预想故障及事故处置仅涉及本级调度,由调度运行专业牵头编制本级调度预案,其他各专业配合;预案修改稿经相关专业会签和相关部门、单位确认;调控机构分管领导审核批准预案正式稿,发送至相关单位及厂站。

在编制事故时,可采用在线安全分析研究态、调度员潮流等调度技术支持功能进行计算,辅助调度员发现系统薄弱点和关键故障,以及展示故障前后的系统运行方式变化。

2. 联合预案编制流程

(1) 预案涉及的最高一级调控机构调度运行专业启动流程,并编制联合预案大纲。

(2) 预案涉及的所有调控机构调度运行专业编制本级调度预案初稿,其他各专业配合并与相关专业、相关部门沟通。

(3) 预案涉及的最高一级调控机构调度运行专业收集整理并编制联合预案初稿,发送本机构相关专业及相关部门、其他调控机构调度运行专业、相关单位征求意见,并最终形成修改稿,如图 15-1 所示为华东电网联合预案编制界面。

（4）预案修改稿需经相关单位及部门确认。

（5）预案涉及的最高一级调控机构分管领导审核批准预案正式稿，发送至相关单位及厂站。

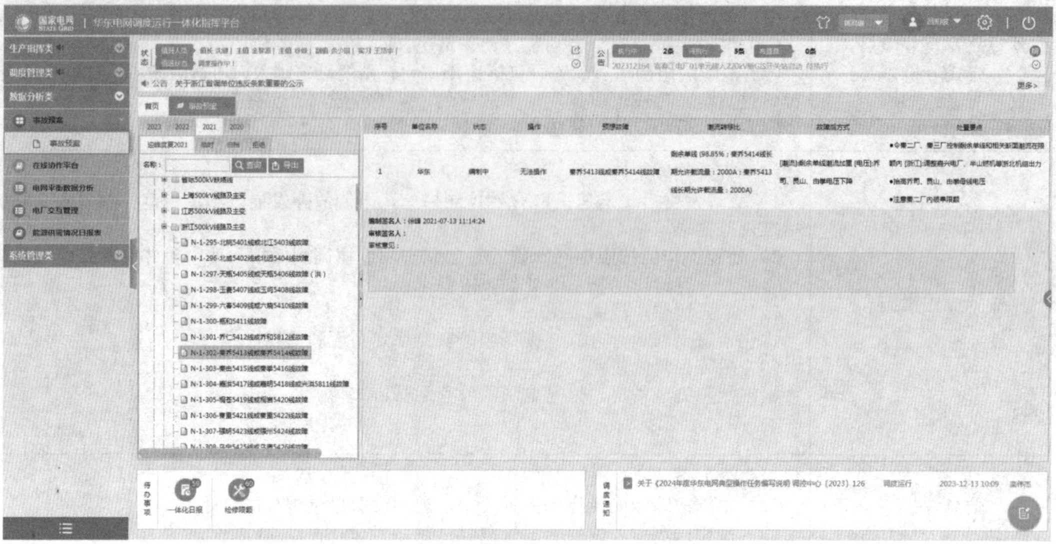

图 15-1　华东联合预案编制界面

15.2　反 事 故 演 习

15.2.1　概述

反事故演习是各级调度机构用于预防事故发生、提高事故反应能力和事故处理能力的重要手段，是保障电网安全稳定运行的重要措施。

随着电网规模的不断扩大，电网结构逐步加强，一方面这为电网的安全、稳定、可靠运行提供了坚实的物质基础，但另一方面也导致电网运行方式愈加复杂，各种事故的复杂性和危害性也不断加大。这对电网调度运行人员驾驭现代大电网的水平，特别是事故处理的水平提出了更高的要求。电网反事故演习正是提高电力调度员事故处置时的应急处置能力、快速反应能力和综合协调能力的有效方式。同时，电网反事故演习也是进一步强化应急体系，完善应急机制，提高电网应对突发事件的能力，有效预防和化解大面积停电风险的最有效手段。

电网反事故演习根据演习目的可以分成年度典型演练、保电演练、防灾演练、升值演练、其他演练等，如表 15-3 所示。

表 15-3   电网反事故演习分类

分类	内容
年度典型演练	以年度运行方式中迎峰度夏、度冬大负荷运行方式为基础，针对电网薄弱环节，开展的联合故障处置演练
保电演练	针对重大活动、重要节日、重点场所等保电任务的电网典型运行方式，开展的联合故障处置演练
防灾演练	针对自然灾害对电网安全运行可能造成的严重影响，开展的联合故障处置演练
升值演练	升值演练主要用来考察、锻炼被演人员的业务能力，是调度员升值的必要环节
其他演练	针对其他可能对电网运行造成严重影响的故障，开展的联合故障处置演练

大型联合反事故演习参演人员众多，涉及调度、运行、检修等不同单位，同时需要调度、方式、保护、自动化、通信等相关专业的密切配合，因此需要一套严密合理的组织体系及工作流程，同时其方案编制也必须得到相关专业审核。

15.2.2 联合反事故演习的组织管理

15.2.2.1 演习的组织结构

大型联合反事故演练应设置总指挥，一般由组织联合演练的调控机构所属公司分管领导担任。参加联合演练的单位应分别设置领导组、导演组、技术支持组、评估组及后勤保障组，具体介绍如下：

（1）领导组负责联合演练全过程的领导和协调，组长一般由参演调控机构领导担任。

（2）导演组负责联合演练的方案编制、演练实施等工作。总导演一般由调控运行专业人员担任，全面负责演练方案及脚本的编制，统筹安排演练相关事宜。演练中涉及的单位如果对演练进程没有重要影响的或没有必要参加演练的可由导演组人员模拟。导演组应包含系统运行专业、继电保护专业人员，分别负责演练方案中电网方式调整策略及稳定限额校核、继电保护运行方式校核。

（3）技术支持组负责联合演练全过程中自动化、通信设施的调试和运行保障。技术支持组应包含自动化专业、通信专业人员，分别负责演练全过程中自动化、通信系统的技术支持，保障演练实施中的相关演练系统、视频及音频设备、通信设施正常工作，满足演练实施的要求。

（4）评估组由调控机构各专业人员共同组成，负责根据联合演练工作方案，拟定演练考核要点和提纲，跟踪和记录演练进展情况，发现演练中存在的问题，对演练进行评估。

（5）后勤保障组负责联合演练的对外联络、宣传及后勤保障等工作。

联合反事故演习的所有参加单位，根据调度管理的关系可分为组织单位、一级参演单位、二级参演单位。省调负责演习的总体组织实施，并直接指挥一级参演单位的演习工作；一级参演单位中的调度机构同时组织本电网内二级参演单位和厂站进行演习；二级参演单位中的调度部门则负责三级参演单位和厂站的演习工作，依此类推。通过这种树状结构的组织模式，参演单位范围逐级扩大并充分深入基层，从而使演习的影响力达到预定的深度和广度。

参演单位的组织分工为演习指挥、演习导演和被演人员三部分。在演习组织实施过程中，从横向来看，各单位演习总指挥负责演习进展的总体指导和协调工作，演习导演负责演习具体实施和协调配合工作，被演人员则根据演习题目进行相应的"事故"处理；从纵向来看，各参演单位根据上级调度部门的指挥进行本网或本厂站演习的组织实施工作，参演调度部门同时向下级调度机构或直调厂站发布指令，控制本网演习进程，保证演习的顺利进行。

15.2.2.2 演习的工作流程

（1）启动联合演练。演练组织单位初步确定联合演练主要目的、总体规模及计划时间节点，通知相关参演单位，确定成立相关组织机构，启动联合演练。

（2）制定演练方案。按照计划时间节点，组织召开导演会，由各参演单位编制演练子方案，演练组织单位汇总并确定联合演练方案。

（3）搭建演练平台。完成 DTS、音视频系统、通信设施等演练平台的搭建及调试工作。

（4）预演练。在正式演练前，根据演练方案，对正式演练的各个环节进行预先模拟，考察演练流程的合理性及通信、自动化保障的可靠性，进一步完善演练方案。

（5）实施联合演练。根据演练方案，实施联合演练。

（6）评价及总结。演练结束后，对演练过程进行评价，编写演练总结，组织召开演练总结会。必要情况下，联合本单位新闻部门，对演练进行宣传报道。

15.2.3 反事故演习方案的编制原则

除严密的组织结构和标准化的工作流程外，制定周密、完善的演习方案也是联合反事故演习取得成功的关键。联合反事故演习涉及面广、参演单位众多，不可能由一家或某几家单位完成全部的演习方案编制工作。因此，仍应根据调度范围和设备管理权限的划分，由上级调度部门制定本网演习框架方案，下级调度机构和参演厂站逐级落实，不断扩展，从而形成完整的演习方案。

演习方案应该满足下面几个方面的要求：

（1）针对性：方案设计应从本网或本厂站安全运行中的关键因素或薄弱环节出发，确保方案的针对性和实战性，保证在规定的时间内本单位参演人员完成适当的操作和事故处理，使反事故演习达到应有的效果。

（2）真实性：演习方案一定要结合电网实际情况，方案应反复进行潮流计算、网络分析和安全稳定校核，尽量做到与电网实际情况一致，事故的现象要清楚和全面，真实模拟事故现场，使参演人员身临其境。

（3）一致性：各单位在进行演习方案编制时要根据上级调度机构的演习方案统筹考虑，确保题目内容、事故或异常现象及时间设定等方面均不与上级演习方案发生冲突，避免本单位演习实施过程中对演习总体进程产生干扰。

（4）指导性：整个反事故演习的事故处理方法必须对实际运行电网的事故处理具有指导意义，并符合各种应急机制和事故处理预案的要求，如果发现应急机制和事故预案有需要修订的地方，必须及时进行修订。

演练方案编制包括演练工作方案、故障设置方案及展示方案。其中演练工作方案、故障设置方案由组织单位协调各参演单位编制；展示方案配合观摩使用，由各单位自行编制。具体要求如下：

（1）工作方案的主要内容应包括演练组织机构的具体人员及相关职责、演练目标、总体思路、演练范围、参演单位、演练方式、重要时间节点等。

（2）故障设置方案的主要内容应包括：

1）初始运行方式。明确系统频率、电压、潮流、发电、负荷、区域联络线功率、备用、检修设备等。

2）设置故障情景。明确事件类别、现象、发生的时间地点、发展速度、强度与危险性、影响范围、造成的损失、后续发展、气象及其他环境条件等。

3）安排故障时序。明确故障场景之间的逻辑关系、故障发生过程中各场景的时间顺序。

4）故障处置要点。提供故障发生后被演人员可采取的处置手段，相关设备控制目标值等。

（3）展示方案应明确对演练实施进程的讲解及演示形式和内容，包括解说脚本、文字说明及各类多媒体资料。

15.2.4 反事故演习的技术支持系统

反事故演习的技术支持系统采用调控云的调度员培训模拟演练平台（省级 DTS）模块，

如图 15-2 所示，具体功能如下：

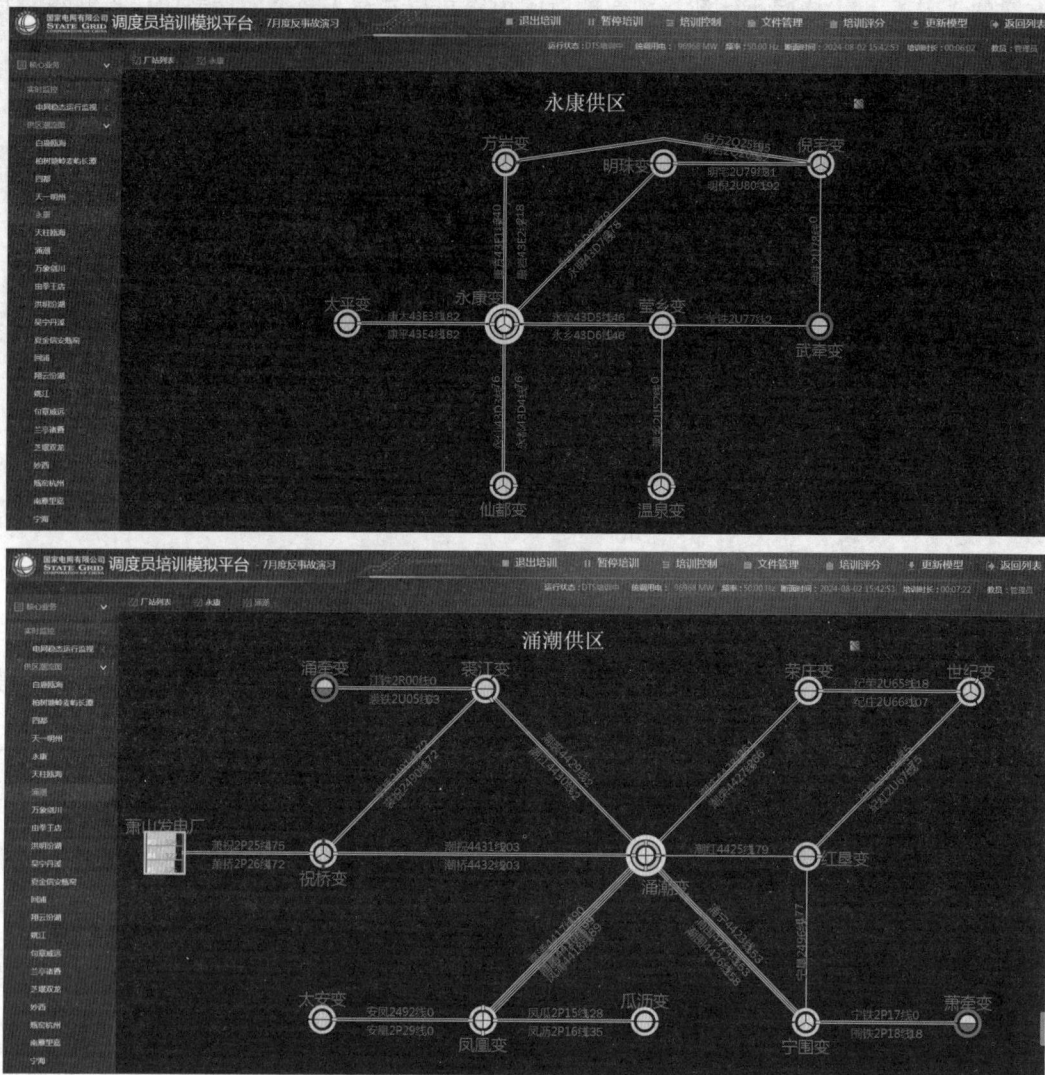

图 15-2 调度员培训模拟演练平台界面

（1）DTS 场景管理。仿真情景管理根据用户申请的场景类型、模型范围、参与人员等，按需组织仿真资源，实现仿真场景实例的弹性创建及动态回收，并设置场景访问权限。

（2）DTS 教案准备。按需获取电网模型、运行数据、发电计划、负荷预测等培训仿真数据作为初始断面，进行断面校验、运行方式调整、发电计划调整、负荷预测调整等，形成满足培训要求的电网运行断面、发电计划数据、负荷预测数据，并通过教案编制存储运行方式；设置仿真故障及操作事件，并通过子教案编制存储培训事件序列，完成整个培训教案准备。初始断面数据也可从历史断面、历史教案等获取。

（3）DTS 电力系统仿真。建立与实际电力系统一致的设备稳态模型，对电网连续变化过程进行模拟，实现电力系统潮流仿真、正常操作仿真、故障及异常仿真、误操作仿真、继电保护仿真、安全自动装置仿真、系统保护仿真、数据采集仿真等。

（4）DTS 教员台控制。教员台控制为教员提供培训仿真启停、事件操作、子教案操作、断面返回等培训控制及监视功能。

15.3　备　调　管　理

备调是指利用区域内所辖调度机构、变电站基础设施，建设独立于主调的备调技术支持系统，在所辖调度机构、变电站等地建立备调值班设施，利用通信和自动化手段远程浏览、控制主调技术支持系统，确保在突发事件下，调度机构能够正常履行调度职能。

调度机构备调体系包括同城第二值班场所、异地值班场所、备用技术支持系统、通信系统等。其中同城第二值班场所是指在本级调度机构所在城市区域内，具备常态化承担调度运行业务功能的其他调度场所；异地值班场所是指与本级调度机构不在同一地区，以应急防灾为主要用途，具备随时承接主调度指挥功能的调度场所。

应急情况下调控指挥权转移的条件为：备调各项功能运转正常，处于对主调的热备用状态。主调因以下风险因素可能导致无法正常履行调控职能：

（1）可能引发主调失效的事故灾难。主要包括电力调度大楼工程质量安全事故；对电力调度大楼造成重大影响和损失的火灾、爆炸等技术事故；供水、供电、供油、供气、通信网络等城市市政事故；核辐射事故、危险化学品事故、重大环境污染等。

（2）可能引发主调失效的自然灾害。主要包括水灾，台风、冰雹、大雾等气象灾害，火山、地震灾害，山体崩塌、滑坡、泥石流、地面塌陷等地质灾害，风暴潮、海啸等海洋灾害，森林火灾和重大生物灾害等。

（3）可能造成主调人员健康严重损害的公共卫生事件。主要包括重大传染病疫情、群体性不明原因疾病、重大食物和职业中毒等。

（4）可能引发主调失效的社会安全事件。主要包括涉及电网企业的重大刑事案件、恐怖袭击事件以及规模较大的群体性事件等。

（5）其他可能引发主调失效的电网突发事件。主要包括调度技术支持系统主要功能失效、电源系统中断、电力通信大面积中断、信息安全遭受威胁等。

（6）其他可能致使主调失效的情况。

应急情况下主调应成立备调工作小组，在接到"备调启用"指令后，负责备调的启用和运行维护管理。组长由主调安全生产第一责任人担任，副组长由实时业务备用所在地部门（处室、单位）的负责人担任，小组成员应包括主调各专业人员，各专业参加人员名单及递补顺序应预先确定并及时更新。

15.3.1　工作职责

15.3.1.1　主调职责

（1）主调负责组织编制和修订备调应急工作预案，明确组织体系、人员配置、技术支持及后勤保障等方面的要求和启动备调的相关工作流程。

（2）主调负责备调技术支持系统的运行管理。

（3）主调负责组织实施主、备调人员培训，合理安排或协调安排备调值班人员。

（4）主调负责组织开展备调演练及评估工作。

（5）主调负责突发情况下组织实施主、备调调控指挥权转移。

（6）主调负责编制备调技术支持系统、场所及后勤辅助设施的技术改造、大修计划。

（7）主调自动化专业协调通信运维单位负责备调调度技术支持系统的通道组织和方式安排，制定并组织实施备调通信系统的升级、改造方案，组织应急通信演练。

15.3.1.2　备调职责

（1）备调所在单位负责提供备调技术支持系统及场所。

（2）备调所在单位负责备调的后勤保障，提供有关办公、生活、消防、安全保障等条件。

（3）备调所在单位协助开展人员培训、备调应急演练与评估工作。

15.3.2　备调工作模式

正常工作模式是指主调和备调正常履行各自的调控职能，主调掌握电网调控指挥权，备调值班设施正常运行，备调通信自动化等技术支持系统处于实时运行状态，为主调提供数据容灾备份。

应急工作模式是指因突发事件，主调无法正常履行调控职能，按照备调启用条件、程序和指令，主调人员在备调行使电网调控指挥权。

15.3.2.1　备调由正常工作模式转入应急工作模式

1. 调控指挥权转移的程序

（1）主调组织对面临的风险进行评估后，由主调安全生产第一责任人发出备调启用的指令。

（2）原则上调控指挥权转移应在主调人员赶赴备调就位后进行；危急情况下主调失效，主调人员可以先进行调控指挥权转移至实时业务备用承担单位，再立即赶赴备调。

（3）随着备调技术支持系统的完善和备调调控人员业务技能水平的提高，应逐步实现备调对主调的实时切换。

2. 调控指挥权转移的要求

（1）调控机构应在接到"备调由正常转入应急工作模式"的批准后，第一时间启动备调工作小组，做好开赴备调的集结，备调工作小组原则上应在 2～3h 内到达备调开展工作，备调所在地单位应在 2h 内落实有关后勤保障条件。

（2）调控指挥权转移后，备调值班调度员应立即汇报上级调度。

15.3.2.2　备调由应急工作模式转入正常工作模式

1. 调控指挥权转回的程序

经评估确认主调已具备行使电网调控指挥权能力后，由主调安全生产第一责任人发出启动主、备调切换流程的指令，确认满足调控指挥权转移的条件并正式交接后，电网调控指挥权由备调转回至主调。

2. 调控指挥权转回的要求

（1）调控指挥权转回后，主调值班调度员应立即汇报上级调度。

（2）调控指挥权的转回不安排在备调正在进行倒闸操作、异常事故处理及恶劣天气时进行。

（3）备调转入正常工作模式后，调控业务由主调人员负责。

15.3.3　备调演练

调控机构主备调综合转换演练评估是调控机构主备调综合转换演练的重要组成部分。其目的是实现对调控机构主备调综合转换演练过程、备调场所设施设备建设与维护、备调系统建设与维护、常态化演练情况进行全面诊断和量化评价，为备调技术支持系统升级、备调场所建设完善提供依据决策依据，为完善备调管理工作提供建议与措施。

调度机构应定期开展主、备调应急转换演练及系统切换测试；调度机构每年至少组织一次主、备调调度指挥权转移综合演练，调度机构应针对可能发生的突发事件及危险源制定备调应急预案，并滚动修编。综合演练时，主、备调均应有主调负责人及各专业人员参加。主备调切换演练评估标准如表 15-4 所示。

表 15-4 主备调切换演练评估标准

评估项目	评估标准
演练计划及时间合理	年初制定综合演练计划并按期执行,演练前履行报备手续
	省级及以上调控机构主备调综合转换演练时长不应少于 48h,地县级调控机构不少于 24h
预案编制完备	综合转换演练方案应以备调启用专项应急预案为基础,明确演练流程、内容和各类保障措施等重点事项的安排
	主备调转换演练前应制订值班方案,排班方式科学、合理
演练条件检查整改到位	演练前对备调场所和技术支持系统运行情况及后勤保障等进行排查,对存在的问题进行整改
主备调之间技术支持系统切换	检查主调切至备调和备调切至主调流程是否正确、合理,过程是否有序,是否符合相关规定要求
调控指挥权转移程序	调控指挥权转移的程序正确,满足调控指挥权转移的要求
	相关注意事项均交接清晰,无遗漏。若演练紧急情况下的主备调调度权切换,可视情况简化
主调停用	调度权转移至备调后,主调值班员应撤离,值班场所无人值守
	主调技术支持系统停止使用
演练过程资料留存完整	演练过程留存图片或影像资料
评估整改及时	演练完成后编制自评估总结,对演练组织、日常管理、备调设施、演练过程、演练效果、存在问题、整改措施及计划进行逐项总结
	针对演练过程中及自评估发现的问题,按照实际情况滚动修订或完善预案及主备调转换流程,开展完善提升及缺陷整改

第 16 章　调度计划管理

与调度员日常面对的实时运行电网不同，调度计划的主要工作是对电网未来一段时间内的负荷进行预测，并基于负荷预测的结果，优化调整机组发电计划、一次设备和二次设备检修计划和联络线受电计划，形成未来时刻电网的计划运行方式。通过年度、月度、周计划的不断修正，最终形成日前调度计划供调度员进行实时调控，可以理解为实时调度控制是对日前调度计划与实际运行电网偏差的实时调整。

调度计划安排是否妥当将直接影响调度员工作：如发用电平衡计划安排不当，实时运行时调度员将面临正负备用不足的困境；如检修停电计划安排不当，将导致检修工作过于集中或电网出现薄弱方式。上述情况轻则导致调度员工作量增大，重则危及电网的安全稳定运行，因此当值调度员需要对当日的调度计划进行详细了解，并根据电网实时运行情况对调度计划进行必要的调整。

本章将对省级电网调度计划管理进行介绍，调度计划的核心业务包括电能平衡计划、检修计划和新设备启动。从时间跨度上说，调度计划分为年度、月度、周和日前调度计划，节日或特殊保电期需编制节日或特殊保电期调度计划。以浙江电网为例，年度（月度、周）调度计划应包括下列内容：①主要发电、输电、变电设备检修计划；②负荷预测；③受电调度计划；④各电厂可调出力、计划出力；⑤主要新设备投产计划。需要指出的是，随着电力市场的实施，机组的发用电计划部分内容将逐渐被电力市场机组出清机结果取代，详见第 12 章关于电力市场的介绍。

16.1　电能平衡计划

电能平衡计划通过年度、月度、周计划的不断调整修正，最终形成日前调度计划供调度员进行实时调控，本节将具体介绍日前电能平衡计划。

日前电能平衡计划的主要内容包括：次日电网 96 点（每 15min 为一点，下同）负荷预测、96 点母线负荷预测、地区 96 点负荷预测、地区用电指标曲线、96 点受电计划、机组（电厂）96 点发电计划及风险预控措施等。日前安全校核工作与日电能计划编制工作同步进行。

16.1.1 日前电能平衡计划的编制

日前电能平衡的编制流程主要包括负荷预测、固定出力、日前检修、受电计划、数据概览、日前计划编制等步骤，其技术支持系统的功能界面如图 16-1 所示。

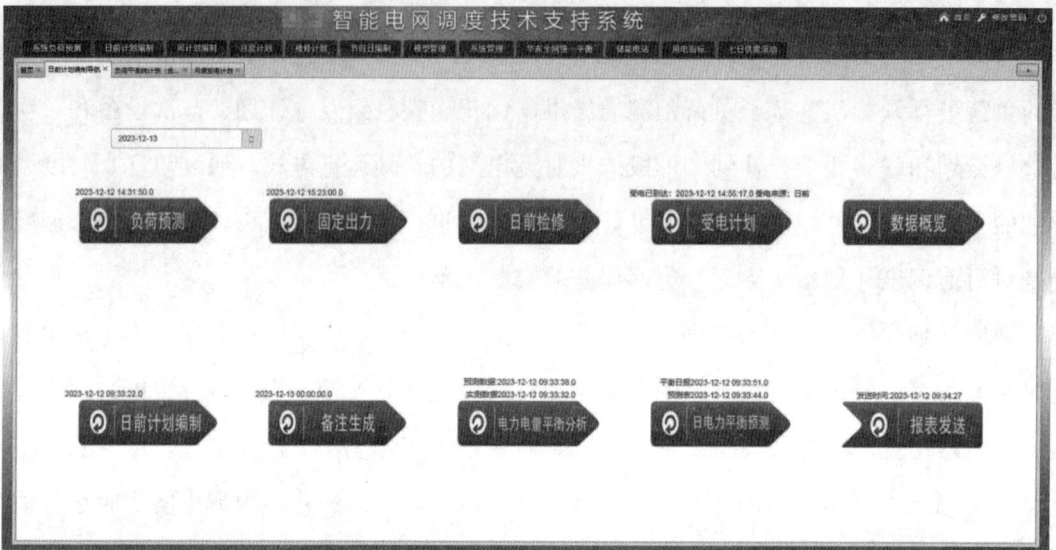

图 16-1 日前电能平衡系统工作界面

16.1.1.1 负荷预测

负荷预测是预测电网在将来某个特定时间内的电力负荷，日计划编制一般都是从负荷预测开始。负荷预测编制过程为：

首先由各地调编制 96 点的地区日负荷预计曲线、母线负荷预测曲线和本地区非统调电厂出力计划曲线，并按规定要求上报省调。地调在编制日负荷预计曲线时应充分考虑各种影响负荷的因素，提高负荷预测准确率。每个工作日 09:30 前，地调结合各县调预测数据完成预测日的地区用电负荷预测工作，按要求上报省调。每个工作日 15:00 前，地调可根据县调上报数据、气象环境、电网运行变化情况进行修正并重新上报网供用电负荷预测数据。上报数据将作为地区网供负荷预测的统计和考核依据。省调汇总各地调负荷预测数据，汇总修正后形成省级电网 96 点负荷预测曲线，如图 16-2 所示。

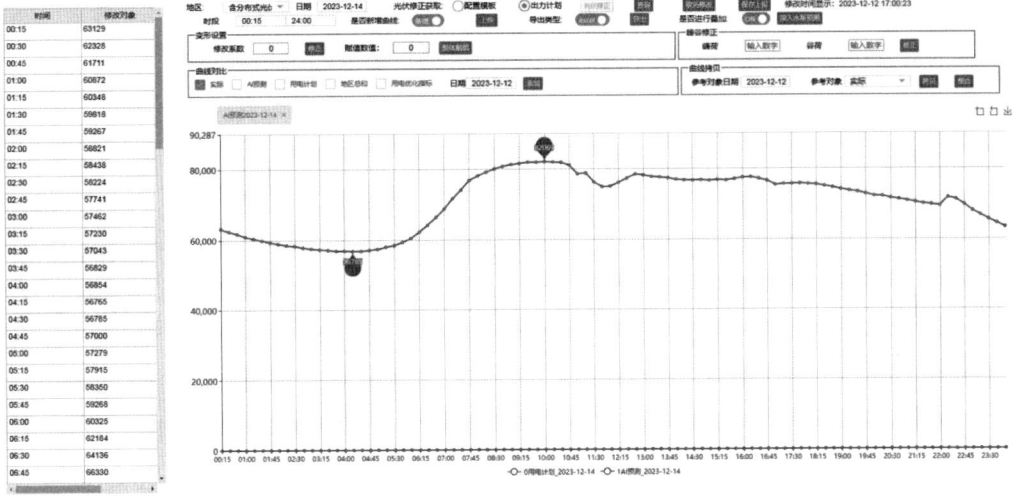

图 16-2 省级电网 96 点负荷预测曲线

16.1.1.2 固定出力

固定出力模块（如图 16-3 所示）主要维护不可调机组的出力曲线，主要包括燃气轮机、核电、风电以及光伏。其中燃气轮机出力曲线需根据次日的发电用气计划气量以及系统安全约束综合制定。核电一般带基荷，其出力曲线一般为一条直线。风电、光伏出力由水新专业提供，采用预测曲线，由于新能源出力受天气影响较大，通常按预测出力一定比例纳入日前平衡。

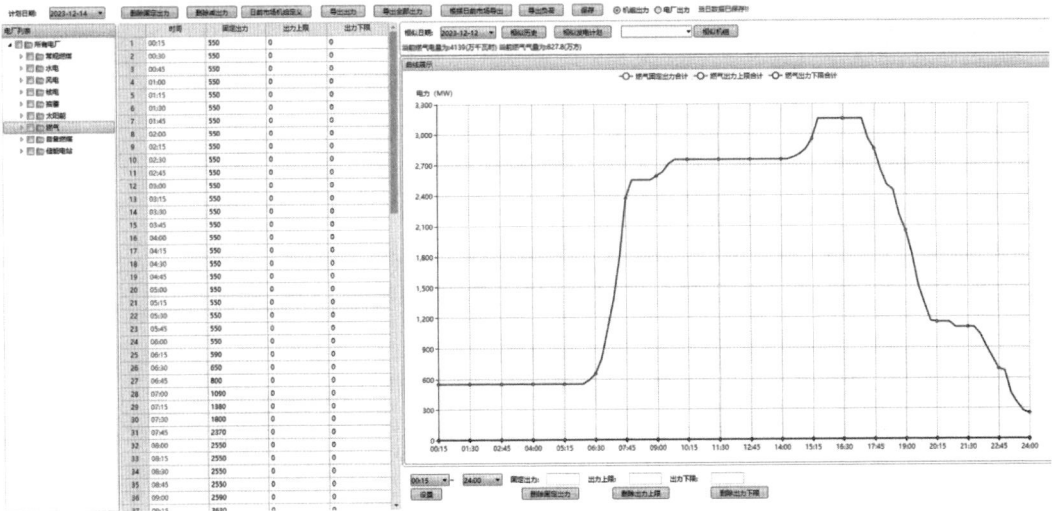

图 16-3 固定出力模块界面

16.1.1.3 日前检修

日前检修模块主要用于维护机组的检修、停备信息，机组在停役期间将不再纳入平衡计算。

16.1.1.4 受电计划

受电计划为外购电计划，根据时间维度可分为年度计划、月度计划、月内计划、日前增购计划，其中年度计划、月度计划、月内计划由发展部和交易中心负责，日前增购计划由省调负责。

年度计划又称为政府间协议，由政府相关部门牵头，交易双方于前一年年底前签署，大致覆盖全年 80%的受电量；月度计划需在前一个月月底前签署，具体的截止时间视省份而定；月内计划包括旬计划跟周计划，交易双方提前 3～5 天即可签署，时间上比较灵活。

受电计划模块可以展示各成分的受电计划信息，其总和即为次日受电计划 96 点曲线（如图 16-4 所示）。

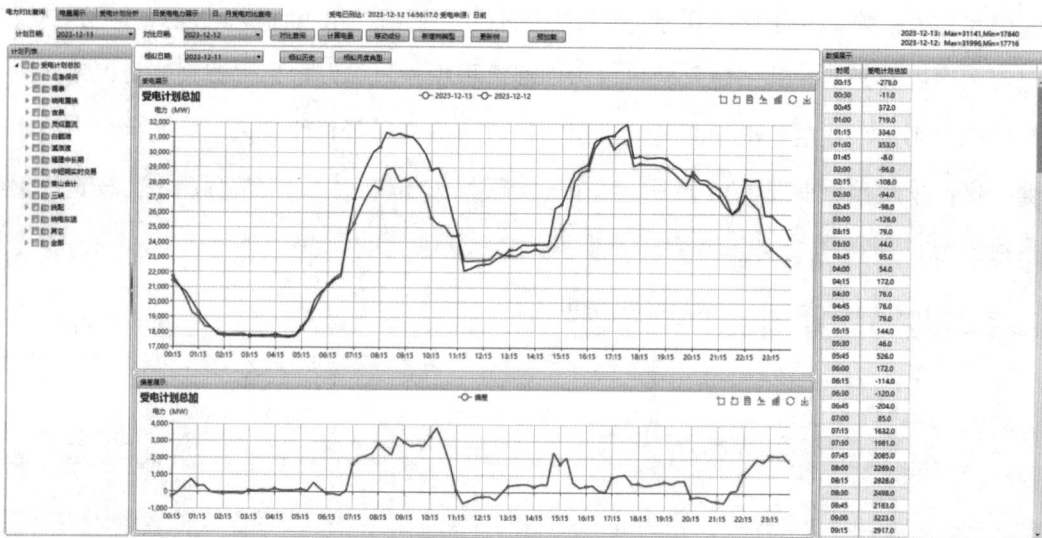

图 16-4 日前 96 点受电计划曲线

16.1.1.5 数据概览

数据概览模块主要根据负荷预测、日前检修、固定出力等模块确定的边界信息，校核受电曲线是否满足要求，其具体界面如图 16-5 所示。

数据概览的校核内容包括次日全天 96 点的正备用、负备用，若发现次日平衡存在缺口，省调计划专责需通过省间现货市场、双边交易等途径临时增购电力。

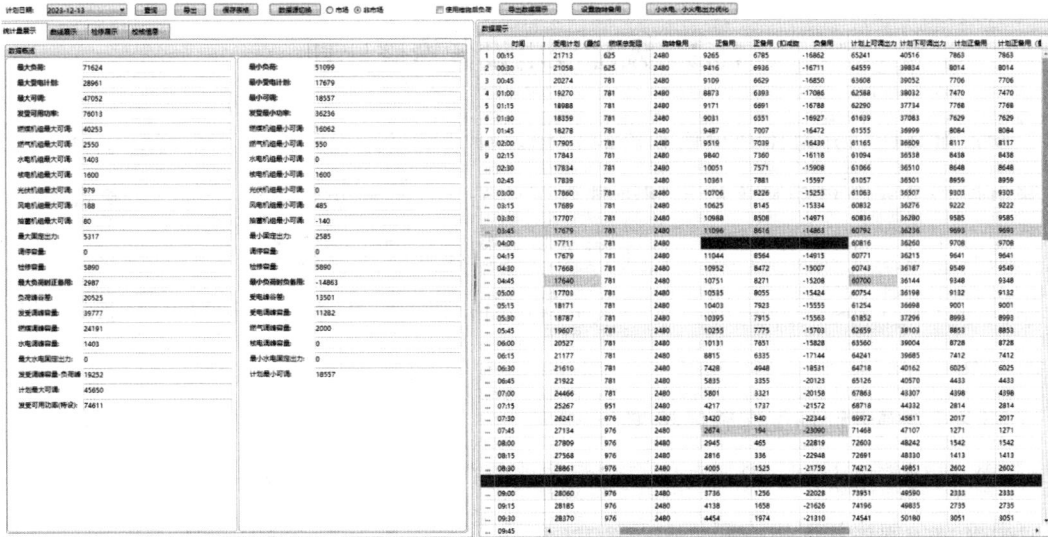

图 16-5 数据概览界面图

16.1.2 日前计划的下发

数据概览校核通过次日的受电计划后，省调利用日前计划编制模块制定下发次日平衡计划（如图 16-6 所示）。日前电能平衡计划包括电网 96 点负荷预测、96 点受电计划、机组（电厂）96 点发电计划，系统正负备用等信息，这些信息将下发到调度台供调度员使用。

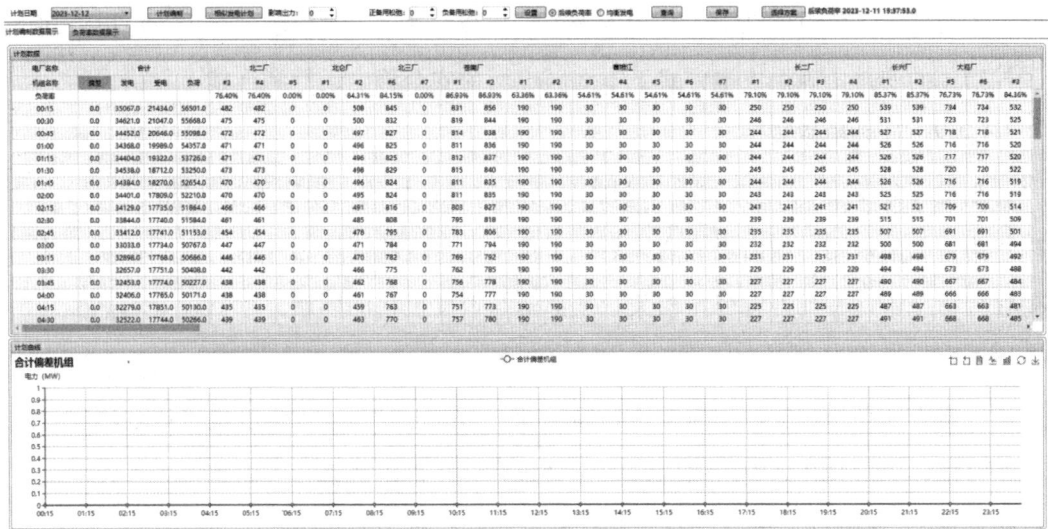

图 16-6 日前平衡计划编制结果

16.2 发输变电设备检修计划

设备检修计划分为计划检修和临时检修。计划检修指设备的定期检修、维修、试验和继电保护及安全自动装置的定期维护、试验等。计划检修分年度、月度、周和节日检修。临时检修指非计划性检修，即未列入月度检修计划和节日检修计划的检修项目。设备停役的各类计划、停役申请单及相关资料，由省超高压公司、地调和发电厂按照规定向省调上报。

16.2.1 停电计划工作总体要求

（1）优化停电方案：省超高压公司、各地市公司、省调统调发电厂、省调管辖的用户变应根据设备健康状况，按照"多源结合、一停多用"的原则，优化停电方案。

（2）综合平衡后上报：在编制上报停电计划前，各单位必须进行综合平衡，同一停电范围的多项工作，应合并成一项停电计划上报。

（3）避免重复停电：一个设备间隔一年原则上只安排一次计划停电，各单位应统筹协调，避免设备重复停电，减少设备频繁操作，提高电网安全水平。

（4）停电计划的刚性执行和严肃性：为维护停电计划的严肃性，确保生产有序，保证电网的安全稳定运行和连续可靠供电，停电计划一经批准，无特殊理由不得更改。

（5）考虑电网运行风险：调度部门在编制管辖范围内设备停电计划时，必须将地区内上级调度管辖设备停电计划纳入并初步平衡，加强对地区电网影响的分析及停电方式下风险预控措施的安排，确保停电方式下本地区电网的安全稳定运行和连续可靠供电。

16.2.2 计划检修管理

计划检修分年度、月度、周和节日检修等，检修计划的上报应严格按照周以月为依据、月以年为依据的规则，如出现检修计划属于年度、月度或周计划外的情况，必须出具正式必要性分析报告，并征得省公司相关管理部门与调度机构的同意。

16.2.2.1 年度检修计划

年度检修计划是月度、周检修计划的基础，原则上只有列入年度检修计划的项目才能出现在月度、周检修计划中，停电时间一般只允许在月内调整。不同省份、不同单位的年度检修计划关门时间不一致，下面以浙江电网为例进行简要介绍。

省公司设备部、省调统调发电厂、省调管辖的用户变应在 8 月 31 日前提供次年省网内属国调、网调调度管辖设备的年度停电计划。省调负责初步平衡该停电计划后转报国调、网调。

省公司设备部、省调统调发电厂、省调管辖的用户变应在 9 月 30 日前提供次年省调调度管辖设备的年度停电计划。

浙江省各地市公司和省调直调发电厂（以下简称各公司、厂）应在每年 9 月底前按照《浙江电网新、扩（改）建输变电设备投产调度管理办法》有关要求向省调提供次年 220kV 及以上基建投产和电网大型改造项目计划表。

各发电厂应根据进度表的安排，提前落实检修人员和备品备件，做好检修准备工作，确保机组检修按期完成。具体停机检修时间在季、月度调度计划中进行滚动修正落实。

500kV 线路、220kV 输变电设备检修责任单位应根据检修计划的安排，提前落实备品备件，做好检修准备工作，确保 500kV 线路、220kV 输变电设备检修按计划完成。500kV 线路两侧、220kV 输变电设备相关一次设备、继电保护、通信、自动化等设备应同时安排进行。

16.2.2.2 月度检修计划

省超高压公司、各地市公司、省调统调发电厂、省调管辖的用户变应于每月 8 日前向省调上报经内部平衡后的下下个月国、网、省调管辖设备的停电计划。

大型复杂停电工作，省超高压公司、各地市公司、省调统调发电厂、省调管辖的用户变应于每月 8 日前向省调提供下下个月的设备检修计划和相应的技术改造工程实施方案（内容应包括技术改造工程情况简介、实施依据、准备情况、停电计划、线路改接示意图、技术改造前后线路、断路器、隔离开关、电流互感器参数、待更换的主变压器型号、复役要求等）。

每月 1 日前，省调将初步平衡后的次月国调、网调管辖或许可设备停电计划上报上级调度。每月中旬，省调会同省公司设备部、建设部、安监部等部门召开月度停电计划平衡会，经各部门讨论后形成月度停电计划。在省公司月度生产平衡会上由省调汇报月度停电计划。经省公司分管领导批准后，以省公司发文的形式下发给省检修分公司、各地市公司、省调统调发电厂、省调管辖的用户变。

月度检修计划一般包括系统内所有引起电网运行方式或稳定限额变化的国、网、省调调度管辖设备停役（国、网调直调电厂站内设备除外）以及属省调许可的停役时对网、省调调度电网运行方式造成较大影响的设备检修。各电厂、地调以及省超高压公司申报的月度停电计划中应包含以下内容：下月月度内计划检修设备的名称，主要工作内容，设备检修工作的具体日期等。另外，诸如主变压器设备取油样、带电作业停重合闸、解合环操作、火电机组常规特性试验、机组调停、220kV 旁母停、双套保护停一套、一般 220kV 主变压器停役、故障录波器、母线电压互感器、单独低抗或电容器常规检修预试等工作则不需上报月度计划。

月度计划是月内检修工作安排及考核的唯一依据，各单位调度运行和检修部门在收到月度检修计划后，要根据下达的计划对本单位检修项目进行相应调整和统筹安排，重点落实好一些需要系统配合的检修项目。对未列入月度检修计划的常规检修项目，原则上不安排在该月内进行。属网调调度管辖的设备检修计划，如果省调月度调度计划与网调月度调度计划发生冲突时，应以网调月度计划为准。

各公司、电厂在安排网调调度设备计划检修时，必须严格按照网调月度检修计划执行，若因天气等原因无法按照月度计划规定的日期停役时，必须在设备计划停役日前四个工作日向省调作出书面说明（系统原因除外）。

省调在编制机组月度检修计划时进行综合平衡，尽可能减少大机组检修时间的重叠，合理平衡全月机组检修台次和容量，使系统发电出力维持在一定的水平上。月度检修计划应同时安排一、二次设备及其相关设备的检修配合，省调对年度内已停役过的主要设备（线路、母线、主变压器）不再安排常规检修、预试和技术改造工作。

有关单位应按规定的时间向省调提供有关资料月度调度计划，省超高压公司、地调和电厂应于每月 8 日前向省调提供下个月的设备检修计划，省调负责编制月度调度计划，并于月底前以省公司文件下达。

16.2.2.3 周检修计划

各地市公司、省超高压公司应根据月度停电计划和当前设备运行状况，编制周停电计划，并在每周一 12:00 前向省调报送下周停电计划。

16.2.2.4 节日检修计划

节日检修计划指元旦、春节、五一、国庆等法定节假日期间的设备停役计划。各公司、厂原则应于节前一个月的 8 日向省调提供节日检修计划，并提前 7 个工作日向省调上报停役申请单。为确保节日期间电网的安全稳定，节日期间原则上不安排基建项目的启动投产、大型改造项目停电操作以及可能引起大面积停电的检修方式。节日期间原则上不安排临修。发电厂应尽量安排在节日低负荷期间对有缺陷的机组进行消缺处理。省调负责编制节日检修计划，并于节前以省公司节日调度计划或随月度调度计划的形式发给各公司、厂。

16.2.3 临时检修管理

因各种原因导致的设备临时停役申请，经省公司领导同意后，设备停役申请单位一般按提前 5 个工作日的时间要求上报停役申请单。紧急缺陷或故障处置后的停电设备，若当天不复役，需在 1 个工作日内由设备停役申请单位向省调补报停电申请单。设备停电检修涉及通信业务的停役申请单须经省信通公司会签。

省调值班调度员有权批准下列对电网运行方式无明显影响的临时检修：

（1）当天可以完工的设备检修。

（2）收到次日调度计划后，次日可以完工的设备检修。

（3）与已批准的计划检修相配合的检修工作（但不能超出计划检修设备的停役时间，也不能影响原有复役方案）。

下列情况不作为临时检修考核，但须经省调值班调度员同意：

（1）利用低谷时段进行机炉设备缺陷处理。若对日调度计划出力有影响时，由省调值班调度员修正。

（2）与主设备检修配合，不影响电网运行方式和其他发供电设备（节日检修期间除外）。

16.2.4 设备停电检修申请单

设备停电检修列入周计划后各单位可向调度机构提报检修申请单，调度后续的开票和停复役操作均根据检修申请单执行。检修申请单流程如图 16-7 所示，具体内容如下：

（1）各厂、地市公司、省超高压公司、省信通公司在计划停电申请单执行日（以下简称"D 日"）前五个工作日（以下简称"D-5 日"）向省调调度计划处上报属国调、网调、省调调度或许可范围内的设备停电申请单。

（2）调度计划处负责初审停电申请单，对省超高压公司上报的停电申请单中需地调会签的停电申请单，由调度计划处在 D-4 日前交付给地调会签；在 D-3 日前将属上级调度管辖或许可的设备停电申请单上报网调；在 D-2 日 10:30 前将所有审核完毕的申请单提交其他处室或部门会签（调度运行处、系统运行处、继电保护处、设备监控处、自动化处、省信通公司）。

（3）对省超高压公司上报的停电申请单中需地调会签的停电申请单，地调应在 D-3 日 16:00 前，将意见会签完毕返回省调调度计划处。若地调不同意停电申请，则将申请单退回省调调度计划处，并注明退单原因。

（4）调度运行处、系统运行处、继电保护处、设备监控处、自动化处、省信通公司应

在 *D*-2 日 14:30 前，将会签意见返回，若不同意停电申请，则将申请单退回调度计划处，并注明退单原因。

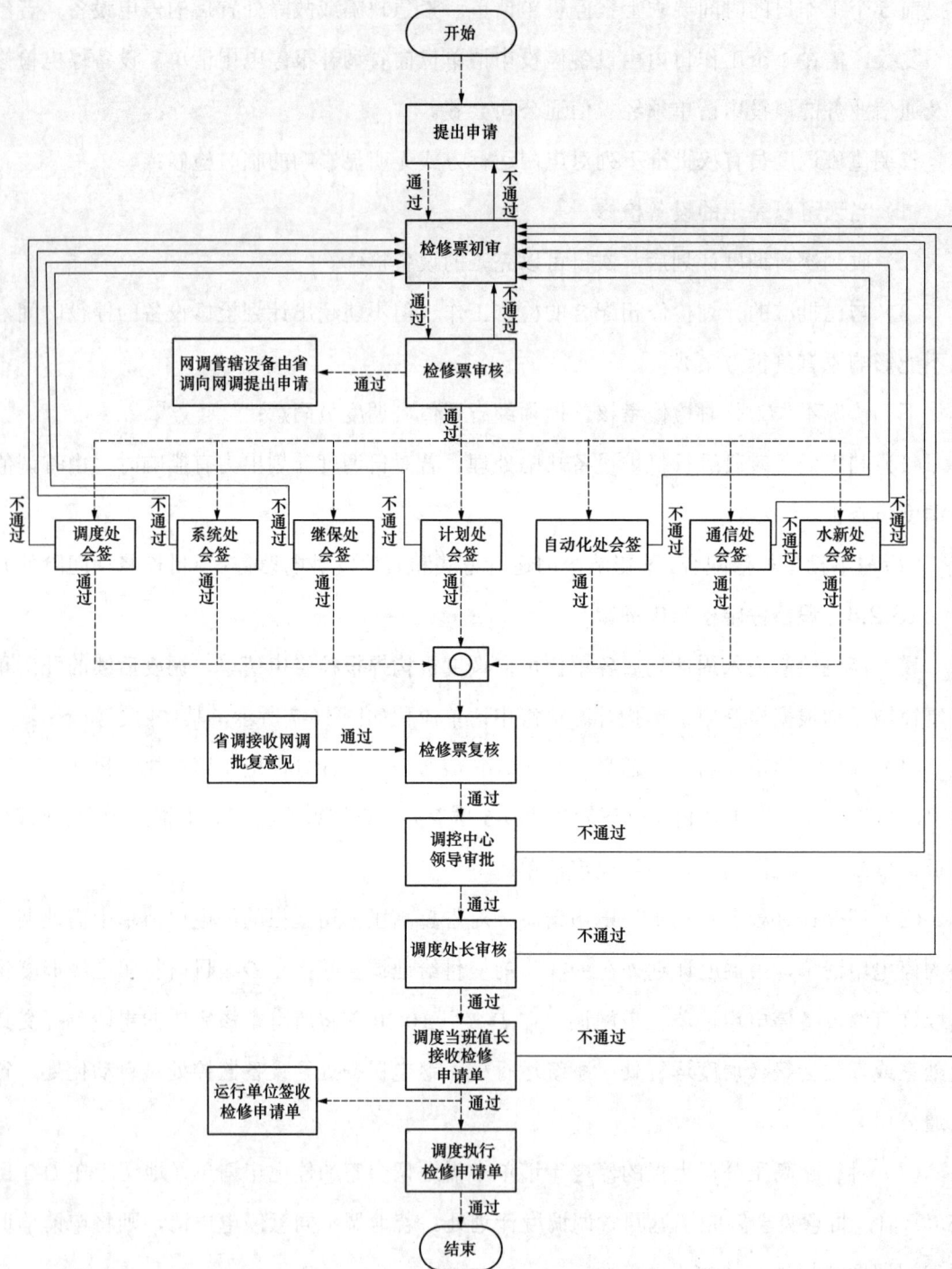

图 16-7　日前停电检修申请单流程图

（5）中心分管领导在确认各处室或单位完成各项会签及审核工作后，综合考虑系统运行状况、稳定规定、继保说明、自动化及通信要求，电能平衡要求等因素，确定停电申请单是否可以批准。分管领导批准后，D-2 日 16:00 前停电申请单进入调度运行处。若不予批准，则将停电申请单退回相关专业处室修改。

（6）调度运行处对设备停电申请单进行复审，调度员复审确认后应负责完成操作票和事故预案编制。若调度员不同意此项停电申请，则即刻将此申请单退回调度计划处，并注明退单原因。

（7）调度运行处值班调度员向停电申请单位批复停电申请单。

（8）对可能造成 220kV 变电站全停或重大电网事故的停电方式，地市公司必须根据有关要求做好防全停技术（或组织管理）措施，并在设备停电申请单中注明落实情况。

（9）已批准停电检修的发供电设备，检修单位不得无故取消，原则上不予更改停电时间、停电范围及工作内容。由于政策处理等客观原因导致检修工作不能按计划开工时，应至少在停电前 3h 通知省调值班调度员，更改停电时间或终止停电申请单。设备停电申请书终止后，该设备检修需重新办理申请手续。

（10）发供电设备检修不能如期完工时，应在原计划工期未过半前（当日工作开工且计划当日完工的应在计划复役时间前 3h），向省调提出延期申请，说明延期原因和时间，延期停役申请单经省调专业处室重新审核流转后由省调值班调度员批复后方可继续工作。

16.3　新　设　备　启　动

新设备是指首次接入电网的电力基建、技术改造一次和二次设备，主要包括断路器、线路、母线、变压器、电流互感器（TA）、电压互感器（TV）、机组、保护等。新设备投产各阶段工作必须严格按照相关规定执行，确保新设备安全可靠接入电网。

16.3.1　新设备启动流程

新设备启动省调工作流程图如图 16-8 所示。

启动前 3 个月，工程主管部门通过设备所属地调向省调上报新、扩（改）建输变电设备书面命名建议、电气一次接线图、平面布置图及所有一、二次图纸等资料。

启动前 2 个月，确定新设备命名，中属于省调调度管辖的设备由省调在 1 个月内下达正式调度命名，新扩建 500kV 变电站设备书面建议命名由省调（经领导批准后）转报网调，由网调根据有关规定下达正式调度命名。省调在收到 VQC（电力系统自动电压、无功控制系统）整定所需资料后 45 天内提供 VQC 定值给相关单位。

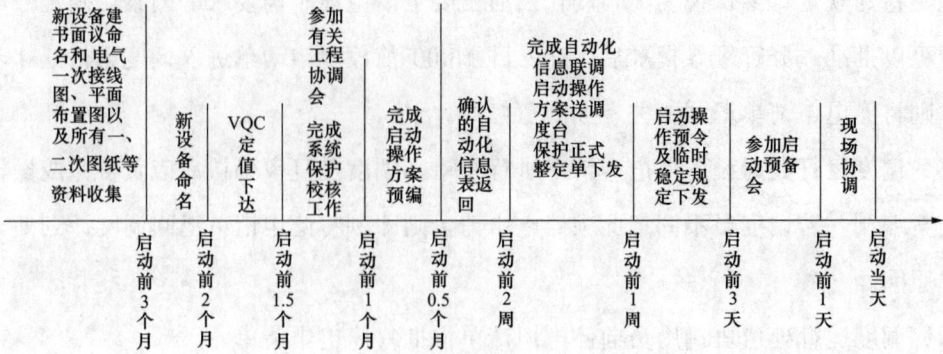

图 16-8　新设备启动省调工作流程图

新设备启动投产前 1 个月，建设主管部门应视情况召集有关单位开工程协调会，对工程建设有关存在问题、停电计划及投产前的相关工作进行协调，并邀请省调参加。另外，启动前一个月还需完成管辖设备保护方案计算校核工作，并向有关单位提供保护调试定单。

启动前 2 周至启动前一个月，各方需完成启动操作方案的预编写。

新设备启动投产前 2 周，省调把经过确认的自动化信息表返回给相关单位。

新设备启动投产前 1 周，有关各方应确定并下发继保整定单与启动方案。

新设备启动投产前 3 天，省调应根据启动方案下发启动操作预令给地调、变电站和电厂，方便各单位做好启动前操作准备。

新设备启动前 1 天，省调派员（一般为新设备启动专职）参加新设备启动预备会，并负责现场协调。

16.3.2　新设备启动方案

16.3.2.1　新设备启动原则

新设备启动时，其启动方案需根据断路器、TA（电流互感器）、保护的变动情况安排相应的实验项目，具体可大致分为以下 6 种类型。

（1）老断路器、老 TA、老保护：指启动试验过程中已运行的一、二次设备未更换仅更改命名的线路间隔，无需安排启动试验，具备正常复役条件。

（2）新断路器、新 TA、新保护：指启动试验过程中新、扩（改）建或原运行的一、二次设备均已更换的线路间隔，需安排冲击、断路器校同期、断路器合解环、线路保护带负荷、母线差动带负荷 5 项试验项目。

（3）老断路器、新 TA、新保护：指启动试验过程中原运行的一次设备（不包括电流互感器）未更换、但电流互感器和二次设备已更换的线路间隔，需安排冲击、线路保护带负荷、母线差动保护带负荷试验 3 项试验项目。

（4）老断路器、老 TA、新保护：指启动试验过程中原运行的一次设备（包括电流互感器）未更换、但二次设备已更换的线路间隔，需安排线路保护带负荷试验，若母线差动保护电流回路发生变动则还应安排母线差动保护带负荷试验。

（5）新断路器、老 TA、老保护：指启动试验过程中新、扩（改）建或原运行的一次设备（不包括电流互感器）已更换、但电流互感器和二次设备未更换的线路间隔，需安排冲击、断路器校同期、断路器合解环 3 项试验。

（6）新断路器、老 TA、新保护：指启动试验过程中新、扩（改）建或原运行的一、二次设备均已更换，但电流互感器及其二次回路未更换的线路间隔，需安排冲击、断路器校同期、断路器合解环、线路保护带负荷、母线差动保护带负荷（如母线差动回路发生变动）5 项试验。

16.3.2.2　新设备启动实验项目及流程

新设备启动试验项目主要包括冲击试验、核相试验、断路器校同期试验、带负荷试验及合解环试验。启动时，必须严格按照上述顺序视需要逐个安排。

1. 冲击试验

冲击试验主要检查新设备的绝缘强度能否承受运行电压及操作过电压。冲击次数按照站内母线、断路器等设备不少于 1 次，无功设备不少于 3 次，线路一般冲击 3 次，新变压器冲击 5 次（大修主变压器 3 次）的原则确定。冲击时，一般采用空出一段母线，利用母联（母分）断路器对启动设备进行冲击，此时需要投入母联（母分）过流解列保护作为总后备保护，定值根据专业部门确定，投无延时或短延时跳闸方式。若系统需要时，老断路器新保护可临时投入线路保护过负荷跳闸功能或加装临时过流保护作为冲击时的总后备保护，老断路器老保护可采用原线路保护作为冲击时的总后备保护。

2. 核相试验

核相试验主要是检查新设备的相序、相位与运行设备是否一致。核相试验一般采用二次侧电压核相方式，对启动设备（线路、母联、分段等各侧）进行同电源和不同电源核相。试验时，应先进行同电源核相以验证二次电压回路的接线正确性，然后进行不同电源核相以验证一次设备的接线正确性。

3. 断路器校同期试验

断路器校同期试验主要验证同期并列装置硬件接线、软件逻辑和同期定值的正确性。试验时应测录断路器合闸时两侧电压的相角差、幅值差等数据在规定范围内。

4. 带负荷试验及合解环试验

带负荷试验的目的是检验母线差动保护、纵联保护的极性是否正确，避免因极性错误造成保护误动。试验前，相关保护需改信号，同时系统总后备的过流保护应改为延时跳闸方式。带负荷试验应安排适当的试验系统并提供大小合适的负荷电流。合解环试验的目的是检验断路器能否正常分、合闸，确保断路器本体及控制回路的正确性。合解环试验时还会投入断路器的同期装置。

16.3.3 新设备启动典型案例

下面以新投产一个 220kV 变电站（甲变电站）为例来介绍典型的新设备启动方案。

220kV 甲变电站启动接线图如图 16-9 所示。甲变电站通过 A、B 两回 220kV 线路与乙变电站相连，其中假设甲变电站 A 线、B 线间隔均为新断路器新保护，乙变电站 A 线、B 线间隔均为老断路器新保护。220kV 甲变电站一次接线图如图 16-10 所示。

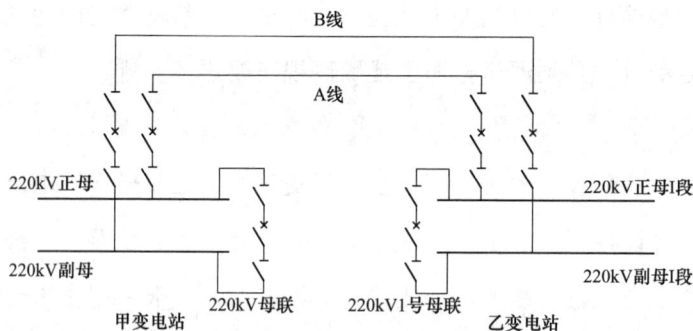

图 16-9　220kV 甲变电站启动接线图

16.3.3.1　省调启动范围

方案编制时，为清晰展示启动流程，对启动设备要进行的启动步骤及试验进行了编号（T1-T14）。

（1）线路：A 线（需完成 T1 冲击；T2 A 线不同电源核相）、B 线（需完成 T3 冲击；T4 B 线不同电源核相）。

（2）甲变电站：A 线间隔（新断路器新保护）（需完成 T1 冲击；T5 带负荷；T6 断路器校同期；T7 断路器合解环；T8 母线差动带负荷）、B 线间隔（新断路器新保护）（需完成 T3 冲击；T9 带负荷；T10 断路器校同期；T11 断路器合解环；T12 母线差动带负荷）。

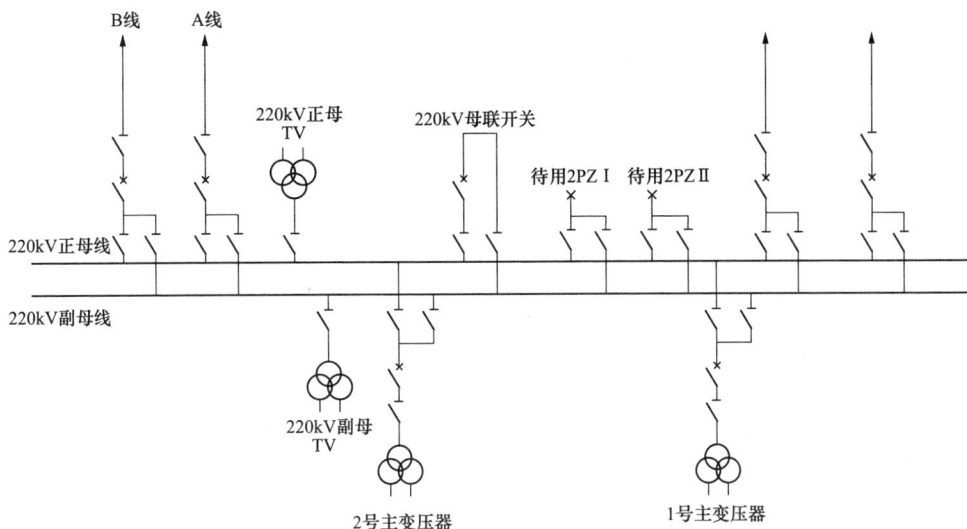

图 16-10　220kV 甲变电站一次接线图

（3）乙变电站：A 线间隔（老断路器新保护）（需完成 T13 保护带负荷）、B 线间隔（老断路器新保护）（需完成 T14 保护带负荷）。

16.3.3.2　新设备启动前报投

（1）××地调汇报：A 线、B 线全线架通、验收合格，施工接地线拆除，工作人员已全部撤离，线路一次定相正确，线路参数已测试，线路具备启动条件。

（2）甲变电站汇报：A 线间隔、B 线间隔已安装调试完毕，纵联保护联调结束，验收合格，施工接地线拆除，工作人员全部撤离，现场运行规程及典型操作票已修订，运行人员熟悉一、二次设备及有关规程，具备启动条件。现 A 线、B 线断路器及线路均为冷备用状态。线路纵联保护、微机保护均投跳状态（重合闸停用）。

（3）乙变电站汇报：A 线间隔、B 线间隔工作已结束，纵联保护联调结束，具备启动条件。现 A 线、B 线断路器及线路检修状态。线路纵联保护、微机保护均投跳状态。

16.3.3.3　调整冲击接线，并进行冲击核相校同期试验

（1）乙变电站：

1）A 线、B 线改冷备用，并停用线路重合闸。

2）220kV 正母Ⅰ段除母线设备外无其他运行设备，220kV　1 号母联断路器改热备用非自动，220kV 正母分段断路器改热备用非自动（空出一段母线，注意与前期母线是否有检

321

修工作相配合，此时母联断路器、分段断路器一般改为非自动，另外申请单中应明确乙变具体防全停措施）。

3）220kV 1 号母联过流解列保护由信号改跳闸（投入配套保护）。

4）A 线由冷备用改正母运行（无电）（尽量注明无电）。

5）B 线由冷备用改正母运行（无电）（尽量注明无电）。

（2）甲变电站：

1）220kV 正母线除母线设备外无其他运行设备，220kV 母联断路器改热备用非自动（空出一段母线，母联断路器一般改非自动）（申请单中明确甲变具体防全停措施）。

2）220kV 第一、二套母联过流解列保护由信号改跳闸（投入配套保护）。

3）220kV 第一、二套母线差动保护由跳闸改信号（投入配套保护）。

4）A 线由冷备用改正母热备用（无电）（尽量注明无电）。

5）B 线由冷备用改正母运行（无电）（尽量注明无电）。

（3）省调向工程启动总指挥汇报冲击接线已调整好，并得到可以对 B 线、A 线冲击的许可。

（4）甲变电站：220kV 母联断路器由热备用非自动改运行，对 B 线、A 线冲击二次，合闸 5min，间隔 3min，第二次冲击正常后拉开 220kV 母联断路器。

（5）乙变电站：220kV 1 号母联断路器由热备用非自动改运行，对 B 线、A 线冲击一次，合闸 5min，冲击后 1 号母联断路器不拉开（T1、T3 完结）。

（6）甲变电站：

1）许可 220kV 正、副母电压互感器不同电源核相，相位一致（T4 完结）。

2）许可 B 线断路器校同期，并汇报正确（T10 完结）。

3）拉开 B 线断路器（220kV 正母失电）。

4）合上 A 线断路器（对 220kV 正母充电）。

5）许可 220kV 正、副母电压互感器不同电源核相，相位一致（T2 完结）。

6）许可 A 线断路器校同期，并汇报正确（T6 完结）。

16.3.3.4 保护带负荷试验、解合环试验

（1）甲变电站：

1）合上 220kV 母联断路器（合环）。

2）许可 A 线线路保护带负荷试验，极性正确后投跳。

3）许可 220kV 第一、二套母线差动保护带负荷试验，极性正确后不投跳（T8 完结）。

（2）乙变电站：许可 A 线线路保护带负荷试验，极性正确后投跳。

（3）乙变电站、甲变电站：A 线两侧纵联保护投跳（T5、T13 完结）。

（4）甲变电站：

1）合上 B 线断路器（合环，用上同期）（T11 完结）。

2）拉开 A 线断路器（解环）。

3）许可 B 线线路保护带负荷试验，极性正确后投跳。

4）许可 220kV 第一、二套母线差动保护带负荷试验，极性正确后投跳（T12 完结）。

（5）乙变电站：许可 B 线线路保护带负荷试验，极性正确后投跳。

（6）乙变电站、甲变电站：B 线两侧纵联保护投跳（T9、T14 完结）。

（7）甲变电站：合上 A 线断路器（合环，用上同期）（T7 完结）。

（8）乙变电站：

1）220kV 1 号母联过流解列保护由跳闸改信号。

2）恢复正常接线（包括 220kV 正母分段断路器改运行）。

（恢复正常接排、停用启动时过流保护）

（9）甲变电站：

1）220kV 第一、二套母联过流解列保护由跳闸改信号。

2）恢复 220kV 正常接线，并告××地调。

（恢复正常接排、停用启动时过流保护）。

第 17 章　调度技术支持系统

17.1　概　　述

在日常的电力调度生产活动中，调度技术支持系统是调度员非常重要的生产工具。首先，调度技术支持系统是调度员的眼睛，借助它调度员能够精确地掌握电网的实时运行情况，实现对电网一、二次设备全方位的实时监视。其次，调度技术支持系统是调度员的双手，通过它调度员能够便捷地进行电网的倒闸操作，并对电网的有功与无功功率变化进行动态调整。最后，在电网发生故障或紧急情况时，更高级的调度技术支持系统还能扮演"调度大脑"的角色，帮助调度员思考并提供必要的辅助决策手段。随着新型电力系统建设和电力市场的推进，对调度技术支持系统在电网一体化控制、源网荷协同互动、安全优质运行方面的支撑能力提出了更高的要求。

我国调度技术支持系统起步于 20 世纪 70 年代中期南瑞研制的 SD-176 系统，随后 80 年代电力工业部从国外引进了四大能量管理系统，在此基础上进行吸收消化，形成国产化调度技术支持系统，并不断迭代演进。21 世纪初，南瑞的 OPEN 3000 系统开始得到推广，它的平台使用 IEC 61970 协议，这个协议最主要的特点是开放、互操作，但实际上开放性只是一个愿景，它并不能满足多级调度联合处置业务的需求。为此，国家电网有限公司在 2010 年以后开始推广南瑞的 D5000 系统，该系统采用面向服务的架构集成了多套系统和业务，各家单位都可以基于 D5000 平台开发自己的应用，大大提高了调度技术支持系统的开放性，但是这种开放性仍有一定门槛，需要一个相当规模和水准的研发团队。2020 年后，随着信息技术如云计算、图计算、大数据、物联网、移动技术、区块链和人工智能等的发展，新一代调度技术支持系统应运而生。

如图 17-1 所示，新一代系统在充分继承 D5000 应用功能成果的基础上，通过对系统体系结构、数据组织模式和应用功能的提升与创新，形成了由运行控制子平台和调控云子平台组成的平台底座，实现物理电网到数字电网的映射，具备高可靠性、高度集成、自主可控的特征。基于运行控制子平台和调控云子平台两大平台，新一代系统建设了能量管理、现货市场、新能源预测和调度管理四大子系统，在应用层部署实时监控、自动控制、分析校核、培训仿真、现货市场、新能源预测、运行评估、调度管理八大类应用，全周期、全链条支撑电力电量平衡、大电网安全管控、现货市场运行、新能源消纳、调度运行管理等调控业务。本章将分三节分别对能量管理系统、调度管理系统和电力市场技术支持系统的功能展开介绍。

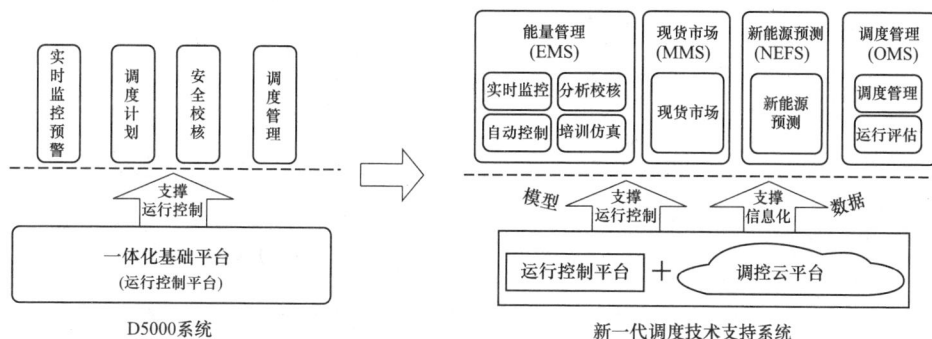

图 17-1　新一代调度技术支持系统总体实现思路

17.2　新一代能量管理系统（运行控制子平台）

新一代能量管理系统主要基于运行控制子平台，侧重支撑本地实时监控业务，同时满足高实时性的技术要求。运行控制子平台结合高速通信、移动互联等通信方式和语音、图像等交互技术，构建数据管理、通信总线、双活/多活管理、分布式计算等公共组件，提供统一规范的基础服务、数据服务和人机交互服务。

17.2.1　实时监控功能

17.2.1.1　数据采集与监视

数据采集与监视面向基础数据的采集和交换，实现多业务场景、多数据类型、多采集方式的全方位数据采集，为各类业务场景提供数据支撑。数据监视融合各类与电网调度运行相关信息，通过统一建模，在数据处理的基础上，为调度人员提供全面、丰富、灵活、直观的监视画面（如图 17-2 和图 17-3 所示），辅助调度人员执行电网状态监视、安全分析校核、方式调整、故障处置等工作。调度员日常监视的数据有断路器、隔离开关的实时状态及拓扑，厂站接线图和潮流图，机组、线路与主变压器的有功功率，各电压等级母线电压，新能源运行情况以及发受电等电网发用电平衡数据。

图 17-2　电网运行监视

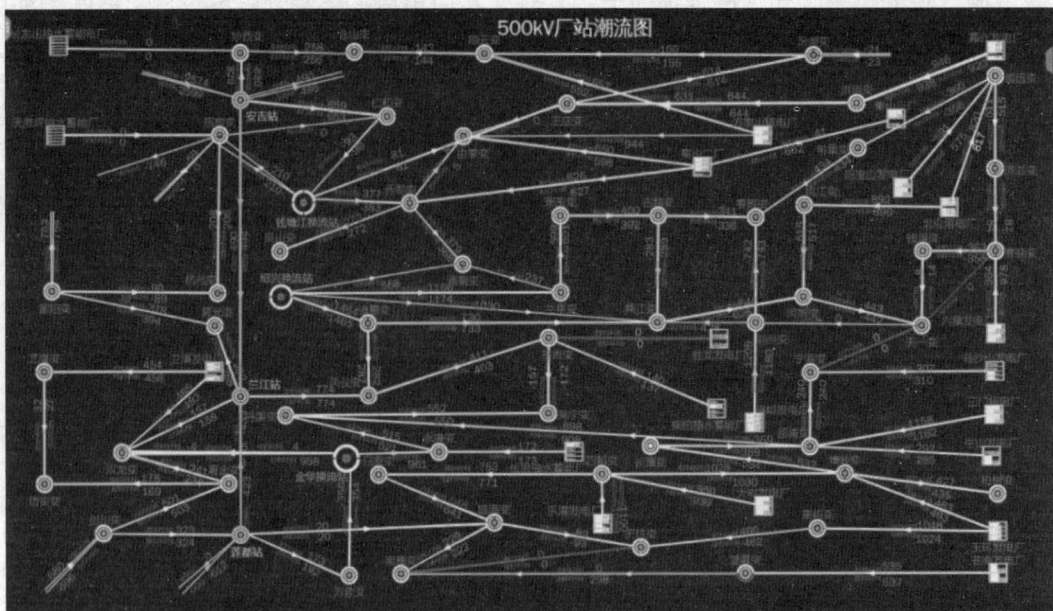

图 17-3　电厂运行监视

17.2.1.2　操作与控制

操作与控制类应用基于调度数据网、全业务模型和实时数据，通过识别电网检修计划、事故异常处置、负荷控制指令等电网运行方式调整信息，实现电网设备操作并下达调节控制指令（如图 17-4 所示）。

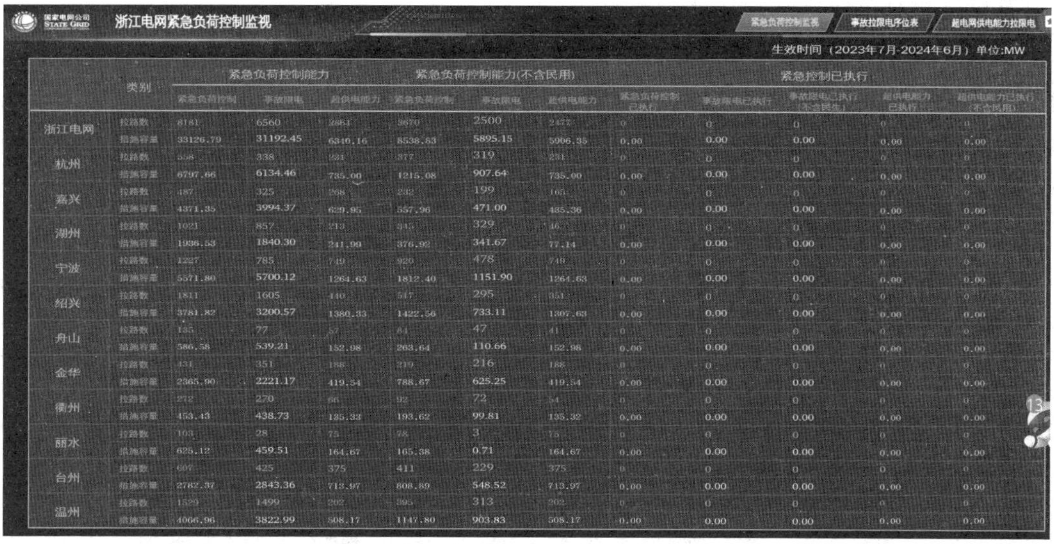
浙江电网紧急负荷控制监视
紧急负荷控制监视　事故拉限电序位表　超电网供电能力拉限电
生效时间（2023年7月-2024年6月）单位:MW

类别		紧急负荷控制能力			紧急负荷控制能力(不含民用)			紧急控制已执行				
		紧急负荷控制	事故限电	超供电能力	紧急负荷控制	事故限电	超供电能力	紧急负荷控制已执行	事故限电已执行	事故限电已执行（不含民生）	超供电能力已执行	超供电能力已执行（不含民用）
浙江电网	拉路数	8181	6560	2864	3670	2500	2477	0	0	0	0	0
	措施容量	33126.79	31192.45	6340.16	8538.83	5895.15	5906.35	0.00	0.00	0.00	0.00	0.00
杭州	拉路数	558	338	231	377	319	231	0	0	0	0	0
	措施容量	6797.66	6134.46	735.00	1215.08	907.64	735.00	0.00	0.00	0.00	0.00	0.00
嘉兴	拉路数	487	325	268	232	199	165	0	0	0	0	0
	措施容量	4371.35	3994.37	629.95	557.96	471.00	485.36	0.00	0.00	0.00	0.00	0.00
湖州	拉路数	1021	857	213	345	329	46	0	0	0	0	0
	措施容量	1936.53	1840.30	241.99	376.92	341.67	77.14	0.00	0.00	0.00	0.00	0.00
宁波	拉路数	1227	785	749	920	478	749	0	0	0	0	0
	措施容量	5571.80	5700.12	1264.63	1812.40	1151.90	1264.63	0.00	0.00	0.00	0.00	0.00
绍兴	拉路数	1811	1605	140	517	295	351	0	0	0	0	0
	措施容量	3781.82	3200.57	1380.33	1422.56	733.11	1307.63	0.00	0.00	0.00	0.00	0.00
舟山	拉路数	135	77	57	84	47	41	0	0	0	0	0
	措施容量	586.58	539.21	152.98	263.64	110.66	152.98	0.00	0.00	0.00	0.00	0.00
金华	拉路数	431	351	188	219	216	188	0	0	0	0	0
	措施容量	2365.90	2221.17	419.54	788.67	625.25	419.54	0.00	0.00	0.00	0.00	0.00
衢州	拉路数	272	270	66	92	72	54	0	0	0	0	0
	措施容量	453.43	438.73	135.33	193.62	99.81	135.32	0.00	0.00	0.00	0.00	0.00
丽水	拉路数	103	28	75	78	3	75	0	0	0	0	0
	措施容量	625.12	459.51	164.67	165.38	0.71	164.67	0.00	0.00	0.00	0.00	0.00
台州	拉路数	607	425	375	411	229	375	0	0	0	0	0
	措施容量	2782.37	2843.36	713.97	808.89	548.52	713.97	0.00	0.00	0.00	0.00	0.00
温州	拉路数	1529	1499	202	395	313	202	0	0	0	0	0
	措施容量	4066.96	3822.99	508.17	1147.80	903.83	508.17	0.00	0.00	0.00	0.00	0.00

图 17-4　负荷控制

17.2.1.3　综合智能告警

综合智能告警应用（如图 17-5 所示）首先对调度自动化系统中各类反映电网运行状态的告警信息进行汇集与整合，并在此基础上对告警信息进行分析和处理，提取出关键告警信息和告警原因，形成智能化的告警信息，能够有效地提高实时监控与预警的自动化水平，为调度员提供 220kV 及以上设备的故障自动告警。综合智能告警的主要告警信息包括故障设备、故障相别、保护及重合闸动作情况、故障电流、故障测距等故障关键信息以及故障近区的电网潮流情况，辅助调度员快速掌握故障后的电网实际运行情况。

17.2.1.4　故障协同处置

故障协同处置（如图 17-6 所示）应用于电网发生重要设备故障，涉及多级调度管辖范围，需要多级调度协同配合、共同处置的场景，如特高压直流故障或省际联络线故障等，主要功能包括协同预案管理、协同预案在线匹配、处置策略在线获取、预案关键信息监视、处置过程即时同步、自动建群与在线协商等。协同预案管理，具备协同预案联合编制以及协同预案在线发布功能；协同预案在线匹配，在故障发生后，自动匹配离线预案，并在多级调度同步推送；处置策略在线获取，故障后从紧急状态辅助决策模块获取故障的在线处置策略；预案关键信息监视，自动匹配故障涉及的关键量测信息，对故障前后电网运行状态变化进行监视；处置过程即时同步，具备故障协同处置预案的执行功能，执行进度全网同步；自动建群与在线协商，利用调度即时通信工具，在故障后自动建立故障协同处置群，在处置群中进行故障处置的在线协商。

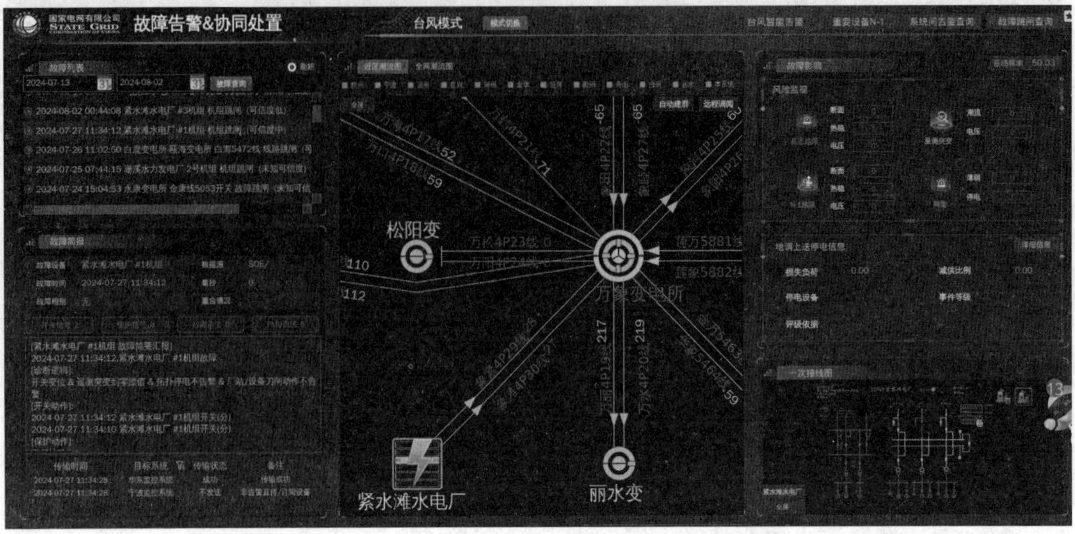

图 17-5　综合智能告警界面

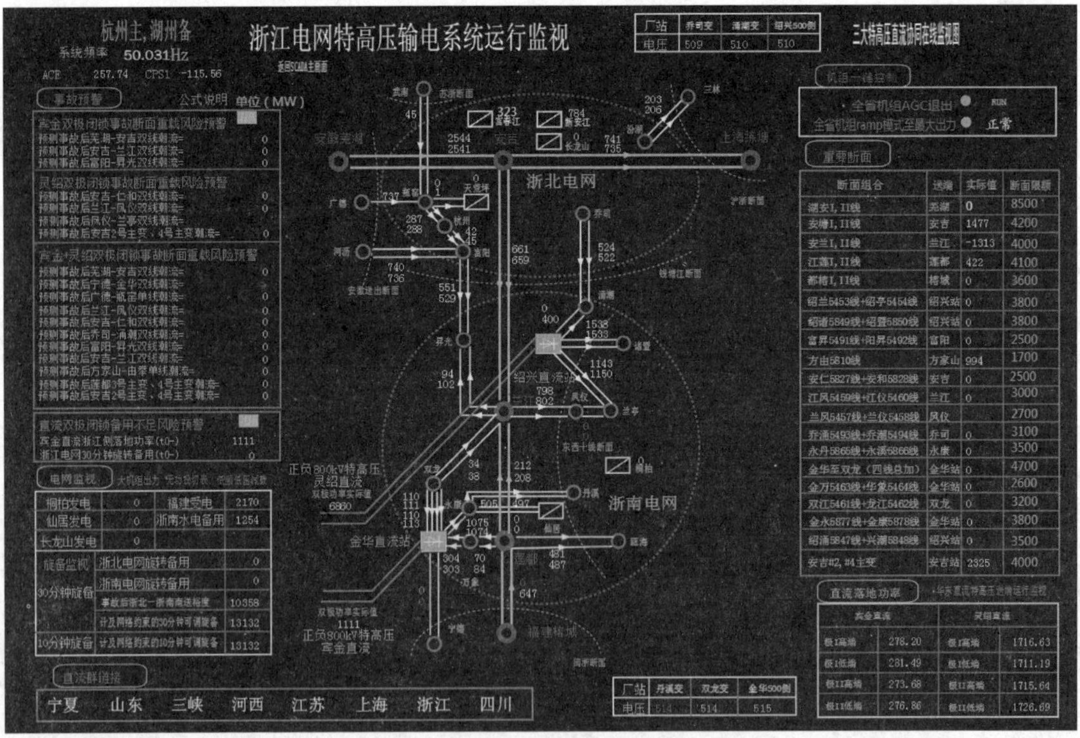

图 17-6　特高压直流协同处置画面

17.2.1.5 实时指标评价

实时指标评价应用（如图 17-7 所示）包括实时指标评价计算和实时指标评价综合展示等功能，具体包含反映电网实时运行的安全稳定类、平衡调节类以及碳排放共三大类指标。实时指标评价计算构建实时指标评价体系，从实时监控、自动控制、分析校核等各类应用获取分析结果，基于指标评价方法和评价标准，自下而上逐级融合完成各级指标的实时状态计算，实现大电网运行状态的量化评级。实时指标评价综合展示提供实时指标评价结果的展示及推送服务，实现对电网运行整体指标状态、详细指标结果以及辅助决策等信息的联动展示，协助调度员直观了解电网实时状态和未来趋势运行指标情况。

图 17-7　电网实时运行指标

17.2.2　自动控制功能

17.2.2.1　有功自动控制

有功自动控制（如图 17-8 所示）主要包括常规机组自动发电控制、清洁能源有功协调控制以及源网荷储有功自动控制等功能。常规机组自动发电控制包含电网基本的频率控制、基于优化结果的超前控制、输电潮流安全预防和校正控制以及电力市场出清结果的闭环控制等功能。清洁能源有功协调控制兼顾电网局部输电断面安全、备用约束等安全约束要求，包含清洁能源多区域多场景优化协调控制功能。源网荷储有功自动控制功能主要包括储能、负荷、抽蓄、分布式能源等源网荷储可调节资源有功实时闭环控制功能。

自动发电控制（AGC）　　页面导航　区域总览　运行监视　备用监视　性能统计　联络交换　量测一览　模型参数　控制逻辑　响应测试

机组分类监视　火电1　火电2　火电3　火电4　火电5　核电　抽蓄　地区　总览

PLC详细信息　告警信息　　燃机回路情况　燃机1　燃机2　燃机3　水电1　水电2　储能　详情

PLC名称	控制模式		目标出力	实际出力	人工下限	人工上限	电厂申报下限	电厂申报上限	调节下限	调节上限	计划值	基点功率	节省模式	命令定时	跟装目标	可控	正
嘉兴厂#1机	AUTOR	↑	285.6	280.2	120.0	330.0	120.0	330.0	265.8	295.5	284.0	279.4	AUTOR	10	330.0	●	●
嘉兴厂#2机	AUTOR	↑	286.0	279.4	120.0	330.0	120.0	330.0	265.8	295.5	284.0	279.4	AUTOR	10	330.0	●	●
嘉二厂#3机	AUTOR	↑	581.0	577.3	240.0	660.0	240.0	660.0	540.4	599.8	577.0	576.9	AUTOR	4	450.0	●	●
嘉二厂#4机	AUTOR	↑	579.3	574.6	240.0	660.0	240.0	660.0	540.1	599.5	576.7	574.5	AUTOR	3	660.0	●	●
嘉二厂#5机	AUTOR	↑	581.6	575.0	240.0	660.0	240.0	660.0	539.9	599.3	576.5	574.6	AUTOR	4	660.0	●	●
嘉二厂#6机	AUTOR	↑	598.7	592.7	240.0	660.0	240.0	660.0	540.2	599.6	576.8	592.1	AUTOR	21	660.0	●	●
嘉二厂#7机	SCHEO		984.2	984.2	400.0	1000.0	400.0	1000.0	400.0	1000.0	998.2	984.7	SCHEO	0	550.0	●	●
嘉二厂#8机	WAIT		939.7	939.8	400.0	1000.0	400.0	1000.0	939.8	939.8	939.8	939.7	SCHEO	0	1000.0	○	○
长兴厂#1机	AUTOR	↑	567.5	561.9	264.0	660.0	264.0	660.0	520.1	570.1	551.0	561.9	AUTOR	9	600.0	●	●
长二厂#2机	AUTOR	↑	565.8	559.5	264.0	660.0	264.0	660.0	520.1	570.1	551.0	558.9	AUTOR	3	600.0	●	●
长二厂#1机	SCHEO		262.6	262.4	120.0	330.0	120.0	330.0	120.0	330.0	267.1	263.7	SCHEO	0	330.0	●	●
长二厂#2机	SCHEO		263.6	263.6	120.0	330.0	120.0	330.0	120.0	330.0	267.1	263.6	SCHEO	11	330.0	●	●
长二厂#3机	SCHEO		263.0	261.7	120.0	330.0	120.0	330.0	120.0	330.0	267.0	263.6	SCHEO	0	330.0	●	●
长二厂#4机	SCHEO		263.4	260.8	120.0	330.0	120.0	330.0	120.0	330.0	266.8	263.4	SCHEO	7	330.0	●	●

■ 运行状态	RUN	■ 控制方式	TBC	■ 计划偏置	0.00	市场偏置	-500.00	一键MANU	从MANU切换	● AGC一键切换	正常	（一键RAMP/AUTOR）
						市场偏置	-273.73					
■ CPS1	-18.41	■ 调节功率	160.26	■ 电网频率	49.986	■ ACE统计	-89.23	■ ACE控制	-89.23	■ 调频下调空间	22293	■ 调频上调空间	1929
■ 负荷增量死区	100.00	■ 负荷增量上限	1600.00	■ AGC控制区域	紧急区域	■ 预报时刻	2024/08/02 14:25:00	■ 预报负荷	53466	■ 调节状态	正常运行	暂停原因

图 17-8　有功自动发电控制（AGC）界面

17.2.2.2　自动电压控制

自动电压控制应用（如图 17-9 所示）主要包含常规自动电压控制、新能源无功电压控制等功能。常规自动电压控制包含自适应分区、电压校正控制、优化跟踪控制、预测超前控制、特高压近区控制等功能，其原理是基于分析决策中心的全网无功优化决策结果，考虑电压稳定分析评估和动态无功储备评估约束，实现对电网无功电压的优化决策，并对发电厂、变电站等无功资源进行自动控制。新能源无功电压控制包含新能源电压校正控制、新能源无功优化控制、变电站新能源站协调控制、新能源集群无功控制、动态无功储备优化控制等功能，其原理是结合新能源无功电压特性，充分挖掘新能源无功调节能力，实现新能源参与区域电网无功电压的协调控制，抑制电压波动，支撑新能源消纳。

17.2.3　分析校核功能

17.2.3.1　网络安全分析

网络安全分析功能（如图 17-10 所示）主要根据调度系统中的电网模型实现设备的电气参数计算和电网拓扑结构的生成；根据网络拓扑、电网参数、遥信、遥测数据进行状态估计，准确辨识量测坏数据，求取母线电压幅值和相角，为各类应用提供实时、准确的电网运行方式数据断面；基于实时运行方式、历史运行方式和各种预想运行方式，综合考虑安控装置、系统频率特性、新型电力电子设备等因素，模拟调度操作，计算全网潮流，支撑各类业务应用实现常规静态潮流、动态潮流计算功能，计算支路功率、母线电压及母线注入功率等；网络分析主要包括网络建模、状态估计、潮流计算、静态安全分析、灵敏度分析、短路电流计算、安全约束调度、直流多馈入短路比分析等功能。

图 17-9　自动电压控制（AVC）界面

图 17-10　调度员潮流分析界面

17.2.3.2 在线安全稳定分析

在线安全稳定分析应用（如图 17-11 所示）通过数据准备生成满足在线安全分析要求的计算数据，考虑直流控保、安控装置、系统保护等一、二次设备控制策略，从静态、暂态、动态等方面对电网安全稳定情况进行全方位分析，定位电网存在的安全稳定问题和隐患；根据安全稳定分析的结果，针对各类安全稳定问题和隐患，给出满足系统安全稳定性要求、控制代价最小的运行方式调整方案；对指定或自动发现的输电断面，合理调整断面功率，按照给定策略通过校核静态安全、机电暂态稳定、小扰动动态稳定、静态稳定、静态电压稳定、频率稳定等多种约束，确定断面稳定极限；对电网复杂严重故障进行分析，在线匹配复杂严重故障后的断面限额和安控策略，模拟电网的实际动作情况，实现电网复杂严重故障的分析与决策。

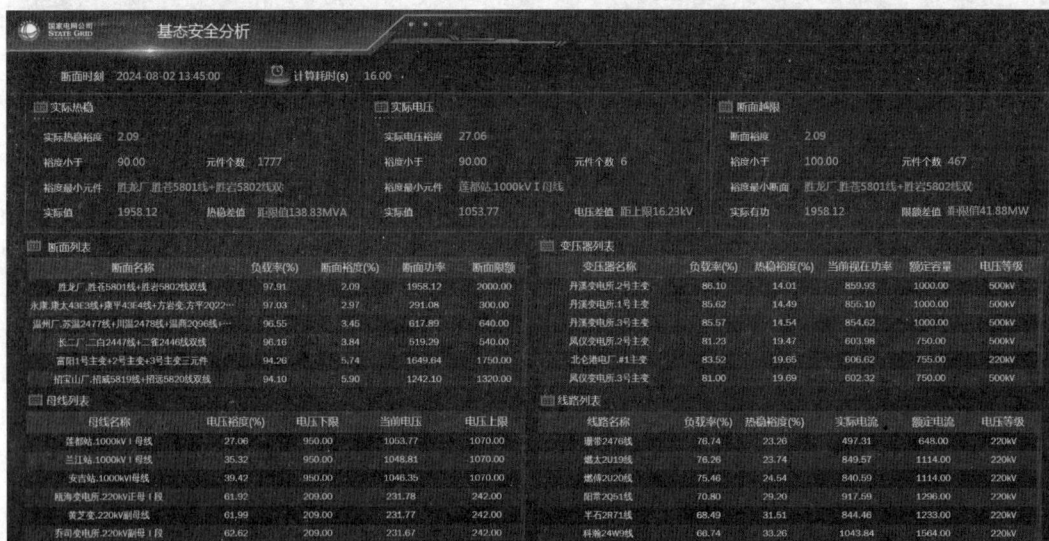

图 17-11　在线基态安全稳定分析界面

17.2.3.3 安全校核

安全校核功能（如图 17-12 所示）整合日前、日内、实时等计划数据，生成包含无功数据在内的计划潮流方式数据，在此基础上，对电网未来计划运行方式的静态、暂态、动态等各类安全稳定性情况进行校核，针对校核发现的各类安全稳定问题进行决策，提出调度计划辅助决策建议，保证电网运行方式的安全性。安全校核主要包括计划运行方式生成、计划方式稳态安全快速校核、计划方式安全稳定快速校核、计划方式安全校核辅助决策等功能。

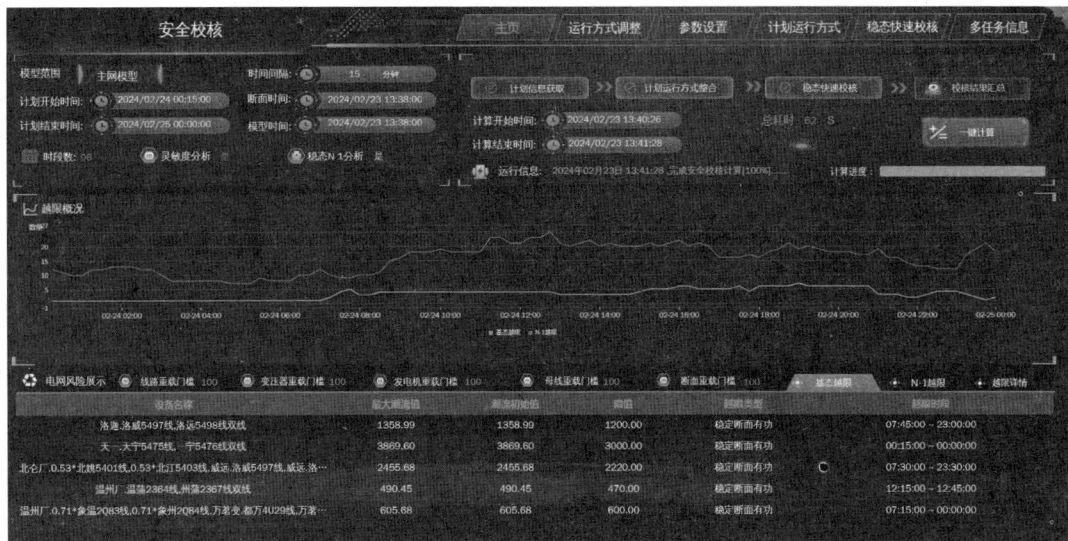

图 17-12 安全校核界面

17.3 新一代调度管理系统（调控云子平台）

调控云子平台基于注册管理、服务授权、数据质量管控等公共组件，构建模型数据平台、实时数据平台、运行数据平台、大数据平台、数据交换平台和人工智能平台，支撑面向全网的全局分析、全局决策、调度管理等业务，拓展多级调度（纵向）和多专业（横向）业务协同能力，满足生态开放性、资源扩展性和研发敏捷性等技术要求。

如表 17-1 所示，新一代调度管理系统逐步形成了包括安全管理、稳定管理、调度运行、发电管理、交易管理、负荷管理、停电管理、网源协调 8 大类 200 余个微服务应用，结合目前调度生产管理系统的发展趋势，本节以调度员常用业务应用为例来进行介绍。

表 17-1   调度管理系统主要功能

管理模块	主 要 功 能
安全管理	主要功能包括设备缺陷闭环管理、电网运行风险预警预控、调度事故应急预案管理、事故报告管理、灾害应急管理、电网运行危险点内控、重大事件调度保电管理、调控运行问题反馈管理、调度安全保障能力评估、安全责任保障体系管理
稳定管理	主要功能包括无功电压管理、稳定限额管理、安全控制策略管理、联络线管理、低频减载管理、年度方式管理、安全自动装置管理、调度管辖范围、短路电流管理、事故限电序位管理、可控资源管理、转动惯量预警、运行方式识别、运行方式管理、电网经济运行分析管理、运行分析报表等
调度运行	主要功能包括设备操作管理、设备变更管理、保护定值管理、保护动作管理、保护反事故措施管理、调控运行值班日志、水电及新能源运行值班记录、自动化值班日志、自动化系统问题反馈管理

管理模块	主 要 功 能
发电管理	主要功能包括计划电量管理、平衡管理、机组管理、两个细则、检修计划管理、三公调度、供热流量管理、环保监测管理、并网调度协议、保厂用电方案
交易管理	主要功能包括跨省区现货管理、临时购电管理、辅助服务市场管理、中长期交易校核、优先发电计划编制、省内现货日前交易管理、省内现货实时交易管理等
负荷管理	主要功能包括智能楼宇负荷管理、可中断负荷管理、综合能源体管理、电动汽车负荷管理、其他负荷聚合商、需求侧响应资源管理等
停电管理	主要功能包括窗口期编制、停电计划、执行率评估、停电风险、临时停电等
网源协调	主要功能包括合规管理、涉网试验、安全评估、并网考核等功能

17.3.1　调度运行日志

调度运行日志是电网运行情况的重要记录，也是调度工作的重要依据。值班员在调度日志中对当班发生的电网事件进行分类记录，主要分为汇总记录、电网记录、接线变化、机组记录、稳定重载、稳定限额六类，并对日志的准确性与完整性负责。调度运行日志应用界面如图 17-13 所示。电力市场运行期间市场调度员还需要及时记录机组启停、机组出力调整、AGC 投退等市场干预记录。

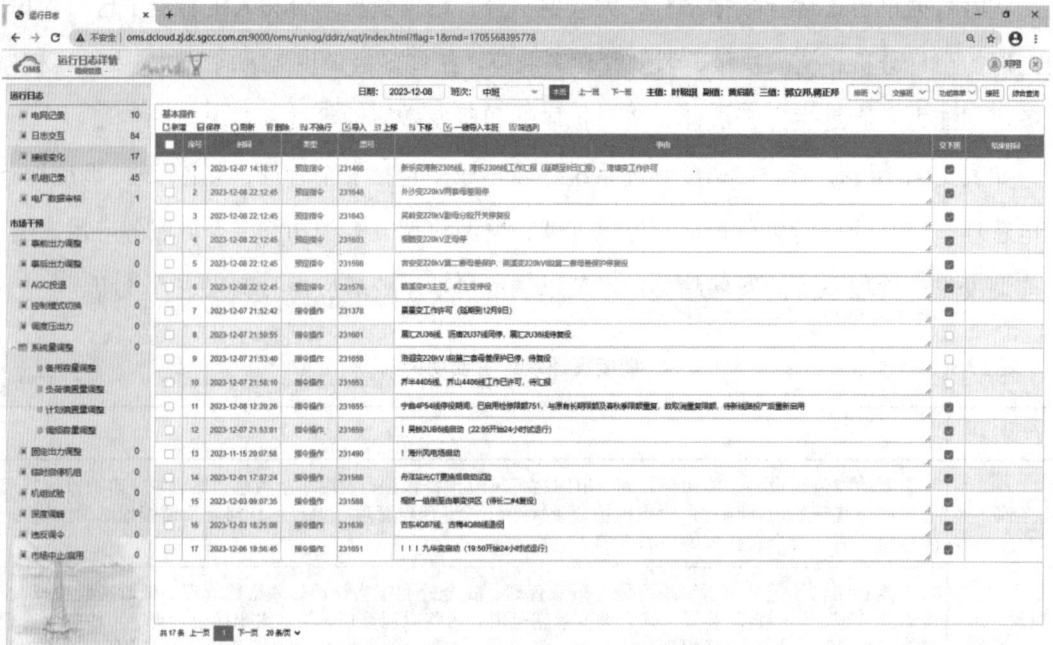

图 17-13　调度运行日志界面

17.3.2　停电计划管理

停电计划管理是各级单位停电申请单管理和流转的重要模块。停电申请单流转界面如图 17-14 所示，申请单流转主要有 PMS 上报、停电工作票初审、停电工作票审核、各专业会签、停电工作票复审、中心领导审批、调度处长审核、调度台执行等几个环节，涉及华东网调的申请单另有单独的模块展示。

图 17-14　停电计划申请单界面

17.3.3　稳定限额管理

稳定限额管理以调控云模型及运行数据为基础，扩展动态增容数据，实现正常、检修方式下静态及动态限额值计算，并通过稳定规则的结构化描述，形成稳定限额模型数据，实现稳定限额电子化及流程化管理，支撑断面潮流监视告警及电力市场交易安全校核。稳定限额管理应用界面如图 17-15 所示。

稳定限额管理中启用的稳定限额规则会同步至新一代调度管理系统。新一代调度管理系统"浙江电网稳定监视表"界面会显示当前稳定限额控制内容以及实时运行数据。电网运行过程中，不满足稳定控制要求的越限及重载数据会在调度运行日志界面的"稳定限额、稳定重载"中进行统计。

17.3.4　继保定值单流转管理

继电保护专业管理类应用与调度相关的主要为"定值单流转"核对，如图 17-16 所示，对于新投产设备的继电保护定值需要与厂站值班员核对定值单编号、定值单名称及内容。

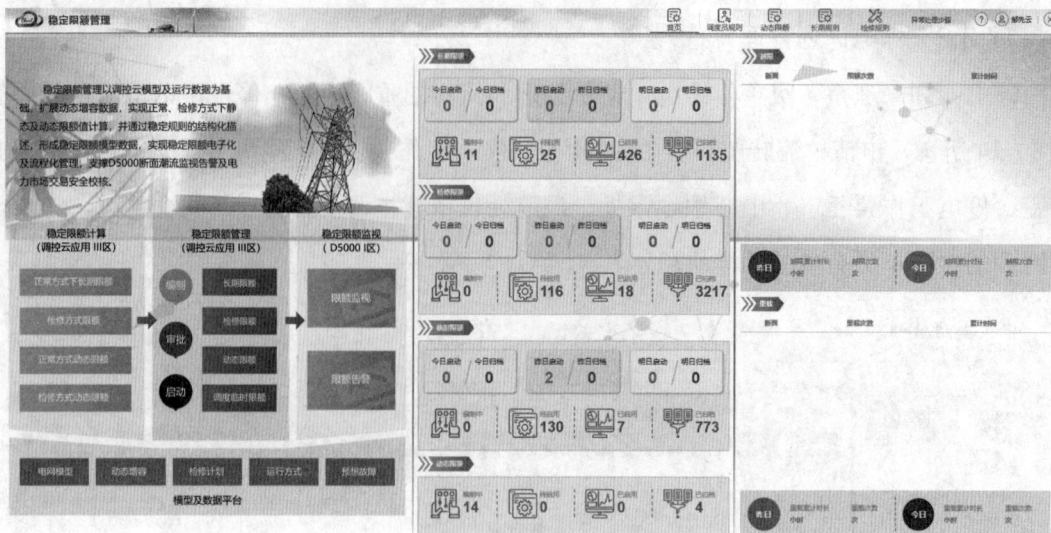

图 17-15　稳定限额管理应用界面

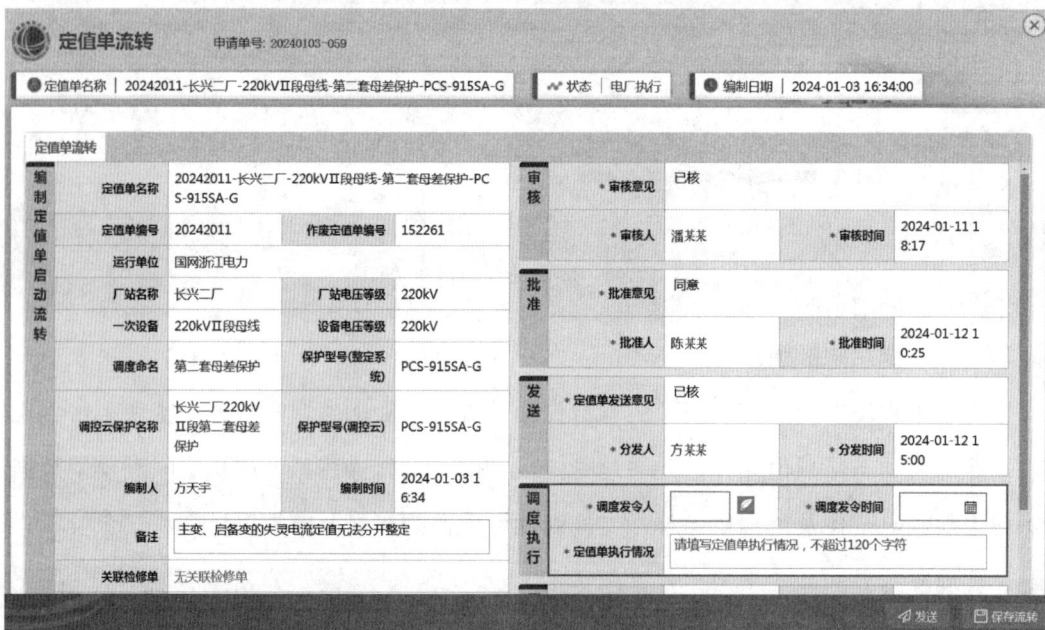

图 17-16　继电保护定值单流转界面

此外，调度员也可在调控云中对已投产设备的继电保护定值进行查询，如图 17-17 所示。

17.3.5　数据集市

图 17-18 给出了调控云数据集市应用界面，实现了调度生产数据的收集、汇总、查询与上报功能，解除了调控系统人员繁琐的数据统计任务，通过多源信息比对、历史数据趋

势校验分析、数据来源系统分析等功能，有效提高了生产数据上报的准确性。

图 17-17　继电保护定值单查询界面

图 17-18　调控云数据集市应用界面

通过报表管理模块，调度员可以根据个人需求，根据不同的时间尺度定制相关报表。调度员每天需要常态化报送的报表有电力生产日报、燃煤燃气日报、新能源日报（每日夜班报送国调），全省电力生产运行日报（报送政府及公司领导）等、每月需要报送的报表有电力生产月报、故障月报（报送国调）、电煤情况统计（报送政府）等。通过报表标准化定制及查询功能，极大地减少了常态化报表制作时长，降低了调度员上班期间的业务承载力，使调度员能够投入更多的精力关注电网的实时运行状态。

通过数据查询模块，调度员可以根据自身需求查询调控云的电力电量等生产数据，同时支持数据导出及对比分析，为调度员进行电网运行后评估和日内发电计划编排提供了丰富的数据资源及依据，通过挖掘海量数据的价值，提高了数据使用的灵活性。

17.3.6　智能调度操作票

智能调度操作票采用集中式管理，提升了业务模块的标准化、规范化，应用范围包括省、地、县、配四级调度机构、电厂、运维班、配网供电所、低压线路运维等单位，为省、地、县三级调度机构提供了一体化业务协同平台。区别于传统操作票依赖于调度电话指挥，新版操作票实现了调度倒闸操作由电话令向网络化发令的飞跃，极大地缩短了调度指令执行时间，提高了调度倒闸操作效率。另外，新版操作票系统采用内网+外网移动终端作业模式，保障配网受令端与调度端高效协同，提升了配网调度指挥效率，为户外工作的配网操作减轻了负担。下面分别对省调常用的几个操作票系统模块的功能及应用进行介绍说明。

17.3.6.1　智能成票

智能成票模块是为了简化调度员操作，辅助调度员手工拟票，达到减轻调度员工作量目的，界面如图 17-19 所示。该模块可提供 7 种成票方法，分别是关联检修申请单成票、设备状态成票、继保定值单成票、历史票套用成票、典型票套用成票、Excel 导入成票以及手工拟票，调度员可以根据实际情况选择不同的成票手段。

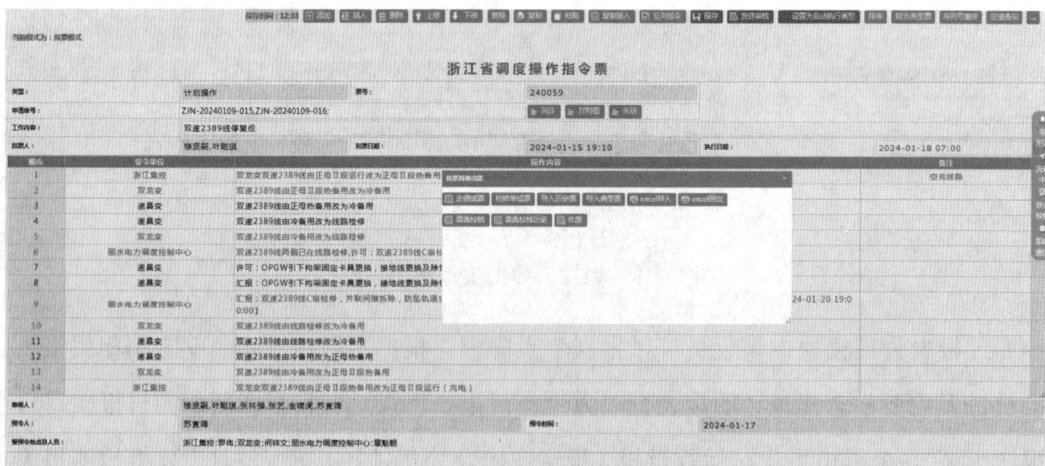

图 17-19　智能成票操作界面

17.3.6.2 正令操作管理

正令操作管理为上下级调度、厂站工作交互提供操作及流程管理平台。支持设备初始状态核实、拟定操作票、审核操作票、操作票执行、归档操作票等环节流程化管理。该模块具备自动挂牌、摘牌功能。同时，调度员可以根据需要选择电话发令或者网络发令。下面将重点介绍网络发令功能，界面如图 17-20 所示。

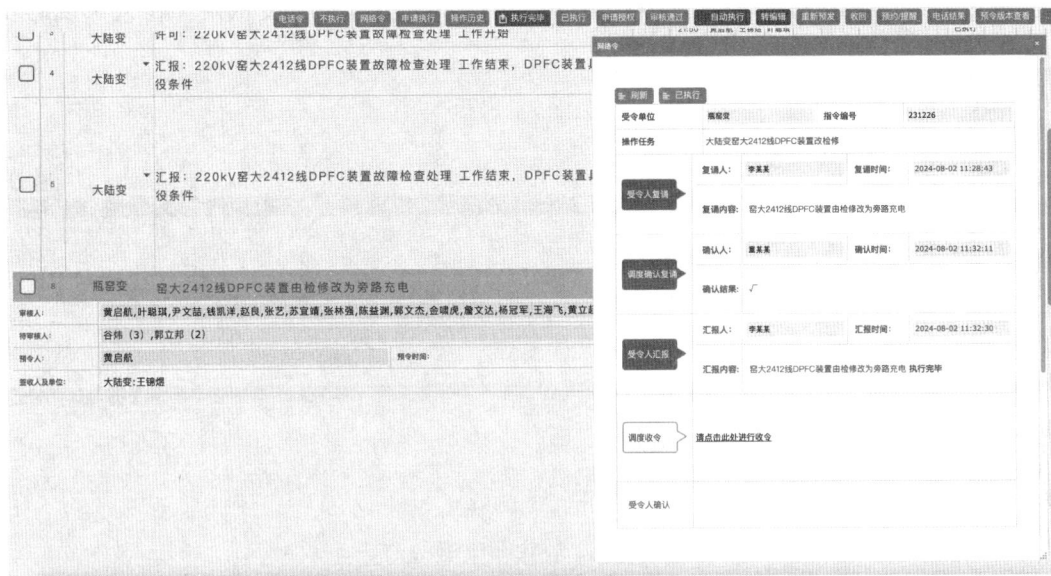

图 17-20　网络化下令界面

在网络发令待执行环节，如果选择了网络下令，进入网络发令流程，流程流转至厂站复诵环节。厂站用户单击【复诵】按钮，弹出复诵页面，在该页面选择对应的设备和状态变更，先给接令人正确指令，复诵时自动增加几个其他设备供选择，只有当操作的设备、状态变更选择都正确，才能通过。选择正确单击【确定】按钮，厂站复诵完成。厂站复诵完成之后，该票到了调度确认环节，调度在下令页面，单击调度确认，确认完成之后，发送到厂站执行。厂站在下令页面，单击【确认】按钮，弹出指令确定，厂站确定之后。厂站进行执行汇报，在厂站汇报环节单击【确认】按钮，进入确认页面，单击【确定】按钮，汇报完成。厂站汇报完成之后，流程流转至调度收令环节，调度在调度收令环节单击【确定】按钮，系统自动回填受令人和执行人。针对这条指令执行完成，系统自动向 OMS 和设备库反馈日志信息和设备信息，也会自动向检修单系统反馈检修单信息，继续进行下一条指令。

17.3.6.3 系统维护模块

系统提供了一些辅助功能，帮助维护操作票系统，包括受令单位维护、受令资格人员信息维护、允许登录 IP 维护等，系统维护模块如图 17-21 所示。受令单位维护功能主要应用于变电站、电厂启动及投运，受令资格人员信息维护功能主要维护地区调度或集控值班人员、变电站运行值班人员、电厂值长等具备调度接令资质的人员账号及身份信息，IP 维护功能可以添加、编辑和删除厂站值班人员登录调度倒闸操作票系统的 IP 地址。

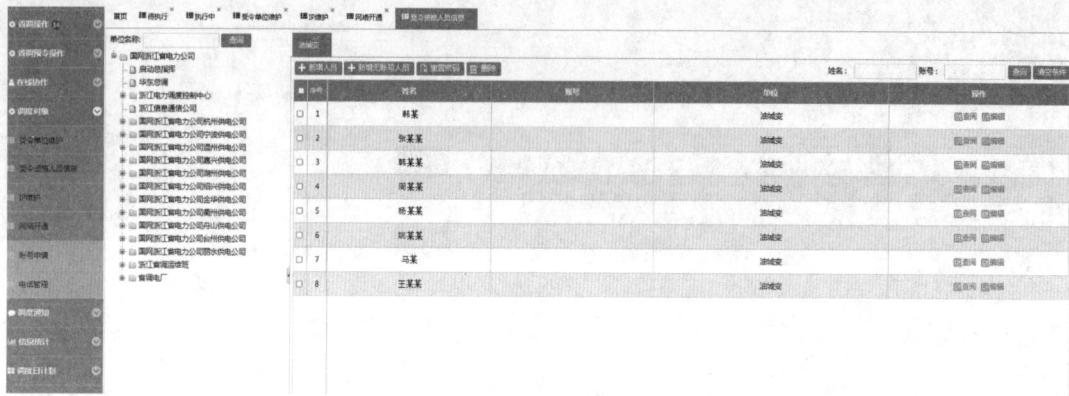

图 17-21　系统维护模块界面

17.4　电力市场技术支持系统

电力市场从地域上可以划分为省间现货市场、区域辅助服务市场及省级现货市场三部分，其中省间现货交易市场主要指不同省市之间进行省间电力现货的交易，目的是实现电力资源在全国范围内的共享互济和优化配置，促进可再生新能源消纳；区域辅助服务市场以区域调峰服务为主，是电力大区内部间开展的电力辅助服务交易，实现了调峰辅助服务资源在区域内部的共享互济，有效地提高区域电网对新能源的消纳能力；省级现货交易市场是在省间现货市场和区域辅助服务市场的出清结果作为市场边界的基础上，省内各类发电厂商、售电公司及用户根据剩余竞争空间参与市场报价，真实地还原电力的商品属性。以上三个部分分别存在对应的电力市场技术支持系统，包含了电力市场的数据申报、负荷预测、合同的分解与管理、交易计划的编制、安全校核、计划执行、辅助服务、市场信息发布、市场结算等各个运行环节。

17.4.1　省级电力现货交易市场技术支持系统

17.4.1.1　系统总览

省级电力现货市场技术支持系统主要包括现货市场、合约市场、市场结算、数据申报与信息发布四类子系统，能够实现电力市场的日前和实时现货市场交易、辅助服务交易、中长期合约交易、电量结算以及信息发布等全流程业务，同时满足初期电力市场运行和市场监管要求。以浙江省为例，浙江电力市场技术支持系统的总览如图 17-22 所示。

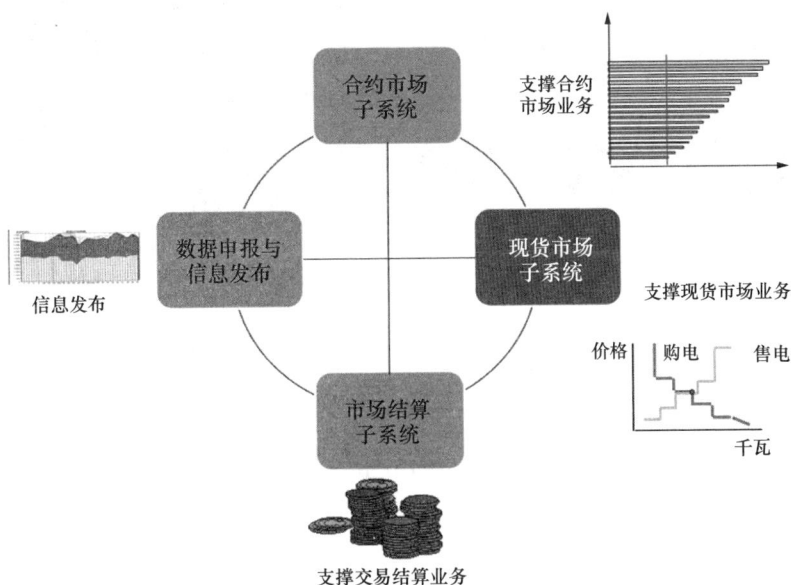

图 17-22　浙江电力市场技术支持系统的总览

下面对涉及调度实时运行的现货市场子系统进行详细介绍。

17.4.1.2　日前市场技术支持系统

日前市场中，市场主体报量报价，发电商提交机组的电能报价、辅助服务报价数据，用户或售电公司提交用电需求报价，调度根据外来电计划下发及区域辅助服务市场的运行情况，组织日前市场出清，并向市场主体公布机组组合、节点价格、发电计划、备用中标等出清结果。日前市场的开展需要经过边界信息确认、日前市场出清、结果分析与信息发布等流程，同时需要开展多日机组组合来确定日前市场中的必开必停机组。

1. 边界信息确认

作为日前市场计算的初始条件，需要提前确定好出清的边界条件，包括电网运行边界数据和市场成员申报数据两大类，如图 17-23 所示。

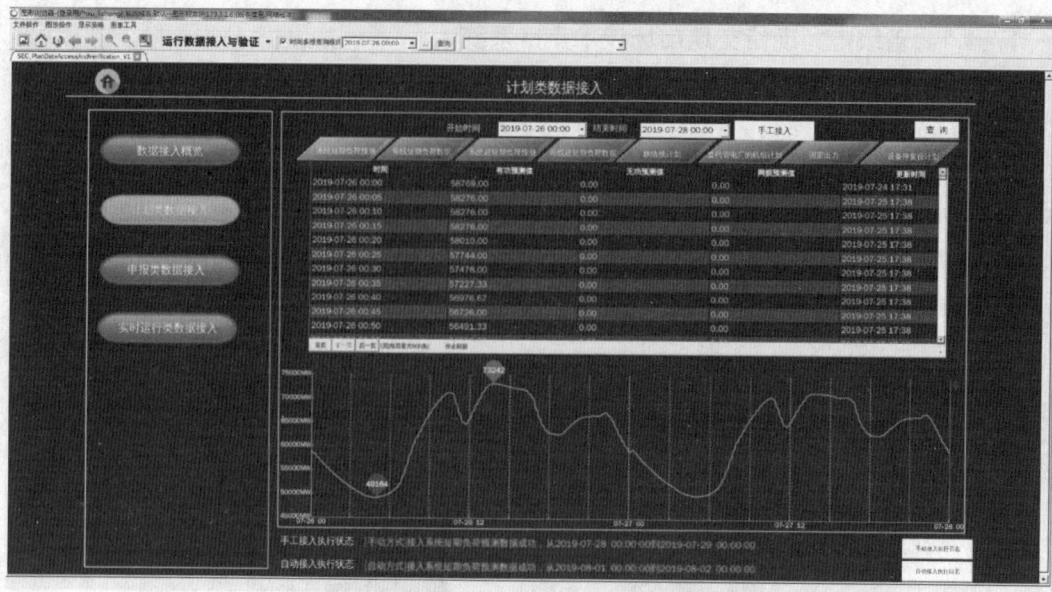

图 17-23　日前市场边界信息确认

调度机构在竞价日确定运行日的电网运行边界数据包括负荷预测、机组检修计划、输变电设备检修计划、电网初始拓扑结构、电网输送断面约束、联络线计划曲线、机组固定出力计划、机组当前启停状态、必开/必停机组组合状态等。这类边界数据需要人工进行维护与确认，确保出清边界合理性与正确性。

2. 日前市场出清

日前市场出清的重要结果是生成节点边际电价及机组出力曲线。考虑电网安全约束、机组出力约束、发用电平衡约束及其他可行性约束条件，基于安全约束机组组合、安全约束经济调度算法按市场规则进行出清，最终得到机组组合、机组发电曲线、节点边际电价、用户中标电力曲线、加权平均节点电价、备用中标容量及价格等出清结果。日前市场出清的重要结果（如图 17-24 所示）是生成节点边际电价及机组出力曲线。

3. 结果分析与信息发布

为了保障日前市场的平稳运行，避免节点电价大幅度异常波动，日前市场技术支持系统需要对出清结果进行评估，分析评价市场效率、竞争情况及运营情况，主要功能包括市场供需平衡情况、中标情况、节点电价波动情况、市场结构、报价行为等，如图 17-25所示。

日前市场的信息发布依据发布时间可以分为事前信息发布和事后信息发布。事前信息是对组织开展日前市场的必要条件信息，包括 D 日负荷预测、备用需求、必开/必停机组、设备检修计划、电网主要约束信息、固定出力机组信息等。事后信息主要是对日前市场出清结果进行整理，包括节点边际电价、机组出力、市场机组组合、负荷平均价格、备用中标信息等。

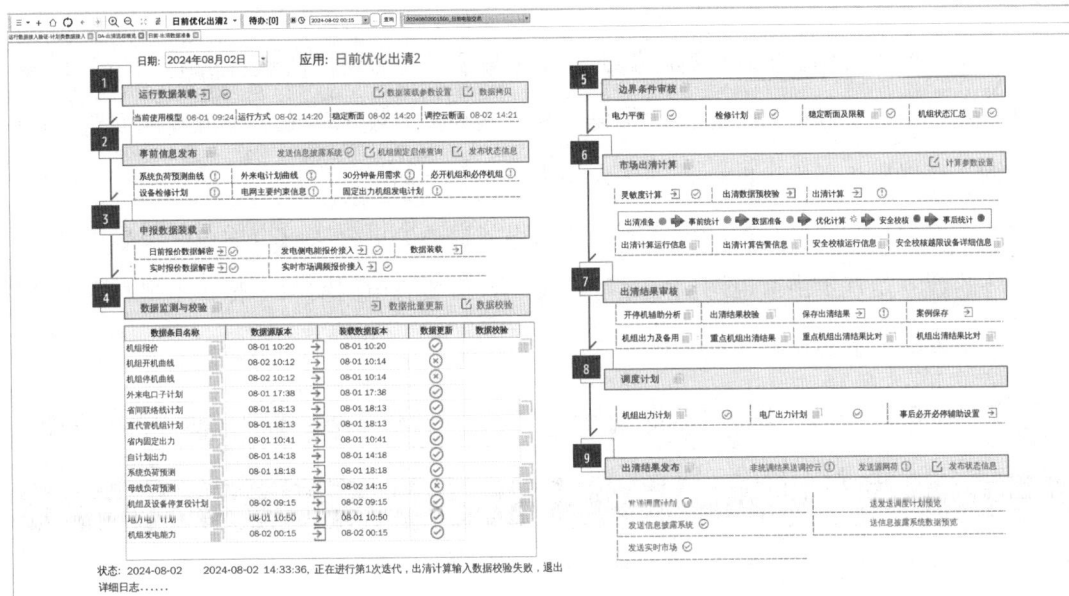

图 17-24　日前市场出清过程总览

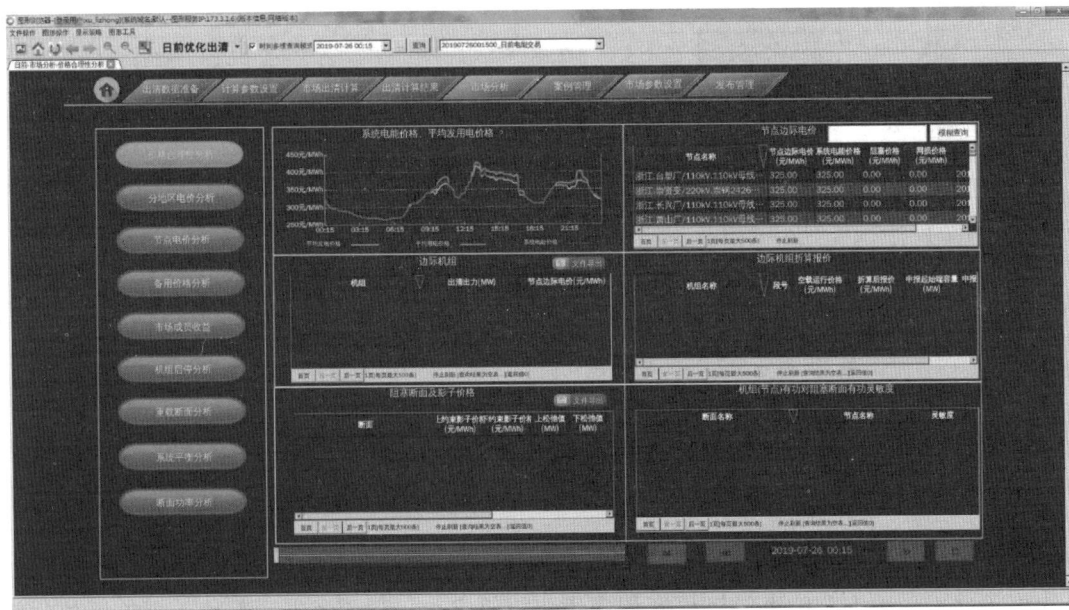

图 17-25　日前市场出清结果分析

17.4.1.3 实时市场技术支持系统

1. 实时市场

日前市场是基于短期负荷预测做出的机组组合与机组发电计划，若机组完全按照此日前计划去执行发电，可能由于实际负荷与预测偏差较大而不能满足实时发用电平衡的需要，因此需要引入实时市场。实时市场根据机组实际报价以及电网实时运行情况，按照每 5min 出清周期对机组的实际出力进行滚动优化计算，实现实时发电调度与交流潮流安全校核的闭环协调，在保障电网安全的前提下优先调用成本最低的机组发电。

（1）边界信息确认。在组织每次实时市场出清前需要进行实时市场边界信息的确认。实时市场的计算是基于当前电网实际运行状态的，需要有电网实际运行、申报、预测及约束数据等作为边界信息，如图 17-26 所示。

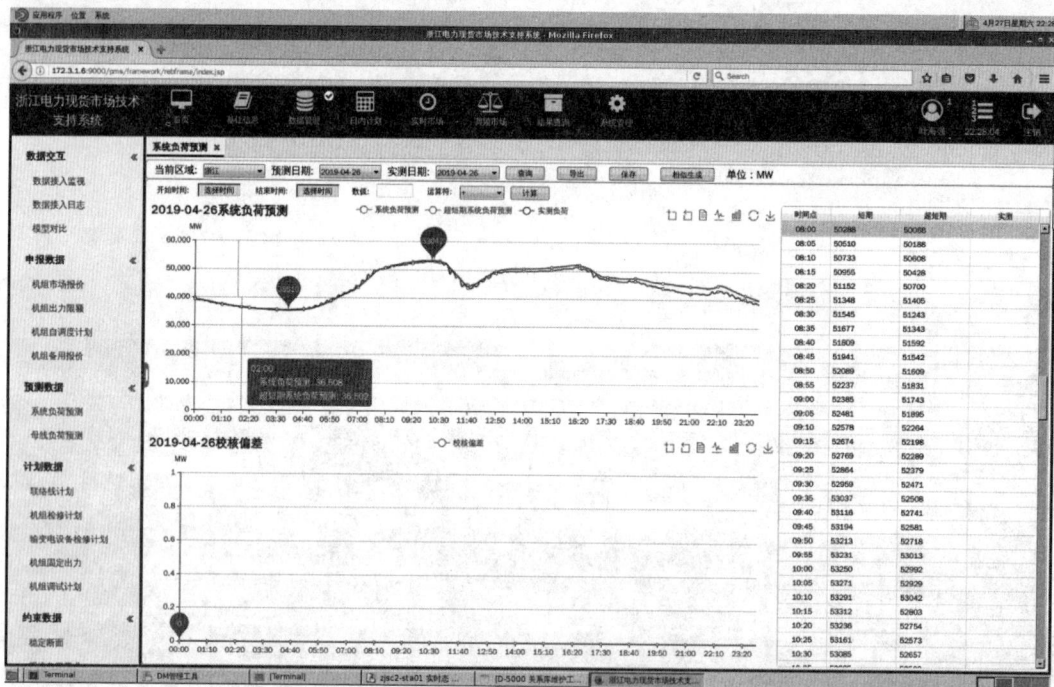

图 17-26　实时市场边界信息确认

（2）实时市场出清过程。实时市场基于日前市场封存的申报信息，按照发电成本最小的目标，基于最新的电网运行状态与超短期负荷预测信息，考虑电网运行与机组运行的各类约束条件，采用安全约束经济调度程序优化机组出力，形成各发电机组需要实际执行的发电计划与用于事后偏差结算的实时价格信号等信息，如图 17-27 所示。

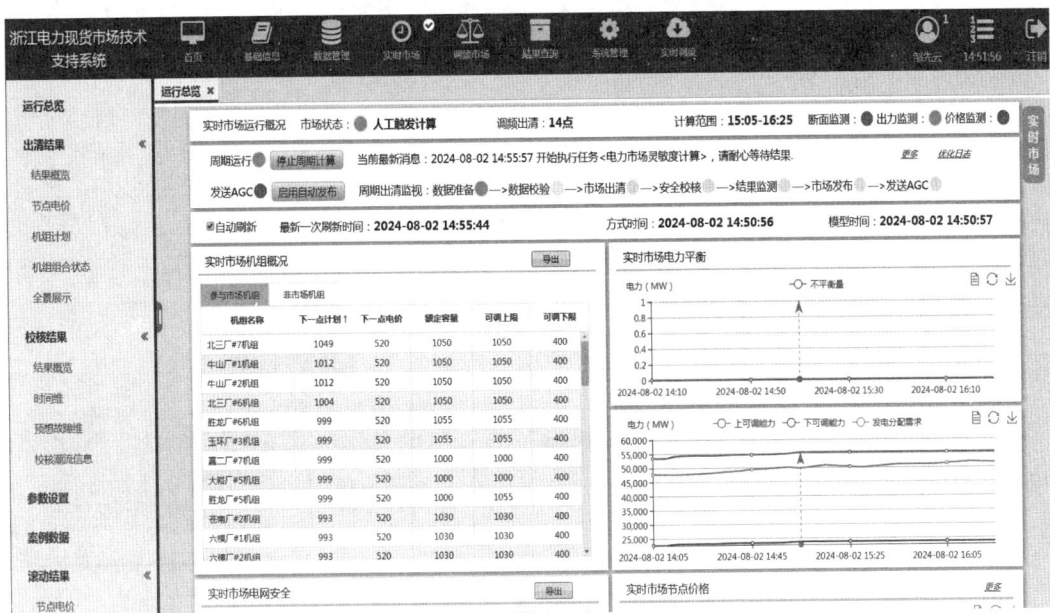

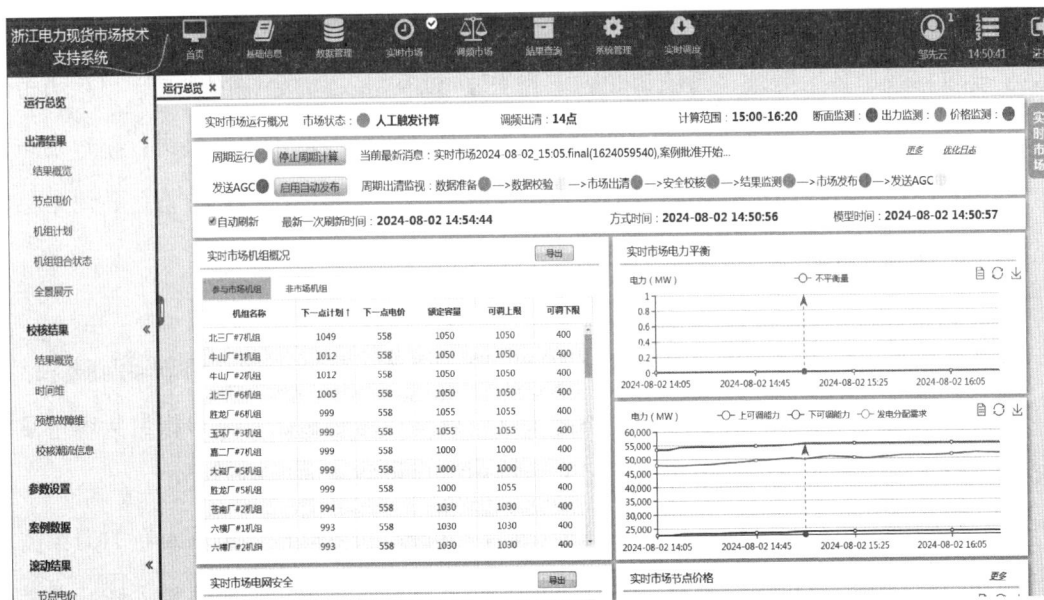

图 17-27　实时市场每 5min 滚动出清过程

（3）结果分析与信息发布。每次实时市场出清可得到未来 2h 内的机组出力及节点电价变化曲线，实时市场出清结果如图 17-28 所示，实时市场运行日结束后，机组全日发电出清结果，包括各机组实时发电计划曲线、系统各节点价格及价格分量组成，均可以在结果查询中得到。

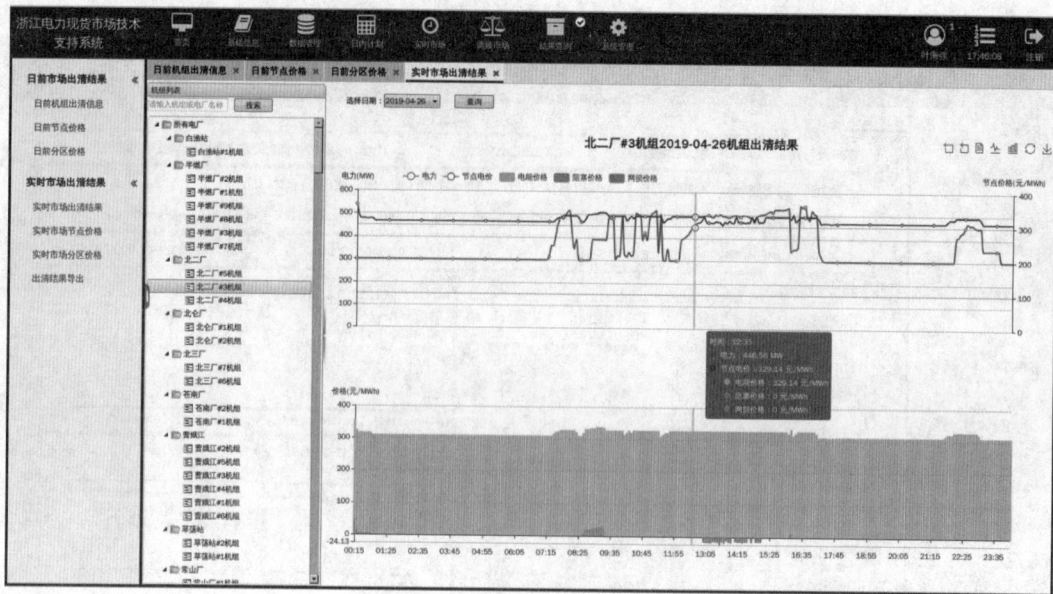

图 17-28　实时市场出清结果查询

实时市场的信息发布依据发布时间同样可以分为事前信息发布和事后信息发布。事前信息主要包括系统备用需求、系统调频需求等需要市场成员提前知晓的信息，以作为市场成员参与实时市场报价的必要条件。事后信息主要是对实时市场出清结果进行整理发布，包括每个实时调度时段的节点边际电价、机组实时中标出力、负荷平均价格、备用中标信息、调频中标信息等。

2. 调频市场

辅助服务市场是通过市场化方式来获取辅助服务资源，借助价格来调节辅助服务市场的供需情况，提供调频辅助服务的称为调频市场。调频市场是根据机组申报调频容量及价格考虑系统需求由低向高依次中标调频资源的过程，其出清界面如图 17-29 所示。

（1）调频资源申报与中标。调频资源提供商，主要是发电商根据市场发布的调频需求进行自身调频资源的合理报量报价，具体申报数据包括调频容量、调频申报价格、调频里程价格三类数据。调频中标过程不仅只考虑发电商的申报数据，还会考虑发电单元的历史调频性能，申报价格低、调频性能好的资源会被优先选中。

调频市场出清过程每小时前开展一次，计算未来 1h 内的中标调频机组以及容量，得到对应的系统调频价格，如图 17-30 所示。首先调频机组的报价数据需要经过综合调频性能指标的修正，得到调整后综合调频报价以及调整后的有效调频容量。调频市场再根据系统每小时的调频需求按综合调频报价顺序从低至高依次出清，最后中标的调频单元的综合调频价格决定了实时调频市场出清价格。

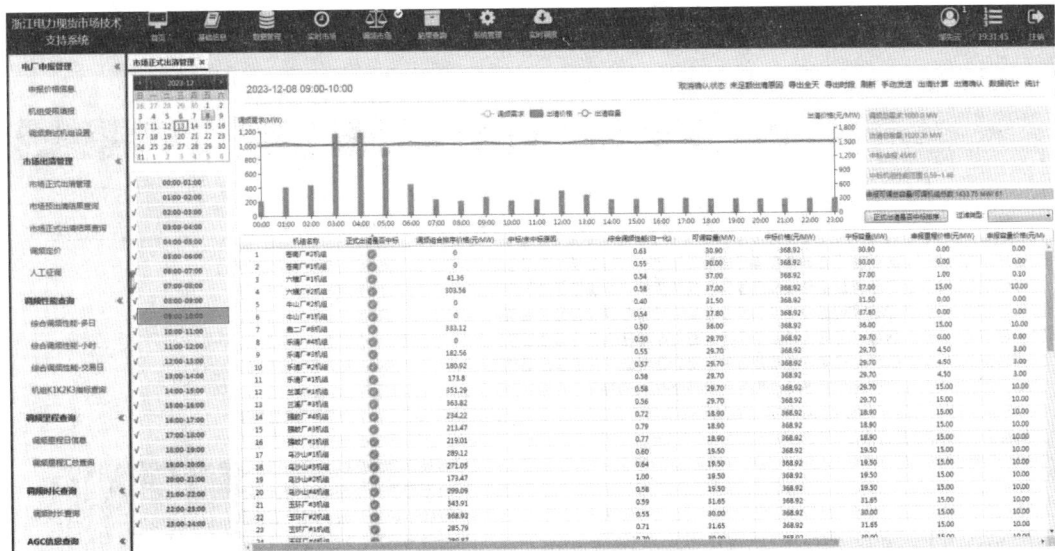

图 17-29　调频市场出清总览

（2）调频定价与结果分析。由于调频资源采用提前锁定调频带宽，而实际调用性能在机组运行之后才会体现，如小时内总调频里程需要事后进行统计定价，如图 17-30 所示。

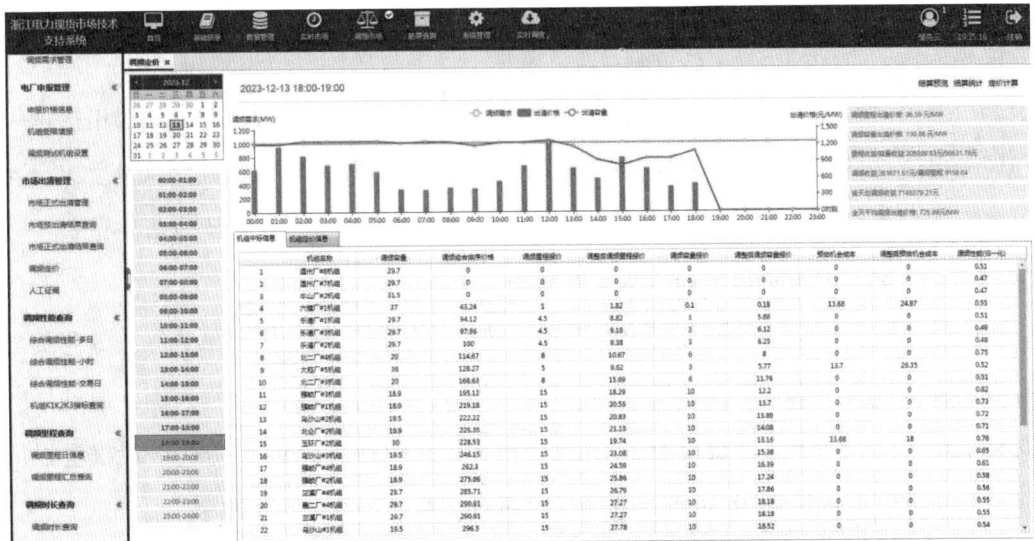

图 17-30　调频市场事后定价计算

通过机组自动控制 AGC 模块可以统计得到每台中标调频机组每个实时调度时段（5min）的调频里程，再根据调频定价模块可以得到出清的里程价格、容量价格，进而计算得到每台调频机组的调频收益。在调频市场完成定价出清后，为了观测与分析调频市场运营情况，引入了调频市场供需比、申报率、价格以及成交率等对比分析项目，如图17-31 所示。

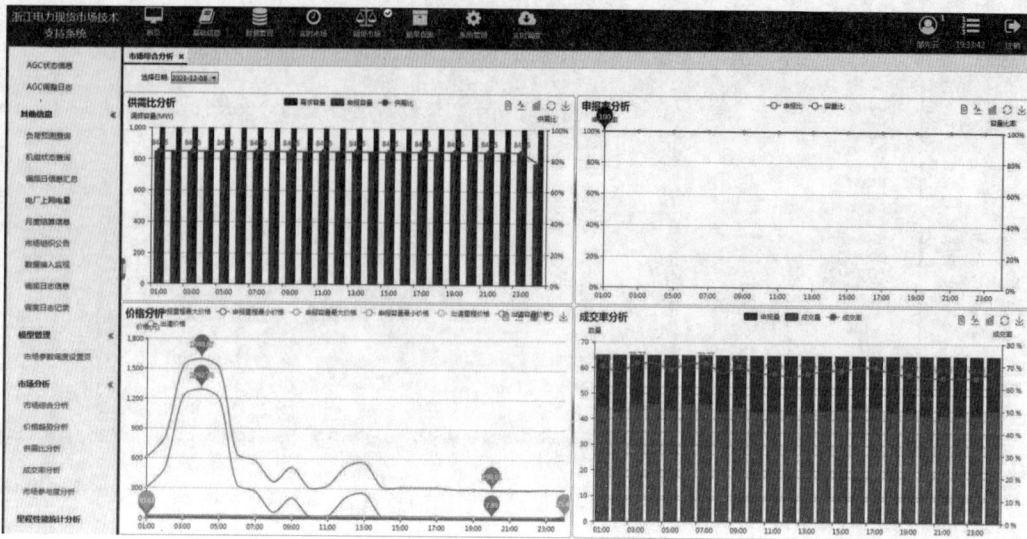

图 17-31　调频市场出清结果分析

　　其中，调频市场供需比分析模块集中展示了每小时调频的申报量和需求量关系，供需比数值越大说明市场越活跃、竞争越激烈。调频申报率为调频总申报量和总电能容量之比，用于分析发电商愿意申报调频的程度。价格分析集中展示了每小时的最大/最小申报调频价格和调频出清价格。成交率分析是发电商的申报调频总量和最终调频成交总量之比，同样可以展示调频市场的竞争程度，数值越大说明竞争越激烈，市场相对比较成熟。

17.4.2　省间现货交易市场技术支持系统

　　省间电力现货市场由国调负责组织，平台建设与维护、交易撮合出清等属国调负责，各省级调度机构负责信息申报与校核等工作。以浙江申报省间现货流程为例，通过外网电力交易平台申报省间电力现货市场需求，日前申报信息包括次日 96 点分时分段报量报价信息，日内申报信息包括每 2h 时段的分段报量报价信息，如图 17-32 所示。

　　省间现货市场信息申报完毕后，申报数据通过调度端的技术支持系统同步上传国调与华东分中心，国调组织撮合交易、出清结果下发各省级调度机构执行。通过技术支持系统可统计分析省间现货市场历史成交情况，包括日前或实时累计成交电量、成交价格、成交电力等信息，并按日、月、时段展示相关数据，如图 17-33 所示。